"十四五"职业教育国家规划教材

"十三五"职业教育国家规划教材

（第三版）

建筑施工组织

主　编　郭庆阳
副主编　冀彩云
编　写　荀慧霞　申海洋　杨　青　王　春
郝志强　李秀芳　席凌玉

中国电力出版社
CHINA ELECTRIC POWER PRESS

内 容 提 要

本书为“十三五”“十四五”职业教育国家规划教材，以培养应用型、实用型人才为目标，着重介绍施工组织设计的编制、优化及控制等。全书共8章，主要内容包括建筑施工组织概述与施工准备工作、建筑工程流水施工、工程网络计划技术、施工组织总设计、单位工程施工组织设计、施工方案、主要施工管理计划、基于BIM的建筑施工组织等。本书注重理论联系实际，具有系统完整、先进实用、可操作性强等优点，便于案例教学、实践教学。

本书主要作为高职高专建筑工程技术、工程造价等专业教材，也可作为函授和自考的辅导教材，还可供相关专业人员学习参考之用。

图书在版编目（CIP）数据

建筑施工组织 / 郭庆阳主编．—3版．—北京 ：中国电力出版社，2019.11（2024.1重印）
“十三五”职业教育规划教材
ISBN 978-7-5123-7967-1

Ⅰ.①建…　Ⅱ.①郭…　Ⅲ.①建筑工程－施工组织－职业教育－教材　Ⅳ.①TU721

中国版本图书馆CIP数据核字（2019）第275538号

出版发行：中国电力出版社
地　　址：北京市东城区北京站西街19号（邮政编码100005）
网　　址：http://www.cepp.sgcc.com.cn
责任编辑：熊荣华（010-63412543）124372496@qq.com
责任校对：王小鹏
装帧设计：郝晓燕
责任印制：吴　迪

印　　刷：三河市百盛印装有限公司
版　　次：2007年8月第一版　2019年11月第三版
印　　次：2024年1月北京第十八次印刷
开　　本：787毫米×1092毫米　16开本
印　　张：22.5　插页2张
字　　数：550千字
定　　价：52.00元

前　言

建筑施工组织是高等职业教育土建施工类专业和建设工程管理类及相关专业的一门主干专业课程，在培养“面向建筑施工企业生产一线的施工员为主要就业岗位，具有本专业相关领域工作的岗位能力和专业技能的高素质技能型人才”的工作中占据重要地位。其内容主要包括：建筑施工组织概述与施工准备工作、建筑工程流水施工、工程网络计划技术、施工组织总设计、单位工程施工组织设计、施工方案、主要施工管理计划、基于 BIM 的建筑施工组织等。课程目标是使学生掌握建筑工程施工组织的一般规律，为毕业后从事施工组织、技术管理工作奠定基础。

本书在教材定位、结构体系、难易程度、适应性、应用性等方面均反映出了高职特色，自 2007 年 8 月出版以来，受到了广大读者的一致好评，多次重印，并于 2014 年 2 月修订出版了第二版。随着社会的发展，行业各项技术、质量、安全等标准、规范的更新，尤其住房和城乡建设部发布的 GB/T 51212—2016《建筑信息模型应用统一标准》，自 2017 年 7 月 1 日起实施，以及 JGJ/T 121—2015《工程网络计划技术规程》发布实施，必须对该教材进行修订，以满足市场需求。本次具体修订情况如下：

（1）按照基于 BIM 技术的施工组织管理进行编制。

（2）修正错误或不适宜的地方（依据国家现行规范标准）。

（3）适当降低理论难度。

（4）更新案例，使其更贴近工程实际。

（5）融入国家一、二级注册建造师，注册监理师考试要求的知识点，为学生专业发展、参加相关考试奠定基础。

（6）在相关章节中增加装配式建筑施工组织相关理论、例题、案例。

（7）增设第八章基于 BIM 的建筑施工组织。

（8）增加数字化教学资源（PPT 课件、图片、视频及相关案例文件，通过二维码链接），使教材降低厚度、增强可读性、互动性。

本书由山西建筑职业技术学院郭庆阳主编，冀彩云副主编。参加本书修订工作的有：郭庆阳（第一、四、五章，除案例外），冀彩云（第二、七章），荀慧霞（第三章），申海洋（第六章），杨青（第八章），王春（第五章案例），郝志强、李秀芳、席凌玉（第四章装配式案例）。本书在修订过程中得到了山西建筑职业技术学院、昌陆建工集团、山西二建集团有限公司、山西四建集团有限公司、中国建筑第二工程局有限公司、广联达科技股份有限公司等单位的大力支持，在此表示衷心的感谢！

限于编者水平，书中难免存在不足之处，敬请读者批评指正。

微信扫码关注，阅览本书配套数字化资源，包括微课视频、综合案例、课件、现场布置图等

目 录

第一章 建筑施工组织概述与施工准备工作

知识目标 了解建筑施工组织研究的对象与任务，基本建设程序与建筑施工程序，组织施工的原则；熟悉建筑产品及其施工特点；掌握施工组织设计的作用与分类，施工准备工作的主要内容。

能力目标 通过组织同学到施工现场调研，理论结合实际，完成某工程施工组织设计一览表、施工准备工作一览表，具有协助进行施工准备工作的能力。

第一节 建筑施工组织研究的对象与任务

一、建筑施工组织研究对象

随着我国建设事业的飞速发展，土木工程施工领域的技术水平日新月异，施工技术已经能够建造许多世界一流的超高层建筑物、超大跨度的桥梁。面对这样的建筑产品，采取什么样的施工顺序，每个过程采取什么样的施工方法，选择什么样的施工机具、机械，如何安排人力，如何布置施工现场，以及怎样合理安排施工进度才能做到提高工程质量、缩短施工工期、降低工程成本、实现安全文明施工等，这些都是摆在施工管理人员面前的问题。

住房和城乡建设部修订的2013版《建设工程工程量清单计价规范》(GB 50500—2013)是在2003版、2008版清单规范的基础上发展而来，于2013年7月1日实施。规范的出台解决了工程项目中实际存在的问题，更符合工程价款精细化、科学化管理的要求。工程造价的计价模式由传统的“定额计价模式”转变为“清单计价模式”。在清单计价模式下，许多措施费用以及某些分部分项工程的综合单价要依据该工程的施工组织设计进行报价。什么是施工组织设计，怎样编制施工组织设计又是摆在施工管理人员面前的问题。

建筑施工组织就是以所有建筑产品，包括建筑物和构筑物为研究对象，针对工程施工的复杂性，研究工程建设的统筹安排与系统管理的客观规律，制订建筑工程施工最合理的组织与管理方法的一门科学。它是推进企业技术进步，加强现代化施工管理的核心。

二、建筑施工组织任务

建筑施工组织的任务是：在党和政府有关建筑施工的方针、政策指导下，从施工全局出发，根据具体条件，以最优的方式解决上述施工组织的问题，对施工的各项活动作出全面、科学的规划和部署，使人力、物力、财力、技术资源得以充分利用，达到优质、低耗、高速的完成施工任务。

通过对本课程的学习，要求学生了解建筑工程施工组织的基本知识和一般规律，掌握建筑工程流水施工和网络计划的基本方法、具体应用，具有编制单位工程施工组织设计的能力，为今后很好地从事相关领域的工作打基础。

第二节 基本建设程序与建筑施工程序

一、基本建设项目及其组成

基本建设是指国民经济各部门中固定资产的形成过程以及与之相关的各项工作。例如，工厂、商店、住宅、医院、学校等工程的建设和相关设备、设施的购置。基本建设是再生产的重要手段，是国民经济发展的重要物质基础。

基本建设是一个物质资料再生产的动态过程，这个过程概括起来，就是将一定的建筑材料、机器设备等转化为固定资产，形成新的生产能力和使用效益的建设工作。与之相关的其他工作，如土地征用、勘察设计、房屋拆迁、招投标、工程监理等也是基本建设的组成部分。

（一）基本建设项目

1. 基本建设项目的概念

基本建设项目简称建设项目。凡是按一个总体设计组织施工，建成后具有完整的系统，可以独立形成生产能力或使用价值的建设工程，称为一个建设项目。例如，在工业建设中，以一个企业为一个建设项目，如一座工厂；在民用建筑中，以一个事业单位为一个建设项目，如一所学校。大型分期建设的工程，如果分为几个总体设计，就有几个建设项目。凡执行基本建设项目投资的企业或事业单位称为基本建设单位，简称建设单位。建设单位在行政上是独立的组织，独立进行经济核算，可以直接与其他单位建立经济往来关系。

2. 建设项目的分类

按照不同的角度，可以将建设项目分为不同的类别。

(1) 按照建设项目性质分类：

1) 新建项目。指以技术经济和社会发展为目的的从无到有的建设项目，现有企事业和行政单位不应有新建项目，但如新增固定资产价值超过原有全部固定资产价值 3 倍以上时，可算新建项目。

2) 扩建项目。指企业为扩大生产能力或新增效益，在原有固定资产的基础上增建的生产车间等。新增固定资产价值是原有全部固定资产价值 3 倍以内。

3) 迁建项目。指企、事业单位为改变生产布局或出于环境保护等其他特殊要求，搬迁到另一地点的建设项目。

4) 复建项目。指原有固定资产因自然灾害或人为灾害等原因已全部或部分报废，又投资重新建设的项目。

5) 更新改造项目。指建设资金用于对企、事业单位原有设施进行技术改造或固定资产更新的项目，或者为提高综合能力增加的辅助性生产、生活福利等工程项目和有关工作。包括技术改造项目和技术引进项目。

(2) 按照建设规模分类。基本建设项目按照设计生产能力和投资规模分为大型项目、中型项目和小型项目三类。更新改造项目按照投资额分为限额以上项目和限额以下项目。

(3) 按照建设项目的用途分类。按照建设项目的用途可以分为生产性建设项目（包括工业、农田水利、交通运输、商业物资供应、地质资源勘探等）和非生产性建设项目（包括文教、住宅、卫生、公用生活服务事业等）。

1）生产性建设项目。指直接用于物质生产或直接为物质生产服务的建设项目。

2）非生产性建设项目。主要指用于满足人民物质和文化、福利需要的建设和非物质部门的建设。

(4) 按照建设项目的投资主体分类。按照建设项目的投资主体分类，建设项目可分为国家投资、地方政府投资、企业投资、“三资”企业以及各类投资主体联合投资的建设项目。

(二) 建设项目的组成

建设项目按照合理确定工程造价和基本建设管理工作的需要，从大到小可以划分为单项工程、单位工程、分部工程和分项工程。

1. 单项工程

单项工程是指具有独立的设计文件，可以独立施工，建成后可以单独发挥生产能力或使用效益的工程。

单项工程是建设项目的组成部分，例如，工业建设项目中各个独立的生产车间、办公楼；一个民用建设项目中，学校的教学楼、食堂、图书馆等，这些都可以称为一个单项工程。

2. 单位工程

单位工程是指具有独立的设计文件，可以独立组织施工，但建成后不能独立发挥生产能力或使用效益的工程。

单位工程是单项工程的组成部分，例如，某教学楼的土建工程、电气照明工程、给排水工程等，都是组成教学楼这一单项工程的单位工程。

3. 分部工程

分部工程是指有不同工种的操作者利用不同的工具和材料完成的部分工程，是根据工程部位、施工方式、材料和设备种类来划分的建筑中间产品。若干个分部工程组成一个单位工程。如基础工程、砌筑工程、钢筋混凝土工程等。

4. 分项工程

分项工程是分部工程的组成部分。分项工程应按主要工种、材料、施工工艺、设备类别等进行划分。如钢筋混凝土的分项工程通常为支模、绑钢筋、浇筑混凝土。

一个建设项目，按《建筑工程施工质量验收统一标准》(GB 50300—2013) 规定，可以划分为单位（子单位）工程、分部（子分部）工程、分项工程和检验批。

(1) 单位（子单位）工程。单位工程是指具备独立施工条件并能形成独立使用功能的建筑物及构筑物。建筑规模较大的单位工程，可将其能形成独立使用功能的部分作为一个子单位工程。例如，工业建设项目中各个独立的生产车间、办公楼；一个民用建设项目中，学校的教学楼、食堂、图书馆等，这些都可以称为一个单位工程。

(2) 分部（子分部）工程。组成单位工程的若干个分部称为分部工程。分部工程的划分应按照建筑部位、专业性质确定。当分部工程较大或较复杂时，可按材料种类、施工特点、施工程序、专业系统及类别等划分为若干个子分部工程。一个单位（子单位）工程一般由若干个分部（子分部）工程组成。如，建筑工程中的建筑装饰装修工程为一项分部工程，其地面工程、墙面工程、顶棚工程、门窗工程、幕墙工程等为子分部工程。

(3) 分项工程。分项工程是分部工程的组成部分。分项工程应按主要工种、材料、施工工艺、设备类别等进行划分。如屋面卷材防水子分部工程可以划分为保温层、找平层、防水层等分项工程。

(4) 检验批。分项工程可由一个或若干个检验批组成。检验批可根据施工及质量控制和专业验收需要按楼层、施工段、变形缝等进行划分。

二、基本建设程序

(一) 基本建设程序概念

基本建设程序是建设项目从设想、选择、评估、决策、设计、施工到竣工验收、投入生产或交付使用的整个建设过程中各项工作必须遵守的先后顺序。它是几十年来我国基本建设工作实践经验的总结，是项目建设客观规律的正确反映，是科学决策和顺利进行项目建设的重要保证。

(二) 基本建设程序阶段和内容

1. 基本建设程序阶段划分

在我国，一般大中型和限额以上的建设项目从建设前期工作到竣工投产一般可归纳为以下四个阶段：投资决策阶段、勘察设计阶段、项目施工阶段、竣工验收和交付使用阶段。

2. 基本建设程序各阶段的工作内容

(1) 投资决策阶段（或称前期工作阶段）。投资决策阶段包括：项目建议书、可行性研究报告。

1) 项目建议书。项目建议书是要求建设某一具体项目的建议文件，其作用是推荐一个拟建项目。项目建议书经批准后，便可进行详细的可行性研究。但并不表明项目一定进行，项目建议书不是项目的最终决策。

项目建议书一般应包括以下几个方面：

①建设项目提出的必要性和依据。

②产品方案、拟建规模和建设地点的初步设想。

③资源情况、建设条件、协作关系等方面的初步分析，对需要引进技术和进口设备的项目，还要做出引进国别、厂商的初步分析和比较。

④投资估算和资金筹措的设想。

⑤经济效益和社会效益的估算。

项目建议书批准后，并不表明项目正式成立，而是反映该项目应该进行下一步工作。

2) 可行性研究报告。项目建议书一经批准，即可着手进行可行性研究，对项目在技术上是否可行和经济上是否合理进行科学地分析和论证。

凡经可行性研究而被通过的项目，应编制并向上级报送可行性研究报告（可行性研究未被通过的项目不得编制向上级报送的可行性研究报告和进行下一步工作）。

可行性研究报告是确定建设项目、编制设计文件的重要依据，因此报告的编制必须具有相当的深度和准确性。

属中央投资、中央和地方合资的大中型和限额以上项目的可行性研究报告要报国家发改委审批。国家发改委在审批过程中要征求行业归口主管部门和国家专业投资公司的意见，同时要委托有资格的咨询公司进行评估。根据行业归口主管部门、投资公司的意见和咨询公司的评估意见，国家发改委再行审批。总投资 2 亿元以上的项目，无论是中央项目还是地方项目，都要经国家发改委审查后报国务院审批。中央各部门所属小型和限额以下项目，由各部门审批。

可行性研究报告批准后，不得随意修改和变更。

(2) 勘察设计阶段。设计阶段包括：建设地点选择、设计工作、建设准备、编制年度建设投资计划。

1) 建设地点选择。建设地点的选择，要按隶属关系，由主管部门组织勘察设计等单位和所在部门共同进行。凡在城市辖区内选点的，要取得城市规划部门的同意，并要有协议文件。

选择建设地点主要考虑三个问题：①工程地质、水文地质等自然条件是否可靠；②建设时所需水电、运输条件是否落实；③项目建成投产后，能源、材料等是否具备，同时对生产人员的生活条件、生产环境也要全面考虑。

2) 设计工作。设计是对拟建工程的实施在技术上和经济上所进行的全面而详尽的安排，是建设计划的具体化，是组织施工的依据。设计阶段一般分为两个阶段，即初步设计和施工图设计，重大项目和技术复杂项目，可根据不同行业的特点和需要，增加技术设计阶段（扩大初步设计阶段)。

①初步设计阶段是设计的第一阶段，是根据可行性研究报告的要求所做的具体实施方案，日的是为了阐明在指定的地点、时间和投资控制数额内，拟建项目在技术上的可能性和经济上的合理性，并根据对工程项目所做出的基本技术经济规定编制项目总概算。如果初步设计提出的总概算超过可行性研究报告确定的总投资估算 10%以上或其他主要指标需要变更时，要重新报批可行性研究报告。

②技术设计是进一步确定初步设计中采用的工艺流程、建筑和结构的重大技术问题、设备的选型和数量，编制修正总概算。

③施工图设计是根据初步设计（技术设计）的要求，结合现场实际情况完整地表现拟建建筑物外形、内部空间分割、结构体系以及与周围环境的配合。设计内容包括：建筑平、立、剖面图，建筑详图，结构详图，各种设备的标准型号、规格以及非标准型号的施工图。在施工图设计阶段应编制施工图预算。

3) 建设准备。

项目开工前要切实做好各项准备工作，主要包括：①征地、拆迁和场地平整；②完成施工用水、电、路等工程；③组织材料、设备订货；④准备必要的施工图纸；⑤组织施工招、投标，择优选定施工单位。

项目在报批开工前，须由审计机关对项目的有关内容进行审计证明。审计证明的内容有：①项目资金是否落实，来源是否正当；②项目开工前的各项支出是否符合国家有关规定；③项目所需资金是否存入规定银行；④是否具有按施工顺序满足至少三个月以上连续施工的工程图纸等。

4) 编制年度建设投资计划。建设项目根据经过审批的总概算和工期，合理安排、分年度投资。年度投资计划的安排要与长远规划的要求相适应，保证按期完成。年度计划安排的建设内容，要和当年分配的投资、材料、设备相适应。配套项目同时安排，互相衔接。

(3) 项目施工阶段。项目施工阶段包括：建设实施、生产准备。

1) 建设实施。建设项目一经批准开工建设，项目就进入建设实施阶段。项目的开工时间应根据工程情况分别确定。

①需破土开槽的，建设项目设计文件中规定的任何一项永久性工程（不分生产性或非生

产性）第一次正式破土开槽的日期即为开工日期；

②不需开槽的工程，以建筑物的正式打桩作为正式开工时间；

③铁路、公路、水库等需要进行大型土石方的，以开始土石方工程作为正式开工时间；

④工程地质勘查，平整场地，旧建筑物拆除，临时建筑，施工用水、电、路的施工不算正式开工；

⑤分期建设的项目分别按各期工程开工时间填报。

2）生产准备。建设项目竣工之前，在全面施工的同时，建设单位要做投产前的各项生产准备工作，以保证及时投产，并尽快达到生产能力。

(4）竣工验收和交付使用阶段。竣工验收和交付使用阶段包括：竣工验收、交付使用以及项目后评价。

1）竣工验收、交付使用。当工程项目按照设计文件的规定内容和施工图纸的要求全部建完后，具备投产的使用条件，不论新建、扩建、改建、迁建，都要及时组织验收。有的建设项目基本符合竣工验收标准，只是零星土建工程和少数非主要设备未按设计内容全部建设，但不影响正常生产，也应办理竣工验收手续。对于已具备竣工验收条件的项目，三个月内不办理验收投产和固定资产手续的，取消企业和主管部门（或地方）的基建试车收入分成，由银行监督全部上缴财政。如三个月内办理竣工验收确有困难，经验收主管部门批准，可适当延长期限。

2）项目后评价。建设项目后评价是工程项目竣工投产运营一段时间后再对项目的立项决策、设计施工、竣工投产、生产运营等全过程进行系统评价的一种技术经济活动，是固定资产投资管理的一项重要内容，也是固定资产投资管理的最后一个环节。

选择后评价项目应注意两点：第一，项目已竣工验收，投资决算已上报批准或已经审计部门认可；第二，项目已投入生产（使用、运营）一段时间，能够评价企业的经济效益和社会效益，否则将很难做出实事求是的科学结论。

基本建设程序 10 个环节示意图如图 1-1 所示。

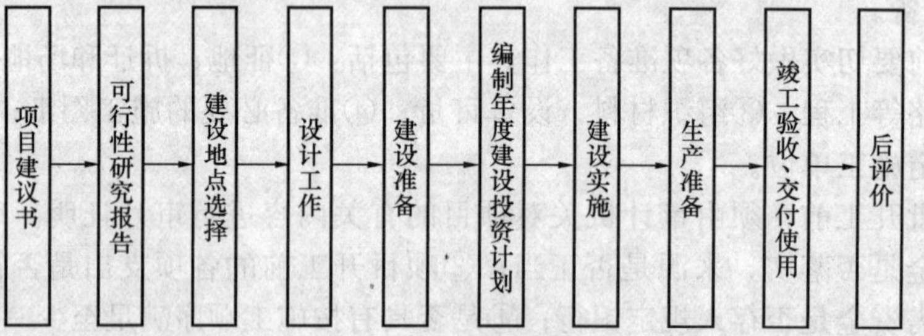

图 1-1 基本建设程序示意图

三、建筑施工程序

建筑施工程序是拟建工程在整个施工过程中各项工作必须遵循的先后顺序。它是多年来建筑工程施工实践经验的总结，反映了整个施工阶段中必须遵循的客观规律。它一般可划分为以下几个阶段。

1. 承接施工任务、签订承包合同

施工单位承接任务的方式一般有三种：①国家或上级主管部门直接下达式；②受建设单

位委托式；③通过招投标而中标承揽任务。无论哪一种方式承接任务，施工企业都要检查该项目工程是否有经过上级批准的正式文件，投资是否落实等，此后施工企业应与建设单位签订承包合同，合同中应明确规定承包范围、供料方式、工期、合同价、工程付款和结算方法、甲乙双方责任义务以及奖励处罚等条例。

在这一阶段，施工企业要做好技术调查工作，包括建设项目功能、规模、要求；建设地区自然情况；施工现场情况等。

2. 全面统筹安排，做好施工规划

签订施工合同后，施工单位在技术调查的基础上，拟订施工规划，收集有关资料，编制施工组织设计。

3. 落实施工准备，提出开工报告

工程开工前，施工单位要积极做好施工前的准备工作。准备工作内容一般包括熟悉会审图纸，编制和审查施工组织设计，落实劳动力、材料、机具、构件、成品半成品等准备工作，组织机械设备进场，搭建临时设施，建立现场管理机构。在做好各项准备工作的基础上，具备开工条件后，提出开工报告并经审查批准，即可正式开工。

4. 组织施工

施工过程应严格按照施工组织设计精心组织施工。在施工中提倡科学管理，文明施工，严格履行经济合同、合理安排施工顺序，组织好均衡连续的施工。一般情况，各项目施工应按照先主体后辅助，先重点、后一般，先地下、后地上，先结构、后装修，先土建、后安装的原则进行。

5. 竣工验收、交付使用

工程完工后，在竣工验收前，施工单位应根据施工质量验收规范逐项进行预验收，检查各分部分项工程的施工质量，整理各项竣工验收的技术经济资料。在此基础上，由建设单位、设计单位、监理单位等有关部门组成验收小组进行验收。验收合格后，双方签订交接验收证书，办理工程移交，并根据合同规定办理工程竣工结算。

第三节　建筑产品及其施工特点

一、建筑产品特点

建筑产品除具有各不相同的性质、用途、功能、设计、类型、使用要求外，与其他工业产品相比，还具有以下特点。

（一）建筑产品的庞体性

无论是复杂的建筑产品还是简单的建筑产品，为了满足其使用功能的要求，都需要使用大量的物质资源，占据广阔的平面与空间。

（二）建筑产品的固定性

建筑产品都是在选定的地点上建造和使用的，建筑物从建造开始到使用结束一般均不能移动，所以建筑产品的建造和使用地点在空间上是固定的。

（三）建筑产品的多样性

建筑产品在建设规模、结构类型、构造形式、基础设计、装饰风格等诸方面都各有不同，即使同一类型的建筑物，也因所在地点、环境条件不同而彼此有所区别。有的建筑，不但要满足各种使用功能的要求，而且还要体现出各地区的民族风格，因此，建筑产品是多种多样的。

(四) 建筑产品的综合性

建筑产品是一个完整的实物体系，它不仅综合了土建工程的艺术风格、建筑功能、结构构造、装饰做法等多方面的技术成就，而且综合了工艺设备、采暖通风、供水供电、通信网络、安全监控、卫生设备等各类设施，具有较强的综合性。

二、建筑施工特点

(一) 建筑施工的长期性

建筑产品的庞体性决定了建筑产品生产周期长，建筑产品在施工过程中要投入大量的劳动力、材料、构配件、机械，还受到生产技术、工艺流程和活动空间的限制，使其生产的周期少则几月，多则几年甚至十几年。

(二) 建筑施工的流动性

建筑产品的固定性决定了建筑产品生产的流动性。由于建筑产品是固定的，因此参与施工的人员、机具、材料等不仅要随着建筑物建造地点的变更而流动，而且还要随着建筑物施工部位的改变而在不同空间流动。这就要求事先必须有一个周密的项目管理规划（或施工组织设计），使流动的人员、机械、材料等互相配合协调。做好流水施工的安排，使建筑物的施工连续均衡地进行。

(三) 建筑施工的单件性（个别性）

由于建筑产品的多样性，决定了建筑产品生产的单件性。即使同一类型的建筑物，由于在不同地区、季节、现场条件下，从施工准备工作到施工工艺、施工方法等也都不尽相同。建筑产品的施工一般没有固定的模式，而是按照建设单位的要求和规划，根据使用功能、建设地点进行单独设计和施工。即使是选用标准设计、通用构件或配件，由于建筑产品所在地区的自然、技术、经济等条件不同，也使建筑产品的结构或构造、建筑材料、施工组织和施工方法都不尽相同，从而使各建筑产品的施工具有单件性。

(四) 建筑施工的复杂性

由于建筑产品的综合性，建筑施工的流动性和个别性，以及建筑产品生产的时间长、工作量大、资源消耗多、涉及面广等特点，必然造成施工的复杂性。这就要求事先有一个全面的施工组织设计，提出相应的技术、组织、经济、合同、信息等保障措施，使建筑施工任务能优质、低耗、安全、快速地完成。

第四节　施工组织设计的作用与分类

一、施工组织设计的作用

施工组织设计是以施工项目为对象编制的，用以指导其施工全过程各项活动的技术、经济、组织、协调和控制的综合性文件。对于施工企业在招投标过程中的中标、施工过程中指挥施工、工程完工后的结算均起到重要作用，也是工程资料档案的重要组成部分。施工组织设计作用主要体现在以下几方面：

(1) 施工组织设计是沟通设计和施工之间的桥梁。既要体现拟建工程设计和使用的要求，又要符合建筑施工的客观规律，对施工全过程起战略部署或战术安排的作用。

(2) 施工组织设计是施工准备工作的重要组成部分，又是做好施工准备工作的主要依据和重要保证。

(3) 施工组织设计是对施工过程实行科学管理的重要手段，是编制施工预算和施工计划的主要依据，是建筑企业施工管理的重要组成部分。

因此，编好施工组织设计，对按科学规律组织施工，建立正常施工顺序，有计划地开展各项施工过程；协调各施工单位、各工种、各种资源之间以及空间布置与时间安排之间的关系；保证施工顺利进行，按期按量完成施工任务，取得最佳的施工经济效益等，都将起到积极的促进作用。

二、施工组织设计的分类

施工组织设计按编制对象，可分为施工组织总设计、单位工程施工组织设计和施工方案。

1. 施工组织总设计（general construction organization plan）

施工组织总设计是以若干单位工程组成的群体工程或特大型项目为主要对象编制的施工组织设计，对整个项目的施工过程起统筹规划、重点控制的作用。

它是经过招投标确定了总包单位以后，在总包单位的总工程师的主持下，会同建设单位、设计单位、分包单位的相应工程师共同编制。其主要内容包括：工程概况、总体施工部署、施工总进度计划、总体施工准备与主要资源配置计划、主要施工方法、施工总平面布置等。它是编制单项（位）工程施工组织设计的依据。

2. 单位工程施工组织设计（construction organization plan for unit project）

单位工程施工组织设计是以单位（子单位）工程为主要对象编制的施工组织设计，对单位（子单位）工程的施工过程起指导和制约作用。

它是在签订相应工程施工合同之后，在项目经理组织下，由项目工程师负责编制。主要内容包括：工程概况、施工部署、施工进度计划、施工准备与资源配置计划、主要施工方案、施工现场平面布置等。它是编制分部（项）工程施工组织设计的依据。

3. 施工方案（construction scheme）

施工方案是以分部（分项）工程或专项工程为主要对象编制的施工技术与组织方案，用以具体指导其施工过程。

它是在编制单项（位）工程施工组织设计的同时，由项目主管技术人员负责编制。主要内容包括：工程概况、施工安排、施工进度计划、施工准备与资源配置计划、施工方法及工艺要求等。作为该项目专业工程具体实施的依据。

三、施工组织设计的编制原则

施工组织设计的编制必须认真贯彻国家工程建设的法律、法规、规程以及方针和政策，遵循工程建设程序，并应符合下列原则：

(1) 符合施工合同或招标文件中有关工程进度、质量、安全、环境保护、造价等方面的要求；

(2) 积极利用工程特点，开发、使用新技术和新工艺，推广应用新材料和新设备；

(3) 坚持科学的施工程序和合理的施工顺序，采用流水施工和网络计划等方法，科学配置资源，合理布置现场，采取季节性施工措施，实现均衡施工，达到合理的经济技术指标；

(4) 采取技术和管理措施，推广建筑节能和绿色施工；

(5) 与质量、环境和职业健康安全三个管理体系有效结合。

四、施工组织设计的编制和审批

(1) 施工组织设计应由项目负责人主持编制，可根据需要分阶段编制和审批。

有些分期分批建设的项目跨越时间很长，还有些项目地基基础、主体结构、装修装饰和机电设备安装并不是由一个总承包单位完成，此外还有一些特殊情况的项目，在征得建设单位同意的情况下，施工单位可分阶段编制施工组织设计。

(2) 施工组织总设计应由总承包单位技术负责人审批；单位工程施工组织设计应由施工单位技术负责人或技术负责人授权的技术人员审批；施工方案应由项目技术负责人审批；重点、难点分部（分项）工程和专项工程施工方案应由施工单位技术部门组织相关专家评审，施工单位技术负责人批准。

在《建设工程安全生产管理条例》(国务院第393号令，国务院2019年714号令修改)中规定：对于达到一定规模的危险性较大的分部（分项）工程编制专项施工方案，并附具安全验算结果，经施工单位技术负责人、总监理工程师签字后实施。涉及深基坑、地下暗挖工程、高大模板工程的专项施工方案，施工单位还应当组织专家进行论证、审查。除上述《建设工程安全生产管理条例》中规定的分部（分项）工程外，施工单位还应根据项目特点和地方政府部门有关规定，对具有一定规模的重点、难点分部（分项）工程进行相关论证。

(3) 由专业承包单位施工的分部（分项）工程或专项工程的施工方案，应由专业承包单位技术负责人或技术负责人授权的技术人员审批；有总承包单位时，应由总承包单位项目技术负责人核准备案。

(4) 规模较大的分部（分项）工程和专项工程的施工方案应按单位工程施工组织设计进行编制和审批。

有些分部（分项）工程或专项工程，如主体结构为钢结构的大型建筑工程，其钢结构分部工程规模很大且在整个工程中占有重要的地位，需另行分包，遇有这种情况的分部（分项）工程或专项工程，其施工方案应按施工组织设计进行编制和审批。

五、施工组织设计的动态管理

项目施工过程中，发生以下情况之一时，施工组织设计应及时进行修改或补充：

(1) 工程设计有重大修改。当工程设计图纸发生重大修改时，如地基基础或主体结构的形式发生变化、装修材料或做法发生重大变化、机电设备系统发生大的调整等，需要对施工组织设计进行修改；对工程设计图纸的一般性修改，视变化情况对施工组织设计进行补充；对工程设计图纸的细微修改或更正，施工组织设计则不需调整。

(2) 有关法律、法规、规范和标准实施、修订和废止。当有关法律、法规、规范和标准开始实施或发生变更，并涉及工程的实施、检查或验收时，施工组织设计需要进行修改或补充。

(3) 主要施工方法有重大调整。由于主客观条件的变化，施工方法有重大变更，原来的施工组织设计已不能正确地指导施工，需对施工组织设计进行修改或补充。

(4) 主要施工资源配置有重大调整。当施工资源的配置有重大变更，并且影响到施工方法的变化或对施工进度、质量、安全、环境、造价等造成潜在的重大影响，需对施工组织设计进行修改或补充。

(5) 施工环境有重大改变。当施工环境发生重大改变，如施工延期造成季节性施工方法变化，施工场地变化造成现场布置和施工方式改变等，致使原来的施工组织设计已不能正确地指导施工，需对施工组织设计进行修改或补充。

经过修改或补充的施工组织设计原则上需经原审批级别重新审批。项目施工前，应进行施工组织设计逐级交底；项目施工过程中，应对施工组织设计的执行情况进行检查、分析并适时调整。

六、施工组织设计的贯彻

施工组织设计的贯彻实质上是将一个静态平衡方案，放到不断变化的施工过程中，考核其效果和检查其优劣的过程，从而达到其预定目标。为了保证施工组织设计顺利贯彻实施，应做好以下几个方面的工作。

（一）做好施工组织设计交底

经过审批的施工组织设计，在开工前要召开各级生产、技术会议，逐级进行交底；详细地讲解其内容、要求和施工的关键与保证措施，组织现场技术人员及工长广泛讨论；拟订完成任务的技术组织措施，责成计划部门制订出切实可行而又严密的施工计划；责成技术部门拟订科学合理而又具体的技术实施细则，保证施工组织设计的贯彻执行。

（二）制订各项管理制度

施工组织设计贯彻的顺利与否，主要取决于施工企业的管理素质、技术素质及经营管理水平，而体现企业素质和水平的标志，在于企业各项管理制度的健全与否。实践经验证明，只有施工企业有了科学、健全的管理制度，企业的正常生产秩序才能维持，才能保证施工组织设计的顺利实施。

（三）推行技术经济承包制

推行技术经济承包制度，开展劳动竞赛，把施工过程中的技术经济责任同职工的物质利益结合起来。如开展全优工程竞赛，推行全优工程综合奖、节约材料奖和技术进步奖等，对于全面贯彻施工组织设计是十分必要的。

（四）统筹安排及综合平衡

施工过程中的任何平衡都是暂时的和相对的，平衡中必然存在不平衡的因素，要及时分析和研究这些不平衡因素，不断地进行各专业工种的综合平衡，进一步完善施工组织设计，保证施工的节奏性、均衡性和连续性。

（五）切实做好施工准备工作

施工准备工作是保证均衡和连续施工的重要前提，也是顺利地贯彻施工组织设计的重要保证。拟建工程项目不仅在开工之前做准备工作，而且在施工过程中的不同阶段也要做好相应的准备工作，这对于施工组织设计的贯彻执行是非常重要的。

七、施工组织设计的检查与调整

（一）施工组织设计的检查

施工组织设计编制好之后，一方面用于规划和指导具体施工，另一方面是工程结算和索赔的依据。因此，要求对编制好的施工组织设计进行细致的检查，使其尽可能满足工程实际施工条件，尽可能完善、科学、合理。特别是对施工方案说明书、施工进度计划表、施工现场平面布置图，即“一案、一图、一表”应进行细致检查。检查具体内容如下：

（1）施工方案说明书中各分部分项工程施工方法，施工机械，采取的技术、质量、安全措施等是否切实可行？

(2) 施工进度计划的安排是否符合建设单位及有关部门提出的对该建设项目的交付使用或部分投产时间的要求？各工序间的逻辑关系是否正确？资源消耗是否均衡？

(3) 施工平面图布置是否合理？能否确保文明施工要求？

(二) 施工组织设计的调整

经检查和调整的施工组织设计，是组织工程施工活动的重要技术、经济的综合性文件。但在工程实施过程中，总还会有这样或那样的不可预见因素，如重大设计变更、不可抗拒的自然灾害、资源供应等因素。此时，原有的施工组织设计所制定的有关内容和措施已不符合现场实际施工条件。为保证工程建设始终保持良好的进展状态，应对原有的施工组织设计相关内容和措施进行相应的调整。调整后的施工组织设计应及时向各有关部门和单位通报或审批，必要时还应召开有关方面会议，共同探讨，求得统一认识，以保持行动上步调一致。

第五节 施工准备工作

施工准备工作是指为了保证工程顺利开工和施工活动正常进行而事先要做好的各项准备工作。它是施工程序中的重要环节，不仅存在于开工之前，而且贯穿于整个施工过程之中。

一、施工准备工作的意义和内容

(一) 施工准备工作的意义

现代化的建筑工程施工是一项十分复杂的生产活动，须事先做好统筹安排和准备，否则将会造成施工混乱，无法保证进度、质量等各方面要求。因此，施工人员必须对施工准备工作有足够的重视。具体说，做好施工准备工作具有以下重要意义：

1. 遵循建筑施工程序

“做好施工准备工作，提出开工报告”是建筑施工程序中的一个重要阶段，而建筑施工程序又是施工过程中必须遵循的客观规律。只有做好施工准备工作才能保证工程顺利开工和施工的正常进行，才能保质保量，按期交工，取得预期的投资效果。

2. 降低施工风险

由于建筑产品特有的施工特点，使很多因素为不可预见因素，其施工受外界干扰、自然因素影响较大，因而施工中可能遇到的风险就多。施工准备工作是根据周密的科学分析和多年施工经验来确定的，具有一定的预见性，因此，做好施工准备工作，采取科学预防措施，加强应变能力，才能有效地降低施工风险。例如，提前做好冬、雨期施工准备工作。

3. 创造工程开工和顺利施工的条件

建筑工程项目施工需要大量的人力、物力、财力、机械设备等资源，开工前应做好劳动力及各项资源准备工作，组织好材料、构件的运输、存放等工作；做好现场的通水、通电、通路等准备工作，为拟建工程按时开工创造有利条件。

4. 提高企业经济效益

认真做好各项准备工作，能够充分调动各方面的积极因素，合理组织利用各方资源，做到人尽其才、物尽其用，从而加快施工进度，提高工程质量降低施工成本，从而提高了企业经济效益和社会效益。

实践证明，施工准备工作的好坏，将直接影响建筑产品生产的全过程，只有认真细致地做好各项施工准备工作，积极为工程创造有利条件，才能够取得施工主动权，从而多、快、好、省地完成施工任务。如果违背施工程序，不重视施工准备工作，仓促开工，必然给工程施工带来麻烦，甚至使施工无法进行。这样虽有加快施工进度的主观愿望，但往往造成事与愿违的客观结果，欲速则不达，反而造成了不必要的经济损失。

(二) 施工准备工作的分类

1. 按准备工作范围划分

施工准备工作按照规模和范围可以分为：全场性施工准备、单项（位）工程施工条件准备、分部（项）工程作业条件准备三种。

(1) 全场性施工准备。它是以一个建设项目为对象进行的统一部署，其目的和内容都是为全场性施工服务的，它不仅要为全场性的施工活动创造有利条件，而且要兼顾单项工程施工条件的准备。

(2) 单项（位）工程施工条件准备。它是以一个建筑物或构筑物为对象进行的施工准备，其目的和内容都是为该单项（位）工程服务的，它既要为该单项（位）工程做好开工前的一切准备，又要为其分部（项）工程施工进行作业条件的准备。

(3) 分部（项）工程作业条件准备。它是以一个分部（项）工程或冬、雨期施工工程为对象进行的作业条件准备。

2. 按工程所处阶段划分

施工准备工作按照拟建工程所处的施工阶段不同，一般可以分为开工前的施工准备工作和开工后的施工准备工作两种。

(1) 开工前的施工准备工作。它是在拟建工程正式开工前，所进行的带有全局性和总体性的施工准备，其目的是为工程正式开工创造必要的施工条件。它既包括全场性施工准备，又包括单项（位）工程施工条件准备。

(2) 开工后的施工准备工作。它是在拟建工程开工后，每个施工阶段正式开始之前所进行的施工准备，其目的是为每个施工阶段创造必要的施工条件。如混合结构住宅的施工，通常分为地下工程、主体结构工程、装饰工程等施工阶段，每个施工阶段施工内容不同，所需物资技术条件、组织要求和现场布置等方面也不相同。因此必须做好相应的施工准备工作。

(三) 施工准备工作的内容

根据第四版《建筑施工手册》的相关内容，施工准备工作可以分为五大部分：技术准备、物资准备、劳动组织准备、施工现场准备、施工场外协调，见图1-2。

施工准备工作内容
- 技术准备
  - 认真做好扩大初步设计方案的审查工作
  - 熟悉和审查施工图
  - 原始资料调查分析
  - 编制施工图预算和施工预算
  - 编制施工组织设计
- 物资准备
  - 建筑材料的准备
  - 构配件和制品的加工准备
  - 建筑施工机具准备
  - 生产工艺设备准备
- 劳动组织准备
  - 建立施工项目领导机构
  - 建立精干的工作队组
  - 集结施工力量，组织劳动力进场
  - 做好职工入场教育工作
- 施工现场准备
  - 施工现场控制网测量
  - 做好“四通一平”，认真设置消火栓
  - 建造施工设施
  - 组织施工机具进场
  - 组织建筑材料进场
  - 拟订有关试验、试制项目计划
- 施工场外协调
  - 材料加工订货
  - 施工机械租赁或定购
  - 做好分包或劳务安排

图1-2　施工准备工作内容

二、施工准备工作应注意的问题

要做好施工准备工作，应注意以下问题。

1. 分阶段、有组织、有计划地进行

不同施工阶段，施工准备工作的具体内容也不相同。要落实各项准备工作，必须根据不同时期、不同阶段各准备工作的具体内容、时间、人员，编制出相应的准备工作计划，使各项准备工作都有组织、有计划地分期分批进行。

2. 建立严格的保证措施

(1) 严格执行施工准备工作责任制。准备工作项目广、内容多，因此必须建立严格的责任制和检查制。把准备工作的责任落实到有关部门和个人，一般情况，施工现场准备工作应由项目经理全权负责。

(2) 严格执行施工准备工作检查制。准备工作在实施过程中应定期进行检查（按月、周或其他规定时间)，主要检查施工准备工作计划执行情况。如果准备工作未按计划完成，应及时分析，找出原因，排除障碍，调整后期计划，切实保证准备工作按计划完成。

(3) 严格执行开工报告制。当施工准备工作完成，具备开工条件时，项目经理部应写出开工报告，经企业领导审批后，报建设单位或监理单位审批。总监理工程师审批通过后，在工程开工报审表上签署同意意见，施工单位在限定时间内开工，不得拖延。

3. 施工准备工作贯穿施工全过程

施工准备工作不仅仅是施工前的准备工作，它要贯穿于整个施工全过程。

4. 各相关单位都要做好施工准备工作

施工准备工作涉及面广，除了施工单位自身要努力做好之外，其他相关单位，如建设单位、设计单位、材料供应商以及其他协作单位都应积极做好相应准备工作。

5. 施工准备工作应做好四个结合

(1) 施工与设计相结合。接到施工任务后，施工单位应及早同设计单位联系，着重了解工程的总体规划、平面布局、结构形式、构件种类以及新材料新技术的应用和主要施工图纸的出图顺序，从而能够使出图顺序与单位工程开工顺序以及施工准备工作顺序协调一致，有利于施工的正常进行。

(2) 室内准备工作与室外准备工作相结合。室内准备工作主要是指技术资料的准备，室外准备工作主要指施工现场准备。室内准备对室外准备工作起着指导作用，而室外准备工作则为室内准备工作提供依据或具体落实室内准备工作的计划。室内准备工作与室外准备工作必须互相协调、结合进行。

(3) 土建工程准备与专业工程准备相结合。在工程实施过程中，土建单位工程要与管道安装、机电设备等其他专业工程相互配合进行，如果其他专业工程与土建工程施工步调不一致，则会直接影响施工进度。因此土建施工单位做施工准备工作时，要告知专业施工单位，做到土建工程准备与专业工程准备相结合。

(4) 前期施工准备与后期施工准备相结合。由于施工准备工作贯穿于整个施工过程，因此准备工作周期长，有些是开工前做的，有些是在开工后交叉进行的，既要立足于前期准备工作，又要着眼于后期准备工作，统筹安排好前期准备工作和后期准备工作，使二者很好地结合起来，为工程顺利进行创造良好的条件。

三、施工准备工作的具体内容

（一）技术准备

技术准备工作是施工准备工作的核心内容，任何技术差错和隐患都可能引起人身安全和质量事故，造成生命财产的巨大损失，因此必须认真仔细做好技术准备工作。其主要内容包括：认真做好扩大初步设计方案的审查工作；熟悉和审查施工图纸；原始资料调查分析；编制施工图预算和施工预算；编制施工组织设计。

1. 认真做好扩大初步设计方案的审查工作

任务确定以后，应提前与设计单位结合，掌握扩大初步设计方案的编制情况，使方案的设计，在质量、功能、工艺技术等方面均能适应建筑材料、建筑施工的发展水平，为施工扫除障碍。

2. 熟悉和审查施工图纸

施工图纸是施工的基本依据，在施工前必须熟悉图纸中的各项要求。熟悉和审查施工图纸一般应从以下几方面进行：

（1）施工图纸是否完整和齐全；施工图纸是否符合国家有关工程设计和施工的方针及政策。

（2）施工图纸与其说明书在内容上是否一致；施工图纸及各组成部分之间有无矛盾和错误。

（3）建筑图与其相关的结构图，在尺寸、坐标、标高和说明方面是否一致，技术要求是否明确。

（4）熟悉工业项目的生产工艺流程和技术要求，掌握配套投产的先后次序和相互关系；审查设备安装图纸与其配合的土建图纸，在坐标和标高尺寸上是否一致，土建施工的质量标准能否满足设备安装的工艺要求。

（5）基础设计或地基处理方案同建造地点的工程地质和水文地质条件是否一致；弄清建筑物与地下构筑物、管线间的相互关系。

（6）掌握拟建工程的建筑和结构的形式和特点，需要采取哪些新技术；复核主要承重结构或构件的强度、刚度和稳定性能否满足施工要求，对于工程复杂、施工难度大和技术要求高的分部（项）工程，要审查现有施工技术和管理水平能否满足工程质量和工期要求，建筑设备及加工订货有何特殊要求等。

熟悉和审查施工图纸主要是为编制施工（组织设计）提供各项依据，通常按图纸自审、会审和现场签证等三个阶段进行。

（1）图纸自审阶段。图纸自审由施工单位主持，一般由施工单位的项目经理部组织各工种人员对本工种的有关图纸进行审查，掌握和了解图纸中的细节；在此基础上，由总包单位内部的土建与水、暖、电等专业，共同核对图纸，消除差错，协商施工配合事项；最后由总包单位与外分包单位（如桩基施工、装饰装修工程施工等）在各自审查图纸的基础上，共同核对图纸中的差错，协商施工配合问题，并写出图纸自审记录。

（2）图纸会审阶段。一般由建设单位组织并主持会议，设计单位对图纸进行交底，施工单位和监理单位共同参加。对于重点工程或规模较大及结构、装修较复杂的工程，有必要时，可以邀请各主管部门、消防、防疫与协作单位参加。

图纸会审程序是：设计单位首先做设计交底，施工单位对图纸提出问题，有关单位发表意见，与会者讨论、研究、协商，逐条解决问题达成共识，形成《图纸会审纪要》，见表1-1；由建设单位正式行文，各方共同会签并盖公章，作为指导施工和工程结算的依据。《图纸会审纪要》作为与施工图纸具有同等法律效力的技术文件使用。

表1-1 **图纸会审纪要**

会审日期： 年 月 日 编号：

<table>
<tr><td rowspan="2">工程名称</td><td colspan="3" rowspan="2"></td><td>共 页</td></tr>
<tr><td>第 页</td></tr>
<tr><td>图纸编号</td><td colspan="2">提出问题</td><td colspan="2">会审结果</td></tr>
<tr><td></td><td colspan="2"></td><td colspan="2"></td></tr>
<tr><td>会审单位（公章）</td><td>建设单位</td><td>监理单位</td><td>设计单位</td><td>施工单位</td></tr>
<tr><td>参加会审人员</td><td></td><td></td><td></td><td></td></tr>
</table>

(3) 图纸现场签证阶段。图纸现场签证是在工程施工中，遵循技术核定和设计变更签证制度，对所发现的问题进行现场签证，作为指导施工、竣工验收和结算的依据。

3. 原始资料调查分析

(1) 自然条件调查分析。它包括建设地区的气象、建设场地的地形、工程地质和水文地质、施工现场地上和地下障碍物状况、周围民宅的坚固程度及其居民的健康状况等项调查，为编制施工现场的“四通一平”计划提供依据。如地上建筑物的拆除、高压输电线路的搬迁、地下构筑物的拆除和各种管线的搬迁、打桩工程等项工作，为减少施工公害，应在施工前对居民的危房和居民中的心脏病患者，采取保护性措施。自然条件调查用表，见表1-2。

表1-2 **气象、地形、地质和水文调查内容表**

项目	调查内容	调查目的
气温	1. 年平均温度、最高、最低、最冷、最热月的逐月平均温度，结冰期、解冻期 2. 冬、夏室外温度 3. 小于或等于-3℃、0℃、+5℃的天数、起止时间	1. 防暑降温 2. 冬季施工 3. 混凝土、灰浆强度增长
降雨	1. 雨季起止时间 2. 全年降水量、昼夜最大降水量 3. 年雷暴日数	1. 雨季施工 2. 工地排水、防洪 3. 防雷
风	1. 主导风向及频率 2. 大于或等于8级风全年天数时间	1. 布置临时设施 2. 高空作业及吊装措施
地形	1. 区域地形图 2. 厂址地形图 3. 该区的城市规划 4. 控制桩、水准点的位置 5. 地形、地貌特征	1. 选择施工用地 2. 合理布置施工总平面图 3. 现场平整土方量计算 4. 障碍物及数量 5. 拆迁后的现场清理

续表

项　目	调查内容	调查目的
地　震	烈度大小	1. 对地基影响 2. 施工措施
地　质	1. 钻孔布置图 2. 地质剖面图（土层特征及厚度） 3. 地质的稳定性、滑坡、流沙 4. 物理力学指标：天然含水率，天然孔隙比、压缩试验 5. 最大冻结深度 6. 地基土强度结论 7. 地基土破坏情况，土坑、堀井、古墓、地下构筑物	1. 土方施工方法的选择 2. 地基处理办法 3. 基础施工 4. 障碍物拆除计划 5. 复合地基基础设计
地下水	1. 最高最低水位及时间 2. 流向、流速及流量 3. 水质分析 4. 抽水试验	1. 土方施工 2. 基础施工方案的选择 3. 降低地下水位 4. 侵蚀性质及施工注意事项
地面水	1. 邻近的江河湖泊及地下水 2. 洪水、平水及枯水期 3. 流量、水位及航道深 4. 水质分析	1. 临时给水 2. 航运组织 3. 水工工程

(2) 技术经济条件调查分析。它包括地方建筑生产企业，地方资源，交通运输条件，水、电源和其他动力条件，主要设备、材料和特殊物资，以及参加施工的各单位（含分包）生产能力等项调查，各项技术经济条件调查用表，分别见表 1-3～表 1-8。

表 1-3　　地方建筑生产企业情况调查内容表

企业和产品名称	规格	单位	生产能力	供应能力	生产方式	出厂价格	运距	运输方式	单位价格	备注

注 1. 企业名称按构件厂、木工厂、商品混凝土厂、门窗厂、设备、脚手、模板租赁厂、金属结构厂、砖厂、瓦厂、石灰厂等填列。
2. 这一调查可向当地计划、经济或建筑主管部门进行。

表 1-4　　地方资源情况调查内容表

材料（货源）名称	产地	埋藏量	质量	开采量	开采费	出厂价	运距	运费	备注

注 材料名称按块石、碎石、砾石、砂、工业废料（包括冶金矿渣、炉渣、电站粉煤灰等）填列。

表 1-5　　交通运输条件调查内容表

项　目	内　容
铁　路	1. 临近铁路专用线、车站至工地距离，运输条件 2. 车站起重能力，卸货线长度，现场存储能力 3. 装卸货物的最大储存量 4. 运费、装卸费和装卸力量
公　路	1. 各种材料至工地的公路等级、路面构造、路宽及完好情况、允许最大载重量 2. 途经桥涵等级，允许最大载重量 3. 当地专业运输机构及附近农村能提供的运输能力（t·km 数）。汽车数量、效率 4. 运费、装卸费、装卸力量 5. 有无汽车修配厂，至工地距离，道路情况，能提供的修配能力

续表

项　目	内　容
航　运	1. 货源与工地至临近河流、码头、渡口的距离，道路情况 2. 洪水、平水、枯水期，通航最大船只及吨位，取得船只情况 3. 码头卸货能力，最大起重量，增设码头的可能性 4. 渡口、渡船能力，同时可卸汽车、马车数量、每日次数，能为施工提供的能力 5. 每吨货物运价，装卸费和渡口费

表 1-6　　水、电源和其他动力条件调查内容表

项　目	内　容
给排水	1. 与当地现有水源连接的可能性，可供水量，接管地点，管径、材料、埋深、水压、水质、水费，至工地距离，地形情况 2. 自选临时江河水源，至工地距离，地形情况，水量、取水方式，水质及处理 3. 自选临时水井水源的位置、深度、管径和出水量 4. 利用永久排水设施的可能，施工排水去向、距离和坡度，洪水影响、现有防洪设施
供电与电讯	1. 电源位置，供电的可能性，方向，接线地点到工地距离，地形情况。允许供电容量，电压、导线截面、电费 2. 建设和施工单位自有发电设备的规格、型号、台数、能力 3. 利用临近电讯的可能性，电话电报局至工地距离，可能增设电话、计算机等自动化办公设备和线路情况
蒸汽等	1. 有无蒸汽来源，可供蒸汽量，管径、埋深、至工地距离，地形情况，蒸汽价格 2. 建设和施工单位自有锅炉设备的规格、型号、台数和能力，所需燃料，用水水质 3. 当地和建设单位的压缩空气、氧气提供能力，至工地距离

表 1-7　　主要设备、材料和特殊物资调查内容表

项　目	内　容
设　备	1. 主要工艺设备名称及来源，含进口设备 2. 分期和全部到货时间
三大材料	1. 钢材的规格、钢号、数量和到货时间 2. 木材的品种、等级、数量和到货时间 3. 水泥的品种、强度等级、数量和到货时间
特殊材料	1. 需要的品种、规格和数量 2. 进口材料和新材料

表 1-8　　参加施工的各单位（含分包）生产能力情况调查内容表

项　目	内　容
工　人	1. 总数，分工种人数 2. 定额完成情况 3. 一专多能情况
管理人员	1. 管理人员数，所占比例 2. 其中干部、技术人员、服务人员和其他人员数
施工机械	1. 名称、型号、能力、数量、新旧程度（列表） 2. 总装备程度（马力/全员） 3. 拟、订购的新增加情况

续表

项　目	内　容
施工经验	1. 在历史上曾施工过的主要工程项目 2. 习惯采用的施工方法 3. 采用过的先进施工方法 4. 科研成果
主要指标	1. 劳动生产率 2. 质量、安全 3. 降低成本 4. 机械化、工业化程度 5. 机械设备的完好率、利用率

4. 编制施工图预算和施工预算

施工图预算是在施工图纸设计完成后，工程开工前，施工单位按照施工图纸确定的工程量、施工组织设计拟定的施工方法、建筑工程消耗量定额和有关费用定额确定的单项或单位工程的全部建设费用的经济文件。

施工预算是施工企业内部对单项（位）工程进行施工管理的成本计划文件，是由施工单位根据会审施工图纸、施工企业内部的消耗量定额、施工组织设计，并考虑了节约因素，按照班组核算的要求于施工前编制的。施工预算是施工企业进行内部经济核算、向班组下达施工任务书、签发限额领料单，控制工、料、机消耗的基本依据，是企业控制成本支出的依据。

5. 编制施工组织设计

施工组织设计是以标前施工组织设计为大纲，在开工前编制用以规划和指导拟建工程从施工准备到竣工验收全过程中的各项活动的技术、经济、组织的一个综合性文件，也是编制施工预算、实行项目管理的依据，是施工前准备工作的主要文件，施工组织设计具有一定的可预见性和可操作性。施工组织编制程序详见第五章。

（二）物资准备

1. 物资准备工作内容

物资准备是指施工中必须的劳动手段（施工机械、机具）和劳动对象（材料、构件、配件）等的准备，是一项较为复杂而又细致的工作，建筑施工所需的材料、构件、配件、机具、设备等品种多、数量大，能否保证按计划供应，对整个施工过程的工期、质量、成本起着举足轻重的作用。物资准备的具体内容如下：

（1）建筑材料的准备。根据施工预算的材料分析和施工进度计划的要求，编制工程所需的材料需用量计划，作为施工备料、确定仓库和堆场面积以及组织运输的依据。

（2）构配件和制品的加工准备：

1）根据施工预算提供的各种构（配）件和制品加工要求，编制相应计划，为组织运输和确定堆场面积提供依据。

2）根据构（配）件和制品的需用量计划，向有关厂家提出加工订货计划要求，签订订货合同。

3）组织构（配）件和设备按计划进场，按照施工平面布置图做好存放及保管工作。

(3) 建筑施工机具准备：

1）根据施工方案和施工进度计划的要求，编制施工机具需用量计划，为组织运输和确定机具停放场地提供依据。

2）拟由本企业内部负责解决的施工机具，应根据需用量计划组织落实，确保按期供应。

3）施工企业缺少而又需要的施工机具，应与有关方面签订定购或租赁合同，以保证施工需要。

4）大型施工机械（如塔式起重机、挖土机、桩基设备）的需要量和时间，应与有关方面（如专业分包单位）联系，提出要求，落实后，签订有关分包合同，并为大型机械进出场做好现场准备工作。

5）安装调试施工机具，按照施工机具需用量计划，组织施工机具进场，根据施工平面图布置要求，将其置于规定地点或仓库。施工机具要进行就位、连通电源、保养、调试工作。所有施工机具都必须在使用前进行检查和试运转。

(4) 生产工艺设备准备。按照生产工艺流程及其工艺布置图的要求，编制工艺设备需用量计划，为组织运输和确定存放场地面积提供依据。

订购生产用的工艺设备，要注意设备进度与土建进度密切结合，因为某些庞大设备的安装往往要同土建施工穿插进行，如果土建工程全部完成或主体封顶后，设备安装就会有困难。因此，各种设备的交货时间要和安装、土建施工进度密切配合，才不会影响工程工期。

2. 物资准备工作程序

(1) 编制各种物资需要量计划。

(2) 签订物资供应合同。

(3) 确定物资运输方案和计划。

(4) 组织物资按计划进厂和保管。

(三) 劳动组织准备

工程项目是否能够按照预期目标顺利完成，很大程度上取决于承担这一工程的施工人员的素质。劳动组织准备是开工前施工准备工作的一项重要内容。劳动组织准备的具体内容如下：

1. 建立施工项目领导机构

根据工程规模、结构特点和复杂程度，确定施工项目领导机构的人选和名额；遵循合理分工与密切协作、因事设职与因职选人的原则，建立有施工经验、有开拓精神和工作效率高的施工项目领导机构。对于实行项目管理的工程，建立施工项目组织机构就是建立项目经理部。实行项目经理负责制。

(1) 项目经理部的设置步骤如下：

1）根据企业批准的“项目管理规划大纲”，确定项目经理部的管理任务和组织形式。

2）确定项目经理部的层次，设立职能部门与工作岗位。

3）确定人员、职责、权限。

4）由项目经理根据“项目管理目标责任书”进行目标分解。

5）组织有关人员制定规章制度和目标责任考核、奖惩制度。

(2) 项目经理部的组织形式。项目经理部的组织形式应根据施工项目的规模、结构复杂程度、专业特点、人员素质和地域范围确定，并符合下列规定：

1）大中型项目宜按矩阵式项目管理组织设置项目经理部。

2）远离企业管理层的大中型项目宜按事业部式项目管理组织设置项目经理部。

3）小型项目宜按直线职能式项目管理组织设置项目经理部。

2. 建立精干的工作队组

根据采用的施工组织方式，确定合理劳动组织，建立相应的专业或混合工作队组。

3. 集结施工力量，组织劳动力进场

按照开工日期和劳动力需要量计划，组织工人进场，安排好职工生活，并进行安全、防火和文明施工教育。

4. 做好职工入场教育工作

为落实施工计划和技术责任制，应按管理系统逐级进行交底。交底内容通常包括：工程施工进度计划和月、旬作业计划；各项安全技术措施、降低成本措施和质量保证措施；质量标准和验收规范要求；设计变更和技术核定事项等，必要时进行现场示范；同时健全各项规章制度，加强遵纪守法教育。

（四）施工现场准备

施工现场准备即通常所说的室外准备（外业准备），它是为拟建工程顺利开工创造有利施工条件和物质保障的基础，主要内容包括：施工现场测量控制网；做好“四通一平”，认真设置消火栓；建造施工设施；组织施工机具进场；组织建筑材料进场；拟定有关试验、试制项目计划；做好季节性施工准备。

1. 施工现场测量控制网

由于建筑施工工期长，现场情况变化大，因此，保证控制网点的稳定、正确，是确保建筑施工质量的先决条件，特别是在城区建设，障碍多、通视条件差，给测量工作带来一定的难度。因此，施工时应根据建设单位提供的由规划部门给定的永久性坐标和高程，按照建筑总平面图要求，进行施工场地控制网测量，设置场区永久性标桩。

控制网一般采用方格网，这些网点的位置应视工程范围的大小和控制精度而定。建筑方格网多由100～200m的正方形或矩形组成，如果土方工程需要，还应测绘地形图，通常这项工作由专业测量队完成，但施工单位还要根据施工具体情况做一些加密网点的补充工作。

在测量放线时，应首先对所使用的经纬仪、水准仪、钢尺、水准尺等测量仪器和测量工具进行检验和矫正，在此基础上制定切实可行的测量方案，包括平面控制、标高控制、沉降观测和竣工测量等工作。

工程定位放线是确定整个工程平面位置的关键环节，必须保证精度，杜绝错误。工程定位放线一般通过设计图中平面控制轴线来确定建筑物的位置，施工单位测定并经自检合格后提交有关部门和建设单位或监理人员验线，以保证定位的准确性。沿建筑红线放线后，还要由城市规划部门验线，以防止建筑物压红线或超红线，为正常顺利施工创造条件。

2. 做好“四通一平”，认真设置消火栓

确保施工现场场地平整、水通、电通、道路通畅和通信通畅；按照消防要求，设置足够数量的消火栓。

(1) 场地平整。施工现场清除障碍物后，即可进行场地平整工作。场地平整是根据建筑施工总平面图中规定的标高，通过测量，计算出填、挖工程量，设计土方调配方案，组织人力或机械进行平整场地的工作。土方调配方案应尽量做到以挖补填，挖填平衡，就近调运。

(2) 水通。施工现场用水包括生产、生活、消防用水。通水应按照施工总平面图的规划进行安排，尽可能利用永久性的给水系统。临时供水管线的铺设，既要满足施工现场用水的需用量，又要施工方便，还要尽可能缩短供水管线的长度，降低工程成本。

(3) 电通。电是施工现场的主要动力来源，施工现场用电包括施工生产用电和生活用电。建筑工程施工用电要考虑安全和节能措施。施工用电应按照施工组织设计要求布设线路和通电设备。电源首先应考虑从建设单位给定的电源上获得，如其供电能力不能满足施工用电需要，则应考虑在现场建立自备发电系统，以保证施工的连续进行。

(4) 道路通畅。施工现场的道路是组织物资进场的动脉，拟建工程开工前，必须按照施工平面图要求，接通场外主干线，修建必要的临时道路，修建的临时道路尽可能是今后永久性使用的道路，为节约临时工程费用，缩短施工准备工作时间，应尽量利用原有的道路设施。场内临时道路的形式根据施工现场具体情况而定，道路等级根据交通流量和所用车型决定。

(5) 通信通畅。工程开工前，要保证通信设施通畅，这样才可以和其他各部门之间随时联系，互相协调配合，保证工程顺利开工。

3. 建造施工设施

按施工平面图和施工设施需要量计划，建造各项施工设施，为正式开工准备好用房。

施工设施包括生产性临时设施和生活性临时设施两大类。在安排布置时要根据施工组织设计中施工平面图要求，并遵照当地有关规定。临时设施平面图及主要房屋结构图，都应报请城市规划、市政、消防、交通、环保等有关部门审查批准。

为了方便、安全、文明施工，应将施工现场用围墙围起来，围墙的形式、材料、高度应符合市容管理的有关规定和要求，并在主要出入口设置标牌挂图，标明工程项目名称、施工单位、项目负责人、有关安全操作规程等。

生产性临时设施和生活性临时设施都应按照批准的施工组织设计规定的数量、标准、面积、位置等要求组织修建。大中型工程的施工临时设施可分批分期修建。

4. 组织施工机具进厂

根据施工机具需用量计划，按照施工平面图要求，组织施工机具设备进场，按照规定地点和方式存放，并应进行相应的保养和试运转等项工作。

5. 组织建筑材料进场

根据建筑材料、构（配）件和制品需用量计划，组织其进场，并按照规定地点和方式储存或堆放。

6. 拟定有关试验、试制项目计划

建筑材料进场后，应进行各项材料的检验、试验。对于新技术项目，应拟定相应试制和试验计划，并均应在开工前实施。

7. 做好季节性施工准备

建筑工程施工绝大部分是露天作业，因此季节因素对施工影响较大，特别是冬、雨期，为保证按期、保质完成施工任务，必须按照施工组织设计要求，认真落实冬、雨、高温期施工项目的施工设施和技术组织措施。具体内容包括：

(1) 冬期施工准备工作：

1) 合理安排冬期施工的项目。冬期施工条件差、技术要求高，还需增加施工费用。因此，对一般不宜列入冬期施工的项目（如外墙的装饰装修工程），力争在冬期施工前完成，对已完成的部分要注意加以保护。

2）做好室内施工的保温。冬期来临前，应完成供热系统的调试工作，安装好门窗玻璃，以保证室内的其他施工项目能顺利进行。

3）做好冬期施工期间材料、机具的储备。在冬期来临之前，储存足够的物资，有利于节约冬期施工费用。

4）做好冬期施工的检查和安全防范工作。

（2）雨期施工准备工作：

1）合理安排雨期的施工项目。如雨天可做室内装饰装修。

2）做好施工现场的防水工作。无论是新建工程还是改造工程，都需在雨期来临之前，做好主体结构的屋面防水工作。

3）做好物资、材料的储存工作。

4）做好机具设备的保护工作。机械设备要注意防止雨雪淋湿，必须安装漏电保护器，安全接地；高度很大的井架要设置避雷装置等。

5）加强雨期施工的管理。对施工人员进行安全教育，避免各种事故的发生。

（五）施工场外协调准备

1. 材料加工订货

根据各项资源需用量计划，施工单位在工程开工前应和建材加工和设备制造单位取得联系，签订供货合同，保证按时供应。

2. 施工机械租赁或定购

对于本单位缺少且拟建工程需要的施工机具、机械，应根据需要量计划，同有关单位签订租赁合同或定购合同。

3. 做好分包或劳务安排

通过经济效益分析，适合分包或本单位难以承担的专业工程，如大型土石方、结构安装和设备安装工程，应尽早做好分包安排；采用招标或委托方式，同相应承担单位签订分包合同，保证合同实施。

第六节 组织施工的原则

根据我国建筑业几十年来积累的经验教训，总结出在组织工程项目施工时应遵守以下几项基本原则：

一、认真执行基本建设程序

基本建设程序是建设项目从设想、选择、评估、决策、设计、施工到竣工验收、投入生产或交付使用的整个建设过程中各项工作必须遵守的先后顺序，是项目建设客观规律的正确反映。如果违背了基本建设程序，就会给施工带来混乱，造成时间上的浪费、资源上的损失，甚至无法保证工程质量。因此，施工中必须认真执行基本建设程序。

二、合理安排施工顺序的原则

施工顺序的科学、合理，能够使施工过程在时间、空间上得到最优统筹安排，尽管施工顺序随工程性质、施工条件不同而变化，但是在安排施工顺序时一般遵循下列顺序：先地下，后地上；先主体后围护；先结构后装修，先土建后设备（对于特殊、大型设备，要合理安排土建和设备之间的先后顺序）。

安排施工计划时，适当安排冬、雨期施工项目，组织全年生产，提高施工的连续性和均衡性。即在保证重点项目的同时，可以将一些辅助项目或者受气候影响较小的项目安排在冬、雨期。

施工顺序不是固定不变的，随着不同的技术措施，可以采用不同的施工顺序。总之，在保证质量的前提下，尽量做到施工的连续性、均衡性、紧凑性，充分利用时间、空间上的优势发挥其最大效益是追求的目标。

三、采用流水施工和网络计划技术

在编制施工进度计划时，从实际出发，采用网络计划技术和流水施工方法安排进度计划，以保证施工连续、均衡、有节奏地进行，合理地使用人力、物力、财力，做好人力、物力的综合平衡，做到多、快、好、省、安全地完成施工任务。

四、提高建筑施工的工业化程度

应根据地区条件和作业性质，通过技术经济比较，恰当地安排某些施工内容工业化生产，充分利用现有的机械设备，以发挥其最高的机械效率，努力提高建筑工程施工的工业化程度。

五、采用先进施工技术和科学管理方法

先进的科学技术是提高劳动生产率、加快施工速度、降低工程成本、提高工程质量的重要方法和手段。产品工业化生产是先进科学技术在土木工程施工中的一种体现，是工程工业现代化的发展方向。

在选择施工方案时，要积极采用新材料、新工艺、新技术；注意结合工程特点和现场条件，使技术的先进适用性和经济合理性相结合，防止单纯追求技术的先进而忽视经济效益的做法。

六、科学布置施工平面图

施工平面图是布置施工现场的基本依据，是实现有组织、有计划、顺利进行施工的重要条件，也是施工现场文明施工的重要保证。

施工平面图应严格按照平面图设计原则和步骤，根据拟建工程具体情况科学布置。布置时需要考虑的因素有：尽可能减少材料的二次搬运；需要垂直运输的材料、构件尽可能堆放在垂直运输机械的服务范围之内；生活性临时设施和生产性临时设施应划分区域等。

七、质量第一，重视施工安全

施工过程中要严格按设计要求组织施工，严格执行施工验收规范、操作规程和质量检验评定标准，从各方面制定保证质量的措施，预防和控制影响工程质量的各种因素。

要贯彻“安全为了生产，生产必须安全”的方针，建立健全各项安全管理制度，制定确保安全施工的措施，做到预防为主。并在施工过程中经常进行检查和监督，发现问题要及时提出整改措施，消除安全隐患，确保安全生产。

八、有效降低施工成本，提高经济效益

要贯彻勤俭节约的原则，因地制宜，就地取材；充分利用已有的设施、设备，提高机械设备利用率，制定节约能源和材料的措施，合理安排人力、物力，做好综合平衡调度，提高经济效益。

九、正确处理施工与环保的关系

环境保护是我国的一项基本国策。各施工企业应按照国家和地方法律、法规的要求，采取措施控制施工现场的粉尘、废气、固体废弃物以及噪声、振动等对环境的污染和危害，并且注意对资源的节约，做到既要保证工程顺利施工，又要保护和改善施工现场的环境。

本章小结

本章主要介绍了建筑工程施工组织基本概念以及有关的施工准备工作两部分内容。

第一部分内容，针对建筑施工组织的一些相关概念和内容进行了介绍，使学生对课程的研究对象、任务、作用、分类等有了一个清晰的认识。其中基本建设、基本建设程序、建筑施工程序、建设项目及其组成、建筑产品及施工特点和组织施工原则等都为施工组织设计做出了相应的铺垫。

第二部分内容，在介绍建筑工程施工准备工作的目的、意义、要求的基础上，主要介绍了建筑工程施工准备的主要内容，分别是：技术准备；物资准备；劳动组织准备；施工现场准备和场外协调准备五部分。

能力训练　现场教学：施工组织实地调研

一、目的

组织学生到施工现场，了解实际工程施工中施工组织设计到底发挥怎样的意义与作用，为学生今后学习确立目标与方向，激发其学习本课程的积极主动性。

二、内容与要求

（一）现场教学内容

（1）选择现场教学基地，进行工程实际施工情况的分析，提出需要解决的问题（如，材料、构件、各种加工棚、临时设施怎样在现场布置比较合理；各个施工过程什么时候开工、完工、用多少个施工人员来砌筑墙体等）。

（2）了解现场施工准备工作包括哪些内容，各个阶段准备工作的侧重点。

（3）使施工组织设计的抽象概念在施工现场具体化。

（二）现场教学要求

（1）所有学生应对现场仔细观察，提出问题，进一步明确本课程研究的对象与任务。

（2）记录现场的各项实际施工准备工作，与教材中介绍的施工准备工作进行对照。

（3）汇总全班同学提出的问题，请同学做出回答，老师点评。

三、组织方法

如果条件允许，可以组织学生到施工现场进行了解，明确学习本门课程的意义、要求，同时对施工现场准备工作有直观的认识。

时间安排：1天。

思考题

1. 试述建筑工程施工组织设计的内容。

2. 基本建设项目的组成内容有哪些?

3. 简述施工组织设计的作用与分类。

4. 简述施工准备工作的主要内容。

5. 建筑工程的施工组织设计应遵循哪些原则?

6. 基建程序与建施程序分别指什么?各包括哪些阶段?

习 题

一、名词解释

1. 单位工程施工组织设计。

2. 基本建设。

3. 建设项目。

二、填空题

1. 基本建设项目按建设性质可分为(　　　)、(　　　)、(　　　)、(　　　)和(　　　),按建设项目的用途可分为(　　　)和(　　　)。

2. 基本建设程序一般可分为(　　　)、(　　　)、(　　　)和(　　　)四个阶段。

3. 建筑产品的特点有(　　　)、(　　　)、(　　　)和(　　　)。

4. 建筑工程施工的特点有(　　　)、(　　　)、(　　　)、(　　　)和(　　　)。

5. 施工组织设计是沟通(　　　)和(　　　)之间的桥梁。

三、判断题

1. 基本建设是指固定资产的建设。(　　　)

2. 凡具有单独的设计文件,竣工后可以独立发挥生产能力或效益的工程,称为一个单位工程。(　　　)

3. 建筑施工的流动性主要是由建筑产品的多样性造成的。(　　　)

4. 建筑产品的多样性主要是由建筑产品的固定性造成的。(　　　)

5. 单位工程施工组织设计一般由建设单位编制。(　　　)

6. 单位工程施工组织设计的编制对象是工程量小的工程。(　　　)

7. 基本建设程序是施工管理全过程的顺序。(　　　)

8. 因为分项工程是指具体的操作过程,所以,不能够对分项工程编制施工组织设计。(　　　)

9. 建筑工程施工组织课程研究对象是所有的建筑物。(　　　)

10. 建筑施工程序是拟建工程在整个施工阶段必须遵循的客观规律。(　　　)

第二章　建筑工程流水施工

知识目标　了解组织施工方式中的平行施工和依次施工的概念、特点，掌握流水施工的基本概念、原理、特点、具体组织方式，熟悉流水施工的主要参数。

能力目标　针对具体工程，能够识读进度计划并且判别进度计划实施的可操作性；对分部工程和简单的单位工程，具有合理地组织流水施工的能力。

第一节　流水施工的基本概念

流水施工来源于工业生产的“流水作业”，是一种比较科学的组织施工的方法，用该方式组织施工，可以取得较好的经济效益，因此，在建筑工程施工组织中通常被广泛采用。

一、组织施工三种方式

任何建筑工程的施工，都可以分解为许多施工过程，每一个施工过程又可由一个或多个专业或混合的施工班组负责施工。在每个施工过程中，都包括各项资源的调配问题，其中，最基本的是劳动力的组织安排问题。通常情况下，组织施工可以采用依次施工、平行施工、流水施工三种方式。现就三种方式的施工特点和效果分析如下。

【案例分析】　现有三幢同类型房屋基础进行施工，按一幢为一个施工段。已知每幢房屋基础都可以分为土方开挖、垫层、砖基础、回填土四个部分。各部分所花时间分别为 4 周、1 周、3 周、2 周，土方开挖施工班组的人数为 10 人，垫层施工班组的人数为 15 人，砖基础施工班组人数为 10 人，回填土施工班组人数为 5 人。要求分别采用依次、平行、流水的施工方式组织施工，分析各种施工方式的特点。

（一）依次施工

依次施工也叫顺序施工，是各施工段或是各施工过程依次开工、依次完工的一种组织施工的方式。具体说，依次施工可分为以下两种：

1. 按施工段依次施工

（1）按施工段依次施工的概念。按施工段依次施工是指第一个施工段的所有施工过程全部施工完毕后，再进行第二个施工段的施工，以此类推的一种组织施工的方式。其中，施工段是指同一施工过程的若干个部分，这些部分的工程量一般应大致相等。按施工段依次施工的进度安排如图 2-1 所示。

（2）按施工段依次施工的工期

$$T = M\sum t_i \tag{2-1}$$

式中　M——表示施工段数或房屋幢数；

t_i——各施工过程在一个施工段上完成施工任务所需时间；

T——表示完成该工程所需总工期。

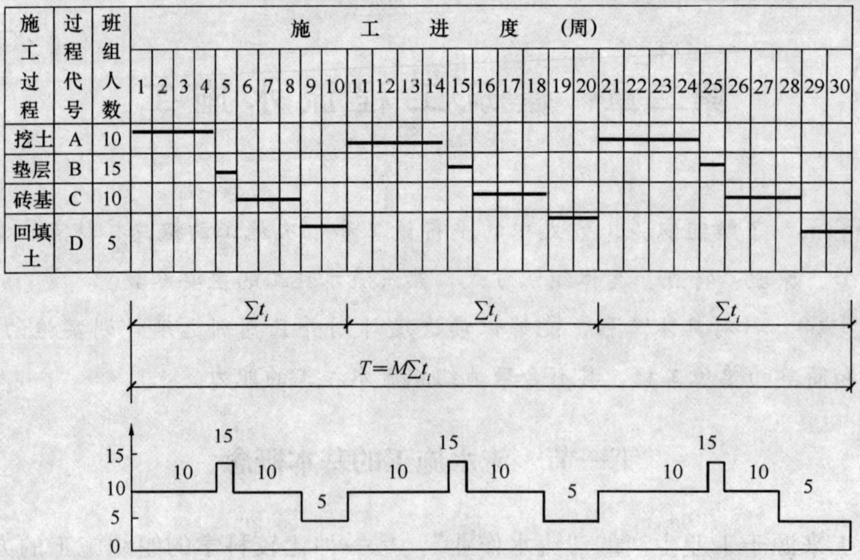

图 2-1　按施工段依次施工

(3) 按施工段依次施工的特点。

优点：单位时间内投入的劳动力和各项物资较少，便于施工现场管理。

缺点：①从事某过程的施工班组不能连续均衡地施工，工人存在窝工情况。②施工工期较长。

2. 按施工过程依次施工

(1) 按施工过程依次施工的概念及计算公式。按施工过程依次施工是指第一个施工过程在所有施工段全部施工完毕后，再开始第二个施工过程，以此类推的一种组织施工的方式。按施工过程依次施工的进度安排如图 2-2 所示。

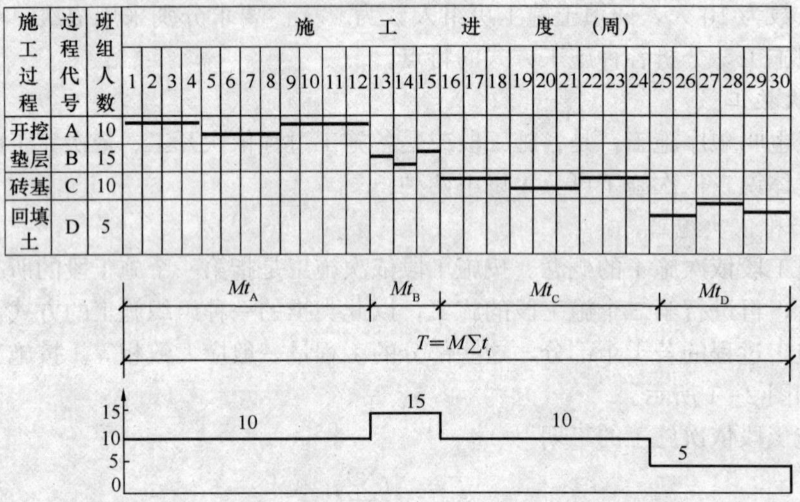

图 2-2　按施工过程依次施工

按施工过程依次施工的工期计算公式与按施工段依次施工的计算公式一样。

（2）按施工过程依次施工的特点。

优点：①从事某过程的施工班组都能连续均衡地施工，工人不存在窝工情况。②单位时间内投入的劳动力和各项物资较少，施工现场管理简单。

缺点：①施工工期长。②工作面未充分利用，存在间歇时间。

根据以上特点可知，依次施工适用于规模较小、工作面有限、工期要求不紧的小型工程。

（二）平行施工

1. 平行施工的定义及计算公式

平行施工是指所有施工过程的各个施工段同时开工，同时完工的一种组织施工方式。将上述三幢房屋的基础采用平行施工组织方式，进度计划如图 2-3 所示。

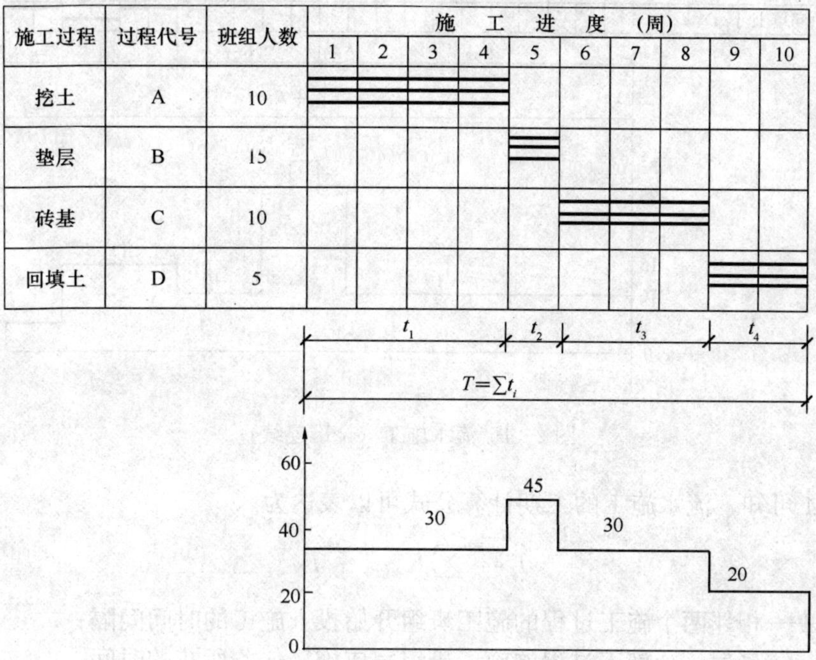

图 2-3 平行施工

由图 2-3 可知，平行施工的工期表达式为

$$T = \sum t_i \tag{2-2}$$

式中各参数含义同式（2-1）。

2. 平行施工的特点

优点：①各过程工作面充分利用。②工期短。

缺点：①施工班组成倍增加，机具设备也相应增加，材料供应集中，临时设施设备也需增加，造成组织安排和施工现场管理困难，增加施工管理费用。②施工班组不存在连续或不连续施工情况，仅在一个施工段上施工。如果工程结束后，再无其他工程，则可能出现窝工。

平行施工方式一般适用于工期要求紧，大规模的同类型的建筑群工程或分批分期进行施工的工程。

(三) 流水施工

1. 流水施工基本概念及计算公式

流水施工是指所有的施工过程均按一定的时间间隔投入施工,各个施工过程陆续开工、陆续竣工,使同一施工过程的施工班组保持连续均衡地施工,不同施工过程尽可能平行搭接施工的组织方式。前述如果组织流水施工,则进度计划如图 2-4 所示。

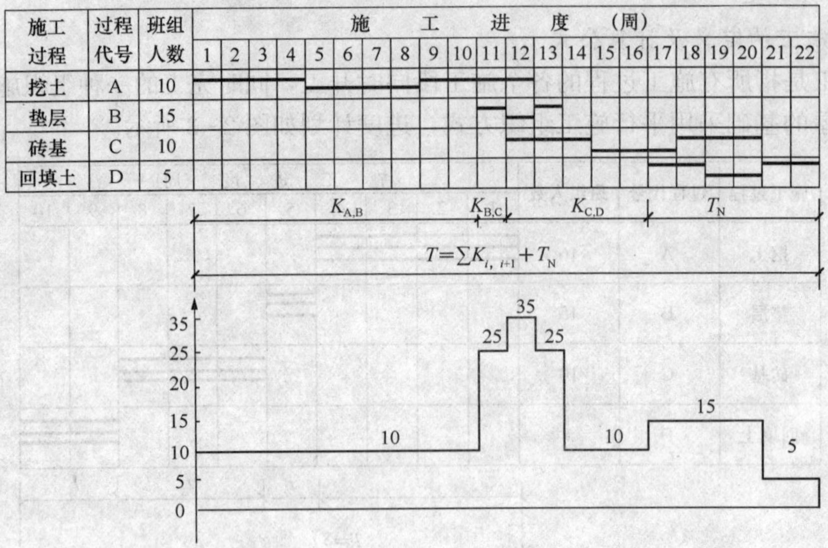

图 2-4 流水施工(全部连续)

从图 2-4 可知,流水施工的工期计算公式可以表达为

$$T=\sum K_{i,i+1}+T_N \tag{2-3}$$

式中 $K_{i,i+1}$——相邻两个施工过程的施工班组开始投入施工的时间间隔;

T_N——最后一个施工过程的施工班组完成施工任务所花的时间。

2. 流水施工概念的引申

在工期要求紧张的情况下组织流水施工时,可以在主导工序连续均衡施工的条件下,间断安排某些次要工序的施工,从而达到缩短工期的目的。注意,如果没有使工期缩短,只是使施工班组没有连续施工,存在窝工,则不能安排该次要工作间断施工。如图 2-5 中,可以间断安排垫层的施工,使工期缩短;而砖基础的施工,不宜安排间断施工。

二、流水施工条件及技术经济效果

(一) 组织流水施工的条件

流水施工的实质是分工协作和成批生产。在社会化大生产的条件下,随着社会的进步,分工将越来越细,专业化程度越来越高,分工协作的体现越来越明显。由于建筑产品的庞体性,划分施工段可以将单件产品转化成假想的多件同类型产品,从而达到成批生产的目的。因此,组织流水施工的条件可归纳为以下几点:

1. 划分分部分项工程

对于一项工程要组织流水施工,首先应根据工程特点及施工要求,将拟建工程划分为若

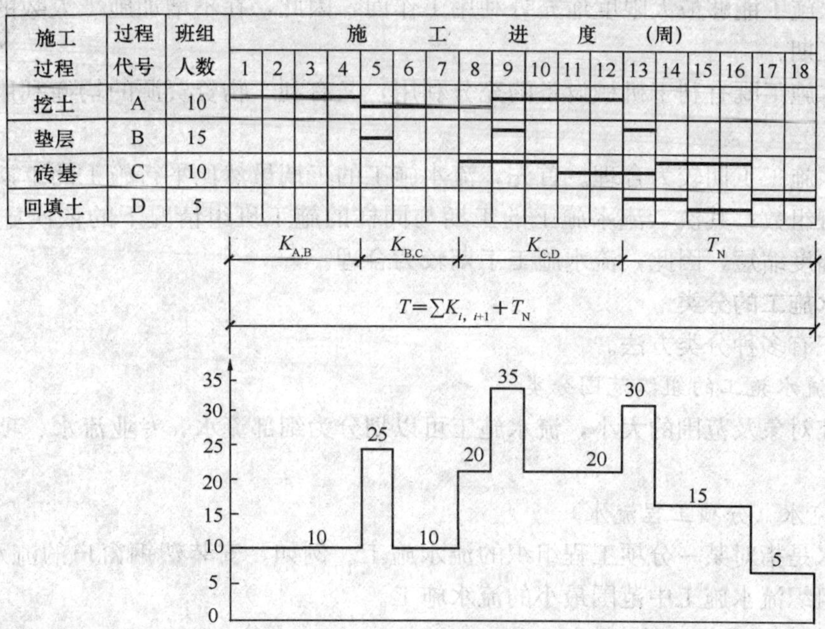

图 2-5　流水施工（部分间断）

干个分部分项工程。如编制某土建单位工程施工组织设计，首先可以将其划分为基础工程、主体结构工程、屋面及装修工程等分部工程。对于某分部工程，又进一步划分为若干分项工程。如基础分部工程可以根据设计图纸及工期要求，划分为土方开挖、垫层、基础（独立基础、条形基础、满堂基础）、回填土等分项工程。

【注意】　在划分分项工程时，并不是所有施工工序都要列项，进行进度安排。应根据实际情况对进度的要求，确定粗细程度，适当合并项目。

2. 划分施工段

划分施工段是为成批生产创造条件，任何施工过程如果只有一个施工段，则不存在组织流水施工的情况。

组织流水时，根据工程实际情况，将施工对象在平面上或空间上划分为工程量大致相等的若干个施工部分，即若干个施工段。

3. 每个施工过程组织独立的施工班组

为了很好地组织流水，尽可能对每个施工过程组织独立施工班组，其形式可以是专业班组，也可以为混合班组。目的是从事该施工过程的施工班组可以按照施工顺序，依次、连续地从一个施工段转到另一个施工段，实现连续均衡施工。

（二）技术经济效果

流水施工是综合了平行施工和依次施工的优点而产生的，目前在施工现场被广泛采用，它具有以下几方面的技术经济效果。

(1) 流水施工中，各施工过程的施工班组都尽可能地连续均衡施工，且各班组专业化程度较高，因此，不仅提高了工人的技术水平和熟练程度，还有利于提高企业管理水平和经济效益。

(2) 流水施工能够最大限度地充分利用工作面，因此，在不增加施工人数的基础上，合理地缩短了工期。

(3) 流水施工既有利于机械设备的充分利用，又有利于物资资源的均衡利用，便于施工现场的管理。

(4) 流水施工工期较为合理。首先，流水施工的工期虽然比平行施工的工期长，但却没有成倍增加班组数；其次，流水施工的工期与同样的施工班组情况下的依次施工工期相比较，有较大幅度缩短，因此，流水施工工期较为合理。

三、流水施工的分类

流水施工有多种分类方法。

(一) 按流水施工的组织范围分类

根据研究对象及范围的大小，流水施工可以划分为细部流水、专业流水、项目流水和综合流水。

1. 细部流水（分项工程流水）

细部流水是指对某一分项工程组织的流水施工。例如，安装塑钢窗户的流水组织情况。细部流水是组织流水施工中范围最小的流水施工。

2. 专业流水（分部工程流水）

专业流水的编制对象是一个分部工程，它是该分部工程中各细部流水的工艺组合，是组织项目流水的基础。

3. 项目流水（单位工程流水）

项目流水是组织一个单位工程的流水施工，它以各分部工程的流水为基础，是各分部工程流水的组合，如土建单位工程流水。

4. 综合流水（建筑群的流水）

综合流水是指组织多幢房屋或构筑物的大流水施工，是一个控制型的流水施工的组织方式。它是在宏观上，对于建筑群的施工进行控制和调配的一种组织流水的方式。

(二) 按施工过程的分解程度分类

根据流水施工各施工过程的分解程度，流水施工可为彻底分解流水和局部分解流水两大类。

1. 彻底分解流水

彻底分解流水是指将工程对象的某一分部工程分解成若干个施工过程，且每一个施工过程均为单一工种完成的施工过程，即该过程已不能再分解，比如支模。

2. 局部分解流水

局部分解流水是指将工程对象的某一分部工程，根据实际情况进行划分，有的过程已彻底分解，有的过程则不彻底分解。而不彻底分解的施工过程是由混合的施工班组来完成的。例如钢筋混凝土工程。

(三) 按流水施工的节奏特征分类

根据流水施工的节奏（节拍）特征，流水施工可以划分为有节奏流水和无节奏流水。

1. 有节奏流水

有节奏流水是指同一施工过程在各施工段上的流水节拍都完全相等的一种流水施工方式。有节奏流水又根据不同施工过程之间的流水节拍是否相等，分为等节奏流水和异节奏流水两大类型（详见本章第三节）。

2. 无节奏流水

无节奏流水是指同一施工过程在各施工段上的流水节拍不完全相等的一种流水施工方式（详见本章第三节）。

四、流水施工的图形表达形式

流水施工常见的图形表达形式有横道图和网络图两种。

1. 横道图

横道图又分为水平指示图表和垂直指示图表，如图 2-6 所示。

图 2-6（a）的水平指示图表中，在其左边垂直方向列出各施工过程的名称，右边用水平线段表示施工的进度；各个水平线段的左边端点表示工作开始施工的瞬间，水平线段的右边表示工作在该施工段上结束的瞬间，水平线段的长度代表该工作在该施工段上的持续时间。

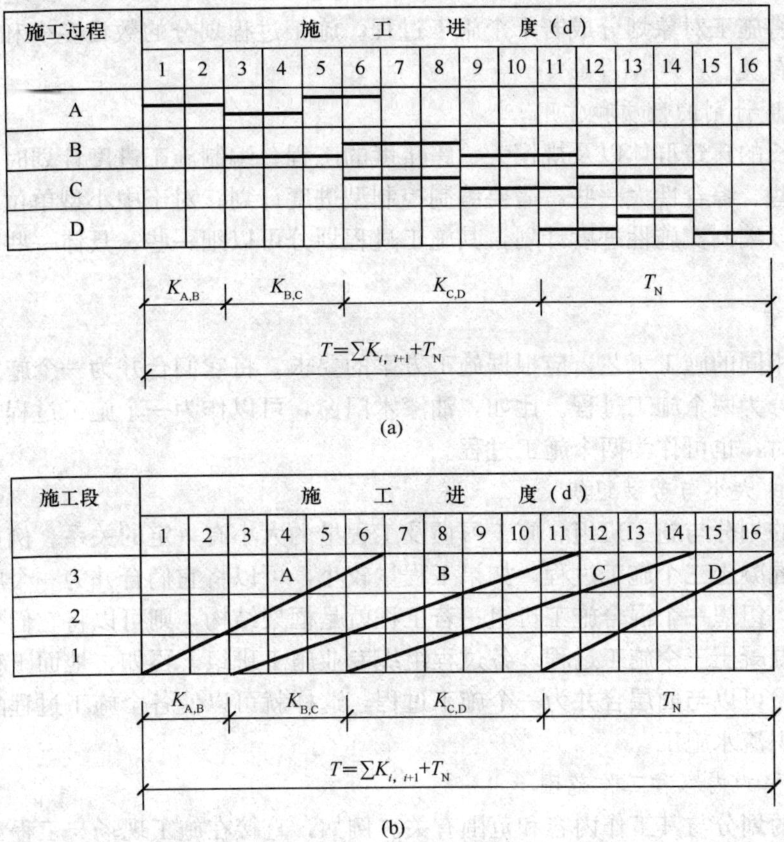

图 2-6 横道图

（a）水平指示图表；（b）垂直指示图表

图 2-6（b）的垂直图表中，水平方向表示施工的进度，垂直方向表示各个施工段；各条斜线分别表示各个施工过程的施工情况。斜线的左下方表示该施工过程开始施工的瞬间，斜线的右上方表示该施工过程结束的瞬间，斜线间的水平距离表示相邻施工过程开工的时间间隔。

由于水平指示图表较为常见，因此有时习惯将水平指示图表直接称为横道图。

2. 网络图

详见第三章工程网络计划技术。

第二节　流水施工的主要参数

流水施工的主要参数包括工艺参数、空间参数和时间参数三种。

一、工艺参数

工艺参数是指用以表达流水施工在施工工艺上开展的先后顺序（表示施工过程数）及其特征的参数。工艺参数包括施工过程数和流水强度两种。

（一）施工过程数

施工过程数是指参与一组流水的施工过程的数目，通常以 N 表示。在组织工程流水施工时，首先应将施工对象划分成若干个施工过程。施工过程划分的数目多少和粗细程度，一般与下列因素有关。

1. 施工进度计划的性质和作用

对于工期长的建筑群体以及规模大、跨年度的工程，编制施工进度计划时，其施工过程划分可以粗一些、综合性大一些，需要编制控制型进度计划；对于中小型单位工程及工期不长的工程则可以编制实施性进度计划，其施工过程划分可以细一些、具体一些，一般可划分至分项工程。

2. 施工方案

对于一些相同的施工工艺，应根据施工方案的要求，将它们合并为一个施工过程，或根据施工的先后分为两个施工过程。比如，油漆木门窗，可以作为一个施工过程，但如果施工方案中有说明时，也可作为两个施工过程。

3. 工程量的大小与劳动组织

施工过程的划分与施工班组、施工习惯及工程量的大小有一定的关系。例如，支模、绑扎钢筋、浇筑混凝土三个施工过程，如果工程量较小，可以将它们合并为一个施工过程即钢筋混凝土工程，组织一个混合施工班组；若工程就是框架结构，则可以将它们分为支模、绑扎钢筋、浇筑混凝土三个施工过程，各过程组织专业施工班组。再如，地面工程，如果垫层的工程量较小，可以与面层合并为一个施工过程，这样就可以使各个施工过程的工程量大致相等，便于组织流水施工。

4. 施工过程的内容和工作范围

施工过程的划分与其工作内容和范围有关。例如，直接在施工现场与工程对象上进行的施工过程，可以划入流水施工过程，而场外的制造类施工内容（如零配件的加工）和场内外的运输类施工内容可以不划入流水施工过程。

（二）流水强度

流水强度是指某施工过程在单位时间内所完成的工程量，一般以 V_i 表示。

1. 机械施工过程的流水强度

$$V_i = \sum_{i=1}^{n} R_i S_i \tag{2-4}$$

式中 V_i——某施工过程 i 的机械操作流水强度；

R_i——投入施工过程 i 的某施工机械的台数；

S_i——投入施工过程 i 的某施工机械的台班产量定额；

n——投入施工过程 i 的施工机械的种类。

2. 人工施工过程的流水强度

$$V_i = R_i S_i \tag{2-5}$$

式中 R_i——投入施工过程 i 的工作队人数；

S_i——投入施工过程 i 的工作队的平均产量定额；

V_i——投入施工过程 i 的人工操作流水强度。

二、空间参数

空间参数包括施工段数和工作面。

（一）施工段数

1. 施工段含义

在组织流水施工时，通常把拟建工程划分为若干个劳动量大致相等的区段，这些区段就叫施工段，又称流水段，一般用 M 表示。注意，如果是多层建筑物的施工，则施工段数等于单层划分的施工段数乘以该建筑物的施工层数。即

$$M=M_0\times 施工层数（M_0表示每一层划分的施工段数）$$

每一个施工段在某一时间段内，只能供一个施工过程的工作队使用。

划分施工段的目的，是为了保证不同的施工班组能在不同的施工段上同时进行施工，从而使各施工班组按照一定的时间间隔从一个施工段转到另一个施工段进行连续施工。这样既消除等待、停歇现象，又互不干扰，同时又缩短了工期。

2. 划分施工段的基本原则

(1) 主要专业工种在各施工段所消耗的劳动量应大致相等，其相差幅度不宜超过±15%；以保证各施工班组在不调整班组人数的情况下保持连续、均衡地施工。

(2) 在保证专业工作队劳动组合优化的前提条件下，施工段大小要满足专业工种对工作面的要求，施工段的数目要适宜。施工段数过多势必要减少工作面上的施工人数，工作面不能充分利用，拖长工期；施工段数过少，则会引起劳动力、机械和材料供应的过分集中，有时还会造成“断流”的现象。

(3) 施工段划分界限应与施工对象的结构界限（温度缝、沉降缝或单元尺寸）或幢号一致，以便保证施工质量；如果必须将其设在墙体中间时，可将其设在门窗洞口处，以减少施工留槎。

(4) 多层施工项目，既要在平面上划分施工段，又要在空间上划分为若干个作业层，因而每层最少施工段数目 M_0 应大于等于施工过程数，即 $M_0 \geqslant N$。

当 $M_0=N$ 时，各专业班组连续施工，工作面能充分利用，无停歇现象，也不会产生工人窝工，比较理想。

当 $M_0>N$ 时，施工班组仍是连续施工，虽然有停歇的工作面，但不一定是不利的，有时还是必要的，如利用停歇的时间做养护、备料、弹线等工作。

当 $M_0<N$ 时，施工班组不能连续施工而窝工。因此，对一个建筑物组织流水施工是不适宜的，但是，在建筑群中可与另一些建筑物组织大流水。

对于 $M_0 \geqslant N$ 的这一要求，并不适用于所有流水施工情况，在有的情况下，当 $M_0 < N$ 时，也可以组织流水施工。施工段的划分是否符合实际要求，主要还是看在该施工段划分情况下，主导工序是否能够保证连续均衡地施工，如果主导工序能连续均衡地施工，则施工段的划分可行，否则，更改施工段划分情况。

(二) 工作面

在组织流水施工时，某专业工种所必须具备的一定的活动空间，称为该工种的工作面。简单说，就是某一施工过程要正常施工必须具备的场地大小。

在确定一个施工过程必要的工作面时，不仅要考虑前一施工过程为这个施工过程所可能提供的工作面的大小，也要遵守安全技术和施工技术规范的规定。有关工种的工作面参考数据见表 2 - 1。

表 2 - 1　　　　主要工种的工作面参考数据表

工作项目	每个技工的工作面	说　明
砖基础	7.6m/人	以 1/2 砖计，2 砖乘 0.8，3 砖乘 0.55
砌砖墙	8.5m/人	以 1 砖计，3/2 砖乘 0.71，2 砖乘 0.57
毛石墙基	3m/人	以 60cm 计
毛石墙	3.3m/人	以 40cm 计
混凝土柱、墙基础	$8m^3$/人	机拌、机捣
现浇钢筋混凝土梁	$3.2m^3$/人	机拌、机捣
现浇钢筋混凝土墙	$5m^3$/人	机拌、机捣
现浇钢筋混凝土楼梯	$5.3m^3$/人	机拌、机捣
预制钢筋混凝土柱	$3.6m^3$/人	机拌、机捣
预制钢筋混凝土梁	$3.6m^3$/人	机拌、机捣
预制钢筋混凝土屋架	$2.7m^3$/人	机拌、机捣
预制钢筋混凝土平板、空心板	$1.9m^3$/人	机拌、机捣
预制钢筋混凝土大型屋面板	$2.6m^3$/人	机拌、机捣
混凝土地坪及面层	$40m^2$/人	机拌、机捣
外墙抹灰	$16m^2$/人	
内墙抹灰	$18.5m^2$/人	
卷材屋面	$18.5m^2$/人	
防水水泥砂浆屋面	$16m^2$/人	
门窗安装	$11m^2$/人	

三、时间参数

时间参数包括流水节拍、流水步距和流水工期。

(一) 流水节拍

1. 流水节拍的概念

流水节拍是指从事某施工过程的施工班组在一个施工段上完成施工任务所需的时间，以

t_i来表示。

流水节拍的大小，关系到所需投入的劳动力、机械以及材料用量的多少，决定着施工的速度和节奏。因此，确定流水节拍对于组织流水施工，具有重要的意义。

2. 流水节拍的计算

流水节拍通常根据该过程的工程量、产量定额、班组人数以及工作班制来确定，常见计算方法如下

$$t_i = \frac{Q_i}{S_i R_i N_i} = \frac{P_i}{R_i N_i} \tag{2-6}$$

或

$$t_i = \frac{Q_i H_i}{R_i N_i} = \frac{P_i}{R_i N_i} \tag{2-7}$$

式中　t_i——某施工过程的流水节拍；

Q_i——某施工过程在某施工段上的工程量；

P_i——某施工过程在某施工段上的劳动量；

S_i——某施工过程的产量定额；

H_i——某施工过程的时间定额；

R_i——某施工过程的施工班组人数；

N_i——某施工过程每天的工作班制。

如果根据工期要求来确定流水节拍时，可以用上式算出所需要的人数或机械台班数。在这种情况下，必须检查劳动力和机械供应的可能性、材料物资供应能否相适应以及工作面是否足够等。

3. 确定流水节拍应考虑因素

(1) 施工班组人数要适宜，既要满足最小劳动组合人数的要求，又要满足最小工作面的要求。

所谓最小劳动组合，就是指某一施工过程进行正常施工所必需的最低限度的班组人数及其合理组合。如模板安装就要按技工和普工的最少人数及合理比例组成施工班组，人数过少或比例不当都将引起劳动生产率的下降。

最小工作面是指施工班组为保证安全生产和有效地操作所必需的工作空间。它决定了最高限度可安排多少工人。不能为了缩短工期而无限地增加人数，否则将造成工作面的不足而产生窝工。

(2) 工作班制要恰当。工作班制的确定要视工期要求、施工过程特点来确定。当工期不紧迫，工艺上又无连续施工要求时，可采用一班制；当组织流水施工时为了给第二天连续施工创造条件，某些施工过程可考虑在夜班进行，即采用二班制；当工期较紧或工艺上要求连续施工，或为了提高施工机械的使用率时某些项目可考虑三班制施工。

(3) 机械的台班效率或机械台班产量大小。

(4) 节拍值一般取整数，必要时可保留 0.5 天的小数值。

(二) 流水步距

1. 流水步距的概念

相邻两个施工过程的施工班组开始投入施工的时间间隔称为流水步距，用 $K_{i,i+1}$ 表示。

例如，木工工作队第一天进入第一个施工段工作，5 天做完该段工作（流水节拍 $t=5\text{d}$），第六天油漆工作队开始进入第一个施工段工作，木工工作队与油漆工作队先后进入第一个施工段开始施工的时间间隔为 5d，那么它们的流水步距 $K=5\text{d}$。

流水步距的大小，反映着流水作业的紧凑程度，对工期有很大的影响。在流水段不变的条件下，流水步距越大，工期越长；流水步距越小，则工期越短。

流水步距的数目，取决于参加流水施工的施工过程数。如果施工过程为 N 个，则流水步距的总数为（$N-1$）个。

2. 确定流水步距的原则

（1）要满足相邻两个专业工作队在施工顺序上的制约关系；

（2）要保证相邻两个专业工作队在各施工段上都能连续作业；

（3）要使相邻两个专业工作队在开工时间上实现最大限度的搭接。

3. 流水步距的计算

流水步距的基本计算公式为

$$K_{i,i+1}=\begin{cases} t+t_{\mathrm{j}}-t_{\mathrm{d}} & (t_i\leqslant t_{i+1}) \\ Mt_i-(M-1)t_{i+1}+t_{\mathrm{j}}-t_{\mathrm{d}} & (t_i>t_{i+1}) \end{cases} \tag{2-8}$$

式中 t_{j}——两个相邻施工过程间的技术或组织间歇时间；

t_{d}——两个相邻施工过程间的平行搭接时间。

说明：流水步距计算有一个通用方法，即“逐段累加，错位相减，差值取大”法（本章第三节无节奏流水中有详解）。

【注意】（1）技术与组织间歇时间是指在组织流水施工时，有些施工过程完成后，后续施工过程不能立即投入施工，必须有一定的间歇时间。由施工工艺或材料性质决定的间歇时间称为技术间歇时间；由施工组织原因造成的间歇时间称为组织间歇时间，通常用 t_{j} 表示。

（2）平行搭接时间是指在组织流水施工时，有时为缩短工期，在工作面允许的情况下，如果前一个施工队组完成部分施工任务后，为了能够缩短工期，使后一个施工过程的施工队组提前进入该施工段，两个相邻施工过程的施工班组同时在一个施工段上施工的时间，称为平行搭接时间，通常用 t_{d} 表示。

（3）该公式适用于所有的有节奏流水施工，并且流水施工均为一般流水施工。该公式不适用于概念引申后的流水施工，即存在次要工序间断流水的情况。

例如，图 2-4 中，各过程之间流水步距求解如下：

因为 $t_{挖土}=4$ 周 $>t_{垫层}=1$ 周 $\quad t_{\mathrm{j}}=t_{\mathrm{d}}=0$

所以 $K_{挖土,垫层}=Mt_{挖土}-(M-1)t_{垫层}$

$=3\times4-(3-1)\times1$

$=10$(周)

又因为 $t_{垫层}=1$ 周 $<t_{砖基}=3$ 周 $\quad t_{\mathrm{j}}=t_{\mathrm{d}}=0$

所以 $K_{垫层,砖基}=t_{垫层}=1$(周)

又因为 $t_{砖基}=3$ 周 $>t_{回填}=2$ 周 $\quad t_{\mathrm{j}}=t_{\mathrm{d}}=0$

所以 $K_{砖基,回填土}=Mt_{砖基}-(M-1)t_{回填土}$

$$=3\times3-(3-1)\times2=5(周)$$

（三）流水工期

流水工期是指完成一项工程任务所需的时间。其计算公式见（式 2-3）。

$$T=\sum K_{i,i+1}+T_N$$

式中 $\sum K_{i,i+1}$——流水施工中，相邻施工过程之间的流水步距之和；

T_N——流水施工中，最后一个施工过程在所有施工段上完成施工任务所花的时间，有节奏流水中，$T_N=Mt_n$（t_n指最后一个施工过程的流水节拍）。

第三节 流水施工的基本方式

流水施工必须有一定的节拍，才能步调和谐，配合得当。流水施工的节奏特征也就是节拍特征。

流水施工根据节奏特征，可分为有节奏流水和无节奏流水两类。

一、有节奏流水

有节奏流水是指同一施工过程在各施工段上的流水节拍都相等的一种流水施工方式。有节奏流水又根据不同施工过程之间的流水节拍是否相等，分为等节奏流水和异节奏流水两大类型。

（一）等节奏流水

等节奏流水也叫全等节拍流水，是指同一施工过程在各施工段上的流水节拍都相等，并且不同施工过程之间的流水节拍也相等的一种流水施工方式。等节奏流水根据相邻施工过程之间是否存在间歇时间或搭接时间，又可分为等节拍等步距流水和等节拍不等步距流水两种。

1. 等节拍等步距流水

同一施工过程流水节拍都相等，不同施工过程流水节拍也都相等，并且各过程之间不存在间歇时间（t_j）或搭接时间（t_d）的流水施工方式，即 $t_j=t_d=0$。该流水施工方式情况下的各过程节拍、过程之间的步距、工期的特点为：

（1）节拍特征： $t=常数$

（2）步距特征： $K_{i,i+1}=节拍(t)=常数$

（3）工期计算公式：

因为 $T=\Sigma K_{i,i+1}+T_N$

又 $\Sigma K_{i,i+1}=(N-1)t$ 且 $T_N=Mt$

所以 $T=(N-1)t+Mt$

$$T=(N+M-1)t \tag{2-9}$$

【例 2-1】 某分部工程可以划分为 A、B、C、D、E 5 个施工过程，每个施工过程可以划分为 6 个施工段，且各过程之间既无间歇时间也无搭接时间，流水节拍均为 4 天，试组织全等节拍流水。要求：计算工期并绘制横道图。

解 （1）计算工期，根据式（2-9）

$$T=\Sigma K_{i,i+1}+T_N=(N+M-1)t=(5+6-1)\times4=40(d)$$

（2）绘制横道图，如图 2-7 所示。

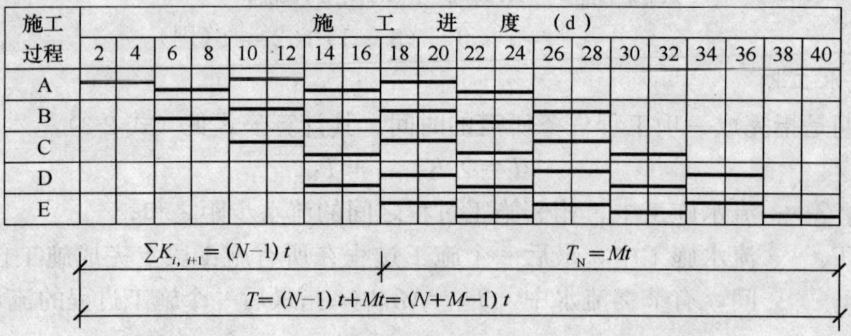

图 2-7 某分部工程全等节拍流水施工进度表

2. 等节拍不等步距流水

所有施工过程的流水节拍都相等，但是各过程之间的间歇时间（t_j）或搭接时间（t_d）不等于零的流水施工方式，即 $t_j \neq 0$ 或 $t_d \neq 0$。该流水施工方式情况下的各过程节拍、过程之间的步距、工期的特点为：

（1）节拍特征：　　　　　　$t=$常数

（2）步距特征：　　　　　　$K_{i,i+1}=t+t_j-t_d$

式中　t_j——表示第 i 个过程和第 $i+1$ 个过程之间的技术或组织间歇时间；

t_d——表示第 i 个过程和第 $i+1$ 个过程之间的搭接时间。

（3）工期计算公式：

因为　　　　$T=\Sigma K_{i,i+1}+T_N$

又因为　　　　$\Sigma K_{i,i+1}=(N-1)t+\Sigma t_j-\Sigma t_d$，$T_N=Mt$

所以　　　　$T=(N-1)t+\Sigma t_j-\Sigma t_d+Mt$

$$T=(N+M-1)t+\Sigma t_j-\Sigma t_d \quad (2\text{-}10)$$

式中　Σt_j——表示所有相邻施工过程之间的间歇时间累计之和；

Σt_d——表示所有相邻过程之间搭接时间之和。

【例 2-2】 某分部工程划分为 A、B、C、D 4 个施工过程，每个施工过程划分为 3 个施工段，其流水节拍均为 3 天，其中施工过程 A 与 B 之间有 2 天的搭接时间，施工过程 C 与 D 之间有 1 天的间歇时间。试组织全等节拍流水，计算流水施工工期，绘制进度计划表。

解　（1）根据已知条件计算工期

因为　　　　$N=4 \quad M=5 \quad t=3 \quad \Sigma t_d=2 \quad \Sigma t_j=1$

所以　根据式(2-10)　　$T=(M+N-1)t+\Sigma t_j-\Sigma t_d$

$$=(5+4-1)\times 3+1-2=23(\text{d})$$

（2）绘制进度计划，如图 2-8 所示。

总体来说，等节奏流水虽然是一种比较理想的流水施工方式，既能保证各专业施工班组连续均衡地施工，又能保证工作面充分利用，但是，实际工程中，要使某分部工程的各个施工过程都采用相同的流水节拍，组织时困难较大。因此，全等节拍流水的组织方式仅适用于施工过程数目不多的某些分部工程的流水。

全等节拍流水的组织方法如下：

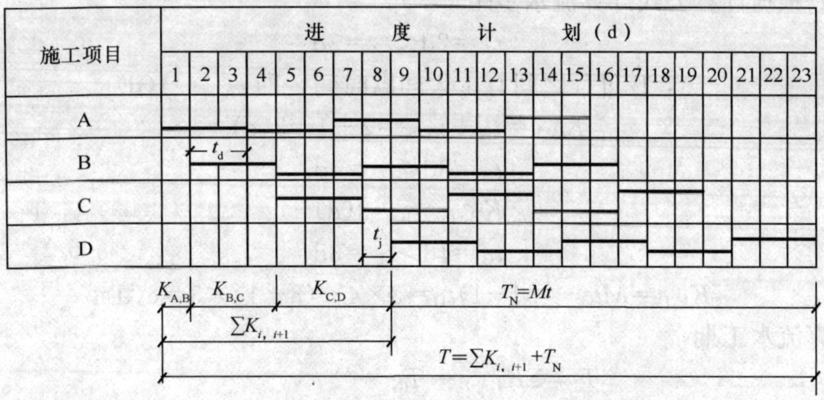

图 2-8　某分部工程等节拍不等步距流水施工进度表

1）划分施工过程，将工程量较小的施工过程合并到相邻的施工过程中去，目的是使各过程的流水节拍相等。

2）根据主要施工过程的工程量以及工程进度要求，确定该施工过程的施工班组人数，从而确定流水节拍。

3）根据已确定的流水节拍，确定其他施工过程的施工班组人数。

4）检查按此流水施工方式组织的流水施工是否符合该工程工期以及资源等的要求，如果符合，则按此计划实施，如果不符合，则通过调整主导施工过程的班组人数，使流水节拍发生改变，从而调整了工期以及资源消耗情况，使计划符合要求。

3. 等节奏流水工程实例

详见本章第四节中的装饰装修工程的施工组织案例。

（二）异节奏流水

异节奏流水是指同一施工过程在各施工段上的流水节拍都相等，不同施工过程之间的流水节拍不一定相等的一种流水施工方式。该种流水方式根据各施工过程的流水节拍是否为整数倍（或公约数）关系可以分为：不等节拍流水和成倍节拍流水两种。

1. 不等节拍流水

不等节拍流水是指同一施工过程在各个施工段的流水节拍相等，不同施工过程之间的流水节拍既不相等也不成倍的流水施工方式。

(1) 不等节拍流水施工方式的特点如下：

1）节拍特征：同一施工过程流水节拍相等，不同施工过程流水节拍不一定相等。

2）步距特征：各相邻施工过程的流水步距确定方法为基本步距计算公式，见式（2-8）。

$$K_{i,i+1}=\begin{cases}t_i+(t_j-t_d) & (\text{当 } t_i\leqslant t_{i+1}\text{ 时})\\ Mt_i-(M-1)t_{i+1}+(t_j-t_d) & (\text{当 } t_i>t_{i+1}\text{ 时})\end{cases}$$

3）工期特征：不等节拍工期计算公式为一般流水工期计算表达式，见式（2-3）。

$$T=\Sigma K_{i,i+1}+T_N$$

【例 2-3】 已知某工程可以划分为 4 个施工过程（$N=4$），3 个施工段（$M=3$），各过程的流水节拍分别为 $t_A=2\text{d}$，$t_B=3\text{d}$，$t_C=4\text{d}$，$t_D=3\text{d}$，并且，A 过程结束后，B 过程开始之前，工作面有 1 天技术间歇时间，试组织不等节拍流水，并绘制流水施工进度计划表。

解 (1) 根据计算公式计算流水步距

因为 $t_A=2d<t_B=3d$

又因为 A，B过程之间有1天间歇时间，即 $t_{A,Bj}=1(d)$

所以 $K_{A,B}=t_A+t_{A,Bj}=2+1=3(d)$

因为 $t_B=3d<t_C=4d$

所以 $K_{B,C}=t_B=3(d)$

因为 $t_C=4d>t_D=3d$

所以 $K_{C,D}=Mt_C-(M-1)t_D=3\times4-(3-1)\times3=6(d)$

(2) 计算流水工期

$$\begin{aligned} T &=\Sigma K_{i,i+1}+T_N \\ &=K_{A,B}+K_{B,C}+K_{C,D}+Mt_D \\ &=3+3+6+3\times3=21(d) \end{aligned}$$

根据流水施工参数绘制流水施工进度计划表，如图 2-9 所示。

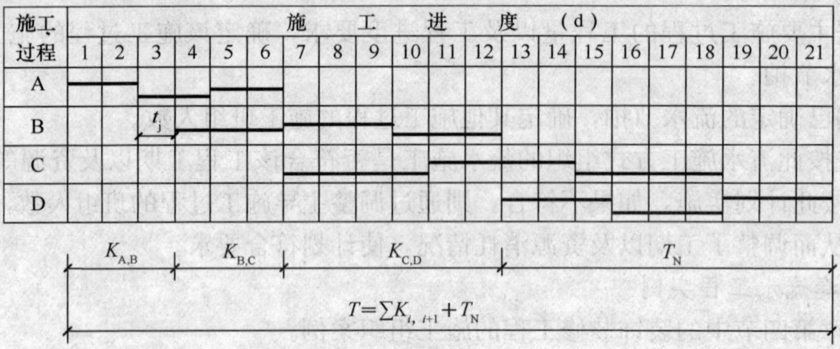

图 2-9 不等节拍流水施工进度表

(2) 不等节拍流水的组织方式如下：

1) 根据工程对象和施工要求，将工程划分为若干个施工过程。

2) 根据各施工过程的工程量，计算每个过程的劳动量，然后根据各过程施工班组人数，确定出各自的流水节拍。

3) 组织同一施工班组连续均衡地施工，相邻施工过程尽可能平行搭接施工。

4) 在工期要求紧张情况下，为了缩短工期，可以间断某些次要工序的施工，但主导工序必须连续均衡地施工，且决不允许发生工艺顺序颠倒的现象。

(3) 不等节拍流水的适用范围。不等节拍流水施工方式的适用范围较为广泛，适用于各种分部和单位工程流水。

2. 成倍节拍流水

成倍节拍流水是指同一施工过程在各施工段上的流水节拍都相等，不同施工过程之间的流水节拍不完全相等，但各施工过程的流水节拍均为最小流水节拍的整数倍（或节拍之间存在最大公约数）关系的流水施工方式。

(1) 成倍节拍流水施工的特点如下：

1) 节拍特征：各节拍为最小流水节拍的整数倍或节拍值之间存在最大公约数关系。

2）成倍节拍流水的最显著特点：各过程的施工班组数不一定是一个班组，而是根据该过程流水节拍为各流水节拍值之间的最大公约数（最大公约数一般情况等于节拍值中间的最小流水节拍 $t_{\min}$）的整数倍相应调整班组数。即

$$b_i=\frac{t_i}{\text{最大公约数}}=\frac{t_i}{K_b}\text{或}=\frac{t_i}{t_{\min}} \tag{2-11}$$

式中　b_i——各施工所需的班组数；

K_b——各过程流水节拍的最大公约数。

3）流水步距特征：$K_{i,i+1}$＝最大公约数。

【注意】

①各施工过程之间如果要求有间歇时间或搭接时间，流水步距应相应加上或减去。

②流水步距是指任意两个相邻施工班组开始投入施工的时间间隔，这里的“相邻施工班组”并不一定是指从事不同施工过程的施工班组。因此，步距的数目并不是根据施工过程数目来确定，而是根据班组数之和来确定。假设班组数之和用 N' 表示，则流水步距数目为（$N'-1$）个。

4）工期计算公式：成倍节拍流水实质上是一种不等节拍等步距的流水，它的工期计算公式与等节拍流水工期表达式相近，可以表达为

$$T=(N'+M-1)t_{\min}+\Sigma t_j-\Sigma t_d$$

式中　N'——施工班组之和，且 $N'=\sum_{i=1}^{n}b_i$。

【例 2-4】　已知某工程可以划分为 4 个施工过程（$N=4$），6 个施工段（$M=6$），各过程的流水节拍分别为 $t_A=2d$，$t_B=6d$，$t_C=4d$，$t_D=2d$，试组织成倍节拍流水，并绘制成倍节拍流水施工进度计划。

解　因为最大公约数＝最大公约数｛2，6，4，2｝＝2（d）

则根据　$b_i=\frac{t_i}{K_b}$，有

$$b_A=\frac{t_A}{K_b}=\frac{2}{2}=1(\text{个})$$

$$b_B=\frac{t_B}{K_b}=\frac{6}{2}=3(\text{个})$$

$$b_C=\frac{t_C}{K_b}=\frac{4}{2}=2(\text{个})$$

$$b_D=\frac{t_D}{K_b}=\frac{2}{2}=1(\text{个})$$

施工班组总数为：$N'=\Sigma b_i=b_A+b_B+b_C+b_D=1+3+2+1=7$（个）

该工程流水步距为：$K_{A,B}=K_{B,C}=K_{C,D}$＝最大公约数＝2（d）

该工程工期为：$T=(N'+M-1)K_b$

$=(7+6-1)\times 2=24(\text{d})$

根据所确定的流水施工参数绘制该工程水平指示图表如图 2-10 所示。

（2）成倍节拍流水的组织要点如下：

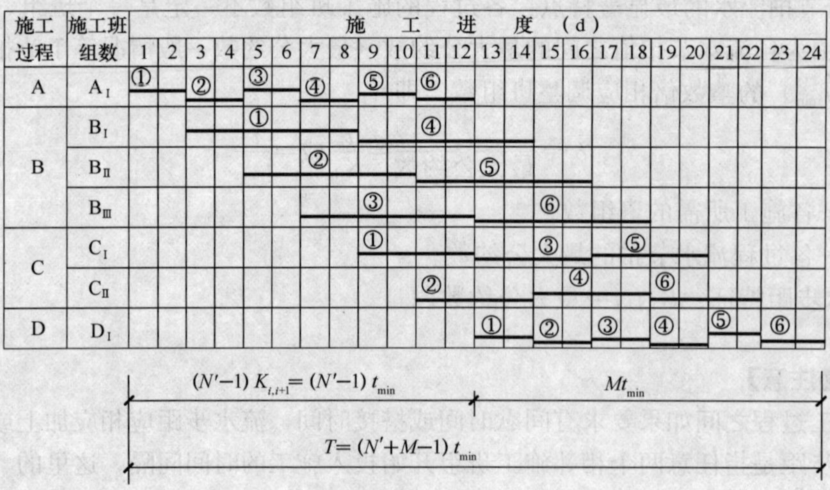

图 2-10 成倍节拍流水施工进度表

1）首先根据工程对象和施工要求，将工程划分为若干个施工过程。

2）根据工程量，计算每个过程的劳动量，再根据最小劳动量的施工过程班组人数确定出最小流水节拍。

3）确定其他各过程的流水节拍，通过调整班组人数，使各过程的流水节拍均为最小流水节拍的整数倍。

4）为了充分利用工作面，加快施工进度，各过程应根据其节拍为节拍最大公约数的整数倍关系相应调整施工班组数，每个施工过程所需的班组数可按式（2-11）计算。

$$b_i=\frac{t_i}{K_b}$$

5）检查按此流水施工方式确定的流水施工是否符合该工程工期以及资源等的要求，如果符合，则按此计划实施，如果不符合，则通过调整使计划符合要求。

成倍节拍流水施工方式在管道、线性工程中运用较多，在建筑工程中，也可根据实际情况选用此方式。

【注意】 如果施工中，无法按照成倍节拍特征相应增加班组数，每个施工过程都只有一个施工班组，则具备组织成倍节拍流水特征的工程，只能按照不等节拍流水组织施工。如例 2-5，如果不增加班组数，则按不等节拍组织流水施工，进度计划如图 2-11 所示。

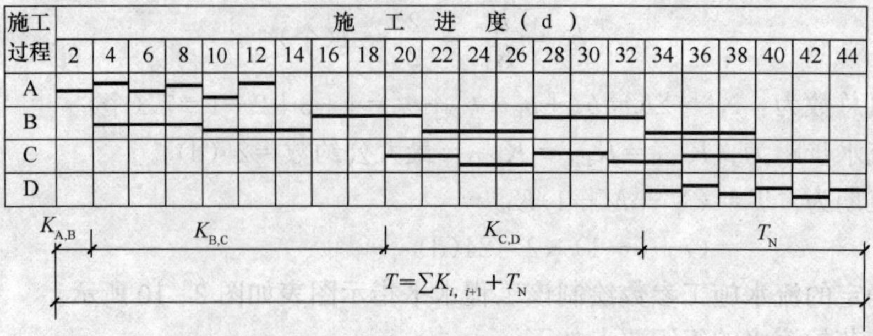

图 2-11 不等节拍流水施工进度表

通过图 2-11 和图 2-10 对比可以看出，同样一个工程，如果组织成倍节拍流水，则工作面充分利用，工期较短；如果组织一般流水，则工作面没有充分利用，工期长。因此，在实际工程中，应视具体情况分别选用。

【例 2-5】

工程背景：某市光明佳苑小区住宅楼工程位于该市路北区，建设单位为蓝天房地产开发有限公司，设计单位为市规划设计院，监理单位为环宇工程监理公司，政府质量监督为路北区质量监督站，施工单位是天建建设集团公司，材料供应为利通贸易公司。

该工程由三栋框架结构楼房组成，每栋楼房作为一个施工段，施工过程划分为基础工程、主体结构、屋面工程和装修工程四项，基础工程在各栋的持续时间为 6 周，主体结构在各栋的持续时间为 12 周，屋面工程在各栋的持续时间为 6 周，装修工程在各栋的持续时间为 12 周。

问题：

(1) 如果该工程的资源供应能够满足要求，为加快施工进度，该工程可按哪种流水施工方式组织施工？试计算该种流水施工组织方式的工期。

(2) 如果工期允许，该工程可按哪种方式组织流水施工？试计算这种流水施工组织方式的工期。

【问题 1 分析】

如果该工程的资源供应能够满足要求，为加快施工进度，该工程可采用成倍节拍流水施工方式组织施工。

解　施工段划分，按照一栋为一个施工段，所以 $M=3$，根据题意，$N=4$。

$$流水节拍的最大公约数=最大公约数\{6,12,6,12\}=6(周)$$

施工班组总数为：$N'=\sum b_i=b_{基础}+b_{主体}+b_{屋面}+b_{装修}=6(个)$

该工程工期为：　$T=(N'+M-1)K_b$

$$=(6+3-1)\times 6=48(周)$$

根据所确定的流水施工参数绘制该工程水平指示图表（略）。

【问题 2 分析】　如果工期允许，该工程可按无节奏流水施工方式组织施工（或者一般流水），即每个施工过程配备 1 个施工班组，连续均衡地在各施工段组织施工。（解答过程略）

二、无节奏流水

无节奏流水是指同一施工过程在各施工段上的流水节拍不完全相等的一种流水施工组织方式。

在实际工作中，当各施工段的工程量不等，各施工班组生产效率各有差异，并且不可能组织全等节拍流水或成倍节拍流水时，就可以组织无节奏流水。无节奏流水是实际工程中常见的一种组织流水的方式。它不像有节奏流水那样有一定的时间规律约束，因此，在进度安排上，比较灵活、自由。所以该方法较为广泛地应用于实际工程。

（一）组织无节奏流水的基本要求

无节奏流水的实质是：各专业班组连续流水作业，流水步距经计算确定，使工作班组之间在一个施工段内互不干扰，或前后工作班组之间工作紧紧衔接。因此，组织无节奏流水的基本要求即是保证各施工过程的工艺顺序合理和各施工班组尽可能依次在各施工段上连续施工。

（二）无节奏流水的时间参数计算

流水节拍的计算方法同前面其他有节奏流水，采用式（2-4）或式（2-5）。组织无节奏流水的关键在于流水步距的计算。

流水步距的计算方法，因每一施工过程的流水节拍不相等，没有任何规律。经过多年实际经验的积累，原苏联专家潘特考夫斯基提出了一种计算流水施工步距的通用方法，又称“潘氏方法”，计算过程及方法归纳为“逐段累加，错位相减，差值取大”，详见[例2-6]。

工期计算公式同一般流水施工工期计算式。

【例2-6】 某工程可以分为4个施工过程，4个施工段，各施工过程在各施工段上的流水节拍见表2-2，试计算流水步距和工期，绘制流水施工进度计划表。

表2-2 流水节拍

施工过程 \ 施工段	Ⅰ	Ⅱ	Ⅲ	Ⅳ
A	5	4	2	3
B	4	1	3	2
C	3	5	2	3
D	1	2	2	3

解 (1) 流水步距计算。因每一施工过程在各施工段的流水节拍不相等，没有任何规律，因此，采用“逐段累加，错位相减，差值取大”的方法进行计算，无数据的地方补0计算，计算过程及结果如下：

1) 求$K_{A,B}$

$$\begin{array}{rrrrrr} & 5 & 9 & 11 & 14 & 0 \\ -) & 0 & 4 & 5 & 8 & 10 \\ \hline & 5 & 5 & 6 & 6 & \end{array}$$

$$K_{A,B}=\max\{5,5,6,6\}=6(d)$$

2)求$K_{B,C}$

$$\begin{array}{rrrrrr} & 4 & 5 & 8 & 10 & 0 \\ -) & 0 & 3 & 8 & 10 & 13 \\ \hline & 4 & 2 & 0 & 0 & \end{array}$$

$$K_{B,C}=\max\{4,2,0,0\}=4(d)$$

3)求$K_{C,D}$

$$\begin{array}{rrrrrr} & 3 & 8 & 10 & 13 & 0 \\ -) & 0 & 1 & 3 & 5 & 8 \\ \hline & 3 & 7 & 7 & 8 & \end{array}$$

$$K_{C,D}=\max\{3,7,7,8\}=8(d)$$

(2) 工期计算：

$$\begin{aligned} T &= \sum K_{i,i+1} + T_N \\ &= K_{A,B} + K_{B,C} + K_{C,D} + 1 + 2 + 2 + 3 \\ &= 6 + 4 + 8 + 8 \end{aligned}$$

$=26(d)$

该工程进度计划安排如图 2-12 所示。

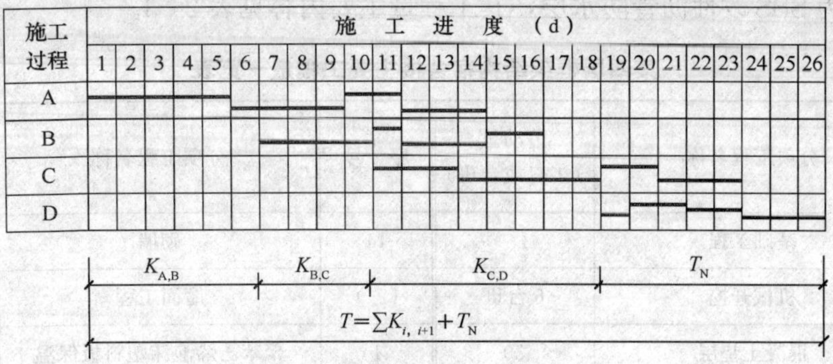

图 2-12　无节奏流水施工进度表

无节奏流水施工适用于各种不同性质、不同用途、不同规模的建筑工程的单位工程流水或分部工程流水，是一种较为自由的流水施工组织方式。

上述流水施工方式，到底采用哪一种流水施工方式，除了分析流水节拍的特点外，还要考虑工期要求和各项资源的供应情况。

第四节　流水施工的具体应用

一、流水施工的组织步骤

(1) 熟悉施工图纸，收集相关资料。

(2) 划分分部分项工程。

(3) 划分施工段。

(4) 考虑各分项工程预算工程量，适当合并项目。

(5) 考虑施工方案，套用相关机械或人工消耗量定额，计算劳动量。

(6) 用倒排计划法或定额计算法确定各分项工程班组人数、工作班制，计算机械或班组施工天数。

(7) 对各个分部工程按照某种流水施工组织方式，组织流水。

(8) 将各分部工程流水汇总形成单位工程流水。

(9) 检查、调整。

(10) 正确绘制流水施工进度计划表。

二、流水施工应用实例

流水施工是一种较为科学的组织施工的方式，编制施工进度计划时，常常采用流水施工的方式。流水施工的组织方式有全等节拍流水、成倍节拍流水、不等节拍流水和无节奏流水四种。具体采用哪种流水施工组织方式，要根据工程具体情况来确定。下面以较为常见的工程施工实例来阐述流水施工的具体应用。

【例 2-7】 框架结构房屋的流水施工：

某四层学生宿舍楼，底层为商业用房。建筑面积 3277.96m²，基础为钢筋混凝土独立基础，主体工程为全现浇钢筋混凝土框架结构。装修工程为塑钢门窗、胶合板门。外墙使用涂料，内墙为混合砂浆抹灰、普通涂料刷白，楼地面贴地板砖；屋面用聚苯乙烯泡沫塑料板做保温层，上面为SBS改性沥青防水层，其工程量主要内容见表2-3。

表2-3　　某四层框架结构宿舍楼主要工程量一览表

序号	分项工程名称	劳动量（工日或台班）	序号	分项工程名称	劳动量（工日或台班）
（一）	基础工程		14	砌墙	1095
1	机械开挖	6台班	（三）	屋面工程	
2	混凝土垫层	30	1	聚苯乙烯泡沫塑料板保温	152
3	绑扎基础钢筋	59	2	屋面找平层	52
4	基础模板	73	3	SBS改性沥青防水层	47
5	基础混凝土	87	（四）	装饰装修工程	
6	回填土	150	1	顶棚、墙面抹灰	1648
（二）	主体工程		2	外墙贴面砖	957
1	脚手架	313	3	楼地面及楼梯面砖	929
2	柱绑扎钢筋	135	4	塑钢门窗安装	68
3	柱、梁、板模板（含楼梯）	2263	5	胶合板门	81
4	柱混凝土	204	6	顶棚、墙面涂料	380
5	梁、板绑扎钢筋（含楼梯）	801	7	油漆	79
6	梁、板混凝土（含楼梯）	939	8	水、电安装及其他	
7	拆模	398			

【分析】 按照流水施工的组织步骤，首先在熟悉图纸及相关资料的基础上，将单位工程划分为4个分部工程即：基础工程、主体工程、屋面工程、装修工程。对各个分部工程划分施工段，计算相应分项工程工程量及劳动量，具体组织方法见题解部分。

解

（一）基础工程

1. 划分分项工程

基础采用机械大开挖形式，人工配合挖土不列入进度计划；垫层工程量较小，可以将其合并到相邻施工过程中，也可以单独作为一个施工过程（此时，施工段数目划分要合理）；绑扎基础钢筋、支模、浇筑混凝土；回填土。

2. 划分施工段

基础部分划分为2个施工段（机械开挖部分、垫层为1个施工段）。

3. 计算各分项工程的工程量、劳动量（已知）

4. 计算各分项工程流水节拍（按照等节拍流水组织）

（1）机械开挖采用一台机械，两班制施工，作业时间为：

$$t_{\text{挖土}}=\frac{6}{1\times 2}=3\text{d}\text{（考虑机械进出场，因此取 4 天）}$$

（2）混凝土垫层共 30 工日，2 班制施工，班组人数为 15 人，作业时间为

$$t_{\text{垫层}}=\frac{30}{15\times 2}=1\text{d}$$

说明： 混凝土需要连续施工，否则会留有施工缝，因此选择两班制；垫层施工完毕后，根据天气情况，进行养护，12h 内浇水覆盖养护，强度达到 1.2MP 后方可上人操作。本案例中具体养护时间并没有考虑在进度计划中，如果夏季施工，根据施工经验，养护 1 天即可达到规定强度。

（3）基础绑扎钢筋需 59 个工日，班组人数为 10 人，一班制施工，流水节拍为

$$t_{\text{钢筋}}=\frac{59}{10\times 2\times 1}=3\text{d}$$

因为后几项工序拟组织采取全等节拍流水，因此支模、浇筑混凝土、回填土流水节拍均为 3 天，采用倒排计划法安排班组人数：

$$R_{\text{支模}}=\frac{73}{2\times 3\times 1}=12.2\text{ 人（取 12 人）}$$

$$R_{\text{混凝土}}=\frac{87}{2\times 3\times 1}=14.5\text{ 人（取 15 人）}$$

$$R_{\text{回填土}}=\frac{150}{2\times 3\times 1}=25\text{ 人（取 25 人）}$$

说明： 这部分旨在说明全等节拍流水的组织方式，与实际施工有所差别。实际施工时混凝土需连续施工，因此会选择三班制，时间可能就是 1 天，人员有所变化。混凝土施工完，下道工序（回填土）施工前，还需考虑基础采用的模板类型，如果是砖砌胎模，可以不拆模，如果是竹胶板，则需拆模后方可回填。本案例混凝土浇筑完工后，预留了三天时间用于技术和组织间歇。

5. 计算分部工程流水工期

基础工程流水工期为：挖土时间＋垫层时间＋后四个过程全等节拍流水工期＋技术或组织间歇时间

$$=4+1+(M+N-1)\,t+\text{间歇时间}$$

$$=5+(2+4-1)\times 3+3=23\text{（d）}$$

（二）主体工程

主体工程包括 7 个施工过程，由于主体工程存在层间关系，要保证施工过程流水施工，必须使 $M_0\geqslant N$，否则会出现工人窝工现象。本工程 $M_0=2$，$N=7$，不符合 $M_0\geqslant N$ 的要求，而要继续组织流水施工，只能采取“引申”的流水施工组织方式，即主导工序必须连续均衡施工，次要工序可以在缩短工期的前提条件下，间断施工。

本分部工程主导工序为柱、梁、模板，而柱绑扎钢筋，柱混凝土，梁、板绑扎钢筋，梁、

板混凝土四项工序可以作为一项工序的时间来考虑，这样就达到 $M_0=N$ 的条件。对于拆模、砌墙两个施工过程可以作为主体工程中的两个独立过程考虑，安排流水即可，比较灵活。

具体安排如下：

1. 划分分项工程

主体工程划分为 7 个分项工程分别为：柱、梁、板模板，柱绑扎钢筋，柱混凝土，梁、板绑扎钢筋，梁、板混凝土，拆模、砌墙。

2. 划分施工段

主体工程每层划分为 2 个施工段，四层共 8 个施工段。

3. 计算各分项工程的工程量、劳动量（已知）

4. 计算各分项工程流水节拍（首先计算主导工序流水节拍）

（1）主导工序柱、梁、板模板劳动量为 2263 个工日，班组人数为 24 人，2 班制施工，流水节拍为

$$t_{柱、梁、板模板}=\frac{2263}{8\times24\times2}=5.89\text{（d）}\qquad\text{（取 6d）}$$

（2）其他四个工序按照一个过程的时间来安排，适当考虑养护时间，安排如下：

整体按照二班制考虑，已知流水节拍，反算班组人数。实际计算过程中，再根据情况进行调整。

四个工序合计劳动量为：135＋204＋801＋959＝2079（工日），计算班组人数如下：

$$R=\frac{2079}{8\times6\times2}=22\text{（人）}$$

对于这四个工序，为组织施工方便，采用一个混合施工班组施工，班组人数初步确定为 22 人。

1）柱钢筋劳动量共 135 工日，一班制施工，班组人数为 18 人，流水节拍为

$$t_{柱钢筋}=\frac{135}{8\times22\times2}=0.4\text{（d）}$$

由于一般情况，流水节拍要取整数，因此采用一班制施工，计算过程如下：

$$t\,柱钢筋=\frac{135}{8\times22\times1}=0.77\text{（d）}$$

如果按照流水节拍为 1 天计算的话，人数可以适当减少，按照 18 人来计算，其余 4 人可以安排其他零星工作。计算如下：

$$t_{柱钢筋}=\frac{135}{8\times18\times1}=0.94\text{（d）（取 1d）}$$

2）柱混凝土劳动量共 204 工日，二班制施工，班组人数为 22 人，流水节拍为

$$t_{柱混凝土}=\frac{204}{8\times22\times2}=0.58\text{（d）（取 1d）}$$

浇筑混凝土，应尽量考虑过程中随机处理浇筑过程中的一些常见问题，使进度安排具有一定的弹性。

3）梁、板钢筋劳动量共 801 工日，二班制施工，班组人数为 22 人，流水节拍为

$$t_{梁、板钢筋}=\frac{801}{8\times22\times2}=2.27\ (d)$$

按照2天计算的话，人数偏少，可以在此基础上抽调2人左右，进行钢筋绑扎，重新计算如下：

$$t_{梁、板钢筋}=\frac{801}{8\times24\times2}=2.08\ (d)\ (取2天)$$

4）梁、板混凝土劳动量共939工日，三班制施工，班组人数为22人，流水节拍为

$$t_{混凝土}=\frac{939}{8\times22\times3}=1.77\ (d)\ (取2天)$$

时间宽裕，考虑过程中随机处理浇筑过程中的一些常见问题，使进度安排具有一定的弹性。

这四个过程的流水节拍综合计算为：1＋1＋2＋2＝6（d）

主体工程钢筋混凝土工程的流水工期为

$$T=(M+N-1)\ 6=(8+2-1)\ 6=54\ (d)$$

（3）拆模、砌墙的流水节拍。楼板的底模应在浇筑完混凝土，混凝土达到规定强度后方可拆模。根据试验室数据，混凝土浇筑完后12天可以进行拆模，拆完模即可进行墙体砌筑。

拆模劳动量398工日，班组人数同支模班组人数24人，2班制施工，流水节拍为

$$t_{拆模}=\frac{398}{8\times24\times2}=1.04\ (d)\quad (取1d)$$

砌墙劳动量1095工日，班组人数同支模班组人数23人，1班制施工，流水节拍为

$$t_{砌墙}=\frac{1095}{8\times23\times1}=2.98\ (d)\quad (取3d)$$

主体工程的总工期为：$T=54+12+1+3=70$（d）

基础部分和主体部分施工搭接3天，因此，主体施工完后，日历工期为

$$23+70-3=90\ (d)$$

（三）屋面工程

屋面工程分为三个施工过程，一般情况，考虑其整体性，不划分施工段，采用依次施工的方式组织施工。

保温层劳动量为152工日，1班制施工，班组人数为30人，流水节拍为

$$t_{保温}=\frac{152}{1\times30\times1}=5\ (d)$$

找平层劳动量为52工日，1班制施工，班组人数为18人，流水节拍为

$$t_{找平层}=\frac{52}{1\times18\times1}=3\ (d)$$

防水层劳动量为47工日，1班制施工，班组人数为15人，流水节拍为

$$t_{防水层}=\frac{47}{1\times15\times1}=3\ (d)$$

【注意】 找平层施工完毕后，应安排一定的干燥时间，可根据实际天气情况进行调整，这里安排5天时间。

（四）装饰装修工程

1. 划分分项工程

装饰装修工程包括7个施工过程，考虑塑钢门窗、胶合板门劳动量较小，将其合并为一个分项工程、油漆与涂料合并为一个分项工程组织流水施工，因此共有5个分项工程。

2. 划分施工段

每层划分为1个施工段，共4个施工段，采用自上而下的施工顺序。

3. 计算各分项工程的工程量、劳动量（已知）

4. 计算各分项工程流水节拍（按照等节拍流水组织施工）

（1）顶棚抹灰劳动量为1648工日，1班制施工，班组人数为60人，流水节拍为：

$$t_{顶棚抹灰}=\frac{1648}{4\times60\times1}=6.8\ (d)\ （取7天）$$

（2）外墙贴砖劳动量共957工日，1班制施工，流水节拍为7天，班组人数为：

$$R_{外墙贴砖}=\frac{957}{4\times1\times7}=34.1\ （人）（取34人）$$

（3）楼地面及楼梯贴砖劳动量共929工日，1班制施工，流水节拍为7天，班组人数为：

$$R_{楼地面}=\frac{929}{4\times1\times7}=33.1\ （人）（取33人）$$

（4）涂料与油漆劳动量共380+79=459（工日），1班制施工，流水节拍为7天，班组人数为：

$$R_{涂料}=\frac{459}{4\times1\times7}=16.4\ （人）\qquad（取17人）$$

（5）塑钢门窗、胶合板门劳动量合并为149工日，1班制施工，流水节拍为3天，混合班组人数为：

$$R_{塑钢、胶合板门、油漆}=\frac{149}{4\times1\times3}=12.4\ （人）\qquad（取13人）$$

装饰装修分部工程流水施工工期为：

$$\begin{aligned}T&=\sum K_{i,i+1}+T_N\\&=K_{外墙面砖,抹灰}+K_{抹灰,楼梯面砖}+K_{楼梯面砖,安装门窗}+K_{安装门窗,油漆涂料}+4\times7\\&=7+7+7+3+28\\&=52(d)\end{aligned}$$

当所有分部工程都组织流水施工后，再按照各个分部工程之间的连接关系，即是否存在搭接或间歇时间将各分部工程流水汇总形成单位工程流水。

基础与主体搭接3天，屋面工程与部分主体和部分装饰装修工程平行并列施工。因此总工期为：

基础分部工程工期＋主体分部工程工程＋装饰装修分部工程工期－搭接时间

$$20+70+52-3$$
$$=142\ (d)$$

【注意】 脚手架工程、其他以及水电工程为配合土建施工穿插进行，因此在进度计划中只表示其开始和结束穿插施工的时间，横道跨越的时间并不表示该施工过程持续施工的时间。

实际施工中，组织方法是灵活多样的，以上进度计划的安排是结合理论教学和实际施工进行组织的。

本工程流水施工进度计划安排见附图 1。

【例 2-8】 预制装配式混凝土结构的施工进度计划：

某工程为预制装配式混凝土结构商品楼项目，共 4 栋单体建筑，标准层层高 2.9m，地下 1 层，地上 15 层，每栋建筑物单层建筑面积为 600m^2。

标准层做法为：竖向构件，墙体为 200mm 厚剪力墙和 100mm 厚 PCF 预制构件（南侧凸窗位置）外墙模组合而成；水平构件，采用叠合板结构形式，叠合板采用 60mm 厚预制 PC 和 80mm 厚现浇组合而成。阳台、设备空调板、水平线条及楼梯均采用 PC 预制板，其余部位采用现浇。

（一）标准层主要施工工序（以一栋楼为例）

（1）墙柱竖向钢筋电渣压力焊、套箍筋 0.5d。

（2）吊装 PC 竖向构件及套筒灌浆 1.5d。

（3）绑扎墙柱钢筋 0.5d。

（4）安装墙柱、叠合板的模板 2d。

（5）PC 水平构件吊装 0.5d。

（6）平台钢筋绑扎（配合水电管线预埋）1d。

（7）浇筑墙柱、叠合板混凝土 0.5d。

（二）标准层主要施工状态展示（以一栋楼为例）

标准层施工进度计划，6.5d/层。

（1）第一天上午施工：测量放线、混凝土养护、钢筋电渣压力焊接（见图 2-13）。

（2）第一天下午、第二天施工：继续竖向构件吊装、临时支撑安装、套筒灌浆（见图 2-14 和图 2-15）。

图 2-13

图 2-14

(3) 第三天上午施工：墙柱钢筋绑扎及验收（见图 2-16）。

图 2-15

图 2-16

(4) 第三天下午施工：墙柱封模板（见图 2-17）。
(5) 第四天、第五天上午施工：排架搭设及平台模板（见图 2-18 和图 2-19）。

图 2-17

图 2-18

(6) 第五天下午施工：PC 水平构件吊装（见图 2-20）。

图 2-19

图 2-20

(7) 第六天施工：平台钢筋绑扎、水电管安装（见图 2-21）。
(8) 第七天上午施工：模板加固，验收，混凝土浇筑（见图 2-22 和图 2-23）。

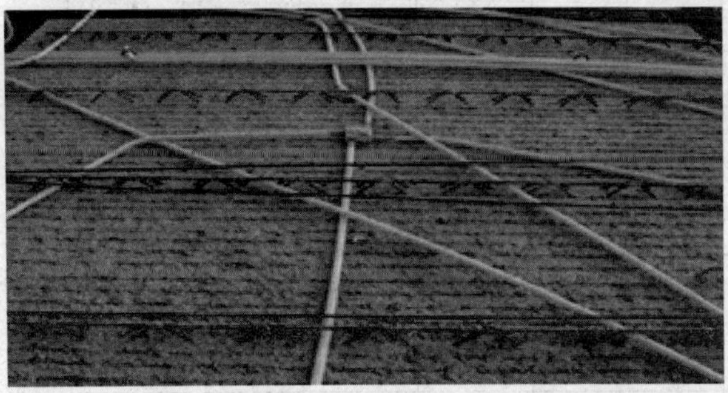

图 2-21

图 2-22

图 2-23

（三）标准层施工进度计划表

预制装配式混凝土结构住宅标准层的施工，组成钢筋班组、吊装（套筒灌浆）班组、模板班组、混凝土班组四个专业班组，四栋楼流水施工，进度计划见表 2-4。

表 2-4　　**标准层施工进度计划表**

序号	工作名称	工作时间（天）	施工进度（d）																									
			0.5	1	1.5	2	2.5	3	3.5	4	4.5	5	5.5	6	6.5	7	7.5	8	8.5	9	9.5	10	10.5	11	11.5	12	12.5	13
1	竖向钢筋	0.5	━	━	━	━																						
2	吊装灌浆	1.5		━	━	━	━	━	━				━	━	━		━	━	━									
3	绑扎钢筋	0.5					━			━							━				━							
4	安装模板	2						━	━	━	━	━	━	━	━		━	━	━	━	━	━	━	━				
5	水平构件吊装	0.5										━				━					━				━			
6	平台绑扎	1											━	━			━	━				━	━			━	━	
7	浇筑混凝土	0.5													━				━					━				━

本章小结

本章在介绍常见组织施工方式的同时，主要介绍了流水施工基本概念，以及流水施工的组织方法和具体应用。

1. 组织施工三种方式

各自特点及其优、缺点比较：

- 平行施工：$T=\Sigma t_i$
- 依次施工：
  - 按段依次：$T=M\Sigma t_i$
  - 按过程依次：$T=M\Sigma t_i$
- 流水施工：$T=\Sigma K_{i,i+1}+T_N$

2. 有关流水施工的概念

(1) 流水施工定义。

(2) 流水施工组织要点。

(3) 流水施工三个参数：工艺参数、空间参数、时间参数。

(4) 组织流水施工条件。

3. 常见流水施工组织方法的分类以及计算

流水施工根据节奏特征可以分为有节奏流水和无节奏流水两大类，有节奏流水又可以根据各过程流水节拍是否相等，分为等节奏流水和异节奏流水，具体在各种流水施工方式的情况下，工期、步距等参数的计算如下：

节奏特征：

- 有节奏
  - 等节奏
    - 等节拍等步距流水：$T=(N+M-1)t$，$K_{i,i+1}=t=$常数
    - 等节拍不等步距流水：$T=(N+M-1)t+\Sigma t_j-\Sigma t_d$
      $K_{i,i+1}=t+t_j-t_d$
  - 异节奏
    - 加快成倍节拍：$T=(N'+M-1)t_{min}+\Sigma t_j-\Sigma t_d$，
      $N'=\Sigma b_i$，一般情况，$K_b=t_{min}$，$b_i=t_i/K_b$　$K_{i,i+1}=K_b$
    - 不等节拍：$T=\Sigma K_{i,i+1}+T_N$，其中 $K_{i,i+1}$按一般步距公式计算
      $$K_{i,i+1}=\begin{cases}t_i+t_j-t_d & (t_i\leqslant t_{i+1})\\ Mt_i-(M-1)t_{i+1}+\Sigma t_j-\Sigma t_d & (t_i>t_{i+1})\end{cases}$$
- 无节奏：$T=\Sigma K_{i,i+1}+T_N$，其中，$K_{i,i+1}$按“逐段累加，错位相减，差值取大”的经验方法进行计算；T_N表示最后一个施工过程的施工班组完成施工任务所用的时间

能力训练　现场教学：流水施工组织

一、目的

通过组织学生到施工现场或监理单位，了解目前在建某实际工程中某分部工程或单位工程流水施工组织情况，使学生进一步了解流水施工组织方法在建筑工程项目施工进度安排上的应用，加深对划分分部分项工程、划分施工段以及专业班组人数的确定方法的具体应用，从而使原有理论知识在现实工程中得到印证。激发学生学习本课程的积极主动性。

二、内容与要求

(一) 现场教学内容

(1) 选择现场教学基地，进行工程实际施工情况的调研，收集相关资料（如完整的施工

图纸、工程做法、甲方进度要求、相关分部分项工程预算资料、施工方式及组织流水施工的方法等。)

(2) 根据收集资料，小组探讨，合理划分分部分项工程、施工段数目、确定班组人数，计算施工过程持续时间，组织流水施工，分析其资源消耗均衡性、过程之间的逻辑性，调整优化。

(3) 将小组编制的进度计划与施工单位编制的进度计划进行比较，分析其不同之处，各自优劣，进一步使学生认识到流水施工的组织要点、条件、经济效益。

(二) 现场教学要求

(1) 学生应认真收集相关资料，可以为电子文档、复印件等形式。

(2) 小组探讨该工程进行流水施工的合理方式，绘制流水施工进度计划表。

(3) 进度计划的编制、调整方案应有一定的可操作性，选用的资料、数据必须真实。

三、组织方法

如果条件允许，可以分成几个小组，选择不同种类、不同进度的工程作为现场教学的基地，根据不同工程实际情况，组织某分部工程流水施工。如果条件不允许，可以由老师提供几种工程情况，学生划分小组模拟进行流水施工的组织，将各小组组织的流水施工计划进行比较，分析各自的优缺点。

时间安排：

(1) 划分小组，选择实习基地，收集资料：2d。

(2) 小组探讨组织流水施工，绘制进度计划表：2d。

(3) 对各小组的流水施工计划进行优缺点分析，老师点评：1d。

思考题

1. 简述组织施工三种方式的优缺点。

2. 什么是流水施工？

3. 简述流水施工组织要点及条件。

4. 试述流水施工三个主要参数的含义。

5. 简述流水节拍、流水步距的含义及计算公式。

6. 划分施工段应遵循的原则是什么？

7. 流水施工的组织方式有哪几种？试述各自节拍、步距的特点以及水平指示图表的绘制方法。

8. 什么是无节奏流水施工？试述无节奏流水的步距计算方法。

习 题

一、名词解释

1. 流水节拍　　2. 流水步距　　3. 流水施工

二、填空题

1. 有五幢同类型建筑物组织施工，可分为基础、主体、屋面、装修 4 个分部工程，且每幢基础用 3 周，主体用 6 周，屋面用 1 周，装修用 6 周，若组织平行施工，则工期为（ ）周；依次施工，则工期为（ ）周；流水施工，工期为（ ）周。

2. 组织流水施工时，（ ）过程必须连续均衡地施工，（ ）工序可以在工期要求不紧张情况下，间断施工。

3. 流水施工实质是（ ）和（ ）。

4. 流水施工根据编制对象不同，可分为（ ）、（ ）、（ ）和细部流水；根据节奏特征又分为（ ）和（ ）。

5. 流水施工主要参数有（ ）用 N 来表达；（ ）用 M 来表达；还有（ ），具体包括流水工期、流水节拍、流水步距三项内容。

6. 某三层框架结构，$M_0=3$，则该主体结构总的施工段数是（ ）。

7. 流水节拍是指（ ）。

8. 某基础绑扎钢筋，共用 48 个工日，且分两段施工，班组人数为 6 人，采用一班制施工，则该过程流水节拍为（ ）天。

9. 在施工段不变的情况下，流水步距越大，则工期越（ ），流水步距越小，则工期越（ ）。

10. 组织楼层施工时，当一层施工段数 M_0（ ）N 时，比较理想，当 M_0（ ）N 时，比较合理，当 M_0（ ）N 时，常存在窝工现象。

11. 流水强度是指（ ），手工操作过程的流水强度可按 $V=$（ ）计算。

12. 有节奏与无节奏流水本质区别是（ ）。

13. 有 7 幢同类型建筑物，组织全等节拍流水，过程之间无间歇和搭接时间，已知 $N=5$，要求工期不超过 55 天，则最大流水节拍是（ ）天。

三、单项选择

1. 不属于流水施工时间参数的是（ ）。

A. 流水节拍　　B. 流水步距　　C. 工期　　D. 施工段

2. 最理想的组织流水施工方式是（ ）。

A. 全等节拍流水　　B. 异节奏流水　　C. 无节奏流水　　D. 成倍节拍流水

3. 成倍节拍流水属于（ ）。

A. 等节奏流水　　B. 异节奏流水　　C. 无节奏　　D. 均不是

4. 流水节拍是指（ ）。

A. 某个专业队的施工作业时间

B. 某个专业队在一个施工段上的作业时间

C. 某个专业队在各个施工段上平均作业时间

D. 两个相邻工作队进入流水作业的时间间隔

5. 砖混结构主体分部工程的主导工序是（ ）。

A. 安装预制板　　B. 现浇圈梁构造柱　　C. 砌墙　　D. 现浇板带

6. 流水步距是指（ ）。

A. 相邻两个施工过程开始进入同一个施工段的时间间隔

B. 相邻两个施工过程开始进入第一个施工段的时间间隔

C. 任意两个施工过程进入同一个施工段的时间间隔

D. 任意两个施工过程进入第一个施工段的时间间隔

7. 某等节拍流水施工参数如下：$M=5$，$N=3$，$t=3d$，$\Sigma t_j=3d$，$\Sigma t_d=4d$，则流水工期为（　　）。

A. 19d　　B. 20d　　C. 21d　　D. 22d

8. 某施工段工程量为 200 个单位，安排施工队人数为 25 人，每人每天完成 0.8 个单位，则该段流水节拍为（　　）。

A. 12d　　B. 10d　　C. 8d　　D. 6d

9. 某工程有 5 个施工过程，4 个施工段，则其步距数目为（　　）。

A. 4　　B. 5　　C. 6　　D. 3

10. 流水施工中，（　　）必须连续均衡施工。

A. 所有施工过程　　B. 主导工序　　C. 次要工序　　D. 无特殊要求

四、计算题

1. 某分部工程可以划分为 A、B、C、D 4 个分项工程，每个分项工程又可分为 3 个施工段。假设 $t_A=1d$，$t_B=3d$，$t_C=4d$，$t_D=2d$。要求：分别组织依次施工、平行施工、流水施工，求出工期，并绘制进度计划表。

2. 某 6 幢同类型工程的内装修工程，按照 1 幢为 1 个施工段组织等节拍等步距流水。已知内装修工程可分为 A、B、C、D、E、F 6 道工序。现设流水节拍为 3 个单位时间，求这个建筑群装修工程共需多少个单位时间？用水平图表画出施工进度计划表。

3. 某分部工程，施工过程数为 $N=4$，施工段数 $M=6$，各过程流水节拍为 $t_A=2d$，$t_B=4d$，$t_C=6d$，$t_D=4d$。且已知 A、B 之间存在 2 天技术间歇时间。试组织成倍节拍流水施工，绘制进度计划表；若每个施工过程只有一个专业班组施工，试按照一般流水组织施工，确定过程之间流水步距、工期，绘制施工进度计划表。

4. 有 7 幢同类型建筑物的内装修组织流水施工，每幢建筑物的内装饰装修可划分为 5 个施工过程，按一幢为一个施工段组织全等节拍流水施工，且要求工期不不超过 50 天。问个过程流水节拍最大为多少天？

5. 某拟建工程地面抹灰可以分为 3 个施工段，地面工程作法划分为底层、中层、面层 3 个施工过程。各有关数据见表 2 - 5。试编制施工进度计划。

要求：(1) 填写表 2 - 5 中的内容。

(2) 按不等节拍组织流水施工，绘制进度计划及劳动力动态曲线。

(3) 按成倍节拍组织流水施工，绘制进度计划及劳动力动态曲线。

表 2 - 5　　某拟建工程地面抹灰有关数据

过程名称	M_i	Q总（m^2）	Q_i（m^2）	H_i或S_i	P_i	R_i	t_i
①	②	③	④	⑤	⑥	⑦	⑧
基层		108		0.98m^2/工日		9 人	
中层		1050		0.0849 工日/m^2		5 人	
面层		1050		0.0627 工日/m^2		11 人	

6. 已知各过程流水节拍见表 2-6，确定各过程之间的流水步距、工期，绘制横道图。

表 2-6　**某工程各过程流水节拍参数表**

施工段 / t_i / 工序	①	②	③	④	⑤	⑥
A	2	2	2	2	2	2
B	4	4	4	4	4	4
C	3	3	2	2	4	3
D	2	1	3	2	1	3
E	2	4	3	1	2	3

第三章　工程网络计划技术

知识目标　了解网络图与横道图的区别与联系、网络图的分类；掌握双代号网络图的绘制、时间参数的计算以及双代号时标网络计划的应用；熟悉单代号网络图的概念；了解单代号网络图的绘制、时间参数的计算；掌握网络计划的优化；熟悉建筑工程项目施工进度控制、网络计划的计算机应用。

能力目标　能够熟练绘制双代号网络图；具备熟练计算双代号网络计划时间参数的能力；能够识读一般建筑工程项目的网络计划图；能够对于简单的网络计划进行优化、检查与调整；能够应用软件进行简单的网络计划操作。

工程网络计划技术是20世纪中叶在美国创造和发展起来的一项新型计划技术。工程网络计划的编制、计算、应用等全过程的理论、方法和实践活动的总称称为工程网络计划技术。因其具有理论上的正确性、技术上的先进性，从而迅速传遍世界。20世纪60年代末，世界著名数学家华罗庚教授首先将其介绍到我国，并在吸收国外工程网络计划技术的基础上，建立了"统筹法"科学体系。工程网络计划技术，以其逻辑严密，主要矛盾突出，便于优化调整和电子计算机应用的特点，广泛应用于各个部门、领域，特别是工程建设领域。

第一节　工程网络计划技术的基本概念

工程网络计划是以工程项目为对象编制的网络计划。网络图是由箭线和节点组成的，用来表示工作流程的有向、有序的网状图形。网络计划是在网络图上加注工作的时间参数而编成的进度计划。工程网络计划可以通过对网络计划各项工作时间参数的计算分析，找出关键线路和关键工作，进一步对计划进行优化。在计划的执行过程中做好调整与控制，以达到缩短工期，降低成本，提高经济效益的目的。

一、网络图与横道图的优缺点比较

横道计划与网络计划，都可以对一项工程实施进度安排，但由于二者的表达形式不同，它们所发挥的作用也各具特点。

例如，某钢筋混凝土工程包括支模板、绑扎钢筋、浇筑混凝土三个施工过程，分三段施工，流水节拍分别为：$t_A=3d$，$t_B=2d$，$t_C=1d$。

该工程项目的进度计划，用横道图表示，如图3-1所示。用网络图表示，如图3-2所示。

由图3-1和图3-2可以看出，二者所表达的内容相同，表达方法及表达效果却完全不同。

1. 横道图

横道图是由一系列的横线条结合时间坐标来表示各项工作的起始点和先后顺序。横道图又称甘特图，是美国人甘特20世纪初研究发明的。横道图是一种最简单、运用最广泛的传统的进度计划方法。尽管有许多新的计划技术，横道图在建设领域中的应用仍非常普遍。它

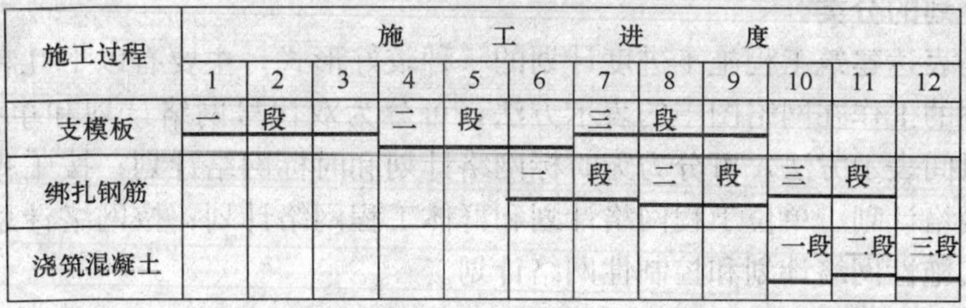

图 3-1　横道计划

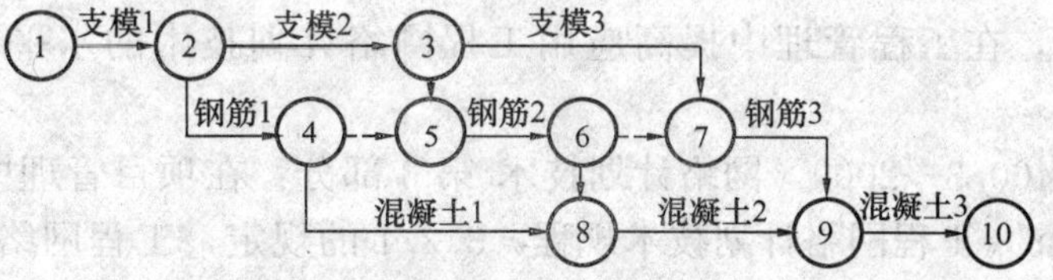

图 3-2　网络计划

的优点是：

(1) 编制简单，表达直观明了。

(2) 结合时间坐标，各项工作的起止时间、作业持续时间、工作进度、总工期以及流水作业的情况都能一目了然。

(3) 对人力和其他资源的计算便于据图叠加。

它的缺点主要是：

(1) 不能全面地反映各项工作间错综复杂的相互联系、相互制约关系。

(2) 不能明确指出哪些工作是关键工作，哪条线路是关键线路，看不出工作可灵活使用的机动时间，因而抓不住工作的重点，看不到潜力所在，而无法进行合理的组织安排和指挥生产。

(3) 不能使用计算机进行计算和优化。

2. 网络图

网络图是以箭线和节点按照一定规则组成，用以表示工作流程、有向有序的网状图形。其优点是：

(1) 把施工过程各有关工作组成一个有机的整体，全面、明确地反映出各项工作间相互制约、相互依赖的关系。

(2) 通过对各项工作时间参数的计算，能确定对全局有影响的关键工作和关键线路。便于管理人员抓住施工中的主要矛盾，集中精力，确保工期，避免盲目抢工。同时，利用各项工作的机动时间，充分调配人力、物力，达到降低成本的目的。

(3) 利用电子计算机对复杂的计划进行计算、调整与优化，实现计划管理的科学化。

(4) 在计划的实施过程中进行有效的控制与调整，取得良好的经济效益。

网络计划的缺点是：

(1) 不能清晰、直观地反映出流水作业的情况。

(2) 对一般的网络计划，其人力和资源的计算，不能利用叠加方法。

二、网络计划的分类

网络计划是表达建筑工程施工进度计划的一种较好形式，主要有以下几种类别。

按网络计划的工作在网络图中的表示方法，可分为双代号网络计划和单代号网络计划；按网络计划的时间表示方法，可分为无时标网络计划和时标网络计划；按工程对象不同，可分为分部工程网络计划、单位工程网络计划和群体工程网络计划；按网络计划的性质和作用不同，可分为实施性网络计划和控制性网络计划。

三、工程网络计划技术的应用

工程网络计划技术在工程项目领域，广泛应用于各项单体工程、群体工程，特别是应用于大型、复杂、协作广泛的项目。它能提供工程项目管理所需的多种信息，有利于加强工程管理。因此，在工程管理中提高应用工程网络计划技术的水平，必能提高工程管理的水平。

根据 GB/T 13400.3—2009《网络计划技术 第 3 部分：在项目管理中应用的一般程序》及 JGJ/T 121—2015《工程网络计划技术规程》3.2.1 的规定，工程网络计划技术的应用程序分为 6 个阶段 20 个步骤，见表 3-1。

表 3-1　工程网络计划技术应用程序

序号	阶　段	步　骤
1	准备	1. 确定网络计划目标
		2. 调查研究
2	工程项目工作结构分解	1. 工作分解结构（WBS）
		2. 编制工程实施方案
		3. 编制工作明细表
3	编制初步网络计划	1. 分析确定逻辑关系
		2. 绘制初步网络图
		3. 确定工作持续时间
		4. 确定资源需求
		5. 计算时间参数
		6. 确定关键线路和关键工作
		7. 形成初步网络计划
4	编制正式网络计划	1. 检查与修正
		2. 网络计划优化
		3. 确定正式网络计划
5	网络计划实施与控制	1. 执行
		2. 检查
		3. 调整
6	收尾	1. 分析
		2. 总结

第二节 双代号网络计划

一、双代号网络图图形组成的三要素

以网络图表示工程进度计划，常用的表达方法是双代号网络图。如图 3 - 3 所示是一个双代号网络图。

双代号网络图是以箭线及其两端节点的编号表示工作的网络图。用双代号网络图表示的进度计划称为双代号网络计划。组成双代号网络图的三个基本要素是：箭线、节点和线路。

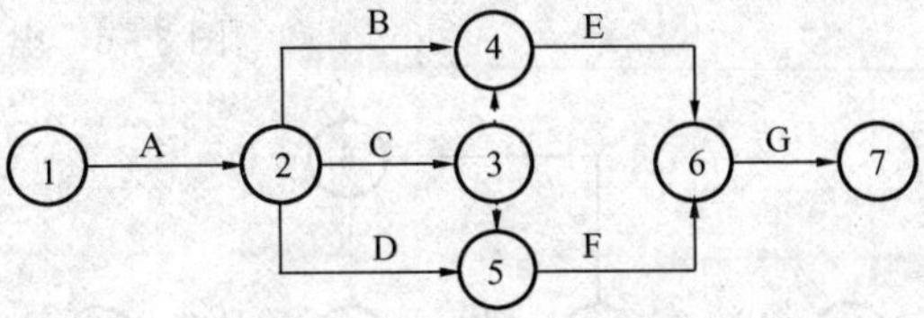

图 3 - 3 双代号网络图

（一）箭线

箭线是网络图中一端带箭头的实线。双代号网络计划中，箭线表示一项工作。工作是计划任务按需要粗细程度划分而成的、消耗时间或资源的一个子项目或子任务，如砌墙、抹灰，也可以是一个分项工程、分部工程，还可以是一个单项工程。箭线的方向表示工作的开展方向，箭尾节点表示工作的开始，箭头节点表示工作的结束。将工作的名称标注于箭线上方，工作持续的时间标注于箭线的下方。箭线应画成水平直线、垂直直线或折线，水平直线投影的方向应自左向右。箭线的长度不表示时间的长短，如图 3 - 4 所示。

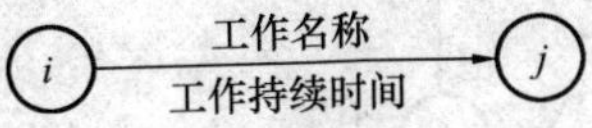

图 3 - 4 双代号网络图中表示一项工作的基本形式

1. 双代号网络图中工作的分类

双代号网络图中的工作可分为实工作和虚工作。

（1）实工作。对于一项实际存在的工作，它消耗了一定的资源和时间，称为实工作。对于只消耗时间而不消耗资源的工作，如混凝土的养护，也作为一项实工作考虑。实工作用实箭线表示，如图 3 - 4 所示。

（2）虚工作。既不耗用时间也不耗用资源的虚拟的工作称为虚工作。双代号网络计划中，虚工作表示前后工作之间的逻辑关系。虚工作应以虚箭线表示，如图 3 - 5 所示。

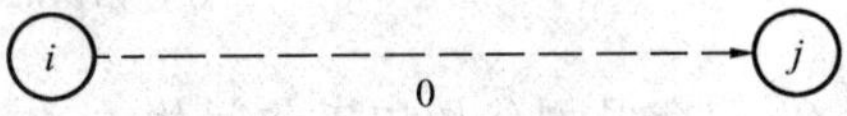

图 3 - 5 双代号网络图中虚工作的表达形式

虚工作是为了正确表达双代号图中工作之间的逻辑关系而出现的，一般起着工作之间的联系、区分与断路三个作用。

1）联系作用。应用虚箭线正确表达工作之间相互依存的关系，将有组织联系或工艺联系的相关工作用虚箭线连接起来，确保逻辑关系的正确。如图 3 - 6 所示。支Ⅱ段柱模工作的开始，从组织联系上讲，需在支Ⅰ段柱模工作完成后才能进行；从工艺联系上讲，支Ⅱ段柱模工作的开始，须在绑Ⅱ段柱筋工作结束后进行，那么引入虚箭线，表达这种工艺联系。

2）区分作用。双代号网络图中，以两个代号表示一项工作，对于同时开始，同时结束的两个平行工作的表达，需引入虚工作以示区别。如图 3 - 7 所示，②→③代表 C 工作，②→④代表 B 工作。

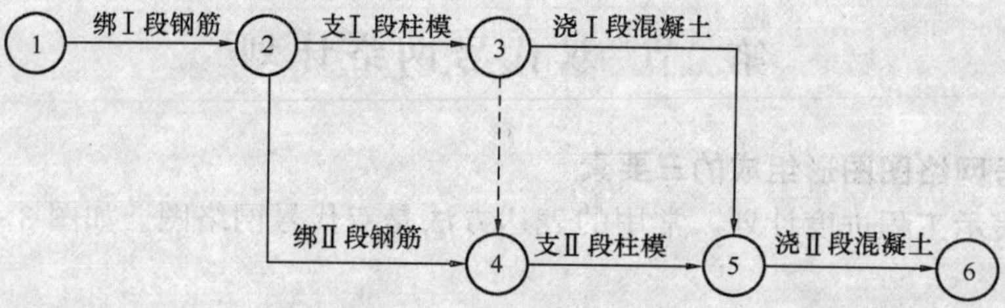

图 3-6 虚工作的联系作用

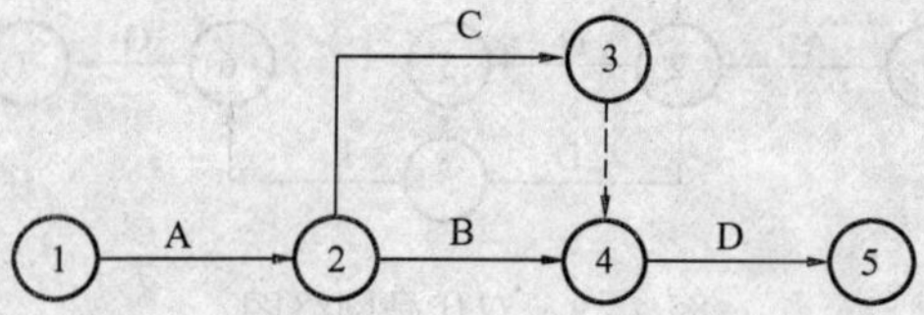

图 3-7 虚工作的区分作用

3）断路作用。引入虚工作，在线路上隔断无逻辑关系的各项工作，即在双代号网络图中如存在把无联系的工作连接上时，应加虚工作将其断开。

例如，绘制某基础工程的网络图，该基础有挖基槽→垫层→墙基→回填土四个施工过程，分两段施工。如图 3-8（a）所示的网络图，其逻辑关系的表达是错误的，如第一段墙基的施工并不需要待第二段基槽开挖后再进行，故用虚工作将它们断开。正确的表达如图 3-8（b）所示。

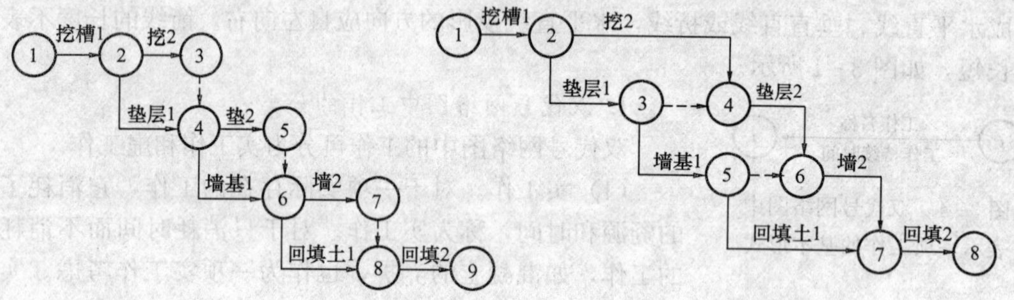

(a) (b)

图 3-8 网络图虚工作的断路作用

（a）错误的表达形式；（b）正确的表达形式

2. 双代号网络图中工作间的关系

双代号网络图中工作间有紧前工作、紧后工作和平行工作三种关系。紧排在本工作之前的工作称为紧前工作，紧排在本工作之后的工作称为紧后工作，与本工作平行进行的工作称为平行工作。表达如图 3-9 所示。

（二）节点

在双代号网络图中，圆圈“○”代表节点。节点表示一项工作的开始时刻或结束时刻，同时它是工作的连接点。

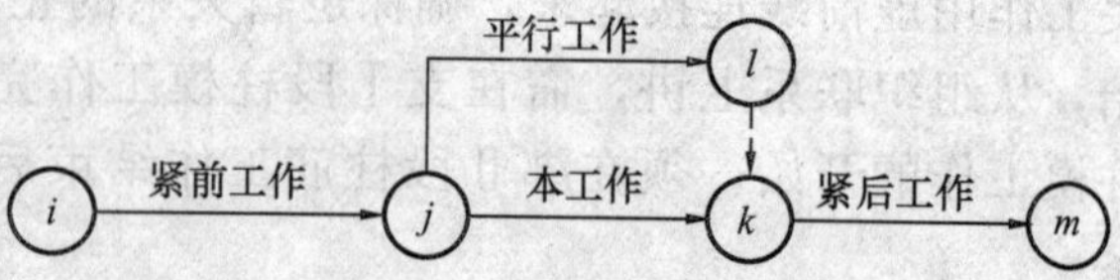

图 3-9 双代号网络图工作的三种关系

1. 节点的分类

一项工作，箭线指向的节点是工作的结束节点；引出箭线的节点是工作的开始节点。一项网络计划的第一个节点，称为该项网络计划的起点节点，它是整个项目计划的开始节点，它只有外向箭线；一项网络计划的最后一个节点，称为终点节点，表示一项计划的结束，它只有内向箭线；其余节点称为中间节点，它既有外向箭线，又有内向箭线。

2. 节点的编号

为了便于网络图的检查和计算，需对网络图各节点进行编号。编号顺序由起点节点顺箭线方向至终点节点。要求每一项工作的开始节点号码小于结束节点号码，即 $i<j$，以不同的编码代表不同的工作；不重号，可不连续。

（三）线路

网络图中，由起点节点沿箭线方向经过一系列箭线与节点至终点节点，所经过的通路，称为线路。在一个网络图中可能有很多条线路，每条线路中各项工作持续时间之和就是该线路的长度，即该线路所需要的时间。如图 3-10 所示的网络图中共有 5 条线路，它们所经过的路线及持续时间如下：

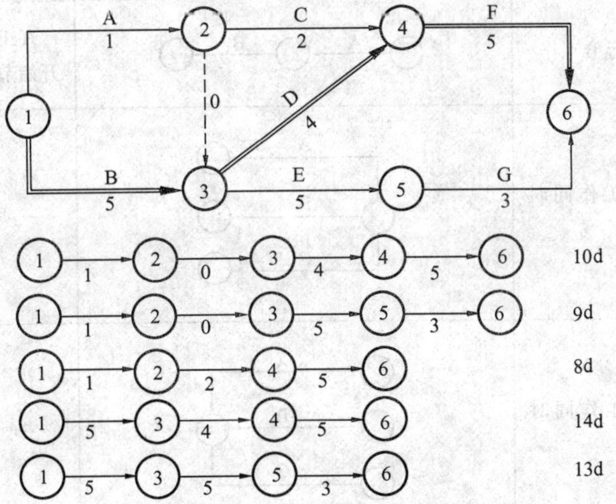

图 3-10 双代号网络图——线路

在一项计划的所有线路中，持续时间最长的线路，其对整个工程的完工起着决定性作用，称为关键线路，其余线路称为非关键线路。关键线路的持续时间即为该项计划的工期。在网络图中一般以双箭线、粗箭线或其他颜色箭线表示关键线路，如图 3-10 所示。

位于关键线路上的工作称为关键工作，其余工作称为非关键工作。关键工作完成的快慢直接影响整个计划工期的实现。

一个网络图中，有时可能出现若干条关键线路，它们的持续时间相等。关键线路并不是一成不变的，在一定条件下，关键线路和非关键线路会互相转化。非关键工作是非关键线路上关键工作以外的工作，在保证计划工期的前提下，它具有一定的机动时间，称为时差。利用非关键工作具有的时差可以科学合理地调配资源和进行网络计划优化。

二、双代号网络图的绘制

(一) 双代号网络图逻辑关系的表达方法

逻辑关系是指网络计划中各项工作客观存在的相互依赖、相互制约的关系。双代号网络图必须正确表达已确定的逻辑关系，逻辑关系包括工艺关系和组织关系，在网络图中均表现为工作之间的先后顺序。

1. 工艺关系

生产性工作之间由工艺过程决定的、非生产性工作由工作程序决定的先后顺序称为工艺关系。如挖土Ⅰ→垫层Ⅰ→砌基础Ⅰ→回填土Ⅰ。

2. 组织关系

工作之间由于组织安排需要或资源（劳动力、原材料、施工机具等）调配需要而规定的先后顺序称为组织关系。如挖土Ⅰ→挖土Ⅱ，垫层Ⅰ→垫层Ⅱ。

双代号网络图中常见的逻辑关系表达方法见表 3-2。

表 3-2 双代号网络图常见逻辑关系表达方法

序号	工作间的逻辑关系	网络图中的表达方法	说明
1	A工作完成后进行B工作		A工作的结束节点是B工作的开始节点
2	A、B、C三项工作同时开始	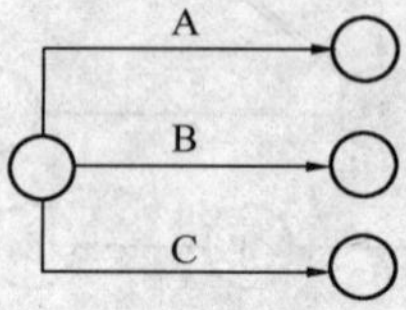	三项工作具有共同的开始节点
3	A、B、C三项工作同时结束	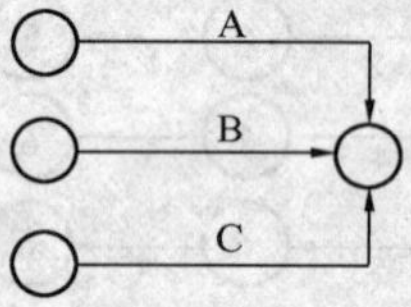	三项工作具共同的结束节点
4	A工作完成后进行B和C工作	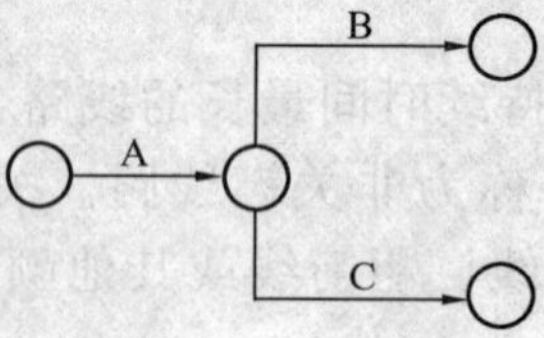	A工作的结束节点是B、C工作的开始节点
5	A、B工作完成后进行C工作	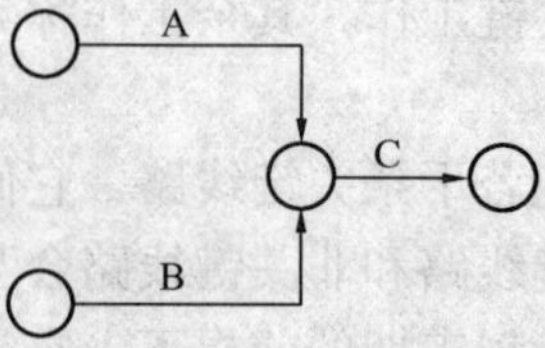	A、B工作的结束节点是C工作的开始节点

续表

序号	工作间的逻辑关系	网络图中的表达方法	说明
6	A、B工作完成后进行C、D工作	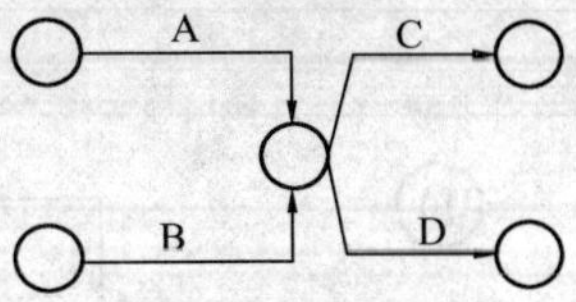	A、B工作的结束节点是C、D工作的开始节点
7	A工作完成后进行C工作 A、B工作完成后进行D工作	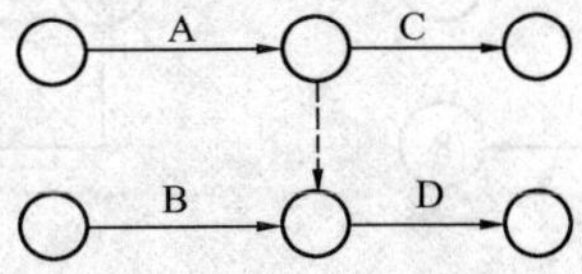	引入虚箭线，使A工作成为D工作的紧前工作
8	A、B工作完成后进行D工作 B、C工作完成后进行E工作	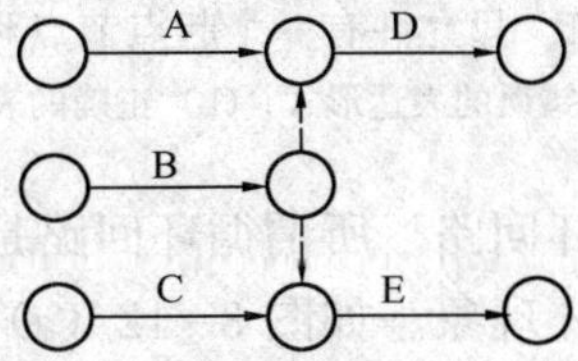	加入两道虚箭线，使B工作成为D、E共同的紧前工作
9	A、B、C工作完成后进行D工作 B、C工作完成后进行E工作	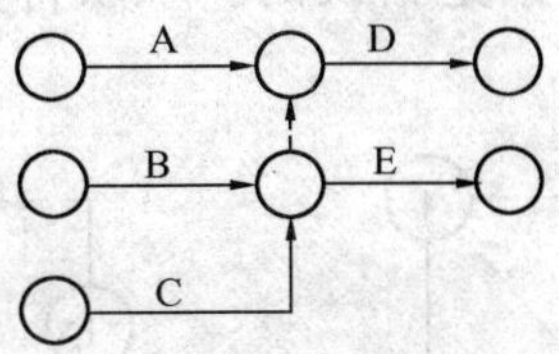	引入虚箭线，使B、C工作成为D工作的紧前工作
10	A工作完成后进行C工作 A、B工作完成后进行D工作 B工作完成后进行E工作	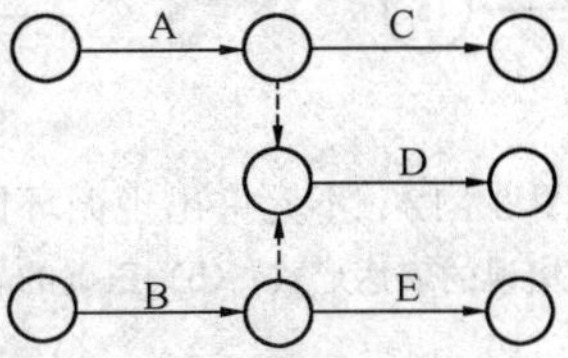	加入两道虚箭线，使A、B工作成为D工作的紧前工作
11	A、B两个施工过程，按三个施工段流水施工	有两种表示方法： 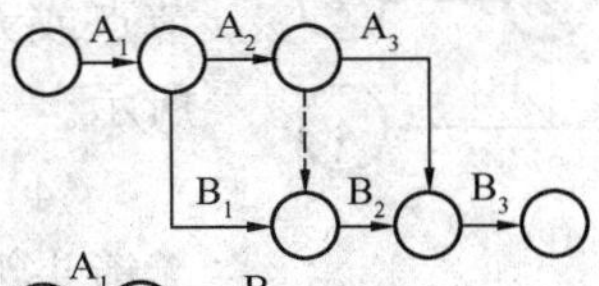 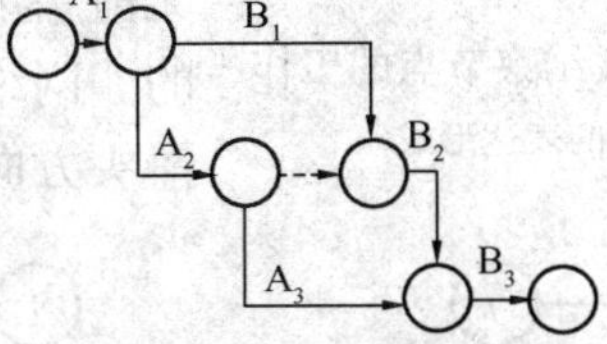	引入虚箭线，B_2工作的开始受到A_2和B_1两项工作的制约

(二) 双代号网络图的绘制原则

网络图的正确表达是建立在正确的逻辑关系基础上，为简洁、条理清楚地表达网络图形，通常要遵循以下几个原则。

(1) 一个网络图中，应只有一个起点节点和一个终点节点。如图 3-11 (a) 所示出现①、②两个起点节点，⑧、⑨、⑩三个终点节点是错误的。该网络图正确的画法如图 3-11 (b) 所示。将①、②两个节点合并成一个起点节点，将⑧、⑨、⑩三个节点合并成一个终点节点。

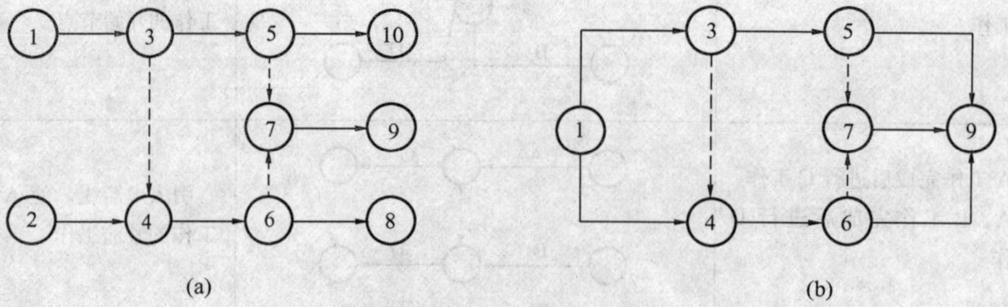

图 3-11 只允许有一个起点节点和终点节点
(a) 错误的表达形式；(b) 正确的表达形式

(2) 网络图中不允许出现循环回路。所谓循环回路是指从网络图中某一节点出发，沿箭线方向又回到此节点，出现的循环现象。如图 3-12 (a) 所示的网络图中②→③→④→②形成循环回路，它所表示的逻辑关系是错误的。可以将②、④节点之间的箭线反向，如图 3-12 (b)所示。

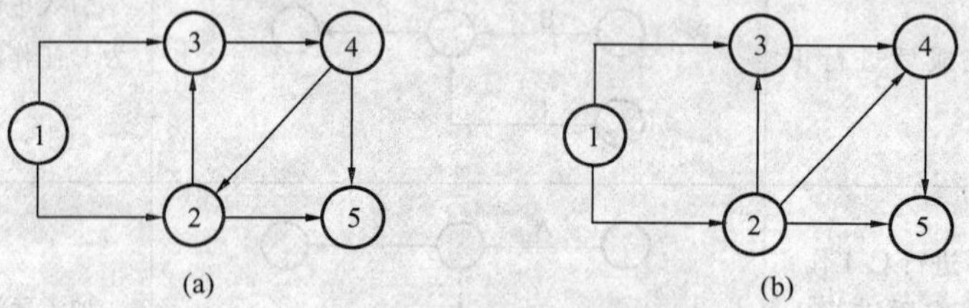

图 3-12 不允许出现循环回路
(a) 错误的表达形式；(b) 正确的表达形式

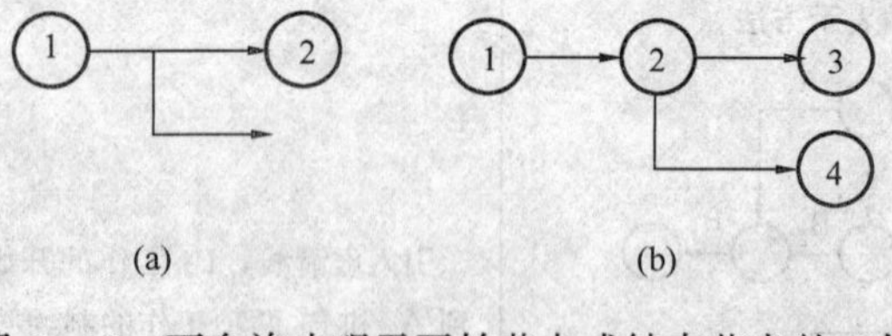

图 3-13 不允许出现无开始节点或结束节点的工作
(a) 错误的表达形式；(b) 正确的表达形式

(3) 在网络图中，不允许出现无开始节点或无结束节点的工作，如图 3-13 (a) 所示。

(4) 网络图中不允许出现双向箭线或无箭头箭线。如图 3-14 所示的图形是错误的。网络图是一种有向图，施工的开展按箭头方向进行。无向或双向均不正确。

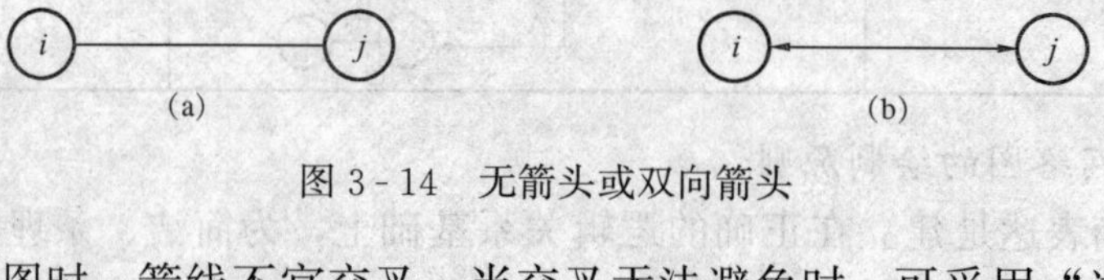

图 3-14 无箭头或双向箭头

(5) 绘制网络图时，箭线不宜交叉。当交叉无法避免时，可采用“过桥法”或“指向法”加以处理。如图 3-15 所示。其中“指向法”还可用于网络图的换行、换页指示。

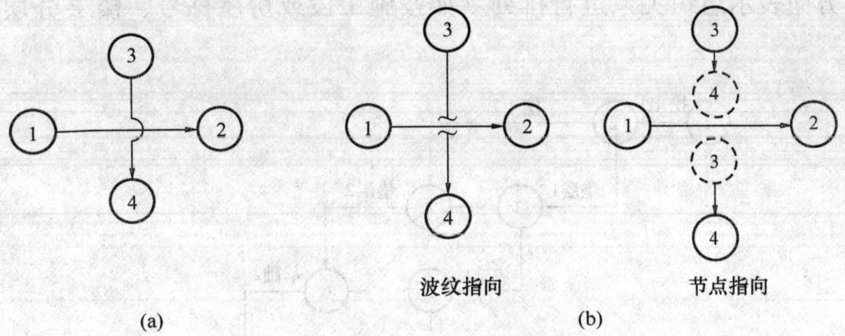

图 3-15　箭线交叉的处理

(a) 过桥法；(b) 指向法

(6)“母线法”的应用。当网络图的起点节点有多条外向箭线，或终点节点有多条内向箭线时，为使图形简洁，可采用“母线法”绘制，使多条箭线经一条共用的母线线段，从起点节点引出，或引入终点节点。如图 3-16 所示。

(三) 绘制双代号网络图应注意的问题

根据工作间的逻辑关系，将一项计划由开始工作逐项绘出其紧后工作，直至计划的最后一项工作，形成网络计划图。绘制时应严格遵守绘制原则的要求，同时注意以下问题：

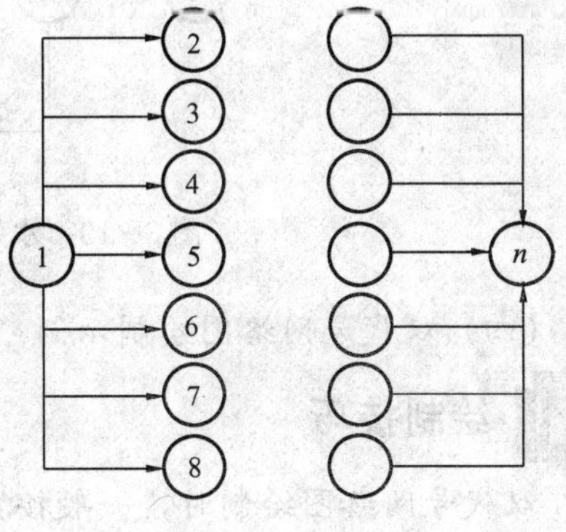

图 3-16　母线法

(1) 网络图布局要规整，层次清楚，重点突出。尽量采用水平箭线和垂直箭线，少用斜箭线，避免交叉箭线；关键线路、关键工作尽可能安排在图面中心位置，其他工作分散在两边。

(2) 减少网络图中不必要的虚箭线和节点。绘制时，若两个工作有共同的紧后工作，而其中一个工作又有属于它自己的紧后工作时，虚工作的加设是必需的。如图 3-17 (a) 所示网络图，③→⑤工作是必需的虚工作。对④→⑥工作，因③→④工作没有单独属于它的紧后工作，故④→⑥工作成为多余的虚工作，应予去掉，如图 3-17 (b) 所示。

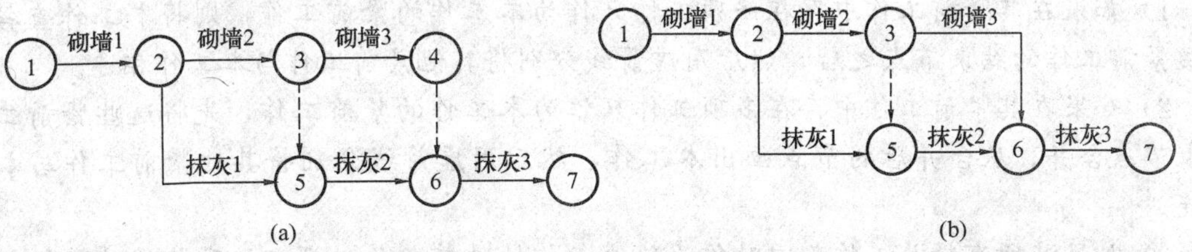

图 3-17　减少网络图中的虚箭线和节点

(a) 有多余虚工作和多余节点的网络图；(b) 去掉多余虚工作和多余节点的网络图

(3) 灵活应用网络图的排列形式，便于网络图的检查、计算和调整。如可按组织关系或工艺关系进行排列。

1）水平方向表示组织关系进行排列（如按施工段或房屋栋号、楼层分层排列），如图3 -18 所示。

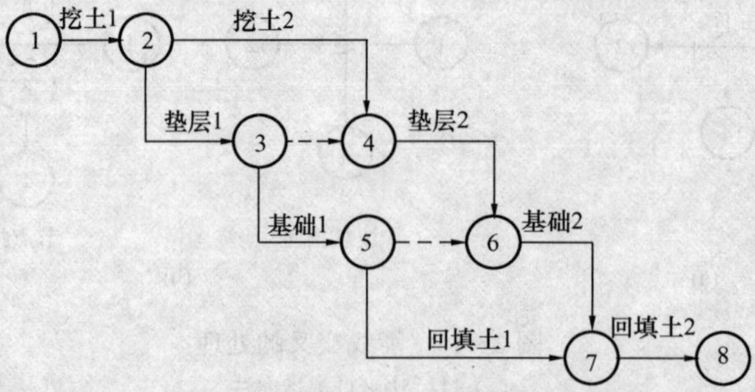

图 3 - 18　水平方向表示组织关系的网络图排列形式

2）以水平方向表示工艺关系进行排列，如图 3 - 19 所示。

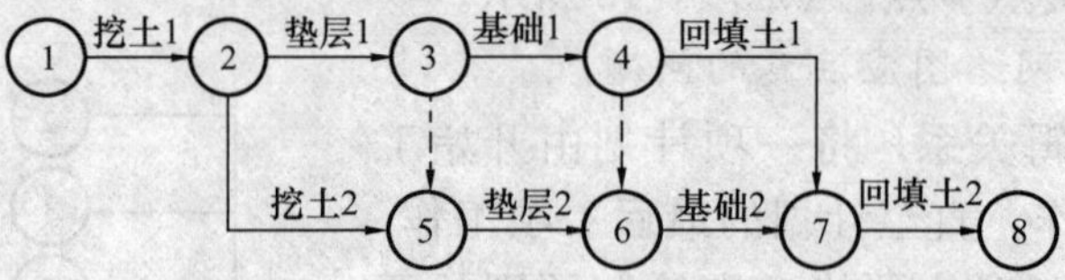

图 3 - 19　水平方向表示工艺关系的网络图排列形式

（四）双代号网络图绘制示例

绘制技巧

双代号网络图绘制时，一般按紧前工作绘制。

(1) 绘制没有紧前工作的工作，使它们具有相同的开始节点，即起点节点。

(2) 绘制没有紧后工作的工作，使它们具有相同的结束节点，即终点节点。

(3) 当所绘制的工作只有一个紧前工作时，将该工作直接画在其紧前工作的结束节点之后。

(4) 当所绘制的工作有多个紧前工作时，应按以下三种情况分别考虑。

1) 如果在其紧前工作中存在一项工作只作为本工作的紧前工作，则将本工作直接绘制在该紧前工作的结束节点之后，然后用虚箭线分别将其他紧前工作与本工作相连。

2) 如果在其紧前工作中存在多项工作只作为本工作的紧前工作，先将这些紧前工作的结束节点合并，从合并后的节点画出本工作，然后用虚箭线分别将其他紧前工作与本工作相连。

3) 如果其所有紧前工作都同时作为其他工作的紧前工作，那么这项工作就不能与它的紧前工作中的任何一项直接相连，只能用虚箭线将所有紧前工作的结束节点合并，再从合并后的节点画出本工作。

【例 3 - 1】某现浇钢筋混凝土多层框架结构，主体结构工程标准层施工计划原始资料见表 3 - 3。试绘制标准层双代号网络计划图。

表 3-3 **某工程主体结构标准层施工顺序安排表**

工作名称	代 号	紧前工作	作业时间	工作名称	代 号	紧前工作	作业时间
弹线	A	—	1	支电梯井外模	I	E、F	1
绑扎柱子钢筋	B	A	1	浇筑柱混凝土	J	G	2
支电梯井模	C	A	1	浇筑电梯井、楼梯混凝土	K	H、I、J	1
支柱模板	D	B	2	铺暗管线	L	K	2
支楼梯模板	E	C	1	绑扎梁、板钢筋	M	K	3
绑扎电梯井钢筋	F	B、C	1	柱、电梯井、楼梯混凝土养护	N	K	2
支梁、板模板	G	D	6	浇筑梁、板混凝土	P	M、L	3
绑扎楼梯钢筋	H	E、F	1	拆除柱、电梯井、楼梯模板	Q	N	1

解 (1) 按工作间的逻辑关系，由前至后绘制网络计划的草图。

1) 绘出第一项工作 A，及以 A 为紧前工作的 B、C 工作，如图 3-20 所示。

2) 绘制以 B、C 为紧前工作的 D、E、F 工作，因 B、C 工作除有各自的紧后工作外，还有共同的紧后工作 F 工作，故需引入虚箭线，如图 3-21 所示。

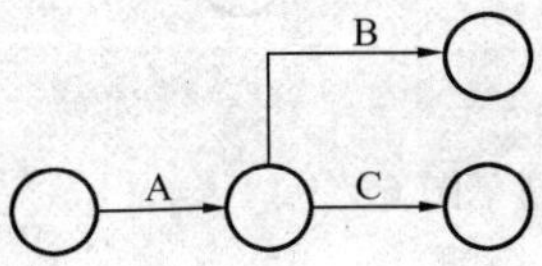

图 3-20 某项目标准层双代号网络计划草图 1

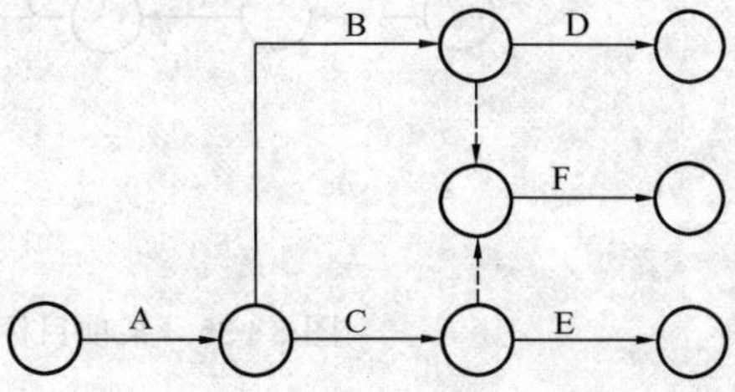

图 3-21 某项目标准层双代号网络计划草图 2

3) 绘制以 D、E、F 为紧前工作的 G、H 和 I 工作，其中 H、I 均是以 E、F 为共同的紧前工作，故 E、F 的结束节点是 H、I 的开始节点，如图 3-22 所示。

4) 绘制以 G 为紧前工作的 J 工作，如图 3-23 所示。

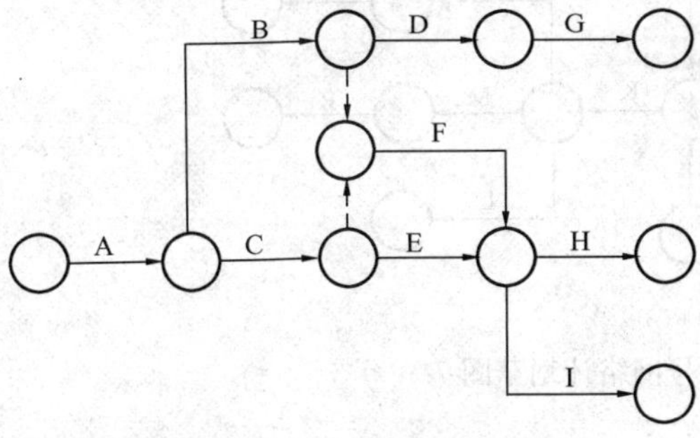

图 3-22 某项目标准层
双代号网络计划草图 3

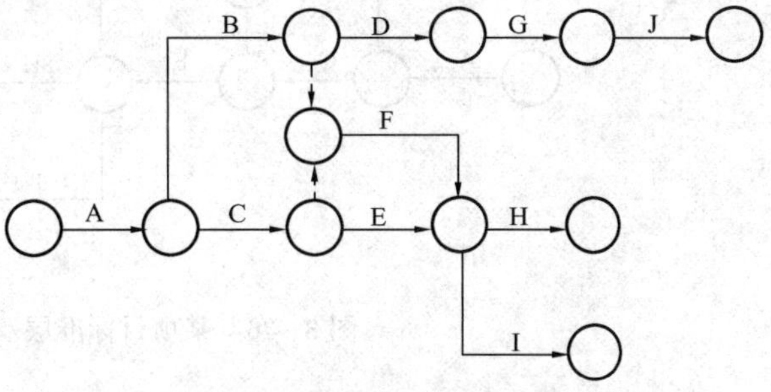

图 3-23 某项目标准层
双代号网络计划草图 4

5) 绘制以 H、I、J 为紧前工作的 K 工作，H、I、J 三项工作的结束节点是 K 工作的开始节点，且H和I是平行工作，引入虚箭线以示区分。如图3-24所示。

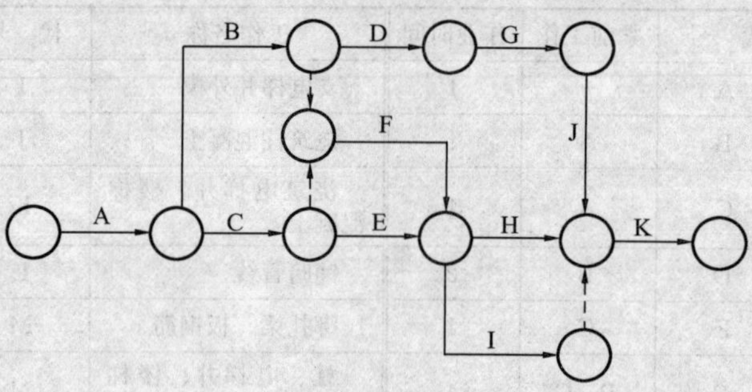

图3-24 某项目标准层双代号网络计划草图5

6）绘制以K为紧前工作的L、M、N工作，如图3-25所示。

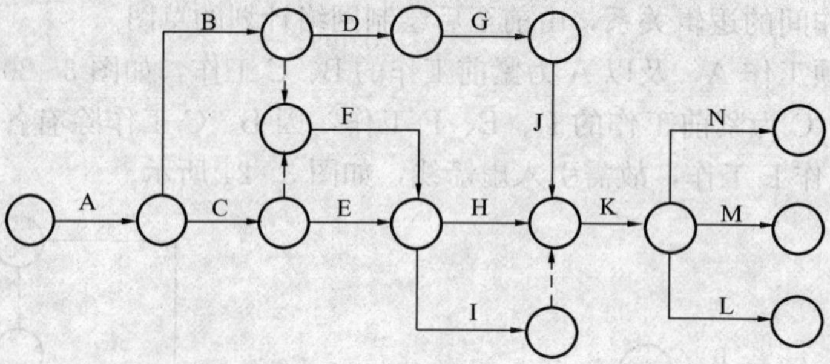

图3-25 某项目标准层双代号网络计划草图6

7）绘制以L、M、N为紧前工作的P、Q工作，M、L的结束节点是P的开始节点，且M、L是平行工作，引入虚箭线，以示区分，如图3-26所示。

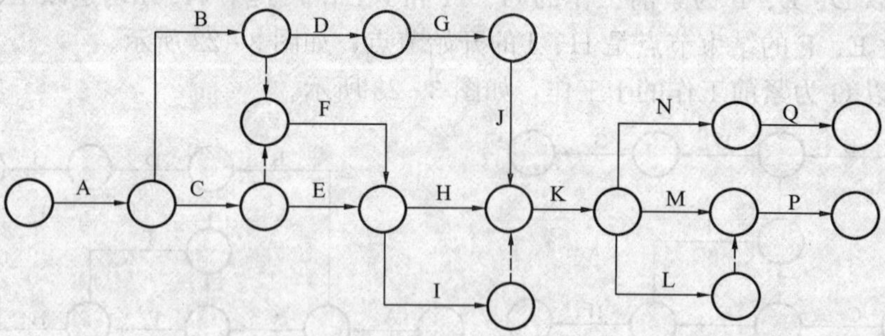

图3-26 某项目标准层双代号网络计划草图7

（2）所有工作绘制完毕后，按照双代号网络图的绘制规则，进行检查、调整、修改节点编号，将工作持续时间标注于箭线下方，成为正式的网络图，如图3-27所示。

【例3-2】某钢筋混凝土基础工程，分4段施工，施工过程及各段的持续时间为：挖土3d→垫层1d→基础4d→回填土2d。绘制双代号网络图。

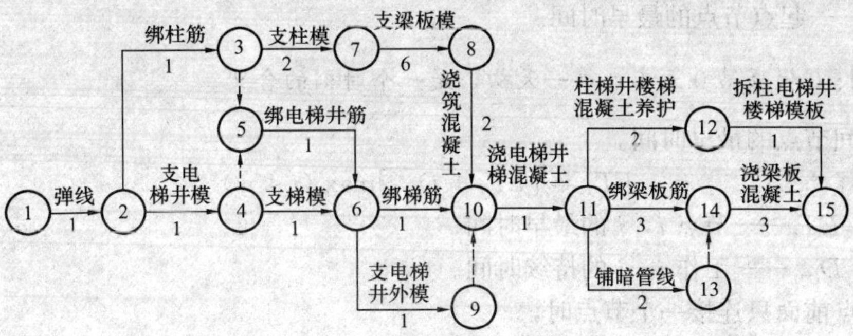

图 3-27　某项目标准层双代号网络计划

解　双代号网络计划图如图 3-28 所示。

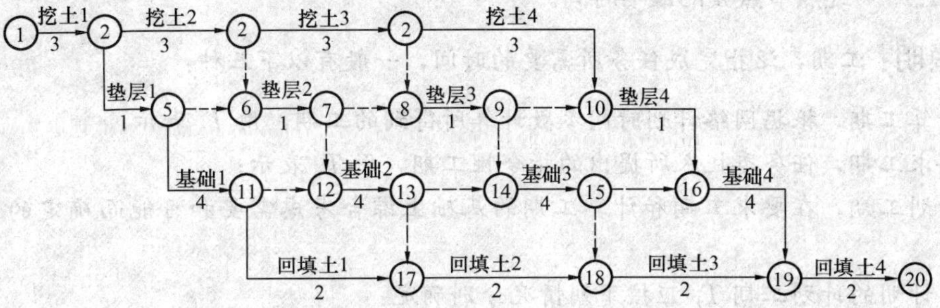

图 3-28　某钢筋混凝土基础工程双代号网络图

三、双代号网络图时间参数的计算

绘制双代号网络图对建筑工程项目做出了施工进度安排，而对网络图进行时间参数的计算，可以进一步确定关键线路、关键工作和计算工期，找出非关键工作的机动时间，从而为网络计划的调整、优化打下基础，起到指导或控制工程施工进度的作用。

网络图时间参数的计算方法主要有：节点计算法、工作计算法、图上计算法、表上计算法等。较为简单的网络计划，可采用人工计算；大型复杂的网络计划则采用计算机程序进行绘制与计算。

双代号网络图的时间参数，分为节点的时间参数和工作的时间参数两类，现在分别介绍如下：

（一）节点时间参数的计算

节点的时间参数包括：节点最早时间和节点最迟时间，分别用 ET_i 和 LT_i 表示。

1. 节点最早时间 ET_i 的计算

双代号网络计划中，一个节点的最早时间是以该节点为结束节点的所有工作全部完成，以该节点为开始节点的各项工作最早开始时间。一项网络计划，各节点最早时间的计算，顺箭线方向，由起点节点向终点节点计算。

(1) 起点节点的开始时间。

1）ET_1 按规定工程开工日期

2）无规定开工日期时

$$ET_1 = 0 \tag{3-1}$$

式中　ET_1——起点节点的最早时间。

说明： 0代表第0天末，第一天初，是一个时刻的含义。

（2）中间节点的最早时间。

$$ET_j=[ET_i+D_{i-j}]\max\ (i<j) \tag{3-2}$$

式中　ET_i，ET_j——节点 i，j 的最早时间；

D_{i-j}——工作 $i-j$ 的持续时间。

当该节点前面只连接一个节点时，

$$ET_j=ET_i+D_{i-j}(i<j) \tag{3-3}$$

（3）一项网络计划终点节点的最早时间，即为整个项目的计算工期。

$$T_c=ET_n \tag{3-4}$$

式中　ET_n——终点节点 n 的最早时间。

说明： 工期，泛指完成任务所需要的时间，一般有以下三种：

①计算工期，根据网络计划时间参数计算所得到的工期，用 T_c 表示；

②要求工期，任务委托人所提出的指令性工期，用 T_r 表示；

③计划工期，在要求工期和计算工期的基础上综合考虑需要和可能而确定的工期，用 T_P 表示。

网络计划的计划工期 T_P 应按下列情况分别确定：

当已规定了要求工期 T_r 时，$T_P\leqslant T_r$；

当未规定要求工期时，可令计划工期等于计算工期，$T_P=T_C$。

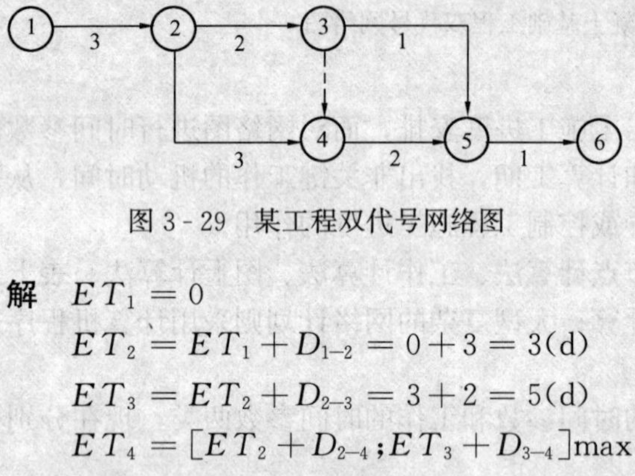

图3-29　某工程双代号网络图

【例3-3】如图3-29所示，试计算节点的最早时间及工期（单位：d）。

解　$ET_1=0$

$ET_2=ET_1+D_{1-2}=0+3=3(\mathrm{d})$

$ET_3=ET_2+D_{2-3}=3+2=5(\mathrm{d})$

$ET_4=[ET_2+D_{2-4};ET_3+D_{3-4}]\max=[6;5]\max=6(\mathrm{d})$

$ET_5=[ET_3+D_{3-5};ET_4+D_{4-5}]\max=[6;8]\max=8(\mathrm{d})$

$ET_6=ET_5+D_{5-6}=8+1=9(\mathrm{d})$

$T=ET_6=9(\mathrm{d})$

2. 节点最迟时间 LT_i 的计算

双代号网络计划中，节点最迟时间，是以该节点为结束节点的各项工作的最迟完成时间。一项网络计划各节点最迟时间的计算，逆箭线方向，由终点节点向起点节点计算。

（1）终点节点的最迟时间，按下式计算。

1）当规定工期为 T_p 时，　$LT_n=T_p$　（3-5）

2）当未规定工期时，　$LT_n=ET_n$　（3-6）

式中　ET_n、LT_n——终点节点的最早时间和最迟时间。

（2）其他各节点最迟时间的计算。

1）当该节点之后只有一个连接节点时

$$LT_i = LT_j - D_{i-j} \quad (i < j) \tag{3-7}$$

式中　LT_i，LT_j——i 节点和 j 节点的最迟时间。

2）当该节点之后有多个连接的节点时

$$LT_i = [LT_j - D_{i-j}]\min \quad (i < j) \tag{3-8}$$

【例 3-4】 如图 3-29 所示，若工期无规定，试计算节点的最迟时间。

解　$LT_6 = ET_6 = 9(\mathrm{d})$

$LT_5 = LT_6 - D_{5-6} = 9 - 1 = 8(\mathrm{d})$

$LT_4 = LT_5 - D_{4-5} = 8 - 2 = 6(\mathrm{d})$

$LT_3 = [LT_5 - D_{3-5}; LT_4 - D_{3-4}]\min = [7;6]\min = 6(\mathrm{d})$

$LT_2 = [LT_3 - D_{2-3}; LT_4 - D_{2-4}]\min = [4;3]\min = 3(\mathrm{d})$

$LT_1 = LT_2 - D_{1-2} = 3 - 3 = 0$

（二）工作基本时间参数的计算

网络计划各项工作的时间参数，主要包括：工作的最早开始时间（ES_{i-j}）和完成时间（EF_{i-j}），工作的最迟开始时间（LS_{i-j}）和完成时间（LF_{i-j}），总时差（TF_{i-j}），自由时差（FF_{i-j}）。

1. 工作最早开始时间（ES_{i-j}）和最早完成时间（EF_{i-j}）的计算

工作最早开始时间，是指该工作的紧前工作全部完成后，工作有可能开始的最早时刻，它是该工作开始节点的最早时间，即

$$ES_{i-j} = ET_i \tag{3-9}$$

工作的最早完成时间，是指在各紧前工作全部完成后，工作有可能完成的最早时刻，等于该工作最早开始时间与工作持续时间之和。

$$EF_{i-j} = ES_{i-j} + D_{i-j} \tag{3-10}$$

2. 工作最迟开始时间（LS_{i-j}）和工作最迟完成时间（LF_{i-j}）的计算

工作最迟完成时间，指在不影响工期的前提下，工作最迟必须完成的时刻，等于该工作结束节点的最迟时间。

$$LF_{i-j} = LT_j \tag{3-11}$$

工作最迟开始时间，是指在不影响工期的前提下，工作最迟必须开始的时刻，等于该工作最迟完成时间与工作持续时间之差。

$$LS_{i-j} = LF_{i-j} - D_{i-j} \tag{3-12}$$

在计算上述 4 个时间参数时，若未计算节点时间参数值，则可依据以下各式展开计算。

（1）计算工作最早开始时间和完成时间，顺箭线方向，由起点节点向终点节点进行计算。

1）第一项工作的最早开始时间（ES_{1-j}）。

① ES_{1-j} 按规定工程开工日期

② 无规定开工日期时　$ES_{1-j} = 0$　(3-13)

第一项工作的最早完成时间为 $EF_{1-j} = ES_{1-j} + D_{1-j}$

2）中间各项工作的最早开始时间（ES_{i-j}）。

① 当本工作只有一项紧前工作时

$$ES_{i-j}=EF_{h-i}(h<i<j) \tag{3-14}$$

② 当本工作有若干项紧前工作时

$$ES_{i-j}=[EF_{h-i}]\max(h<i<j) \tag{3-15}$$

该工作的最早完成时间为 $EF_{i-j}=ES_{i-j}+D_{i-j}$

3）以终点节点为箭头节点的各个工作的最早完成时间的最大值，为该计划的计算工期。

$$T_c=[EF_{i-n}]\max \tag{3-16}$$

（2）计算工作的最迟开始和结束时间，逆箭线方向，由终点节点向起点节点计算。

1）以终点节点为箭头节点的各个工作的最迟完成时间（LF_{i-n}）。

① 当有规定工期 T_p 时

$$LF_{i-n}=T_p \tag{3-17}$$

②当无规定工期时

$$LF_{i-n}=[EF_{i-n}]\max \tag{3-18}$$

该工作的最迟开始时间为

$$LS_{i-n}=LF_{i-n}-D_{i-n} \tag{3-19}$$

2）其他工作的最迟完成时间（LF_{i-j}）。

① 当本工作只有一项紧后工作时

$$LF_{i-j}=LS_{j-k} \tag{3-20}$$

② 当本工作有多项紧后工作时

$$LF_{i-j}=[LS_{j-k}]\min \tag{3-21}$$

该工作的最迟开始时间为 $LS_{i-j}=LF_{i-j}-D_{i-j}$

3. 工作的总时差（TF_{i-j}）

工作的总时差是指在不影响总工期的前提下，一项工作可以利用的机动时间，它是由工作的最迟开始时间与最早开始时间之间的差异而产生的。利用工作的总时差延长工作的作业时间或推迟其开工时间，均不会影响计划的总工期。其计算式为

$$TF_{i-j}=LS_{i-j}-ES_{i-j} \tag{3-22}$$

$$\text{或 } TF_{i-j}=LF_{i-j}-EF_{i-j} \tag{3-23}$$

4. 工作的自由时差（FF_{i-j}）

一项工作的自由时差是指在不影响其紧后工作最早开始的前提下，该工作可以利用的机动时间。其计算式为

$$FF_{i-j}=[ES_{j-k}]\min-EF_{i-j} \tag{3-24}$$

$$FF_{i-n}=T_p-EF_{i-n} \tag{3-25}$$

工作的总时差和自由时差的关系如下：①一项工作的总时差是这项工作所在线路上各工作所共有的，自由时差是该工作所独有利用的机动时间，总时差大于等于自由时差。②当总时差为零时，自由时差也为零。

【例 3-5】 如图 3-29 所示，计算各项工作的最早开始和完成时间，最迟开始和完成时间，总时差和自由时差。

解 (1) 计算工作的最早开始和完成时间

$ES_{1-2}=0\text{d}$　　$EF_{1-2}=ES_{1-2}+D_{1-2}=0+3=3(\text{d})$

$ES_{2-3}=EF_{1-2}=3\text{d}$　　$EF_{2-3}=ES_{2-3}+D_{2-3}=3+2=5(\text{d})$

$ES_{2-4}=EF_{1-2}=3\text{d}$　　$EF_{2-4}=ES_{2-4}+D_{2-4}=3+3=6(\text{d})$

$ES_{3-4}=EF_{2-3}=5\text{d}$　　$EF_{3-4}=ES_{3-4}+D_{3-4}=5+0=5(\text{d})$

$ES_{3-5}=EF_{2-3}=5\text{d}$　　$EF_{3-5}=ES_{3-5}+D_{3-5}=5+1=6(\text{d})$

$ES_{4-5}=[EF_{2-4},EF_{3-4}]\max=[6,5]\max=6(\text{d})$

$EF_{4-5}=ES_{4-5}+D_{4-5}=6+2=8(\text{d})$

$ES_{5-6}=[EF_{3-5},EF_{4-5}]\max=[6,8]\max=8(\text{d})$

$EF_{5-6}=ES_{5-6}+D_{5-6}=8+1=9(\text{d})$

(2) 计算工作的最迟开始和完成时间

$LF_{5-6}=EF_{5-6}=9\text{d}$　　$LS_{5-6}=LF_{5-6}-D_{5-6}=9-1=8(\text{d})$

$LF_{4-5}=LS_{5-6}=8\text{d}$　　$LS_{4-5}=LF_{4-5}-D_{4-5}=8-2=6(\text{d})$

$LF_{3-5}=LS_{5-6}=8\text{d}$　　$LS_{3-5}=LF_{3-5}-D_{3-5}=8-1=7(\text{d})$

$LF_{3-4}=LS_{4-5}=6\text{d}$　　$LS_{3-4}=LF_{3-4}-D_{3-4}=6-0=6(\text{d})$

$LF_{2-3}=[LS_{3-4},LS_{3-5}]\min=[6,7]=6(\text{d})$

$LS_{2-3}=LF_{2-3}-D_{2-3}=6-2=4(\text{d})$

$LF_{2-4}=LS_{4-5}=6\text{d}$　　$LS_{2-4}=LF_{2-4}-D_{2-4}=6-3=3(\text{d})$

$LF_{1-2}=[LS_{2-3},LS_{2-4}]\min=[4,3]\min=3(\text{d})$

$LS_{1-2}=LF_{1-2}-D_{1-2}=3-3=0(\text{d})$

(3) 计算工作的总时差

$TF_{1-2}=LS_{1-2}-ES_{1-2}=0-0=0(\text{d})$

$TF_{2-3}=LS_{2-3}-ES_{2-3}=4-3=1(\text{d})$

$TF_{2-4}=LS_{2-4}-ES_{2-4}=3-3=0(\text{d})$

$TF_{3-4}=LS_{3-4}-ES_{3-4}=6-5=1(\text{d})$

$TF_{3-5}=LS_{3-5}-ES_{3-5}=7-5=2(\text{d})$

$TF_{4-5}=LS_{4-5}-ES_{4-5}=6-6=0(\text{d})$

$TF_{5-6}=LS_{5-6}-ES_{5-6}=8-8=0(\text{d})$

(4) 计算工作的自由时差

$FF_{1-2}=ES_{2-3}-EF_{1-2}=3-3=0(\text{d})$

$FF_{2-3}=ES_{3-4}-EF_{2-3}=5-5=0(\text{d})$

$FF_{2-4}=ES_{4-5}-EF_{2-4}=6-6=0(\text{d})$

$FF_{3-4}=ES_{4-5}-EF_{3-4}=6-5=1(\text{d})$

$FF_{3-5}=ES_{5-6}-EF_{3-5}=8-6=2(\text{d})$

$FF_{4-5}=ES_{5-6}-EF_{4-5}=8-8=0(\mathrm{d})$

$FF_{5-6}=T-EF_{5-6}=9-9=0(\mathrm{d})$

(三) 关键线路

双代号网络计划中，由关键工作组成的线路或总持续时间最长的线路称为关键线路。这种线路是项目如期完成的关键所在。关键工作是网络计划中机动时间最少的工作。关键线路具有如下性质：

(1) 关键线路所持续的时间，即为该网络计划的工期。

(2) 若合同工期等于计划工期时，关键线路上各关键工作的总时差等于零。

(四) 图上计算法和表上计算法

上述对双代号网络图时间参数的计算，可通过图上计算法和表上计算法表达，这两种方法在实际工作中应用更为广泛。

1. 图上计算法

图上计算法是在图上直接计算时间参数，将所算数值标注于网络图上的一种方法。其常采用的时间标注形式及每个参数的位置如图 3-30 所示。

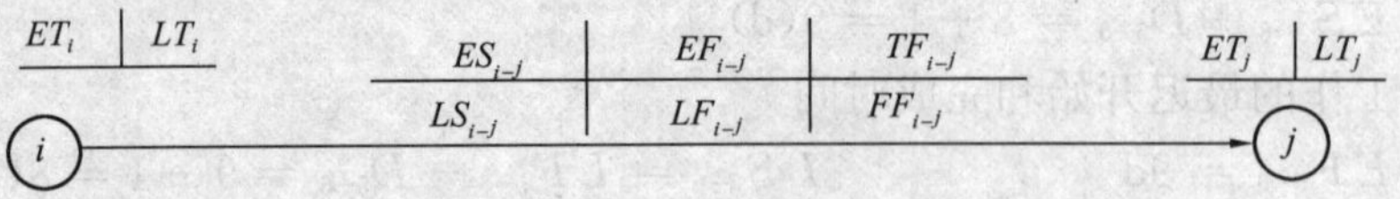

图 3-30 图上计算法标注形式

【例 3-6】 用图上计算法计算 3-31 所示网络图各项工作的时间参数，确定工期并标出关键线路。

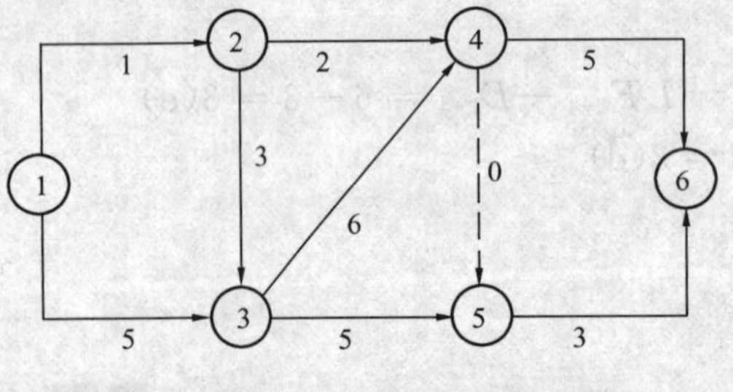

图 3-31 某工程双代号网络图

解 图例：

ES_{i-j}	EF_{i-j}	TF_{i-j}
LS_{i-j}	LF_{i-j}	FF_{i-j}

(1) 计算各项工作的最早开始和完成时间。顺箭线方向，由 1 节点向 6 节点计算，将计算结果标注于箭线上方，如图 3-32 所示。

(2) 计算各项工作的最迟开始和完成时间。逆箭线方向，由⑥节点向①节点计算，将计算结果标注于图例要求位置，如图 3-33 所示。

(3) 计算各工作的总时差和自由时差。计算结果按图例位置标注，如图 3-34 所示。

(4) 标出关键线路。关键线路的判定：总时差为零的各项工作所形成的线路为关键线路，如图 3-34 所示。关键线路为①→③→④→⑥工期为 16d。在关键线路上，各工作总时差为零，自由时差也为零。以关键线路上节点为结束节点的非关键工作，其总时差与自由时差相等。其他非关键工作的总时差均大于自由时差。在计算各工作时间参数时可先行利用持续时间最长条件，标注出关键线路，便于对关键线路的检验。

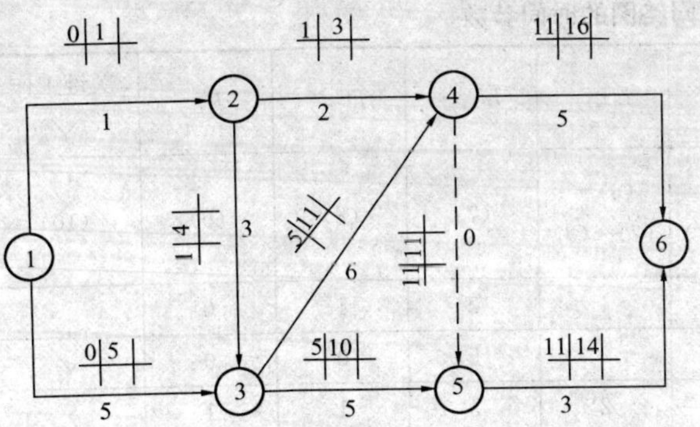

图 3-32 图上计算法计算各项工作的最早开始和完成时间

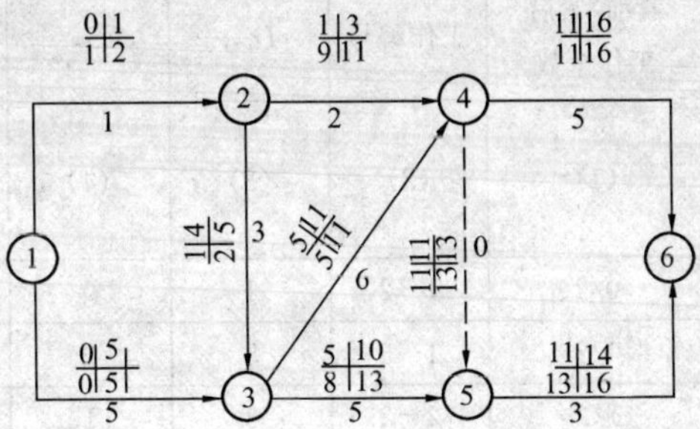

图 3-33 图上计算法计算各项工作的最迟开始和完成时间

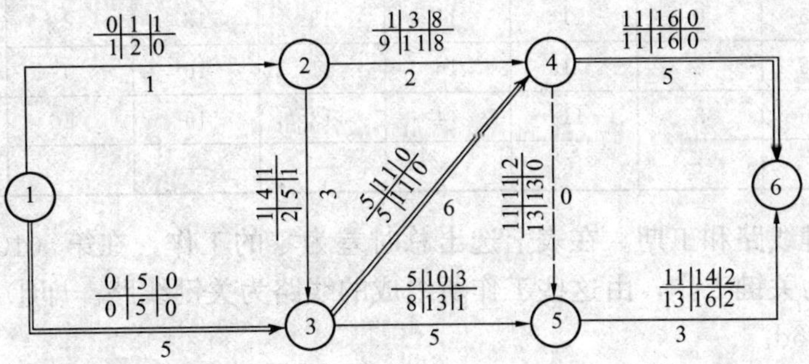

图 3-34 图上计算法计算各工作的总时差和自由时差

采用图上计算法计算网络计划的时间参数简便、直观，标出关键线路后，更可利用时差的特性，检验计算结果的准确性。

2. 表上计算法

表上计算法是利用表格形式计算网络计划的时间参数，将计算值列于表格中的一种方法。采用"表上计算法"计算各项工作的时间参数，有利于网络图图面清晰，数据计算条理化。

【例 3-7】 用表上计算法计算如图 3-30 所示网络图各工作的时间参数，确定工期，标出关键线路。

解 (1) 根据网络计划的原始数据资料及要求的各项时间参数制表，见表 3-4。

(2) 计算工作的最早开始与完成时间。按表 3-4 排列顺序，由上而下（从起点节点至终点节点）进行工作最早开始与完成时间的计算。将计算结果依次填入表第 (4)、(5) 栏内。如①→②工作，因其紧前工作为零，其为第一项工作，故 $ES_{1-2}=0, EF_{1-2}=0+1=1(\mathrm{d})$，又如④→⑤工作：$ES_{4-5}=[EF_{2-4}, EF_{3-4}]\max=11\mathrm{d}$，$EF_{4-5}=ES_{4-5}+0=11\mathrm{d}$。

(3) 计算各项工作的最迟开始和完成时间。按表 3-4 排列顺序，由下而上（从终点节点至起点节点）计算工作最迟完成和开始时间。将计算结果依次填入表第 (7)、(6) 栏内。

(4) 计算各工作的总时差和自由时差。按表 3-4 排列顺序，由上而下计算各工作的时差值，将计算结果依次填入表第 (8)、(9) 栏内。

表 3-4　　表上计算法计算网络图的时间参数

紧前/紧后工作个数	工作编号	D_{i-j}	ES_{i-j}	EF_{i-j}	LS_{i-j}	LF_{i-j}	TF_{i-j}	FF_{i-j}	关键工作(√)
(1)	(2)	(3)	(4)	(5)=(3)+(4)	(6)=(7)−(3)	(7)	(8)	(9)	(10)
0/2	1—2	1	0	1	1	2	1	0	
0/2	1—3	5	0	5	0	5	0	0	√
1/2	2—3	3	1	4	2	5	1	1	
1/2	2—4	2	1	3	9	11	8	8	
2/2	3—4	6	5	11	5	11	0	0	√
2/1	3—5	5	5	10	8	13	3	1	
2/1	4—5	0	11	11	13	13	2	0	
2/1	4—6	5	11	16	11	16	0	0	√
2/0	5—6	3	11	14	13	16	2	2	
2/0	6—	—	16	—	—	—	—	—	

(5) 确定关键线路和工期。在表上选出总时差为零的工作，在第（10）栏内标注“√”号，表示该工作为关键工作，由这些工作所组成的线路为关键线路。即①→③→④→⑥为关键线路，工期为16d。

四、双代号时标网络计划

(一) 双代号时标网络计划的概念

双代号时标网络计划是以时间坐标单位为尺度，表示箭线长度的网络计划。即建立时间坐标体系，将双代号网络计划绘制于时间表上。如图 3-35 所示，它通过箭线的长度及节点的位置，可以明确表达工作的持续时间及工作之间的时间关系。采用时标网络计划为施工进度的调整与控制，以及进行资源优化，提供了便利。时标网络计划适用于编制工作项目较少、工艺过程较简单的施工计划。对于大型复杂的工程，可先编制总的施工网络计划，然后根据工程的性质，所需网络计划的详细程度，每隔一段时间对下段时间应施工的工程区段绘制详细的时标网络计划。

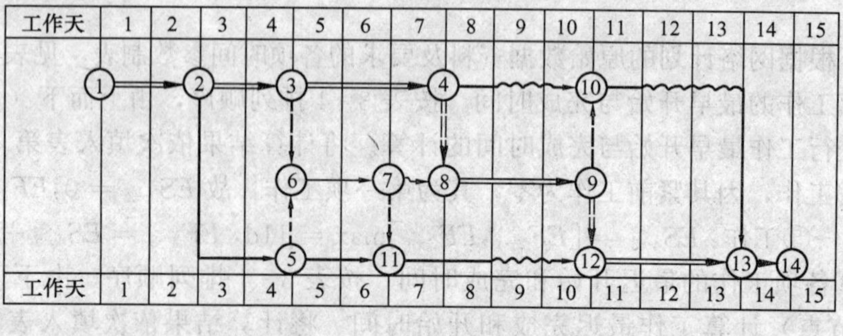

图 3-35　时标网络计划

双代号时标网络计划，其特点如下：

(1) 它具有横道计划图的直观性，工作间不仅逻辑关系明确，而且时间关系也一目了然。

(2) 时标网络图中，实箭线表示实工作，虚箭线表示虚工作，波形线表示工作的自由时差。箭线的长短与工作的时间有关。

(3) 双代号时标图节点的中心位于时标的刻度线上，表示工作的开始与完成时间，同时，可从时标图上读出各工作的自由时差等时间参数及关键线路，减少了计算的工作量。

(4) 在时标网络计划中可以统计每一个单位时间对资源的需要量，直接在时标网络图的下方绘出资源动态曲线，以便进行资源优化和调整。

(5) 由于箭线受到时间坐标的限制，对时标图的修改不方便，修改某一项可能会引起整个网络图的变动，所以宜利用计算机程序进行时标网络计划的编制与管理。

(二) 双代号时标网络计划的绘制方法

时标网络计划的绘制宜按最早时间进行。表达工作的箭线一般采用水平箭线，或水平段与垂直段组成的箭线，不宜用斜箭线。虚工作的水平段即为其自由时差，应绘成波形线。时标网络计划的编制方法有直接绘制法和间接绘制法两种。

1. 间接绘制法

间接绘制法是先绘制普通双代号网络计划，计算出各节点的最早时间，依据此时间参数绘制时标图的过程。具体绘制如下：

(1) 绘制一般网络计划图，计算各节点的最早时间。

(2) 建立时间坐标体系。时间坐标标注于时标表的顶部或底部，或上下都标注，其单位根据需要按小时、天、周、旬、月等确定。

(3) 节点按最早时间定位于时标表上，节点在时标图中的布局参照一般网络计划。

(4) 节点间的箭线，以实箭线表示实工作，箭线的水平投影长度，即为工作的持续时间，若箭线长度不足以到达该工作的结束节点时，用波形线补足。虚箭线代表虚工作，其持续时间为零，用垂直箭线绘制。虚工作的水平段绘成波形线，表示其自由时差。

【例 3-8】 试将图 3-36 所示双代号网络计划绘制成时标网络计划。

解　(1) 计算网络计划的时间参数，如图 3-36 所示。

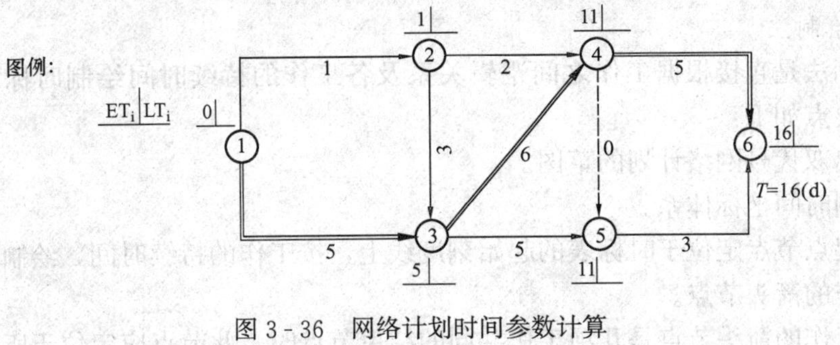

图 3-36　网络计划时间参数计算

(2) 建立时间坐标体系，如图 3-37 所示。

(3) 根据一般网络计划的时间参数，由起点节点依次将各节点定位于时间坐标的纵轴上，并绘出各节点的箭线及自由时差。如图 3-38 和图 3-39 所示。

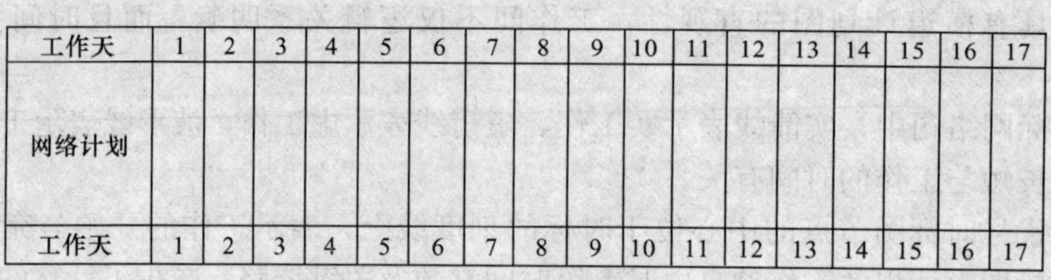

图 3-37 时间坐标体系

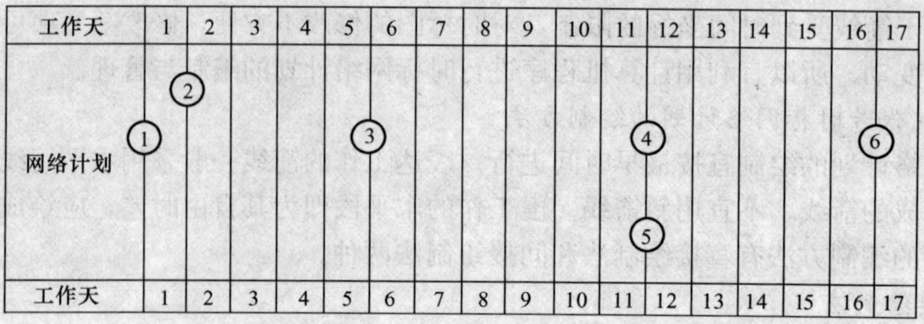

图 3-38 各节点在时标图中的位置

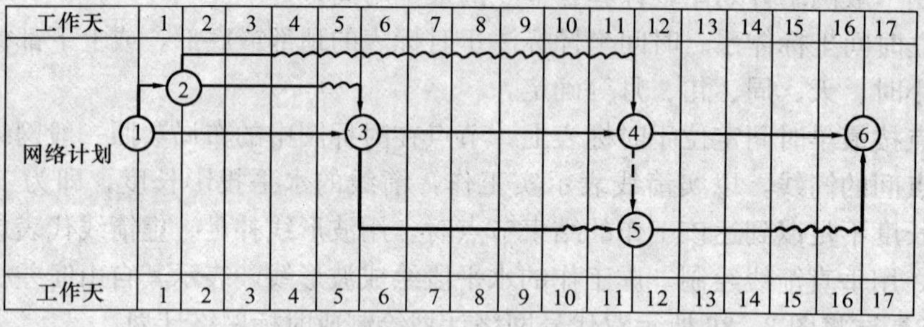

图 3-39 时标网络计划

2. 直接绘制法

直接绘制法是直接根据工作之间逻辑关系及各工作的持续时间绘制时标网络计划的方法。其绘制要点如下：

(1) 画出双代号网络计划的草图。

(2) 绘制时间坐标体系。

(3) 将起点节点定位于时标表的起始刻度线上，按工作的持续时间，绘制起点节点的外向箭线及工作的箭头节点。

(4) 若工作的箭头节点是几项工作共同的结束节点时，此节点应定位于所有内向箭线中最迟完成的箭线箭头处。不足以到达该节点的实箭线，用波形线补足。

(5) 虚工作应绘制成垂直的虚箭线，若虚箭线的开始节点与结束节点之间有水平距离时，用波形线补足，波形线的长度为该虚工作的自由时差。

(6) 用上述方法自左至右依次确定其他节点的位置，直至终点节点。

【**例 3-9**】已知网络计划的资料见表 3-5，用直接绘制法绘制双代号时标网络计划。

表 3-5 **某网络计划工作逻辑关系及持续时间表**

工 作	紧前工作	紧后工作	持续时间
A1	—	A2、B1	2
A2	A1	A3、B2	2
A3	A2	B3	2
B1	A1	B2、C1	3
B2	A2、B1	B3、C2	3
B3	A3、B2	D. C3	3
C1	B1	C2	2
C2	B2、C1	C3	4
C3	B3、C2	E. F	2
D	B3	G	2
E	C3	G	1
F	C3	I	2
G	D. E	H. I	4
H	G	—	3
I	F. G	—	3

解 （1）画出双代号网络图，如图 3-40 所示。

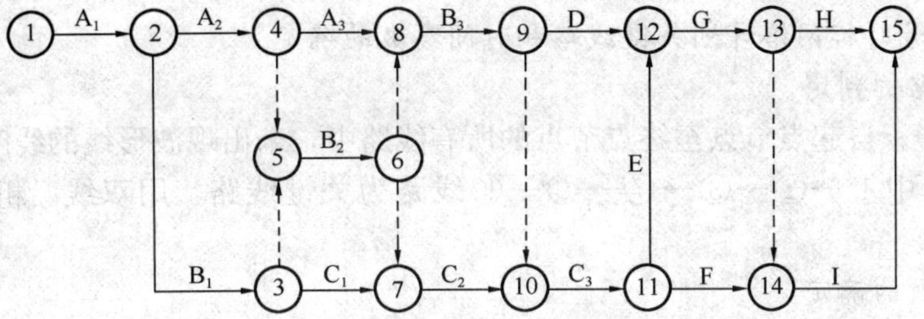

图 3-40 双代号网络图

（2）建立时间坐标体系，如图 3-41 所示。

工作日 (d)	1	2	3	4	5	6	7	8	9	10	11	12	13	14	15	16	17	18	19	20	21	22	23

图 3-41 时间坐标体系

(3) 将起始节点①定位在时标网络计划的起始刻度线上，如图 3-42 所示。按工作的持续时间绘制①节点的外向箭线①→②，即按 A_1 工作的持续时间，画出无紧前工作的 A_1 工作，确定节点②的位置，如图 3-42 所示。

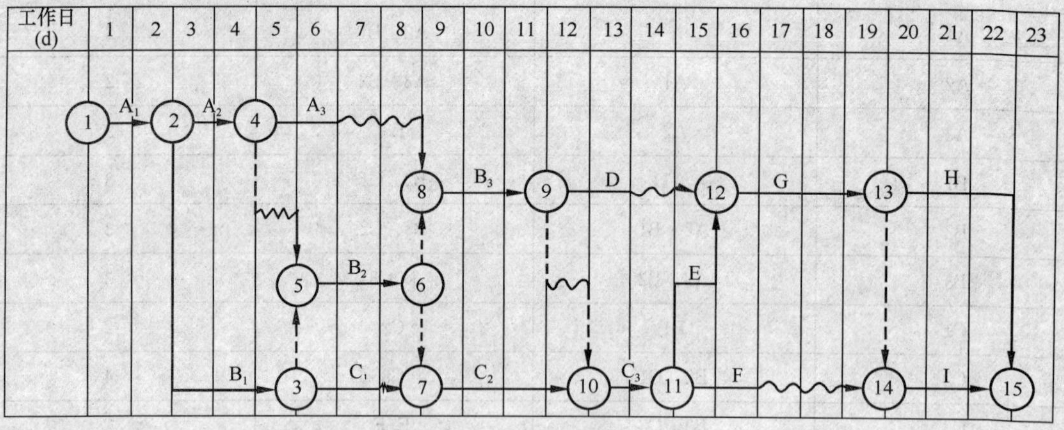

图 3-42　时标网络计划

波形线十箭头

(4) 自左至右依次确定其余各节点的位置。如 ②、③、④、⑥ 、⑨ 、⑪ 节点之前只有一条内向箭线，则在其内向箭线绘制完成之后即可在其末端将其上树节点绘出。⑤、⑦、⑧、⑩、⑫、⑬、⑭、⑮ 节点则必须待其前面的两条内向箭线都绘制完成后才能定位在这些内向箭线中最晚完成的时刻处。其中，⑤、⑦、⑧、⑩、⑫、⑭ 各节点均有长度不足以达到该节点的内向实箭线，故用波形线补足。

(5) 用上述方法自左至右依次确定其他节点位置，直到画出全部工作，确定终点节点⑮ 的位置，该时标网络计划即绘制完成。

(三) 双代号时标网络计划关键线路和时间参数的确定

1. 关键线路的判定

在时标图中，自起点节点至终点节点的所有线路中，未出现波形线的线路，即为关键线路。如图 3-43 中①→②→③→⑦→⑨→⑩线路为关键线路，用双线、粗线等加以明确标注。

2. 时间参数的确定

(1) 工作最早开始时间和完成时间。

1) 工作最早开始时间。工作箭线左端节点中心所对应的时标值即为该工作的最早开始时间，如图 3-43 中①→②工作的最早开始时间为 0（第 0 天末、第 1 天初），②→③，②→④工作的最早开始时间为 3（第 3 天末、第 4 天初），以此类推。

2) 最早完成时间的判定。

①当工作箭线右端无波形线，则该箭线右端节点中心所对应的时标值即为该工作的最早完成时间。如图 3-43 中①→②工作的最早完成时间为 3（第 3 天末、第 4 天初），②→④工作的最早可能完成时间为 4（第 4 天末、第 5 天初）等。

②当工作箭线右端有波形线时，则该箭线无波形线部分的右端所对应的时标值为该工作的最早完成时间。如图 3-43 中④→⑧工作的最早可能完成时间为 6（第 6 天末、第 7 天

初）。

（2）工作的自由时差。工作的自由时差值即为时标图中波形线的水平投影长度。如图 3-43 中④→⑤工作的自由时差值为 2，⑧→⑨工作的自由时差值为 1 等。

（3）工作的总时差。工作的总时差逆箭线自右向左进行。

1）以终点节点为箭头节点的工作，其总时差等于计划工期与本工作的最早完成时间之差。即

$$TF_{i-n}=T_{\mathrm{p}}-EF_{i-n} \tag{3-26}$$

2）当只有一项紧后工作时，该工作的总时差等于其紧后工作的总时差与本工作的自由时差之和。即

$$TF_{i-j}=TF_{j-k}+FF_{i-j}(i<j<k) \tag{3-27}$$

3）当有多项紧后工作时，该工作的总时差等于其所有紧后工作总时差的最小值与本工作自由时差之和。即

$$TF_{i-j}=[TF_{j-k}]\min+FF_{i-j}(i<j<k) \tag{3-28}$$

根据式（3-26）、式（3-27）和式（3-28），将各项工作的总时差标注于各工作箭线或波形线上，如图 3-43 所示。

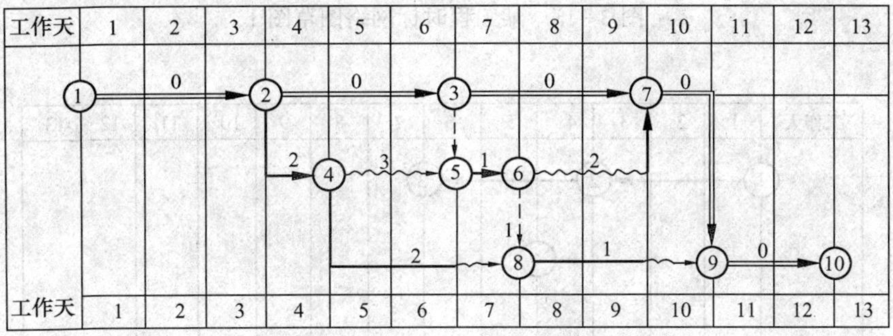

图 3-43 双代号时标网络计划关键线路和时间参数的确定

（4）工作最迟开始和完成时间。工作的最迟开始和结束时间，可由最早时间推算

$$LS_{i-j}=ES_{i-j}+TF_{i-j} \tag{3-29}$$

$$LF_{i-j}=EF_{i-j}+TF_{i-j} \tag{3-30}$$

如图 3-43 所示，②→④工作的最迟开始时间为 3+2=5（d），其最迟完成时间为 4+2=6（d）。④→⑧工作的最迟开始时间为 4+2=6（d），其最迟完成时间为 6+2=8（d）。

（四）双代号时标网络计划绘制实例

【例 3-10】 某工程有 A、B、C 三个施工过程，分三段施工，各施工过程的流水节拍为 $t_A=3d$，$t_B=1d$，$t_C=2d$。试绘制其时标网络计划。

解 （1）绘制双代号网络图，如图 3-44 所示。其关键线路为①→②→③→⑦→⑨→⑩。工期为 12d。

（2）绘制时标表，将起点节点①节点定位于起始刻度线上，按工作持续时间作出①节点的外向箭线及箭头节点②节点。如图 3-45 所示。

（3）由②节点按工作持续时间绘制其外向箭线及箭头节点③节点和④节点，如图 3-46 所示。

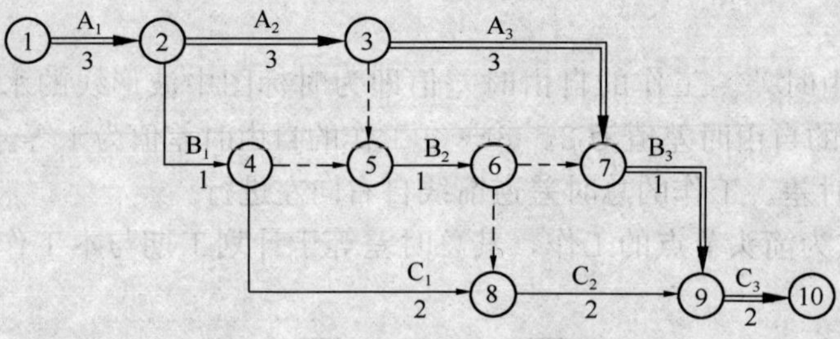

图 3-44 某工程双代号网络图

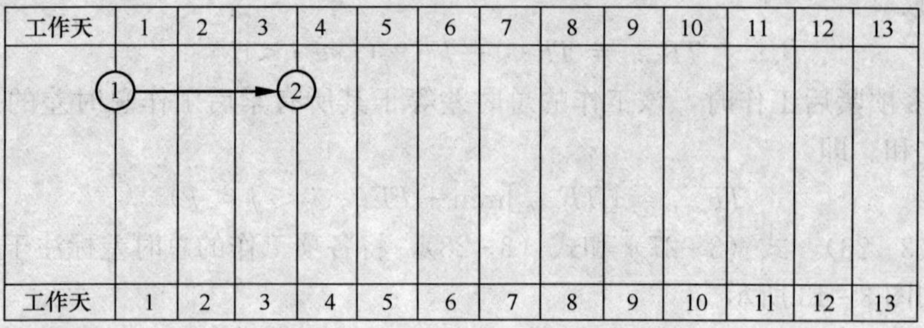

图 3-45 某工程时标网络图草图 1

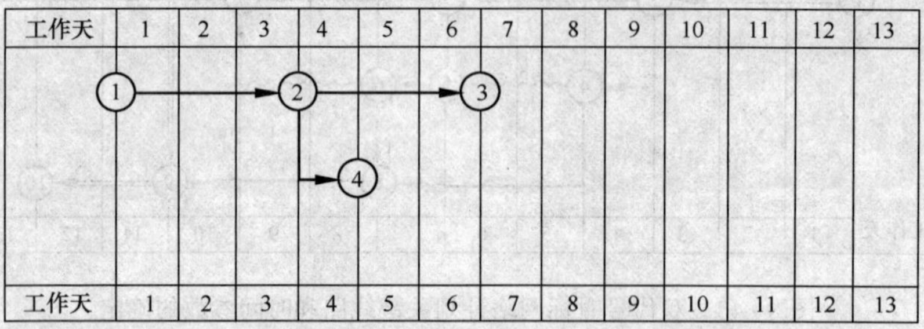

图 3-46 某工程时标网络图草图 2

(4) 由③节点绘制③→⑦箭线，由③、④节点分别绘制③→⑤和④→⑤两项虚工作，其共同的结束节点为⑤节点。④→⑤工作间的箭线绘制成波形线，如图 3-47 所示。

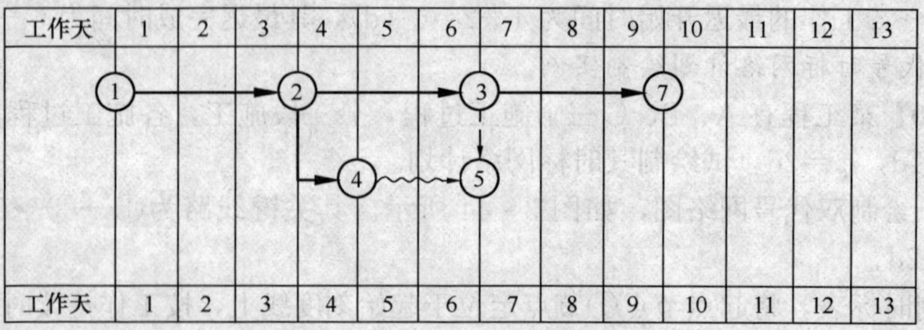

图 3-47 某工程时标网络图草图 3

（5）由⑤节点绘制⑤→⑥箭线，由⑥节点绘制⑥→⑧箭线，其中⑧节点定位于④→⑧与⑥→⑧工作最迟完成的箭线箭头处，如图 3-48 所示。

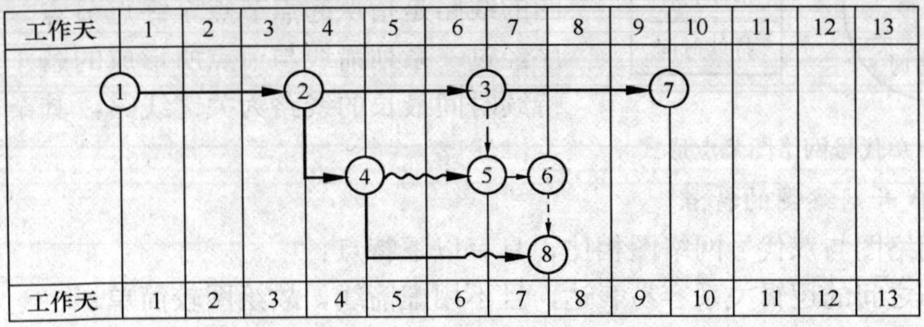

图 3-48　某工程时标网络图草图 4

（6）按上述方法，依次确定其余节点及箭线，得到如图 3-49 所示该工程的时标网络计划图。

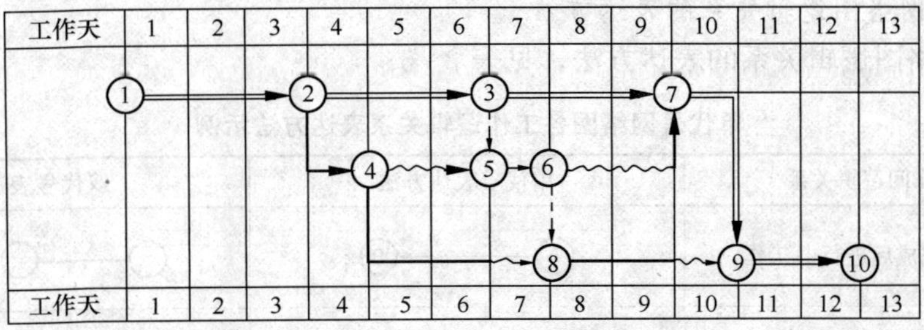

图 3-49　某工程时标网络图

第三节　单代号网络计划

一、单代号网络图的组成

单代号网络图是网络计划的一种表达方式，它是以节点及其编号表示工作、以箭线表示工作之间逻辑关系的网络图，如图 3-50 所示是某工程项目的单代号网络图。

（一）单代号网络图图形组成三要素

单代号网络图的基本组成要素为节点、箭线和线路。

1. 节点

单代号网络图的节点表示工作，一般用圆圈或方框表示。工作的名称、持续时间及工作的代号标注于节点内，如图 3-51 所示。

2. 箭线

单代号网络图中的箭线表示相邻工作间的逻辑关系。在单代号网络图中只有实箭线，没有虚箭线。

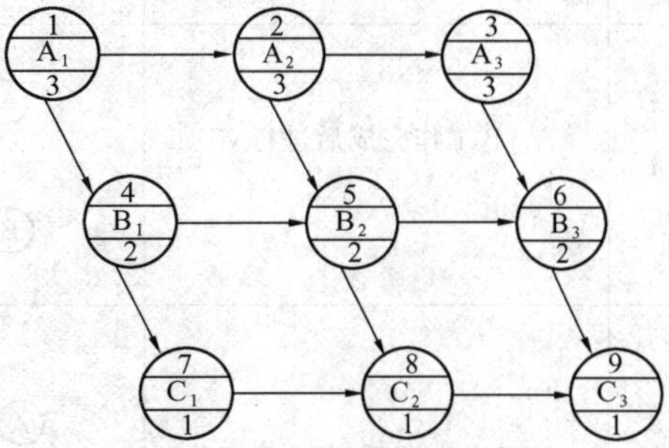

图 3-50　单代号网络图

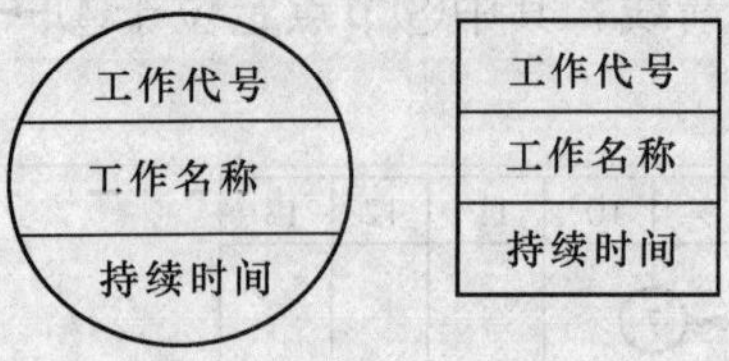

图 3-51 单代号网络图节点形式

3. 线路

与双代号网络图中线路的含义相同，单代号网络图的线路是指从起点节点至终点节点，沿箭线方向顺序经过一系列箭线与节点所形成的若干条通路。其中持续时间最长的线路为关键线路，其余的线路称为非关键线路。

（二）单代号网络图的特点

单代号网络图与双代号网络图相比，具有以下特点：

(1) 工作之间的逻辑关系容易表达，且不用虚箭线，故绘图较简单；

(2) 单代号网络图便于检查和修改；

(3) 由于工作持续时间表示在节点之中，没有长度，故不够直观；

(4) 表示工作之间逻辑关系的箭线可能产生较多的纵横交叉现象。

二、单代号网络图的绘图

1. 单代号网络图逻辑关系的表达方法

单代号网络图逻辑关系的表达方法，见表 3-6。

表 3-6 单代号网络图各工作逻辑关系表达方法示例

序号	工作间逻辑关系	单代号表达方法	双代号表达方法
1	A工作完成后进行B工作		
2	A工作完成后进行B、C工作	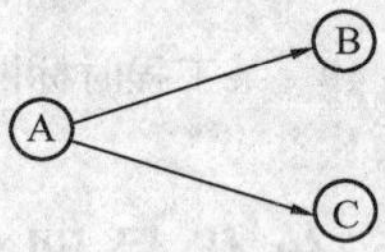	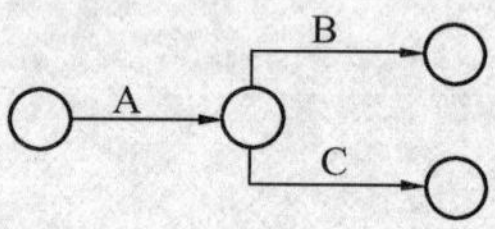
3	A、B工作完成后进行C工作	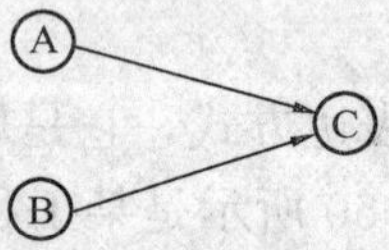	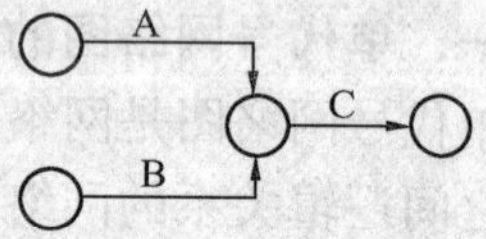
4	A、B工作完成后进行C、D工作	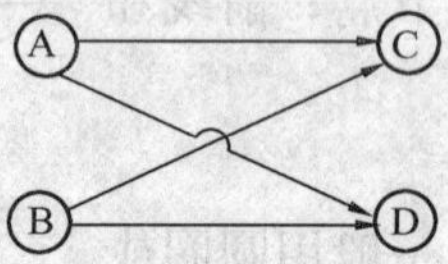	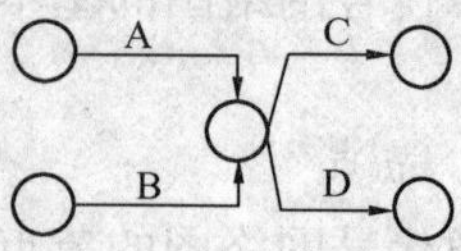
5	A工作完成后进行C工作；A、B工作完成后进行D工作	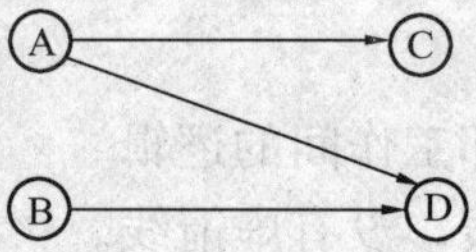	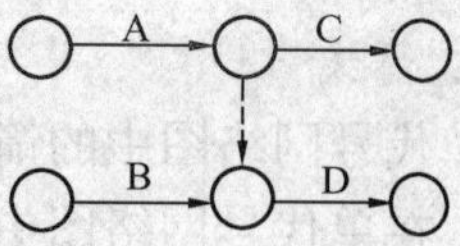

续表

序号	工作间逻辑关系	单代号表达方法	双代号表达方法
6	A、B工作完成后进行D工作；B、C工作完成后进行E工作	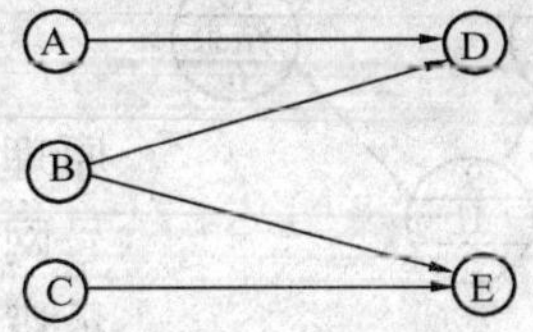	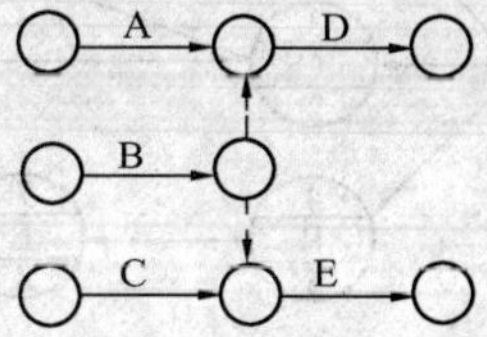
7	A、B、C工作完成后进行D工作；B、C工作完成后进行E工作	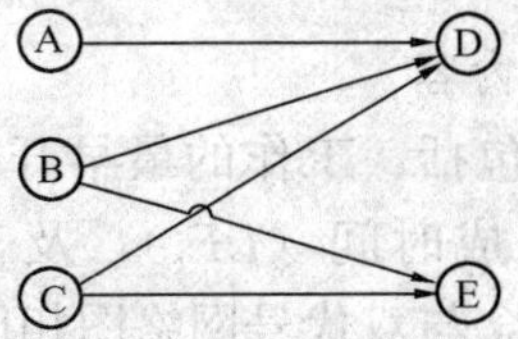	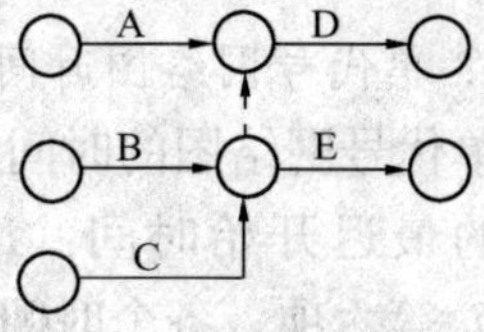
8	A、B两个施工过程按三个施工段流水施工	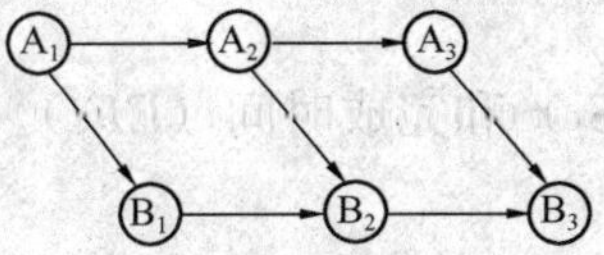	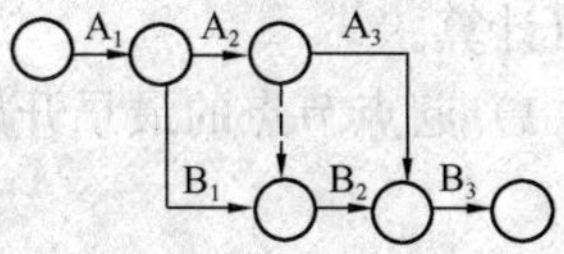

2. 单代号网络图的绘图原则

单代号网络图的绘图原则与双代号网络图大致相同，需要说明的一点是，单代号网络图中，当一项计划有多个起始工作或终止工作时应增加虚拟的开始工作或结束工作，该工作的持续时间为零，如图3-52所示。

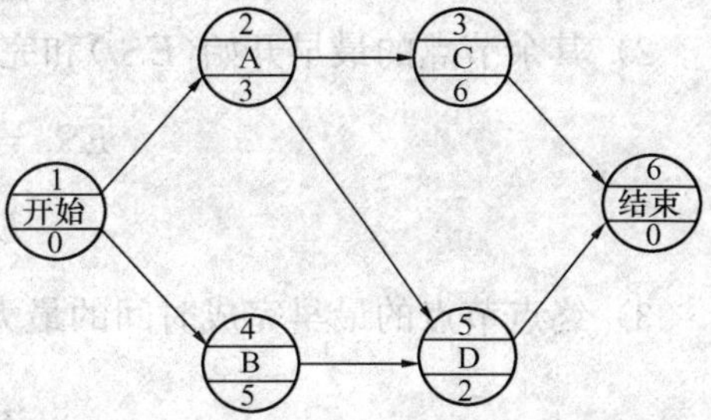

图3-52　单代号网络图的虚拟开始工作或结束工作

3. 单代号网络图的绘制方法

单代号网络图的绘制方法：①无紧前工作首先画；②紧后工作跟着画；③正确使用虚拟起始节点、终点节点；④检查逻辑顺序关系；⑤调整整理再编号。

【例3-11】 某工程包括八项施工工序，各工序持续时间及逻辑关系见表3-7。试绘制单代号网络计划图。

表3-7　某工程各工序持续时间及其逻辑关系

工序代号	紧前工序	持续时间（d）	工序代号	紧前工序	持续时间（d）
A	—	3	E	B	8
B	—	5	F	C	7
C	—	2	G	C、D	8
D	A	5	H	E、F	2

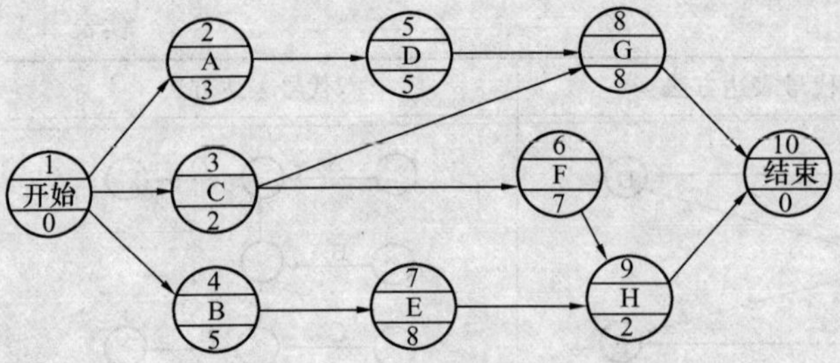

图 3-53　某工程单代号网络图

解　该项工程单代号网络图如图 3-53 所示。

三、单代号网络图时间参数的计算

单代号网络图时间参数含义和计算原理与双代号网络图一样，但由于单代号网络图是用节点表示工作，箭线只表示逻辑关系，因此，并不像双代号网络图那样，要区分节点时间和工作时间。

1. 单代号网络图时间参数计算内容

单代号网络图的时间参数主要包括：工作的最早开始时间（ES_i）和完成时间（EF_i），工作的最迟开始时间（LS_i）和完成时间（LF_i），及工作的总时差（TF_i）和自由时差（FF_i）等六项。各个时间参数的概念与双代号网络图相同，其计算步骤如下：

(1) 计算工作的最早开始（ES_i）和完成时间（EF_i）。顺箭线方向，由起点节点向终点节点计算。

1）起点节点的最早开始（ES_1）和完成时间（EF_1）。ES_1 按规定开工日期

或令
$$ES_1 = 0 \tag{3-31}$$
$$EF_1 = ES_1 + D_1 \tag{3-32}$$

2）其余节点的最早开始(ES_i)和完成时间(EF_i)

$$ES_i = (EF_h)\max(h < i) \tag{3-33}$$
$$EF_i = ES_i + D_i \tag{3-34}$$

3）终点节点的最早完成时间的最大值，即为计算工期 T_c。

$$T_c = (EF_n)\max \tag{3-35}$$

(2) 计算工作的最迟开始时间(LS_i)和完成时间(LF_i)。逆箭线方向，由终点节点向起点节点计算。

1)终点节点的最迟开始时间(LS_n)和完成时间(LF_n)

$$LF_n = T_p \tag{3-36}$$
$$LS_n = LF_n - D_n \tag{3-37}$$

2）其余节点的最迟开始时间(LS_i)和完成时间(LF_i)

$$LF_i = (LS_j)\min(i < j) \tag{3-38}$$
$$LS_i = LF_i - D_i \tag{3-39}$$

(3) 计算工作的总时差(TF_i)和自由时差(FF_i)。

$$TF_i = LS_i - ES_i \tag{3-40}$$
$$FF_i = (ES_j)\min - EF_i(i < j) \tag{3-41}$$

由于单代号网络图的表达方法与双代号网络图不同，在单代号网络图中，一项工作其紧后工作的最早开始时间不一定相同，故其自由时差的表达式为式（3-37）。在单代号网络图

中总时差与自由时差的关系满足：

1）$TF_i \geqslant FF_i$。

2）若 $TF_i=0$，则 $FF_i=0$。

（4）确定关键线路。在网络计划中，若合同工期等于计算工期，则总时差为零的各项工作所组成的线路为关键线路。

2. 单代号网络图时间参数的计算方法

单代号网络图时间参数的计算方法可采用工作计算法、图上计算法、表上计算法等，下面以图上计算法说明其计算过程。

采用“图上计算法”时，工作时间参数的标注形式如图 3 - 54 所示。

【例 3 - 12】已知网络计划如图 3 - 55 所示，试用图上计算法计算各项工作的六个时间参数，并确定工期，标出关键线路。

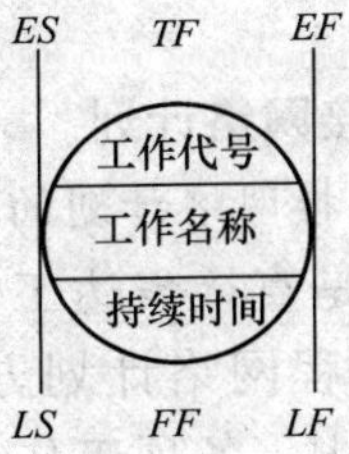

工作代号	ES	EF
工作名称	LS	LF
持续时间	TF	FF

图 3 - 54　单代号网络图时间参数标注形式

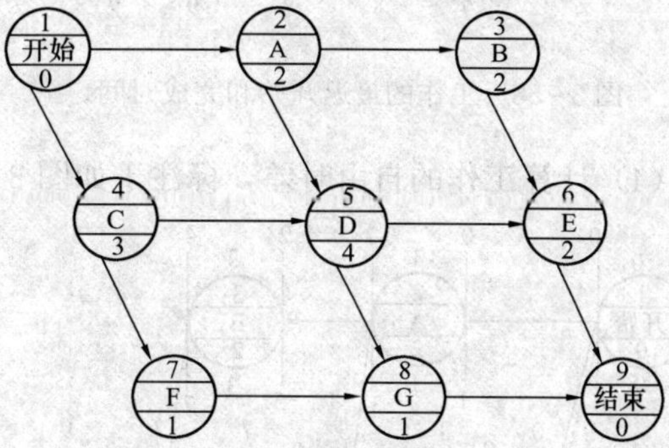

图 3 - 55　某工程单代号网络图

解　图例如图 3 - 56 所示。

（1）计算工作的最早可能开始和完成时间，并标注于网络图上，如图 3 - 57 所示。

图 3 - 56　单代号网络图时间参数计算图例

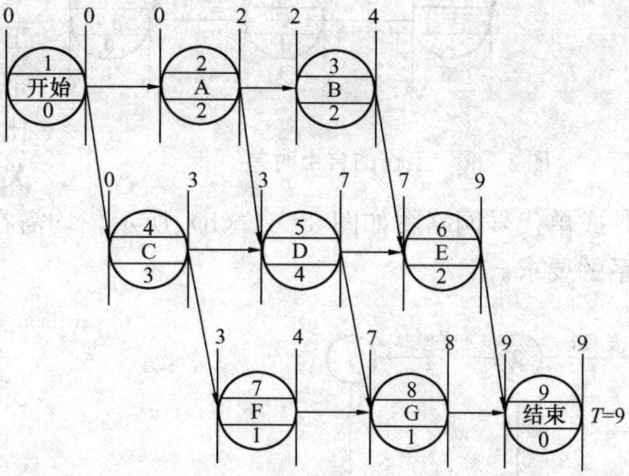

图 3 - 57　工作的最早可能开始和完成时间

（2）计算工作的最迟开始和完成时间，并标注于网络图上，如图 3 - 58 所示。

（3）计算工作的总时差，标注于如图 3 - 59 所示网络图上，将总时差为零的关键工作所组成的线路，用双线标出，即为关键线路。

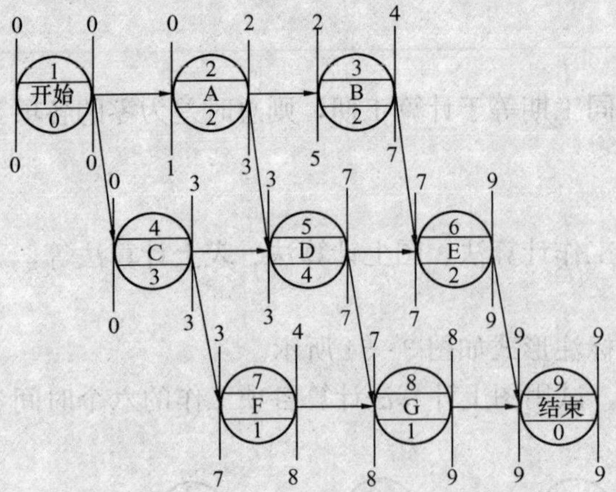

图 3-58　工作的最迟开始和完成时间

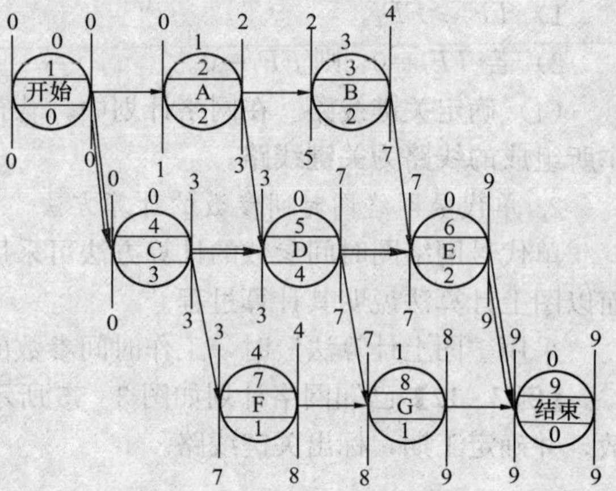

图 3-59　工作的总时差

(4) 计算工作的自由时差，标注于如图 3-60 所示网络图上。

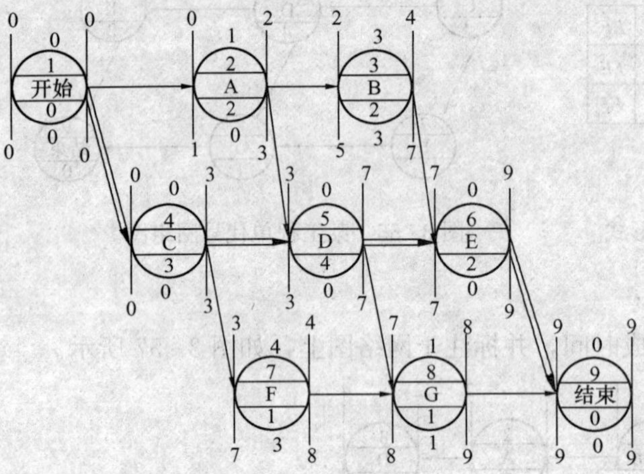

图 3-60　工作的自由时差

四、单代号搭接网络计划

(一) 单代号搭接网络计划的概念

搭接网络计划是直接表达工作间各种搭接关系的工程网络计划方法。在前面的网络计划中，各项工作按依次顺序进行，即任何一项工作都必须在它的紧前工作全部完成后才能进行，而在建筑工程施工中，搭接关系是大量存在的。如某钢筋混凝土工程，施工组织安排支模板进行一天后，绑扎钢筋与支模板平行施工，且绑扎钢筋比支模板迟一天结束。这种平行搭接关系，用普通双代号网络图如图 3-61 (a) 所示，或单代号网络图如图 3-61 (b) 所示，均需在搭接处将工作进行分段以满足工作间逻辑关系的要求。

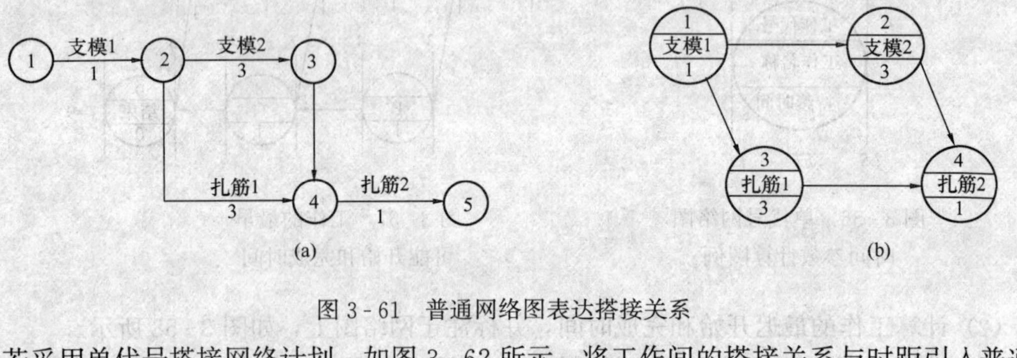

图 3-61　普通网络图表达搭接关系

若采用单代号搭接网络计划，如图 3-62 所示，将工作间的搭接关系与时距引入普通单代号网络图中，将使网络计划得以简化。单代号搭接网络计划是在单代号网络计划中，前后工作之间可能有多种时距关系的肯定型网络计划。时距是单代号搭接网络计划中，工作之间不同顺序关系所决定的各种时间差值。

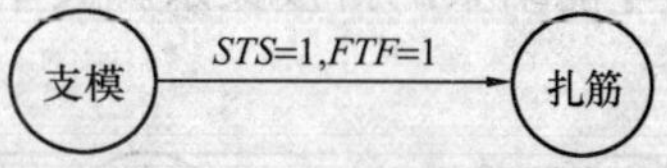

图 3-62　搭接网络计划

（二）单代号搭接网络计划的绘制方法

1. 单代号搭接网络计划的表达方法

在单代号搭接网络计划中，工作的基本搭接关系有五种：

（1）开始到开始关系。表达相邻两项工作，前项工作开始后，经过时距 $STS_{i,j}$，后项工作才能开始的搭接关系。其单代号搭接关系表达方法如图 3-63（a）所示。对应的横道表示如图 3-63（b）所示。

例如道路工程中的铺设路基和浇筑路面，待路基开始工作一定时间为路面工程创造一定工作条件之后，路面工程即可开始进行，这种从工作 i 开始到工作 j 开始的时距就是 STS 时距。

（2）开始到结束关系。表达相邻两项工作，前项工作开始后，经过时距 $STF_{i,j}$，后项工作才能结束的搭接关系。其单代号搭接关系表达方法及对应的横道表示如图 3-64 所示。

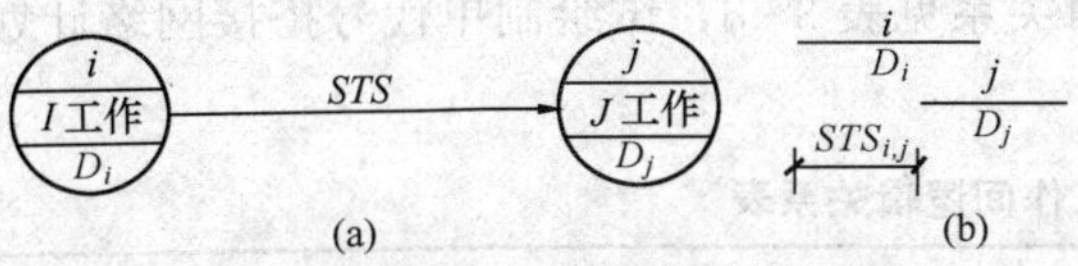

图 3-63　开始到开始关系表示方法

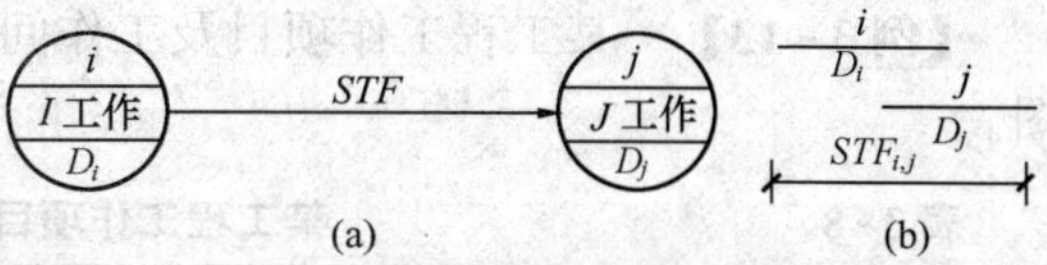

图 3-64　开始到结束关系表示方法

例如要挖掘带有部分地下水的土壤，地下水位以上的土壤可以在降低地下水位工作完成之前开始，而在地下水位以下的土壤则必须要等降低地下水位之后才能开始。降低地下水位工作的完成与何时挖地下水位以下的土壤有关，至于降低地下水位何时开始，则与挖土没有直接关系，这种从工作 i 开始到工作 j 完成的时距就是 STF 时距。

（3）结束到开始关系。表达相邻两项工作，前项工作结束后，经过时距 $FTS_{i,j}$，后项工作才能开始的搭接关系。当 $FTS_{i,j}=0$ 时，表示相邻两项工作之间没有间歇，这是普通网络图中的逻辑关系。其单代号搭接关系表达方法及对应的横道表示如图 3-65 所示。

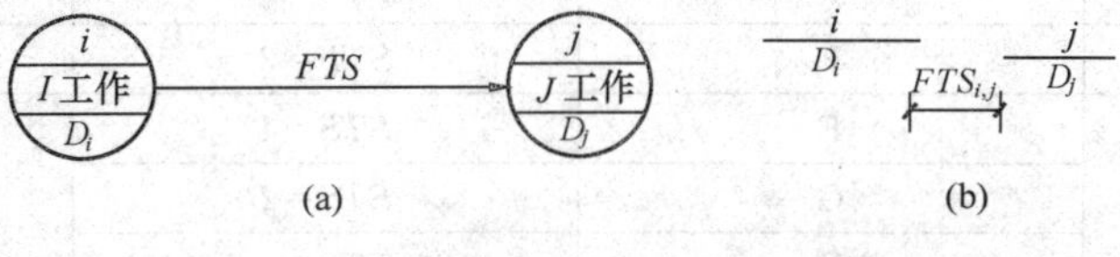

图 3-65　结束到开始关系表示方法

例如修一条堤坝的护坡时，一定要等土堤自然沉降后才能修护坡，这种等待的时间就是 FTS 时距。

（4）结束到结束关系。表达相邻两项工作，前项工作结束后，经过时距 $FTF_{i,j}$，后项工作才能结束的搭接关系。其单代号搭接关系表达方法及对应的横道表示如图 3-66 所示。

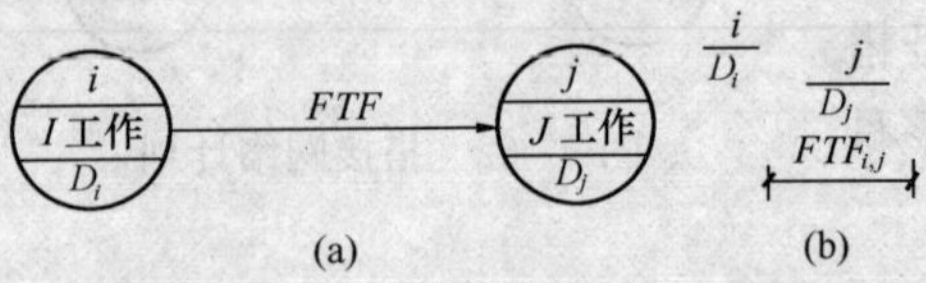

图 3-66　结束到结束关系表示方法

例如相邻两工作，当紧前工作的施工速度小于紧后工作时，则必须考虑为紧后工作留有充分的工作面，否则紧后工作就将因无工作面而无法进行，这种结束工作之间的间隔就是 FTF 时距。

(5) 混合关系。表达相邻两项工作间同时存在上述四种基本关系的两种关系，如两项工作同时具有 STS 和 FTF 的搭接关系，或同时具有 STS 和 STF 的搭接关系等。其单代号搭接关系表达方法及对应的横道表示如图 3-67 所示。

2. 单代号搭接网络图的绘制步骤

(1) 根据工作间的逻辑关系，绘制单代号网络图，按要求建立虚拟的起点节点和终点节点，以备进行时间参数的计算。

(2) 确定相邻工作间的搭接类型及搭接时距。

(3) 将工作间的搭接关系及时距标注在单代号网络图的箭线上。

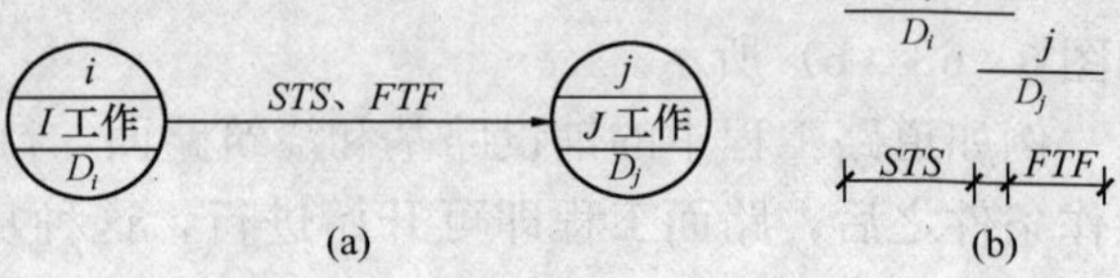

图 3-67　混合关系表示方法

【例 3-13】　某工程工作项目及工作间逻辑关系见表 3-8，试绘制单代号搭接网络计划图。

表 3-8　某工程工作项目及工作间逻辑关系表

工程名称	紧前工作	搭接关系	作业时间 (d)
A	—	$FTS=0$	5
B	—	$FTS=0$	8
C	—	$FTS=0$	10
D	A	$STS=12$	15
	B	$FTS=5$	
E	B	$STS=3$	20
F	C	$FTF=2$	20
G	D	$STS=2$、$FTF=3$	10
	E	$FTS=0$	
	F	$FTS=0$	
H	F	$STF=3$	5
I	E	$STS=4$	2
	G	$STS=2$	
	H	$FTS=4$	

解　某工程单代号搭接网络计划如图 3-68 所示。

(三) 单代号搭接网络计划时间参数的计算

单代号搭接网络计划图时间参数计算的内容，包括：

(1) 工作的最早可能开始时间 ES_i 和结束时间 EF_i。

（2）工作的最迟必须开始时间 LS_i 和结束时间 LF_i。

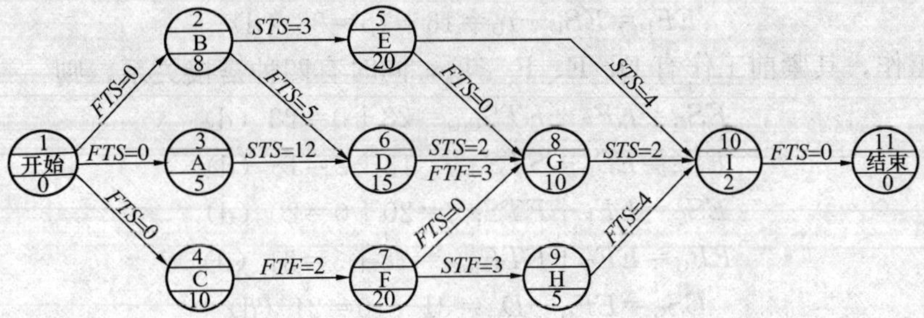

图 3-68　某工程单代号搭接网络计划图

（3）间隔时间 $LAG_{i,j}$、总时差 TF_i 和自由时差 FF_i。

下面以图 3-68 所示单代号搭接网络计划为例，采用图上计算法，说明单代号搭接网络计划时间参数的计算。首先选定图例，如图 3-69 所示。

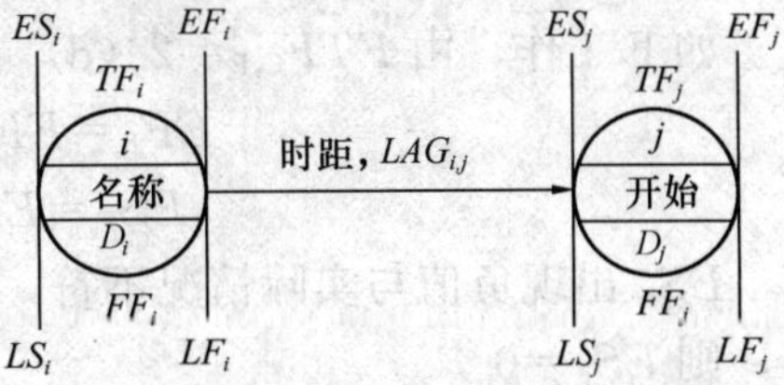

图 3-69　单代号搭接网络计划图上计算法图例

1. 工作的最早可能开始（ES_i）和结束时间（EF_i）的计算

工作的最早时间，顺箭线由虚拟起点节点向虚拟终点节点计算。

（1）起点节点的最早可能开始与结束时间为零，与起点节点相连的各工作的最早可能开始时间均为零。即

$$ES_{开始}=0 \qquad EF_{开始}=0$$

$$ES_A=0 \qquad EF_A=ES_A+D_A=0+5=5\ (d)$$

$$ES_B=0 \qquad EF_B=ES_B+D_B=0+8=8\ (d)$$

$$ES_C=0 \qquad EF_C=ES_C+D_C=0+10=10\ (d)$$

（2）在搭接网络计划中各节点的最早可能开始与结束时间，由其与紧前工作的搭接关系确定。

若搭接关系为 STS 时，
$$ES_j=ES_i+STS_{i,j}\quad (i<j) \qquad (3-42)$$
$$EF_j=ES_j+D_j$$

若搭接关系为 STF 时，
$$EF_j=ES_i+STF_{i,j}\quad (i<j) \qquad (3-43)$$
$$ES_j=EF_j-D_j$$

若搭接关系为 FTS 时，
$$ES_j=EF_i+FTS_{i,j}\quad (i<j) \qquad (3-44)$$
$$EF_j=ES_j+D_j$$

若搭接关系为 FTF 时，
$$EF_j=EF_i+FTF_{i,j}\quad (i<j) \qquad (3-45)$$
$$ES_j=EF_j-D_j$$

若相邻工作间的搭接关系为组合时距，或工作的紧前工作有多项时，应按各搭接关系，分别计算工作的最早时间，从中取最大值作为该工作的最早时间值。

如 D 工作，其紧前工作有 A、B 两项，则

$$ES_D=ES_A+STS_{A,D}=0+12=12\ (d)$$

或
$$ES_D=EF_B+FTS_{B,D}=8+5=13\ (d)$$

取两式的最大值，即 $ES_D=13$（d）

$$EF_D=ES_D+t_D=13+15=28\ (d)$$

又如 G 工作，其紧前工作有 D、E、F 三项，同时有四种搭接关系，则

$$ES_G=EF_E+FTS_{E,G}=23+0=23\ (d)$$

或 $$ES_G=ES_D+STS_{D,G}=13+2=15\ (d)$$

或 $$ES_G=EF_F+FTS_{F,G}=20+0=20\ (d)$$

或 $$EF_G=EF_D+FTF_{D,G}=28+3=31\ (d)$$

$$ES_G=EF_G-D_G=31-10=21\ (d)$$

取 ES_G 最大值，即 $ES_G=23$（d），$EF_G=ES_G+D_G=23+10=33$（d）。

当按照上述计算原则计算出的 ES 值为负值时，须将该工作与虚拟开始节点用虚箭线连接起来，以符合逻辑关系。

如 F 工作，由 $FTF_{C,F}=2$（d）

$$EF_F=EF_C+FTF_{C,F}=10+2=12\ (d)$$

$$ES_F=EF_F-D_F=12-20=-8\ (d)$$

ES_F 出现负值与实际情况不符，将该工作与起点节点相连，使之成为该计划的第一项工作，则 $ES_F=0$

$$EF_F=0+20=20\ (d)$$

（3）终点节点的最早可能开始与结束时间。在单代号搭接网络计划中，终点节点一般需虚设，终点节点的时间，即为计划工期，其值为所有紧前工作最早可能结束时间的最大值。但是，如果在计划中某项中间工作的最早可能完成时间大于此值时，须将该工作与终点节点用虚箭线连接起来，再确定终点节点的时间。

如本例中，将 D、G 工作与结束工作用虚箭线相连，结束工作的最早开始时间为

$$ES_{结束}=[28,33,27]_{max}=33\ (d)$$

各项工作最早时间计算如图 3-70 所示。

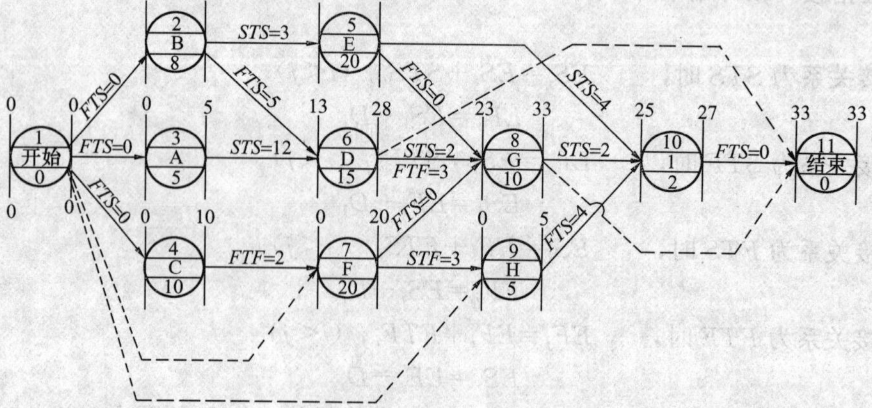

图 3-70 各项工作最早时间

2. 工作最迟必须开始和结束时间的计算

工作最迟必须开始和结束时间的计算逆箭线由虚拟终点节点向虚拟起点节点计算。

（1）与虚拟终点节点相连的工作，其最迟必须结束时间，即为工期。

如本例中 $LF_I=33$（d）　　$LS_I=LF_I-D_I=33-2=31$（d）

$LF_G=33$（d）　　$LS_G=LF_G-D_G=33-10=23$（d）

（2）搭接网络图中间各节点最迟时间的计算，由其紧后工作的搭接关系确定。

若搭接关系为 STS 时，$LS_i=LS_j-STS_{i,j}$ $(i<j)$　　(3-46)

$$LF_i=LS_i+D_i$$

若搭接关系为 STF 时，$LS_i=LF_j-STF_{i,j}$ $(i<j)$　　(3-47)

$$LF_i=LS_i+D_i$$

若搭接关系为 FTS 时，$LF_i=LS_j-FTS_{i,j}$ $(i<j)$　　(3-48)

$$LS_i=LF_i-D_i$$

若搭接关系为 FTF 时，$LF_i=LF_j-FTF_{i,j}$ $(i<j)$　　(3-49)

$$LS_i=LF_i-D_i$$

若相邻工作间的搭接关系为组合搭接关系，或工作有多项紧后工作时，应按各搭接关系分别计算工作的最迟时间，从中取最小值。本例各工作的最迟时间值标注于图 3-71 中。

3. 工作的间隔时间，总时差和自由时差的计算

（1）工作间隔时间的计算。在单代号搭接网络计划中，相邻工作间在满足相互搭接关系的时距要求之外，还可能有一段多余的空闲时间，称为相邻工作的间隔时间，用 $LAG_{i,j}$ 表示。

工作间隔时间 $LAG_{i,j}$ 值，根据工作间的时距值和相互搭接关系来确定。下面以工作最早时间为参数，确定 $LAG_{i,j}$ 值。

当相邻工作间的搭接关系为 STS 时，

$$LAG_{i,j}=ES_j-ES_i-STS_{i,j}\quad(i<j)\tag{3-50}$$

当相邻工作间的搭接关系为 STF 时，

$$LAG_{i,j}=EF_j-ES_i-STF_{i,j}\quad(i<j)\tag{3-51}$$

当相邻工作间的搭接关系为 FTS 时，

$$LAG_{i,j}=ES_j-EF_i-FTS_{i,j}\quad(i<j)\tag{3-52}$$

当相邻工作间的搭接关系为 FTF 时，

$$LAG_{i,j}=EF_j-EF_i-FTF_{i,j}\quad(i<j)\tag{3-53}$$

当相邻工作间的搭接关系为混合搭接关系时，则按各搭接关系分别计算 LAG，并取其中最小值，即

$$LAG_{i,j}=\left.\begin{Bmatrix}ES_j-ES_i-STS_{i,j}\\ EF_j-ES_i-STF_{i,j}\\ ES_j-EF_i-FTS_{i,j}\\ EF_j-EF_i-FTF_{i,j}\end{Bmatrix}\right._{\min}$$

本例各工作时间间隔值标注于图 3-71 中。

（2）总时差 TF_i 的计算。工作的总时差是指在不影响计划工期的前提下，本项工作所具有的机动时间，$TF_i=LS_i-ES_i$。本例各项工作的总时差标注于图 3-71。

（3）自由时差 FF_i 的计算。工作的自由时差，是指在不影响紧后工作最早可能开始情

况下，本工作所具有的机动时间。

当只有一项紧后工作时，$FF_i = LAG_{i,j}$ $(i<j)$ (3-54)

当有多项紧后工作时，$FF_i = [LAG_{i,j}]_{\min}(i<j)$ (3-55)

本例各项工作的自由时差标注于图 3-71 中。

4. 单代号搭接网络计划关键线路的确定

在单代号搭接网络图中，总时差为零的工作是关键工作，由关键工作组成的线路为关键线路。在关键线路上，各工作的时间间隔值均为零。

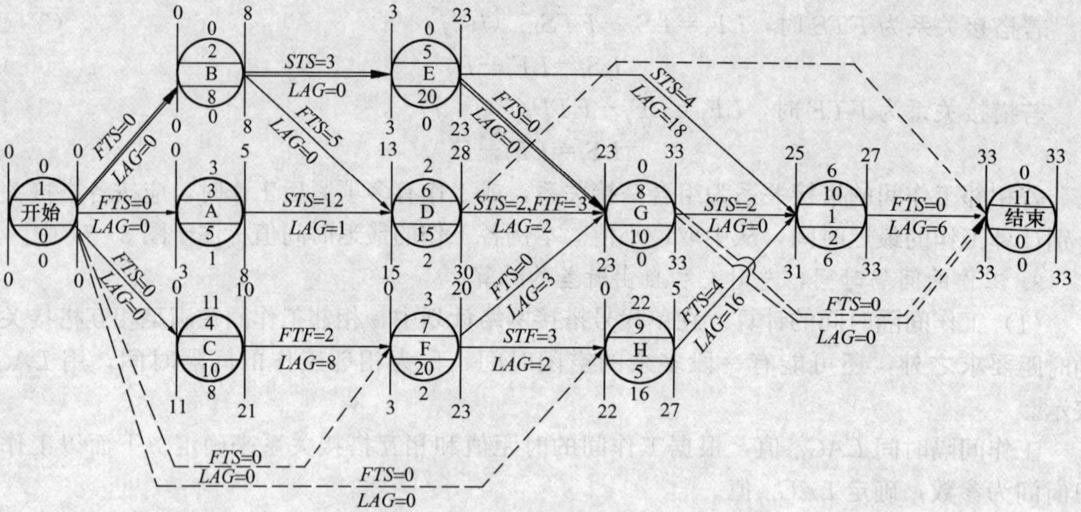

图 3-71 单代号搭接网络图时间参数

第四节 网络计划优化

网络计划的绘制和时间参数的计算，是网络计划技术的第一步，只是提出了一种可行方案，但不一定是最优方案。由初始方案到形成最优方案，就要对计划进行优化。

网络计划的优化是在满足既定的约束条件下，按某个目标，对初始网络计划进行不断检查、调整，寻求最优网络计划方案的过程。通过对初始网络计划的优化，达到缩短工期，保证质量，降低成本的效果。网络计划优化的目标一般有工期目标、资源目标和费用目标等，所以网络计划的优化包括工期优化、资源优化和费用优化三种。由于在优化过程中不一定需要全部时间参数，只需找出关键线路，故在这里介绍一种确定关键线路的简单法——节点标号法。

节点标号法，又叫寻源法，就是从网络计划起点节点开始，自左向右对每个节点进行最早时间计算，将计算数值和确定该数值的工作的开始节点标注在相应节点位置上的括号内，网络计划终点节点的最早时间就是网络计划的计算工期；然后从网络计划的终点节点开始，自右向左按括号内节点依次向左寻找出关键线路，用双线、粗线等加以明确标注。

节点标号法的解题步骤：

(1) 计算网络计划起点节点的最早时间，一般情况下设起点节点①的最早时间为零，即 $b_1=0$，将零标注于起点节点的上方。

(2) 计算中间节点的标号值，中间节点 i 的最早时间等于该节点所有内向工作的开始节点 h 的标号值 b_h 与该工作的持续时间 D_{h-i} 之和的最大值，即 $b_i = \max(b_h + D_{h-i})$，将结果标注于该节点的上方括号内。

(3) 从右到左或从终点节点向起点节点依次根据节点上的标号找出关键线路，用双线或粗线标注。

【例 3-14】 如图 3-72 所示双代号网络图，用节点标号法计算其关键线路。

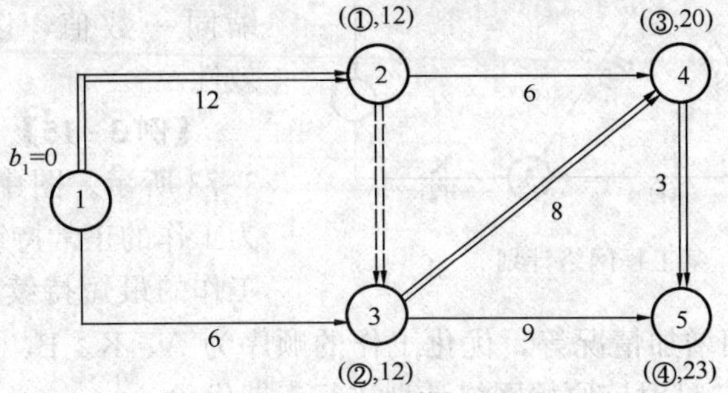

图 3-72 节点标号法计算关键线路

解 $b_1 = 0$

$b_2 = b_1 + D_{1-2} = 0 + 12 = 12$ (d)

$b_3 = \max(b_1 + D_{1-3}, b_2 + D_{2-3}) = \max(0+6, 12+0) = 12$ (d)

$b_4 = \max(b_2 + D_{2-4}, b_3 + D_{3-4}) = \max(12+6, 12+8) = 20$ (d)

$b_5 = \max(b_3 + D_{3-5}, b_4 + D_{4-5}) = \max(12+9, 20+3) = 23$ (d)

通过节点标号法的计算，得出关键线路为①→②→③→④→⑤。

一、工期优化

工期分为计算工期、计划工期和要求工期，计算工期是指关键线路中各项工作持续时间之和，它可能以小于或等于要求工期，也可能大于要求工期。工期优化是指在一定的约束条件下，通过调整关键线路上关键工作的持续时间，延长或缩短计算工期以达到要求工期的目标，满足工期要求的过程。

当计算工期小于或等于要求工期时，一般可不必优化。若小于较多时，为避免现场人员供应过分集中及完工后不能及时撤出产生窝工，则宜进行优化。优化方法：延长关键工作中资源占有量大或直接费用高的工作的持续时间，直到满足要求为止。

当计算工期大于要求工期时，则必须进行工期优化。

(一) 工期优化的计算步骤

(1) 找出关键线路，确定关键工作及计算工期。

(2) 按要求工期计算初始网络计划应缩短的时间，即确定调整目标。

(3) 确定各项关键工作能缩短的工作持续时间。

(4) 按下述条件，选择关键工作优先压缩，压缩其工作持续时间，并重新计算网络计划的工期。压缩条件为：①缩短工作持续时间对质量影响不大的工作；②有充足备用资源的工作；③缩短工作持续时间，所需增加费用最少的工作。

(5) 若按上述步骤使计算工期达到规定工期要求，则完成优化过程，否则重复以上步骤，直至要求满足。

(6) 当所有关键工作的工作持续时间都已达到其能缩短的极限，而工期仍不能满足要求时，应对原计划的施工组织方案进行调整，或对要求工期重新审定。

(二) 工期优化计算过程中应注意的问题

(1) 不能将关键工作压缩成非关键工作。

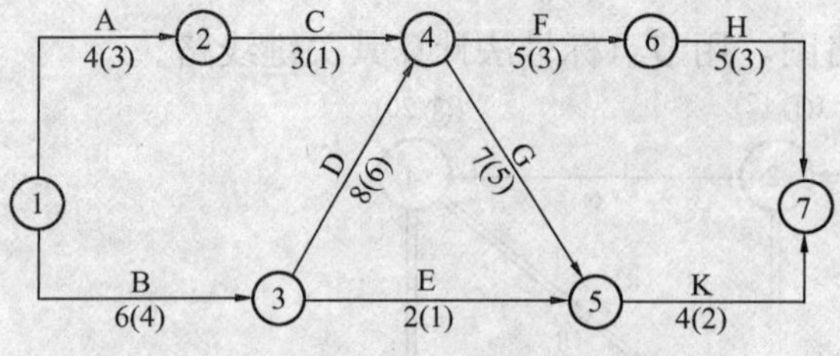

图 3-73 某工程网络计划

(2) 若优化过程中出现多条关键线路时，应将各条关键线路的持续时间压缩同一数值，以保证工期缩短的有效性。

【例 3-15】 已知某网络计划如图 3-73 所示。图中箭线下方括号外数据为工作的正常持续时间，括号内数据为工作的最短持续时间。综合考虑质量、安全、备用资源和费用增加情况等，优化工作的顺序为 A、K、B、C、E、D、F、H、G。假定要求工期为 20 天，试对该原始网络计划进行工期优化。

解

(1) 用节点标号法计算网络计划的关键线路、关键工作，确定计算工期，如图 3-74 所示，关键线路：①→③→④→⑤→⑦；$T=25$d。

(2) 计算初始网络计划需缩短的时间 $t=25-20=5$ (d)。

(3) 确定各项工作可能压缩的时间。①→③工作可压缩 2d；③→④工作可压缩 2d；④→⑤工作可压缩 2d；⑤→⑦工作可压缩 2d。

(4) 选择优先压缩的关键工作。考虑优先压缩条件，首先选择⑤→⑦工作，因其备用资源充足，且缩短时间对质量无太大影响。⑤→⑦工作可压缩 2d，但压缩 2d 后，①→③→④→⑥→⑦线路成为关键线路，⑤→⑦工作变成非关键工作。为保证压缩的有效性，⑤→⑦工作压缩 1d。此时关键线路有两条，工期为 24d，如图 3-75 所示。

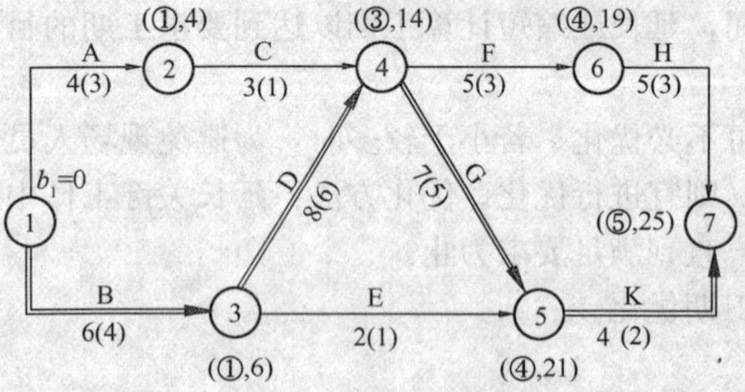

图 3-74 网络计划的关键线路、关键工作

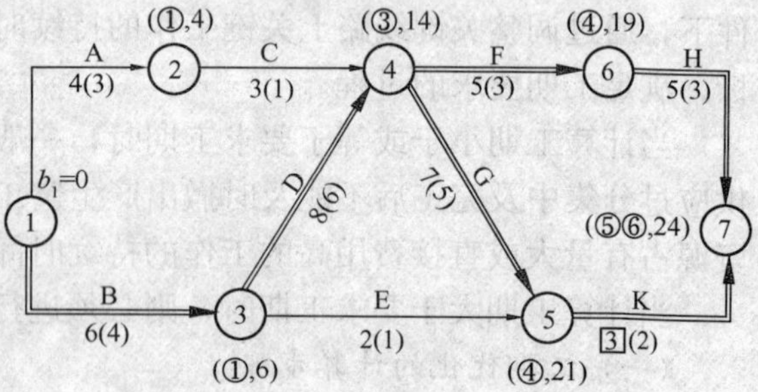

图 3-75 优先压缩⑤→⑦工作

按要求工期尚需压缩 4d，根据压缩条件，选择①→③工作和③→④工作进行压缩。分别压缩至最短工作时间，如图 3-76 所示，关键线路仍为两条，工期为 20d，满足要求，优化完毕。

二、工期—费用优化

工期—费用优化简称为费用优化，是指通过不同工期及其相应费用的比较，寻求工程总费用最低相对应的最优工期或按要求工期寻求最低费用的过程。

1. 工程费用与工期的关系

工程费用由直接费和间接费组成。直接费包括人工费、材料费，机械费和措施费。当采用不同的施工方案时，工期不同，直接费也不同。间接费包括施工组织管理的全部费用和规费，它与施工单位的管理水平、施工条件、施工组织等有关。在一定时间范围内，工程直接费随着工期的增加而减小，间接费则随着工期的增加而增大，如图 3-77 所示。

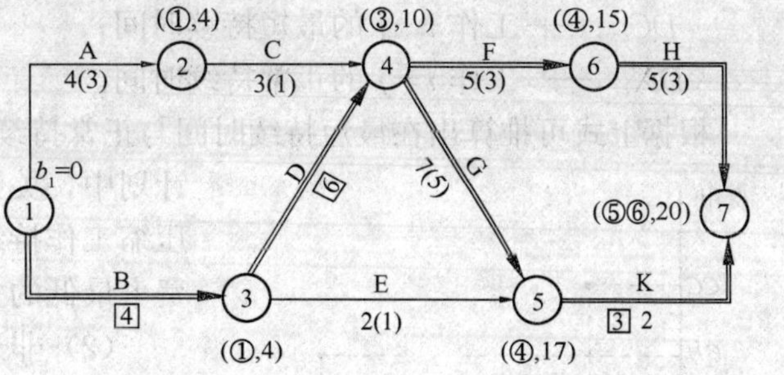

图 3-76　工期优化后的网络图

图中总费用曲线是将不同工期的直接费与间接费叠加而成。总费用曲线最低点所对应的工期 T_0，即为最低费用的工期，称为最优工期。工期—费用优化，就是寻求最低费用时的最优工期。

2. 工作持续时间与直接费的关系

完成一项工作的方法很多，我们将其中直接费用最低方案所对应的工作持续时间，称为“正常工作持续时间”。要缩短工作的持续时间，可采取增加工作班次，增加或换用大功率机械设备，采用更有效施工方法等。采用这些加快措施，通常会带来工程直接费的大幅增加，但工作持续时间在一定条件下只能缩短到一定的限度，称为工作的“最短持续时间”，当达到此限值后，无论增加多少直接费，工期也不能缩短。在网络计划费用优化中，工作的持续时间和直接费之间的关系有两种情况：

(1) 连续型变化关系。在工作的正常持续时间与最短持续时间内，工作可逐天缩短，工作的直接费随工作持续时间的改变而改变，呈连续的直线、曲线或折线形式。工作与费用的这种关系，称为连续型变化关系。在优化中，为简化计算，当工作持续时间与费用关系呈曲线或折线形式时，也近似表示为直线，如图 3-78 所示。

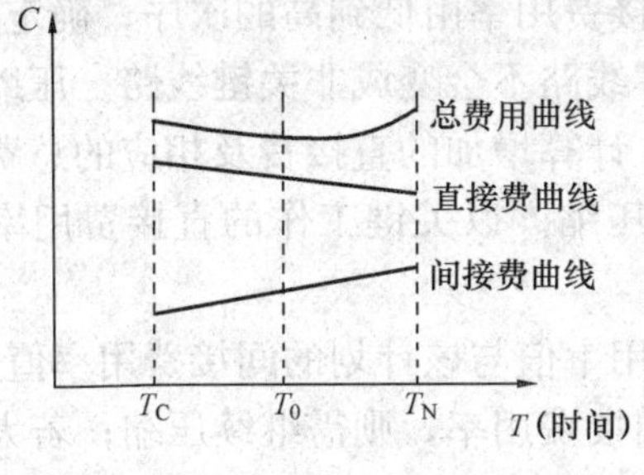

图 3-77　工期与费用关系曲线

T_C—最短工期；T_0—优化工期；T_N—正常工期

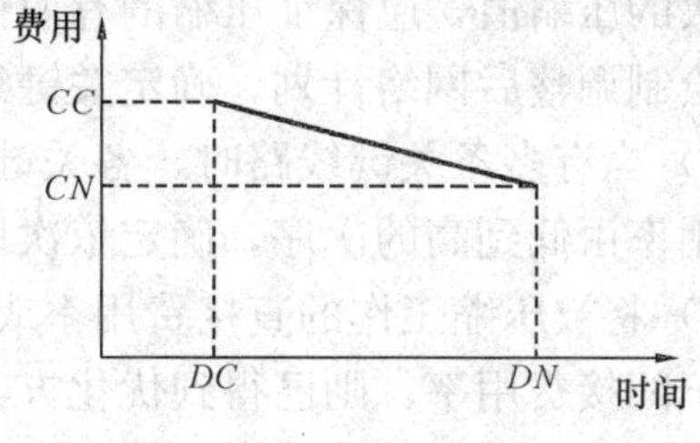

图 3-78　时间—费用连续型变化关系

图 3-78 中直线的斜率称为直接费用率，即为缩短每一单位工作持续时间所需增加的直接费，其值为

$$\Delta C_{i\_j} = (CC_{i-j} - CN_{i-j})/(DN_{i-j} - DC_{i-j}) \tag{3-56}$$

式中　ΔC_{i_j}——工作 $i-j$ 的直接费用率；

CC_{i-j}——工作 $i-j$ 的持续时间缩短为最短持续时间后，完成该工作所需的直接费用；

CN_{i-j}——在正常条件下，完成工作 $i-j$ 所需直接费用；

DC_{i-j}——工作 $i-j$ 的最短持续时间；

DN_{i-j}——工作 $i-j$ 的正常持续时间。

根据上式可推算出在最短持续时间与正常持续时间内，任意一个持续时间的费用。网络计划中，关键工作的持续时间决定着计划的工期值，压缩工作持续时间，进行费用优化，正是从压缩直接费率最低的关键工作开始的。

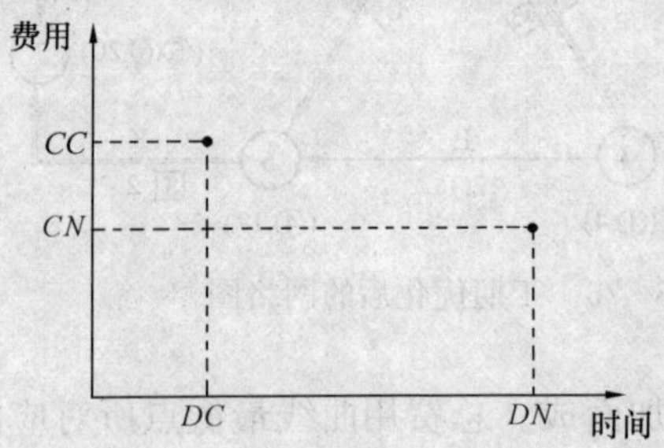

图 3-79 时间—费用非连续型变化关系

(2) 非连续型变化关系。工作的持续时间和直接费呈非连续型变化关系，是指计划中，二者的关系是相互独立的若干个点或短线，如图 3-79 所示。

这种关系多属于机械施工方案。当选用不同的施工方案时，产生不同的工期和费用，各方案之间没有任何关系。工作不能逐天缩短，只能在几个方案中进行选择。

3. 工期—费用优化的思路

工期—费用优化是在初始网络计划中，寻求能使计划工期缩短而直接费增加最少的工作，依次缩短其工作持续时间，同时考虑间接费的影响，把不同工期时的直接费与间接费叠加，求出费用最低时相应的最优工期。影响工期的工作是网络计划中的关键工作，所以工期—费用优化就是从压缩直接费用率最低的关键工作开始。

4. 工期—费用优化计算步骤

(1) 确定初始网络计划的关键线路、计算工期。

(2) 计算初始网络计划的工程直接费和总费用。

(3) 计算各项工作的直接费用率 ΔC_{i-j}。

(4) 确定压缩方案，逐步压缩，寻求最优工期。

1) 当只有一条关键线路时，按各关键工作直接费用率由低到高的次序，确定压缩方案。每一次的压缩值，应保证压缩的有效性，保证关键线路不会变成非关键线路。压缩之后，需重新绘制调整后网络计划，确定关键线路和工期，计算增加的直接费及相应的总费用。

2) 当有多条关键线路时，各关键线路应同时压缩。以关键工作的直接费用率或组合直接费用率由低到高的次序，确定依次压缩方案。

3) 将被压缩工作的直接费用率或组合直接费用率值与该计划的间接费用率值进行比较，若等于间接费用率，则已得到优化方案；若小于间接费用率，则需继续压缩；若大于间接费用率，则在此前小于等于间接费用率的方案即为优化方案。

(5) 绘出优化后的网络计划，计算优化后的总费用。

【例 3-16】 已知网络计划如图 3-80 所示。试对其进行费用优化。图中箭线上方为工作的正常工作时间费用和最短工作时间费用，箭线下方为工作的正常持续时间和最短持续时间。间接费

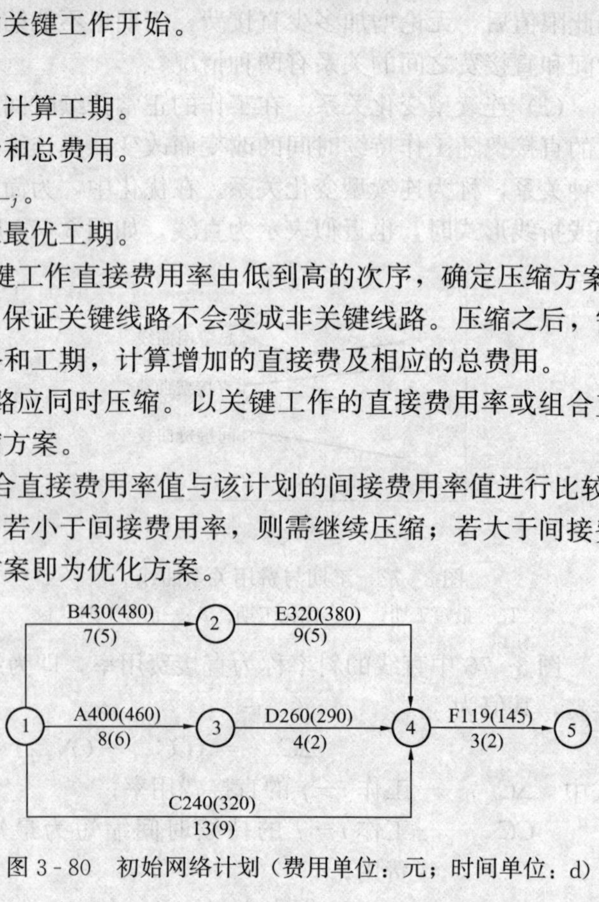

图 3-80 初始网络计划（费用单位：元；时间单位：d）

率为 50 元/天。

解

（1）按正常工作持续时间，确定关键线路和工期，如图 3-81 所示。

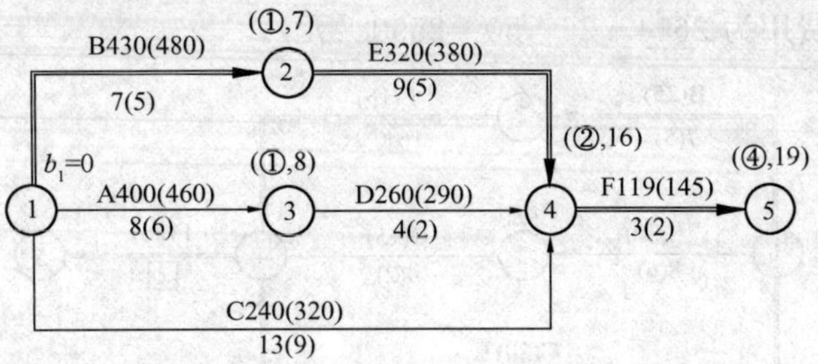

图 3-81　按正常工作持续时间确定的关键线路

关键线路为①→②→④→⑤，T=19d。

（2）计算正常工作时间下网络计划的工程直接费和总费用。

直接费：430＋320＋400＋260＋240＋119＝1769（元）

间接费：50×19＝950（元）

工程总费用：1769＋950＝2719（元）

（3）计算网络计划各项工作的直接费率，列于表 3-9 中。

表 3-9　**网络计划各项工作的直接费率**

工程名称	正常持续时间（d）	正常时间直接费（元）	最短工作时间（d）	最短时间直接费（元）	直接费率
(1)	(2)	(3)	(4)	(5)	$(6)=\frac{(5)-(3)}{(2)-(4)}$
A	8	400	6	460	30
B	7	430	5	480	25
C	13	240	9	320	20
D	4	260	2	290	15
E	9	320	5	380	15
F	3	119	2	145	26

（4）确定压缩方案，逐步压缩，寻求最优工期。

1）第一次压缩。初始网络计划有一条关键线路：①→②→④→⑤，各项关键工作的直接费率为：E 工作 15，B 工作 25，F 工作 26，首先压缩 E 工作。

E 工作可压 4d，为保证其所在线路仍为关键线路，故只压缩 3d。第一次压缩后网络计划如图 3-82 所示，图中箭线上方为直接费率，单位：元/d。关键线路有两条，分别是：①→②→④→⑤和①→④→⑤。工期为 16d，总费用为 2719＋15×3－50×3＝2614（元）。

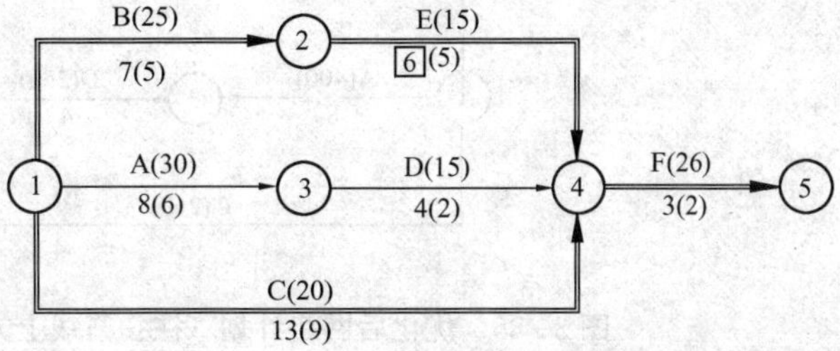

图 3-82　第一次压缩后的网络计划

2）第二次压缩。在图 3-82 所示的网络计划中，有两条关键线路，对其压缩有三个方案。

① 压缩 F 工作，直接费率为 26；

② 同时压缩E、C工作，组合直接费率为35；

③ 同时压缩B、C工作，组合直接费率为45。

选择第一方案，压缩F工作，小于间接费率，可压缩1d，压缩后网络计划如图3-83所示，工期为15d，总费用为2614+26-50=2590（元）。

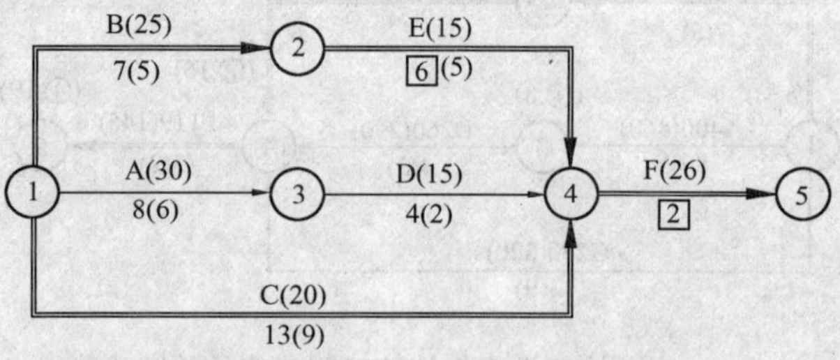

图3-83 第二次压缩后的网络计划（箭线上方数字为直接费率，单位：元/d）

3）第三次压缩。如图3-83所示的网络计划中，仍有两条关键线路，因为F工作已不能再压缩，故在上述三个方案中选择第二方案进行压缩，即同时压缩E、C工作，组合直接费率小于间接费率，可压1d，压缩后网络计划如图3-84所示。关键线路有三条，分别是①→②→④→⑤，①→③→④→⑤和①→④→⑤。工期为14d，总费用为2590+35-50=2575（元）。

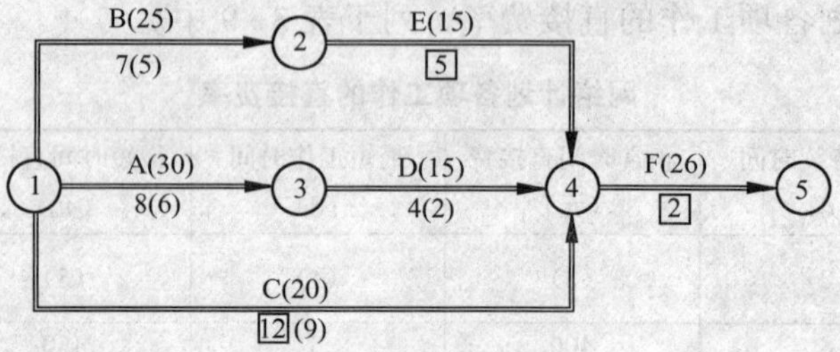

图3-84 第三次压缩后的网络计划（箭线上方数字为直接费率，单位：元/d）

4）对三条关键线路进行压缩，压缩方案有两个，即

① 同时压缩B、C、D工作，组合直接费率为60；

② 同时压缩B、A、C工作，组合直接费率为75。

由于上述两种压缩方案的组合直接费率值均已大于间接费率50，故优化的网络计划为第三次压缩后的网络计划。

5）绘出优化网络计划，如图3-85所示。

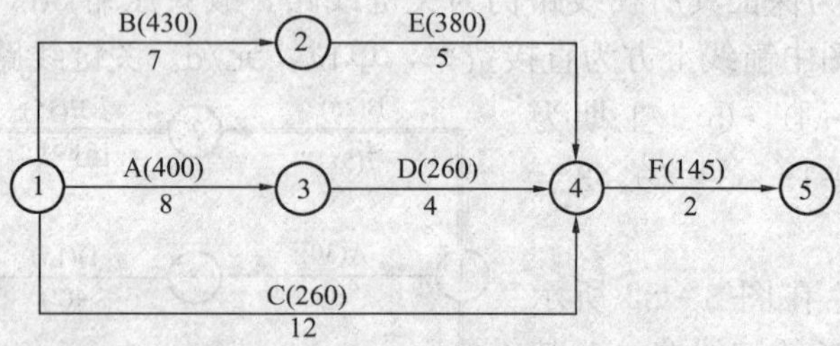

图3-85 优化后网络计划（注：箭线上方数字为优化后工作的直接费）

6）计算优化后总费用。

总费用：430＋380＋400＋260＋260＋145＋14×50＝2575（元），与第三次压缩后计算值相同。

三、资源优化

资源是为完成施工任务所需投入的人力、材料、机械设备和资金等的统称。一般情况下，完成一项工程任务所需的资源量基本上是不变的，不可能通过资源的优化将其减少。但在许多情况下，由于受多种因素的制约，在一定时间内所能提供的资源总是有一定限度的；即使资源能满足供应，也有可能出现资源在一定时间内供应过分集中而造成现场拥挤，使管理工作变得复杂。因此，就需要根据工期要求和资源的供需情况对网络计划进行调整，利用工作的时差，通过改变某些工作的起始时间，使资源按时间的分布符合优化目标。

通常，资源优化有两种不同的目标：①在工期不变的情况下，力求资源消耗均衡，称为“工期固定，资源均衡”的优化。②在日资源供应量受限制时，使日资源需要量不超过日资源限量，并保证工期最短，称为“资源有限，工期最短”的优化。

（一）“工期固定，资源均衡”目标的优化

理想状态下的资源曲线是平行于时间坐标的一条直线，即每天资源需要量保持不变。工期固定，资源均衡的优化，即通过控制日资源需要量，减少短时期的高峰或低谷，尽可能使实际资源需要量曲线近似于平均值的过程。

1. 衡量资源均衡的指标

衡量资源需要量均衡的程度，主要有两种指标。

（1）不均衡系数 K

$$K=\frac{R_{\max}}{\overline{R}} \tag{3-57}$$

$$\overline{R}=(R_1+R_2+R_3+\cdots+R_{\mathrm{T}})/T=\sum_{i=1}^{T}R_i/T \tag{3-58}$$

式中 $R_{\max}$——日资源需要量的最大值；

$\overline{R}$——每日资源需要量的平均值；

T——计划工期；

R_i——第 i 天的资源需要量。

不均衡系数 K 愈接近于1，资源需要量的均衡性愈好。一般情况下 $K<1.5$ 为最好。

（2）均方差值。均方差值是指每日资源需要量与日资源需要量平均值之差的平方和的平均值。均方差越大，资源需要量的均衡性越差。

$$\begin{aligned}\sigma^2&=\frac{1}{T}\sum_{i=1}^{T}(R_i-\overline{R})^2\\&=\frac{1}{T}\sum_{i=1}^{T}(R_i^2-2R_i\overline{R}+\overline{R}^2)\\&=\frac{1}{T}\sum_{i=1}^{T}R_i^2-2\overline{R}\,\frac{1}{T}\sum_{i=1}^{T}R_i+\overline{R}^2\end{aligned}$$

$$= \frac{1}{T}\sum_{i=1}^{T} R_i^2 - 2\bar{R}\bar{R} + \bar{R}^2$$

$$= \frac{1}{T}\sum_{i=1}^{T} R_i^2 - \bar{R}^2 \tag{3-59}$$

式中：T 与 $\bar{R}$ 为常数，故要使均方差 σ^2 最小，只需使 $\sum_{1=1}^{T} R_i^2$ 最小。

2. 优化的方法与步骤

“工期固定，资源均衡”的优化方法有方差值最小法（方差法）、削高峰法等，一般采用方差法。其基本思路为：利用非关键工作的自由时差，逐日调整非关键工作的开始时间，使调整后计划的资源需要量动态曲线能削峰填谷，达到降低方差的目的。

调整方法

从终点节点依次到起点节点，对非关键工作的开始时间和结束时间进行调整。

同一个终点节点的工作有若干项，究竟先调整哪一项工作，一般遵循以下几点：

(1) 该项工作必须有自由时差；

(2) 该项工作在同一个终点节点的所有工作中最早开始时间较晚；

(3) 若几项工作的最早开始时间相同，则自由时差较小的工作先调整；

(4) 若几项工作的最早开始时间、自由时差都相同，则每日资源需要量大的工作先调整。

下面我们分析一下调整前后网络计划日资源需要量的变化。

假设调整的工作是 $i-j$ 工作，第 m 天开始，第 n 天结束，日资源需要量为 r_{i-j}。将 $i-j$ 工作向右移 1 天，则该计划第 m 天的资源需要量 R_m 将减少 r_{i-j}，第 $(n+1)$ 天的资源需要量 R_{n+1} 将增加 r_{i-j}。若第 $(n+1)$ 天新的资源量值小于第 m 天调整前的资源量值 R_{m}，即

$$R_{n+1} + r_{i-j} \leqslant R_{\mathrm{m}} \tag{3-60}$$

则调整有效。具体步骤如下：

(1) 按工作的最早时间绘制初始时标网络计划及日资源需要量动态曲线，确定计划的关键线路，非关键工作的自由时差，计算不均衡系数。

(2) 确保工期、关键线路不做变动，对非关键工作由终点节点逆箭线逐项进行调整，每次右移 1 天，判定其右移的有效性，直至不能右移为止。

(3) 所有非关键工作都做了调整后，在新的网络计划中，按照上述步骤，进行第二次调整，以使方差进一步缩小，直到所有工作不能再移动为止。

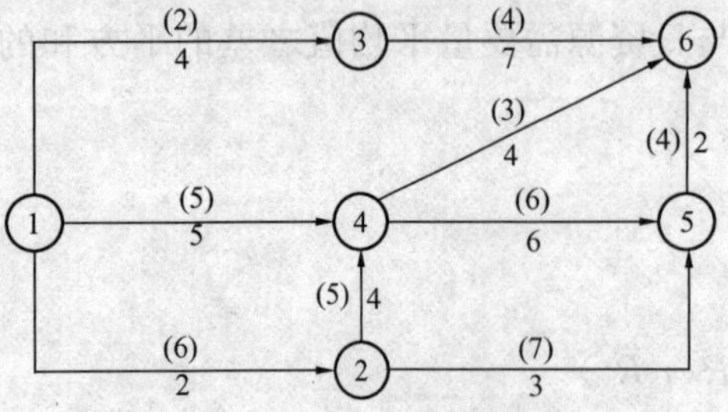

图 3-86 初始网络计划

3. 优化示例

【例 3-17】 已知网络计划如图 3-86 所示，箭线上方数字为每日资源需要量，箭线下方数字为工作持续时间。对该网络计划进行“工期固定，资源均衡”的优化。

解

（1）绘制初始时标网络计划、日资源需要量动态曲线，确定关键线路及非关键工作的自由时差，如图 3-87 所示。

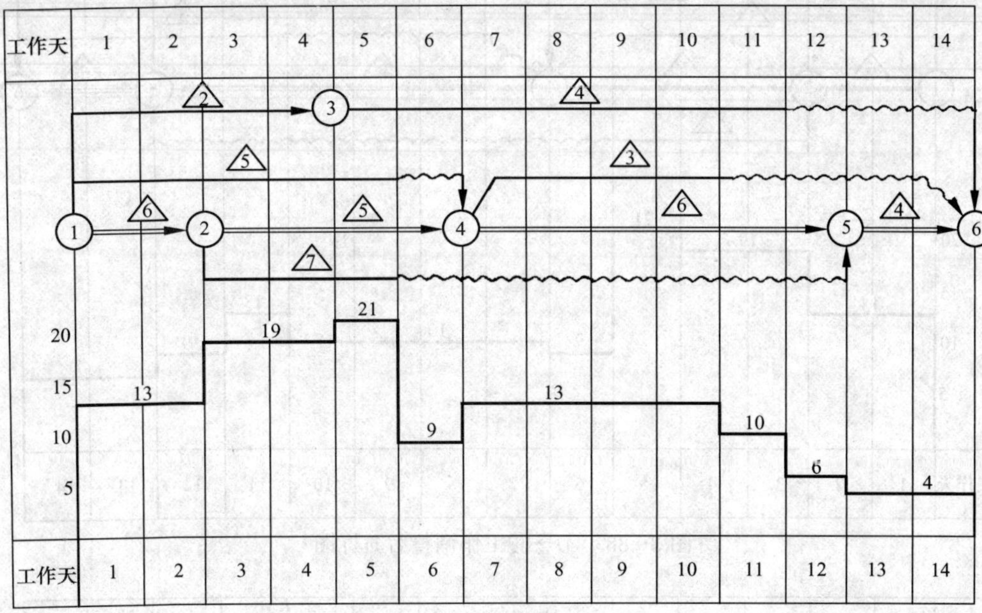

图 3-87　初始网络计划时标图（△内数字为工作的每日资源需要量）

不均衡系数 K

$$K=\frac{21}{\dfrac{13\times2+19\times2+21+9+13\times4+10+6+4\times2}{14}}=1.7$$

（2）对初始网络计划调整如下：

1）逆箭线按工作开始的后先顺序调整以⑥节点为结束节点的④→⑥工作和③→⑥工作，由于④→⑥工作开始较晚，先调整④→⑥工作。

将④→⑥工作右移 1 天，则 $R'_{11}=10+3=13$，原第 7 天资源量为 13，故可右移 1 天；

将④→⑥工作再右移 1 天，则 $R'_{12}=6+3=9<R_8=13$，可右移；

将④→⑥工作再右移 1 天，则 $R'_{13}=4+3=7<R_9=13$，可右移；

将④→⑥工作再右移 1 天，则 $R'_{14}=4+3=7<R_{10}=13$，可右移；

故④→⑥工作可连续右移 4 天。④→⑥工作调整后的时标图如图 3-88 所示。

2）调整③→⑥工作。

将③→⑥工作右移 1 天，$R'_{12}=9+4=13<R_5=21$，可右移 1 天；

将③→⑥工作再右移 1 天，$R'_{13}=7+4=11>R_6=9$，右移无效；

将③→⑥工作再右移 1 天，$R'_{14}=7+4=11>R_7=10$，右移无效。

故③→⑥工作可右移 1 天，调整后时标图如图 3-89 所示。

3）调整以⑤节点为结束节点的②→⑤工作。

将②→⑤工作右移 1 天，$R'_6=9+7=16<R_3=19$，可右移 1 天；

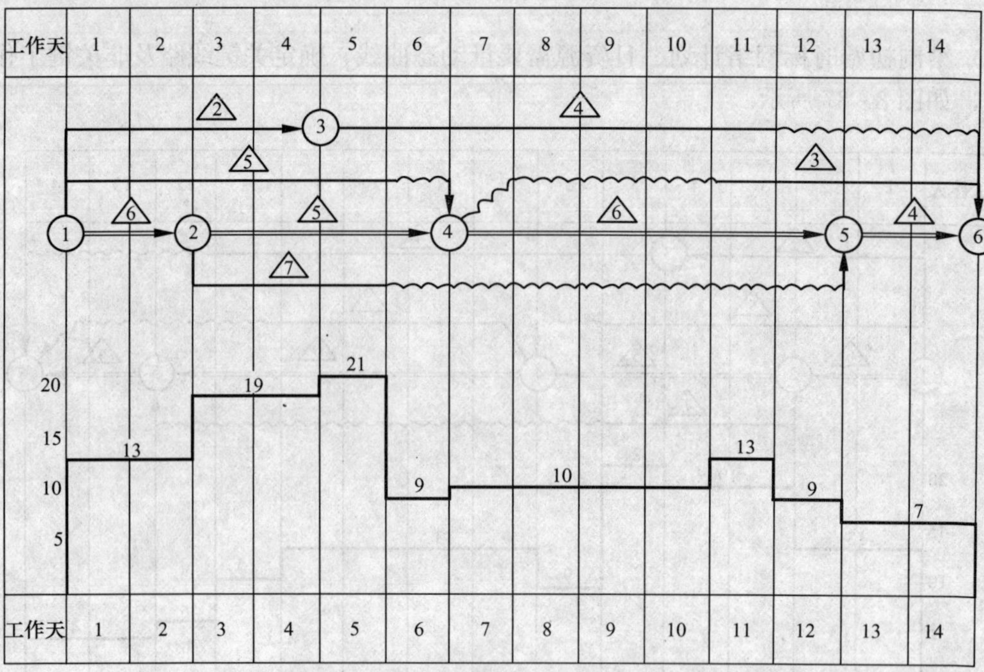

图 3-88　④→⑥工作调整后时标图

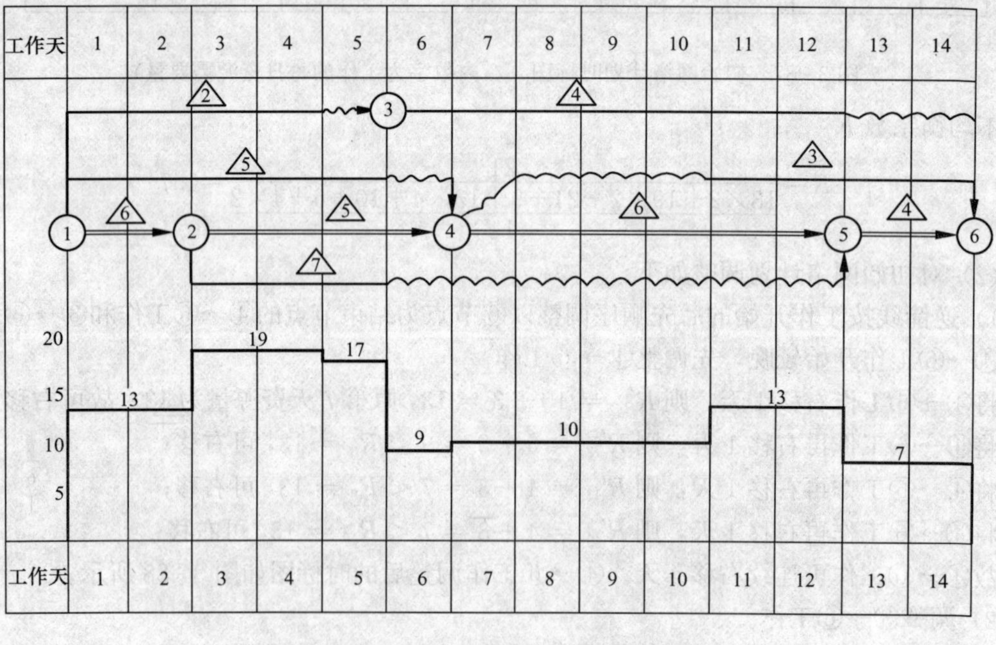

图 3-89　③→⑥工作调整后时标图

将②→⑤工作再右移 1 天，$R'_7 = 10 + 7 = 17 < R_4 = 19$，可右移 1 天；

将②→⑤工作再右移 1 天，$R'_8 = 10 + 7 = 17 < R_5 = 17$，可右移 1 天；

将②→⑤工作再右移 1 天，$R'_9 = 10 + 7 = 17 > R_6 = 9$，右移无效。

故②→⑤工作可右移 3 天，调整②→⑤工作后的时标图如图 3-90 所示。

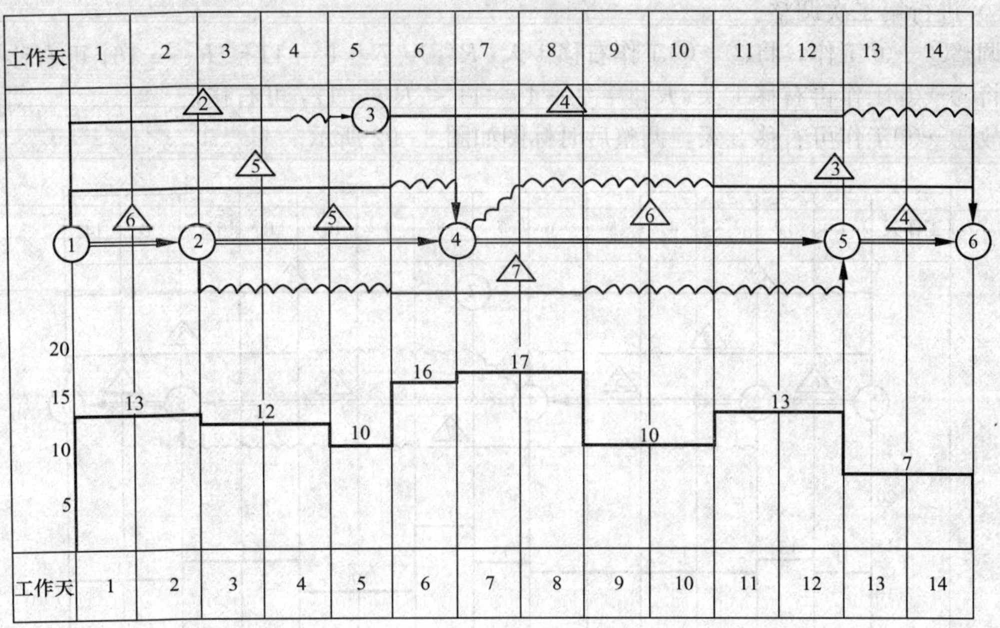

图 3-90　②→⑤工作调整后时标图

4）调整以④节点为结束节点的①→④工作。

将①→④工作右移 1 天，$R'_6 = 16 + 5 = 21 > R_1 = 13$，右移无效。

故①→④工作不可右移。

5）调整以③节点为结束节点的①→③工作。

将①→③工作右移 1 天，$R'_5 = 10 + 2 = 12 < R_1 = 13$，可右移 1 天。

故①→③工作可右移 1 天，调整①→③工作后的时标图如图 3-91 所示。

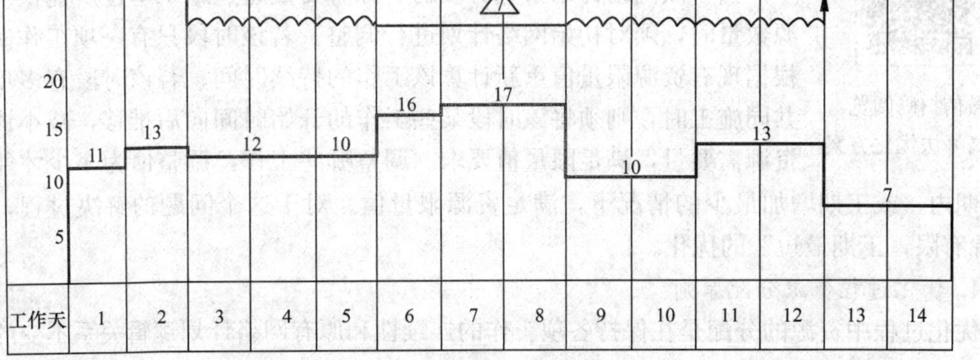

图 3-91　①→③工作调整后时标图

6）进行第二次调整。

调整③→⑥工作，将③→⑥工作右移1天，$R'_{13}=7+4=11<R_6=16$，可右移1天；

将③→⑥工作再右移1天，$R'_{14}=7+4=11<R_7=17$，可右移；

故③→⑥工作可右移2天，调整后时标图如图3-92所示。

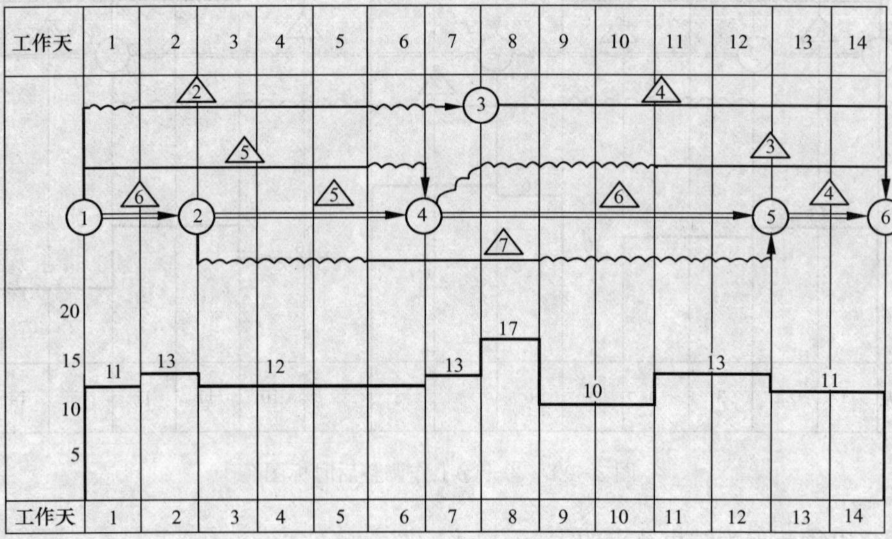

图3-92 优化后的网络计划

7）调整②→⑤工作，将②→⑤工作右移1天，$R'_9=10+7=17>R_6=12$，移动无效。

将②→⑤工作再右移1天，$R'_{10}=10+7=17>R_7=13$，可右移；

将②→⑤工作再右移1天，$R'_{11}=13+7=20>R_8=17$，移动无效。

经考察，在保证②→⑤工作连续作业的条件下，②→⑤工作不能再移。同样，其他工作也不能再移动，则图3-92所示网络图为资源优化后的网络计划。

优化后网络计划，其资源不均衡系数降低为

$$K=\frac{17}{\frac{11+13+12\times4+13+17+10\times2+13\times2+11\times2}{14}}=1.4$$

微信扫码阅览
削高峰法优化方案

（二）“资源有限，工期最短”目标的优化

当一项网络计划某些时段的资源需要量超过施工单位所能供应的资源数量时，须对初始网络计划进行调整。若该时段只有一项工作时，则根据现有资源限量值重新计算该工作的持续时间；若该时段有多项工作共同施工时，则须将该时段某些工作的开始时间向后推移，减小该时段资源需要量，满足限量值要求。调整哪些工作，调整值为多少才能在计划工期内，或工期增加最少的情况下，满足资源限量值。对于这个问题的解决过程，即为“资源有限，工期最短”的优化。

1. 优化过程资源分配原则

优化过程中资源的分配是在保持各项工作的连续性和原有网络计划逻辑关系不变的前提下进行。

(1) 优先满足关键工作的资源需要量。

(2) 非关键工作在满足关键工作资源供应后，依次考虑自由时差、总时差，按时差由小到大的顺序供应资源。在时差相等时，以工作资源的叠加量不超过资源限额，并能用足限额的工作优先供应资源。

2. 优化步骤

(1) 按工作最早时间绘制时标网络计划图，确定关键线路，标出非关键工作的总时差。

(2) 绘制该网络计划资源需要量曲线图，标出资源供应量限值。

(3) 从网络计划的第一天开始，逐个时段进行优化。所谓时段，是指在资源需要量曲线图中，曲线的每一个变化均说明有工作在该时间开始或结束，每日资源需要量不变且连续的一段时间，称为一个时段。找出第一个超过资源供应限量值的时段，按资源分配原则，对该时段工作的分配顺序进行编号。

(4) 按编号的顺序，依次将各时段内工作的每日资源需要量 r_{i-j} 累加，并与资源供应限值进行比较。当累加到 x 号工作，首先出现 $\sum_{n=1}^{x} r_{i-j} > R_{限}$ 时，将 x 号到第 n 号工作全部推移出本时段，使 $\sum_{n=1}^{x} r_{i-j} < R_{限}$。

(5) 画出调整后的时标图及资源需要量曲线图，从已优化的时段向后，继续优化，直至所有时段的每日资源量均在限值内。

3. 优化示例

【例 3-18】 已知网络计划如图 3-93 所示。图中箭线上方数据表示该工作每天的资源需用量 r_{i-j}，箭线下方数据表示该工作的持续时间。若资源限量为 9 个单位，试对其进行“资源有限，工期最短”的优化。

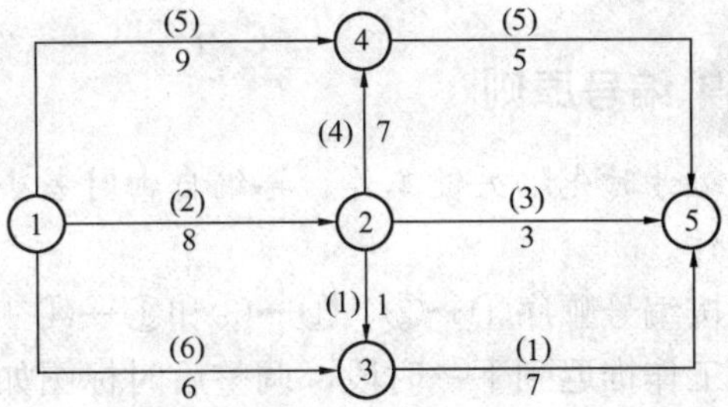

图 3-93　初始网络计划

解　(1) 绘制该计划的时标网络图及资源需要量曲线图。如图 3-94 所示。(箭线上方括号外数字为资源量值，括号内数字为总时差)。

(2) 优化调整。

1) 在 [0, 6] 时段内，资源需要量为 13 大于资源限量 9，需调整。该时段发生的工作见表 3-10。

表 3-10　[0, 6] 时段内工作情况分析

工程名称	每日资源需用量	编号	编号依据
1→2	2	1	关键工作
1→3	6	2	自由时差=3
1→4	5	3	自由时差=6

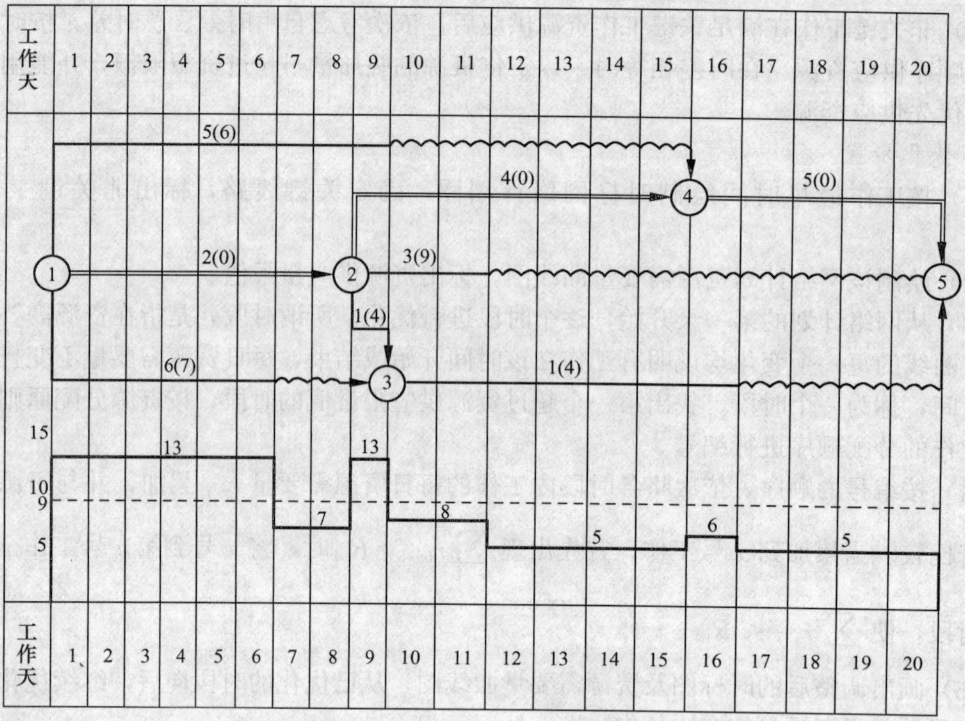

图 3-94 时标网络计划图及资源需要量曲线图

编号原则

编号时先编关键工作，再编自由时差小的工作；若自由时差相等时，先编资源需要量大的工作。

按编号顺序①→②、①→③和①→④工作资源需要量之和为 2＋6＋5＝13＞9，故将①→④工作推迟到下一时段，调整后时标图如图 3-95 所示。

2）在［8，9］时段内，资源需要量为 13＞资源限量 9，需调整。在该时段内发生的工作见表 3-11。

表 3-11　［8，9］时段内工作情况分析

工程名称	每日资源需用量	编号	编号依据
2→4	4	1	关键工作
1→4	5	2	时差已用完
2→3	1	3	自由时差＝0
2→5	3	4	自由时差＝9

按编号顺序叠加②→④、①→④和②→③工作，资源量之和为 4＋5＋1＝10＞9 需将②→③、②→⑤工作向后推移，由于②→③工作的自由时差为零，经考查，将关键工作②→④向后推移 1 天，调整后时标图如图 3-96 所示。

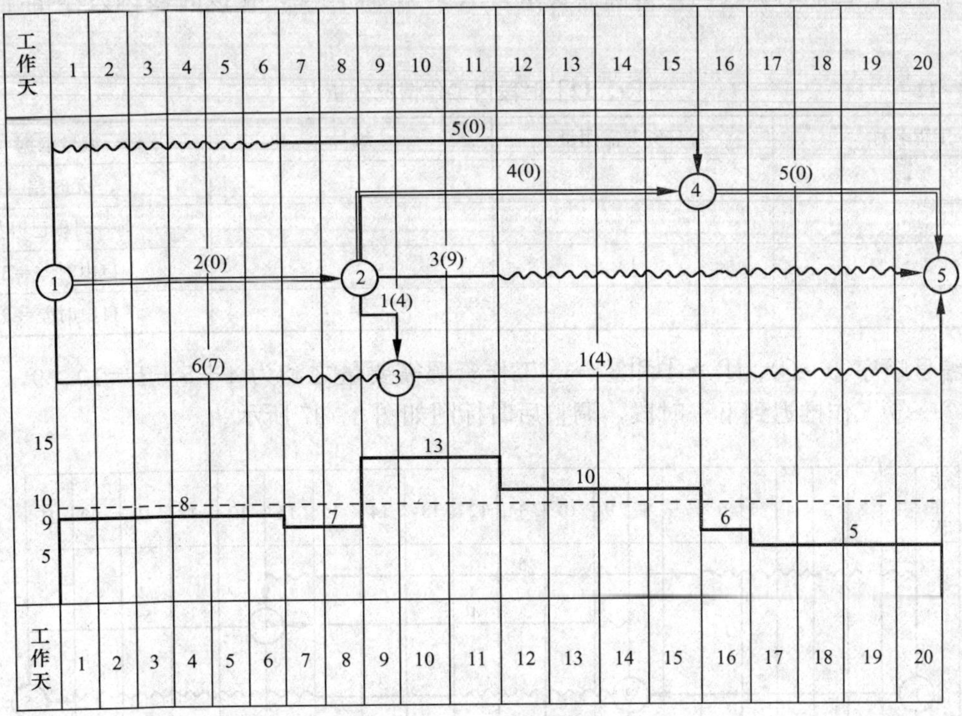

图 3-95　第一次调整后时标图

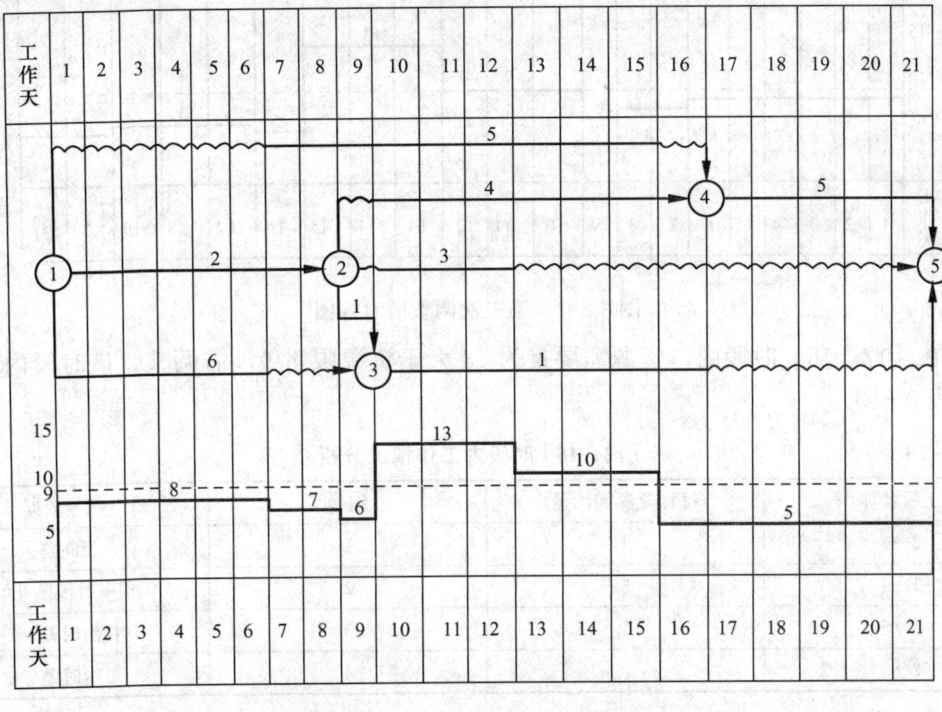

图 3-96　第二次调整后时标图

3）在［9，12］时标段内，资源需要量为 13＞9，需调整，在该时段内发生的工作见表 3-12。

表 3-12　［9，12］时段内工作情况分析

工程名称	每日资源需用量	编号	编号依据
2→4	4	1	无时差
1→4	5	2	前一时段已开始
3→5	1	3	自由时差＝5
2→5	3	4	自由时差＝9

按编号顺序②→④、①→④和③→⑤工作资源需要量之和为 4＋5＋1＝10＞9，故将③→⑤和②→⑤工作推迟到下一时段，调整后时标图如图 3-97 所示。

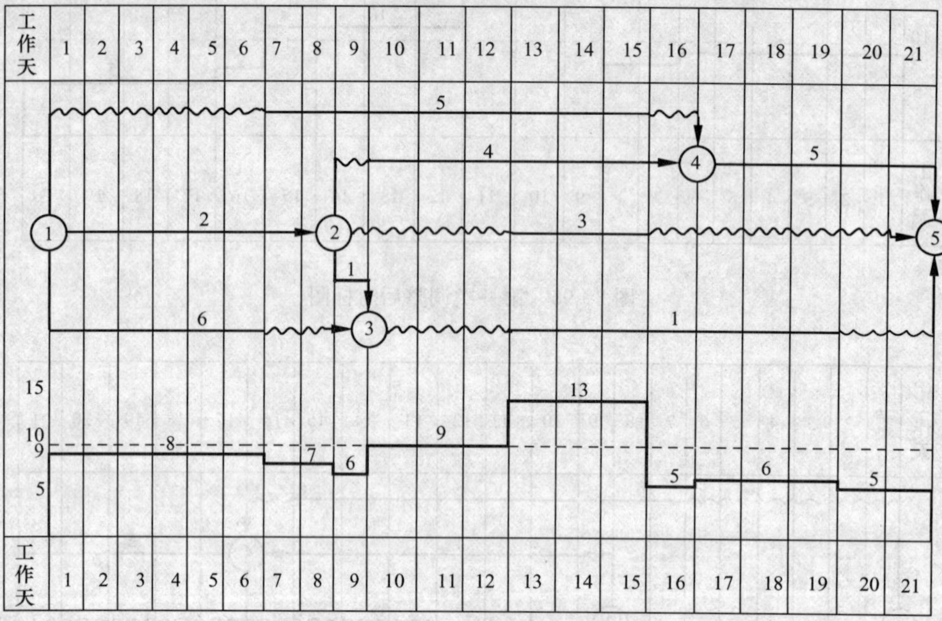

图 3-97　第三次调整后时标图

4）在［12，15］时段内，资源需要量为 13 大于资源限量 9，需调整。该时段内发生的工作见表 3-13。

表 3-13　［12，15］时段内工作情况分析

工程名称	每日资源需用量	编号	编号依据
2→4	4	1	无时差
1→4	5	2	前一时段已开始
3→5	1	3	自由时差＝2
2→5	3	4	自由时差＝6

按编号顺序②→④、①→④和③→⑤工作资源需要量之和为 4＋5＋1＝10＞9，故将③→⑤和②→⑤工作移到下一时段。因③→⑤工作只有 2 天的总时差，故需将网络计划工期再

延长 1 天，调整后时标图如图 3-98 所示。

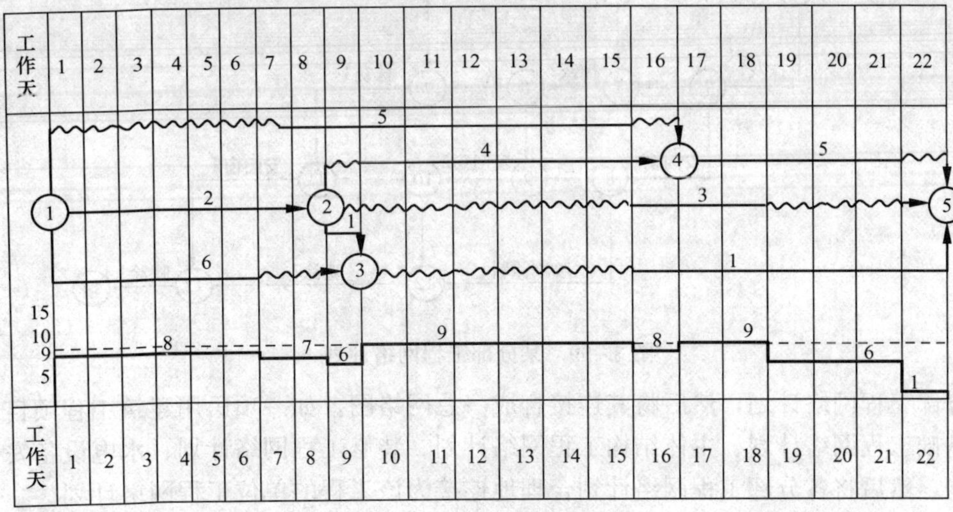

图 3-98　第四次调整后时标图

经过调整，各时段的资源用量均在资源限量值范围内，工期 22d，优化完毕。

第五节　工程项目网络计划

在工程项目施工的网络图上加注各工序的作业持续时间，即为一个工程项目的施工网络计划。对计划进行时间参数计算，进一步为计划的调整、实施和施工管理提供各种有用的信息。根据工程对象不同，工程项目网络计划可分为分部工程网络计划、单位工程网络计划和群体工程网络计划。

一、工程项目网络计划编制方法

（一）网络进度计划的编制方法

1. 正确表达工程项目网络计划的逻辑关系

工程项目网络计划的逻辑关系包括工艺关系和组织关系。工艺关系是指项目施工工艺所决定的各工作间先后顺序关系，它是客观存在的一种逻辑关系。当项目的施工方法确定后，这种工艺关系随之也被确定。网络计划的组织关系是在施工过程中，组织者对各项资源如劳动力、机械等所做的组织安排而形成的工作间先后顺序。这种组织关系可调整、优化，以达到较好的经济效果。

如某装饰工程包括以下四道工序：砌墙、抹灰、安门窗、喷刷涂料，分三个施工段流水施工。其网络计划属于分部工程网络计划。从工艺关系上，各工序的先后顺序关系为：砌墙→抹灰→安门窗→喷刷涂料。从组织关系上，各施工段工作按照：1 段工作→2 段工作→3 段工作的顺序开展。在绘制该分部工程网络计划时应同时遵循上述两方面的逻辑关系，如图 3-99 所示。

2. 合理进行网络图的连接与工作的组合

（1）网络图的连接。在绘制单位工程网络计划时，可将项目划分为若干分部工程，分别

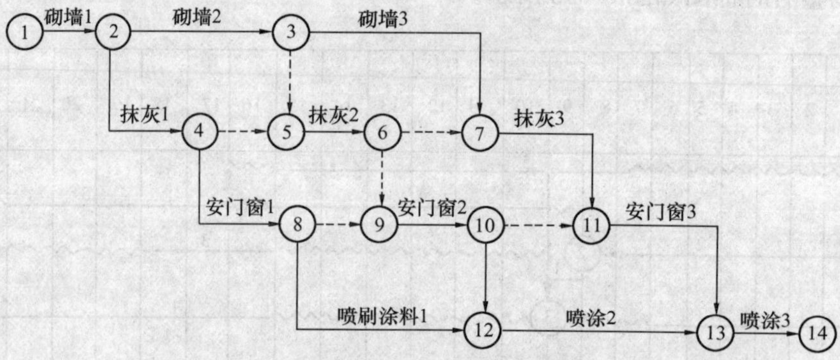

图 3-99 某分部工程网络计划

绘制各分部工程网络计划，然后将其连接合成一总网络图。如一项民用建筑工程项目，可先绘制其基础工程网络计划、主体结构工程网络计划、装修工程网络计划、水电设备安装工程网络计划，然后将各分部工程网络计划合理地连接为该工程的单位工程网络计划。

(2) 网络图工作的组合。网络计划根据其对施工管理的作用不同，编制时可粗可细。对于工地管理人员具体执行的网络图需要详尽地加以编制，而控制性网络计划，编制则较为粗略，往往将网络图中的一些工作加以组合。如在编制群体工程的一级网络计划时，可将按分项工程绘制的网络图分别组合成以基础、主体结构、装修、水电设备安装等分部工程为基本工作的网络图，或者按施工楼层、每幢建筑物为一个基本工作来组合。

(二) 工程项目网络进度计划的编制步骤

1. 单位工程网络进度计划的编制步骤

单位工程网络计划是针对一个独立的建筑物或构筑物所编制的网络计划，用以指导单位工程从开工到竣工投产的整个施工过程，其编制可按如下步骤进行。

(1) 调查研究。对编制和执行计划所涉及的项目进行调查研究，了解和分析单位工程的构成、特点及施工时的客观条件，充分掌握编制网络计划的必要条件。

(2) 确定施工方案。确定合理可行的施工方案，使其在工艺上符合技术要求，能够保证质量；在组织上契合实际情况，有利于提高施工效率、缩短工期和降低成本。

(3) 划分施工过程。单位工程施工过程划分的粗细程度，一般根据网络计划的需要来划分。较大的单位工程，可先编制控制性网络计划，其施工过程划分较粗，具体指导施工队组作业时，则以控制性网络计划为基础，编制实施性网络计划，其施工过程的划分应明确到分项工程或更具体，以满足施工作业的要求。

(4) 编制初始网络计划。

1) 根据施工方案，明确各工作间的工艺关系和组织关系，按分部工程绘制局部网络计划。

2) 连接各分部工程网络计划，编制单位工程初始网络计划。

3) 确定各工作持续时间，标注于初始网络图上。

(5) 计算各工作的时间参数，确定关键线路。

(6) 对计划进行审查与调整，确定是否符合工期要求、费用要求与资源限制条件，如不符合，要进行调整，使计划切实可行。

（7）正式绘制单位工程施工网络计划。经调整后的初始网络计划，可绘制成正式的网络计划。

2. 群体工程网络计划

群体工程网络计划是以一个建设项目或建筑群为对象编制的网络计划。群体工程施工具有工程项目多、整体性强、施工周期长和施工单位多的特点，编制群体工程网络计划，必须建立整体观、系统观，组织大流水施工，采用分级编制的方法。其编制可按如下步骤进行。

（1）调查研究。群体工程网络计划所进行的调查研究与单位工程网络计划基本相同，而其内容更为广泛，所要进行的分析与预测工作更多，难度更大，需要更多的施工组织经验。

（2）进行施工部署。

1）划分施工任务与组织安排。做好组织分工，对施工任务划分区段，明确主攻项目和穿插施工项目，从总体上规划建设期限和施工程序。

2）确定重点单位工程的施工方案，主要工种工程的施工方法。

（3）分级编制网络计划初始方案。

1）在划分施工区段和进行系统分析的基础上，首先编制一级网络计划，即总体施工网络计划。总体施工网络计划主要控制构成总体的各局部单体网络计划的施工工期，使群体工程的总工期满足合同工期的要求。在总体网络计划中，每个"工作"单元一般为单位工程，计划的箭线不宜过多，但要明确表示出系统性、区域性、可控性。

2）编制二级网络计划。二级网络计划一般是一级网络计划中的重点或复杂的单位工程。二级网络计划的总工期受控于一级网络计划，其工作单元一般是分部（项）工程。

3）编制三级网络计划。根据施工组织需要编制的三级网络计划一般是二级网络计划中的一个结构标准层、装修标准层网络计划，或者是设备安装标准层施工网络计划。它根据二级网络计划规定的工期、劳动力资源数等展开编制。是施工工地操作层组织分项工程施工的具体实施性计划。

（4）分级计算工作的时间参数，确定关键线路。

（5）分级进行工期、费用、资源优化。

（6）编制各级正式施工网络计划。

二、工程项目网络计划实例

某住宅楼工程，框架结构，六层，建筑面积23390m^2，基础为钢筋混凝土筏板基础。其施工进度网络计划如附图2所示。

第六节　网络计划实施与控制

一、施工进度控制的概念

在实际施工过程中，不管进度计划如何周密，总是会有这样或那样的干扰因素出现，使原定计划难以执行。为此，进度控制人员必须掌握施工进度控制的原理，在计划执行过程中，不断检查计划的执行情况，从中对比、分析，纠偏，采取技术、组织、经济等措施，不断调整，以保证工程进度得到有效控制。

施工进度控制是指拟建工程在进度计划的实施过程中，经常检查实际进度是否按照计划进度要求进行，对出现的偏差情况进行分析，采取补救措施或调整、修改原计划后再付诸实施，如此循环，直到工程竣工验收交付使用。进度控制以实现施工合同约定的竣工日期为最终目标。

由于建筑产品具有规模庞大、工程结构形式多样、建设周期长、施工工艺复杂，并需多个相关单位配合协调等特点，决定了其施工进度将受到众多因素的影响。要想有效控制建设工程进度，就必须对影响进度的有利因素和不利因素进行全面细致地分析和预测，实现对主动控制和动态控制。其中常见的影响因素如下：

(1) 业主因素。由于业主使用要求改变而进行设计变更；所提供的施工场地不能满足施工正常需要；未能及时按照合同约定向施工方或材料供应商付款，导致工程无法正常进行，延误了工程进度。

(2) 勘察设计因素。勘察设计资料不准确，尤其是地质资料错误或遗漏；设计内容不完善或规范应用不当，设计有缺陷或错误；施工图纸供应不及时、不配套或出现重大差错等。

(3) 施工技术因素。施工方技术交底有误，导致施工工艺错误；施工组织设计中，施工方案不合理；施工安全措施采取不当；未成熟的新方法、新技术的应用等。

(4) 自然环境因素。如复杂的工程地质条件；不明的水文气象条件；地下埋藏文物的保护、处理；洪水、地震、台风等不可抗力。

(5) 社会环境因素。如其他施工单位邻近工程的施工干扰；节假日交通、市容整顿的限制；临时停水、停电、断路；国家政策法规及相关法律制度的变化等。

(6) 组织管理因素。如向有关部门提出各种申请审批手续的延误；合同签订时有遗漏的条款、有歧义的表述；计划安排不周密，组织协调不力，导致停工待料，相关作业脱节；领导不力，指挥失当，使参加工程建设的各相关单位配合上发生矛盾等。

(7) 材料设备因素。如材料、构配件、机具、设备供应环节的差错，品种、规格、质量、数量、供货时间不能满足工程需要；特殊材料和新材料的不合理使用；施工设备不配套，选型失当，安装失误等因素。

(8) 资金因素。如有关方拖欠资金，资金不到位；汇率浮动或通货膨胀等因素。

为保证工程进度按照计划实施，确保工程进度控制目标的实现，项目管理人员应在分析建设工程特点的基础上，制订进度控制的具体措施，包括组织措施、技术措施、经济措施、合同措施。

1) 组织措施。组织是目标能否实现的决定性因素，进度控制的组织措施主要包括：

①建立健全项目管理的组织体系，这是控制目标能否实现的决定性因素。

②在项目的组织结构中，应有专门的工作部门和专人负责进度的控制工作。

③编制项目进度控制工作流程，包括确定项目进度计划系统的组成；各类进度计划编制程序、审批程序和计划调整程序。

④建立进度协调会议制度，包括协调会议举行的时间、地点、协调会议的参加人员以及各类会议文件的整理、分发、确认等。

⑤建立图纸审查、工程变更和设计变更管理制度。

2) 技术措施。进度控制的技术措施主要包括：

①审查分包商提交的进度计划，使分包商能在合理的状态下施工。

②编制进度控制工作细则。

③采用网络计划技术及其他科学适用的计划方法，结合电子计算机的应用，对建设工程

实施动态控制。

④在确定施工方案时，不仅要分析技术的先进性和经济的合理性，还应考虑其对进度的影响。在工程进度受阻时，应分析是否存在施工技术的影响因素，将来为实现进度目标有无改变施工技术、施工方法和施工机械的可能。

3）经济措施。进度控制的经济措施主要包括：

①为确保进度目标的实现，应编制与进度计划相适应的资源需求计划，包括资金需求计划和其他资源（人力、物力等）需求计划。通过资源需求的分析可发现所编制的进度计划实现的可能性，若资源条件不具备，则应及时调整进度计划。

②对应急赶工给予优厚的赶工费用。

③对工期提前给予一定的奖励。

4）合同措施。进度控制的合同措施主要包括：

①加强合同管理，协调合同工期与进度计划之间的关系，保证合同中进度目标的实现。

②严格控制合同变更。

③加强风险管理，在合同中充分考虑风险因素及其对进度的影响，以及相应的处理方法。

二、网络计划检查

1. 进度计划检查的依据及时间

对施工进度计划的检查应依据施工进度计划实施记录进行。

进度计划的检查应采取日检查或定期进行检查的方式进行，定期检查周期的长短可根据计划工期的长短和管理的需要由项目经理决定，一般可以按天、周、月、季度等为周期。在计划执行过程中，突遇意外情况时，可进行应急检查，也可在必要时做特别检查。

2. 进度计划的检查的内容

根据 GB/T 50326—2016《建设工程项目管理规范》的规定，施工进度计划检查内容如下：

（1）检查期内实际完成和累计完成工程量。

（2）实际参加施工的人力、机械数量及生产效率。

（3）窝工人数、窝工机械台班数及原因分析。

（4）进度偏差情况。

（5）进度管理情况。

（6）影响进度的特殊原因及分析。

3. 进度计划检查的方法及数据分析

施工进度计划的检查和进度计划的执行是融合在一起的，进度计划的检查是对进度计划执行情况的一个总结，是施工进度分析和调整的依据。

施工进度计划检查的方法主要有以下三种：

（1）建立内部施工进度报表制度。

（2）定期召开进度工作会议，汇报实际进度情况。

（3）进度检查和控制人员要经常到现场实地察看。

对于实际收集、记录的进度数据，进行整理加工，使之与相应的进度计划具有可比性。因为在实际检查时，记录的往往是实物工程量或施工产值，是一个形象进度，因此需进行整理加工，才可以与计划进度进行比较。

三、网络计划调整

实际施工进度在进行现场检查、记录并对数据进行整理加工后，就要同计划进度进行比较分析，确定进度的偏差，从而在分析偏差产生原因的基础上，采取有效措施解决矛盾，排除障碍，继续执行原进度计划。如果发现原进度计划已不能适应实际情况时，为了确保进度控制目标的实现，就必须对原有进度计划进行调整，以形成新的进度计划，作为进度控制的新依据。

（一）施工进度计划的比较

通常实际进度与计划进度比较的方法有横道图比较法、实际进度前锋线法、“香蕉”曲线比较法等。

1. 横道图比较法

横道图比较法是指将在项目实施中检查实际进度收集的信息，经整理后直接用另一种线型的横道线并列标于原计划的横道线处，进行直观比较的方法。

【例 3 - 19】 已知某基础工程进度计划如图 3 - 100 所示，其中细实线表示计划进度，粗实线表示实际进度。假设各施工过程均为匀速进展，即每项工作在单位时间内完成的任务量都相等，要求比较各施工过程在第 10 周末时刻计划进度与实际进度的差别。

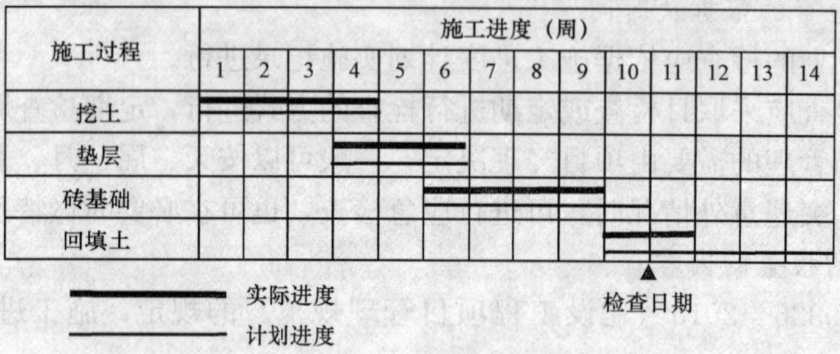

图 3 - 100　某基础工程实际进度与计划进度比较图

分析：从图中可以看出，在第 10 周末检查时，挖土、垫层两项工作已经完成，砖基础实际进度比计划进度拖延了 1 周，任务量拖欠 20%，回填土实际进度比计划进度提前了 1 周，任务量超额完成 20%。

注意：该方法适用条件为各施工过程均为匀速进展的情况，如果各过程进展速度不一样，则不能采用该方法，而应采用非匀速进展的横道图比较方法。

横道图比较法比较简单、通俗易懂、形象直观、易于掌握，但由于其以横道图为基础，因而带有不可克服的局限性。在横道计划中，各项工作之间的逻辑关系表示不明确，关键工作和关键线路无法确定。一旦某些工作实际进度出现偏差时，难以预料其对后续工作及工程总工期的影响，从而无法确定相应的进度计划调整方法。因此，横道图表比较法主要用于某些局部工作实际进度与计划进度的比较。

2. 实际进度前锋线方法

实际进度前锋线是指在时标网络计划图上，将检查时刻各项工作的实际进度所达到的前锋点连接而成的折线。根据各工作实际进度前锋点的位置，可以判别实际进度与计划进度的偏差。

利用实际进度前锋线比较法进行实际进度与计划进度比较的具体步骤如下：

（1）绘制早时标网络计划图。绘制方法详见第二节双代号时标网络计划。

（2）绘制实际进度前锋线。从时标网络计划图上方的时间坐标的检查日起开始绘制，依次用点划线自上而下连接相邻工作的实际进展位置点，最后与时标网络计划图下方坐标的检查日期相连接。

（3）实际进度与计划进度的比较。实际进度前锋线可以直观地反映出检查时刻各项工作实际进度与计划进度的偏差情况，具体分析有以下三种情况：

①若实际进度前锋点在计划的左侧，说明实际进度拖延，拖延时间为二者之差。

②若进度前锋点在计划的右侧，说明实际进度比计划提前，提前时间为二者之差。

③若实际进度前点与检查时刻的时间坐标相同，说明实际进度与计划进度一致。

（4）分析预测进度偏差以及对后续工作及总工期的影响。通过实际进度与计划进度比较确定偏差后，只是直观表达出对于某项工作的拖延与提前情况，但是，这些偏差对后续工作及总工期影响需分析各工作自由时差和总时差之后进行判断，具体分析步骤如下：

①分析出现进度偏差的工作是否为关键工作。如果出现进度偏差的工作位于关键线路上，则该工作为关键工作，此时，无论偏差是多少，都将对后续工作和总工期产生直接影响，必须采取相应措施加以调整；如果出现进度偏差的工作是非关键工作，则需根据进度偏差值与总时差和自由时差的关系作进一步分析。

②分析进度偏差是否超过总时差。若该工作位于非关键线路上，且偏差大于工作总时差，则此偏差必然影响到该工作的最迟必须结束时间，说明此偏差一定影响后续工作的施工和总工期，应相应措施加以调整。

若该工作的偏差小于等于工作总时差，则对工期无影响，对于后续工作是否有影响，应当分析偏差与自由时差的关系来确定。

③分析进度偏差是否超过自由时差。如果工作的进度偏差大于该工作的自由时差，则此偏差必然影响到紧后工作的最早可能开始时间，此时是否需要采取调整措施要视后续工作的限制条件而定。如果工作的进度偏差小于等于该工作的自由时差，则说明此偏差对紧后工作无影响，在这种情况下，一般不作调整。

注意：该方法只是针对各项工作是匀速进展的情况进行的比较，对于非匀速进展，不作论述。

说明：网络图比较方法既适用于局部工作的实际进度与计划进度的比较，又可以用来分析预测工程建设整体进展情况。

【例 3-20】 已知双代号网络计划，如图 3-101 所示，在第七天检查网络计划执行情况时，发现 A 已完成，B 已工作 2 天，C 已工作 1 天，D 尚未开始。据此绘出实际进度前锋线，并填写网络计划检查结果分析表。

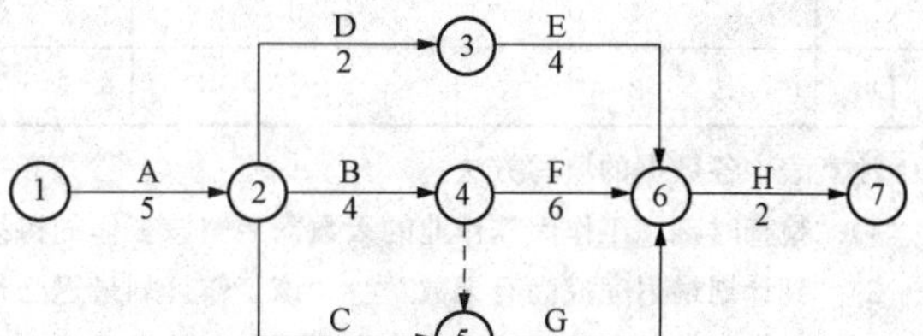

图 3-101　某工程网络计划

解

（1）按工作最早时间绘制早时标网络计划，如图 3-102 所示。

（2）在早时标网络计划中，根据检查情况，用点划线将各过程的实际进度自上而下连

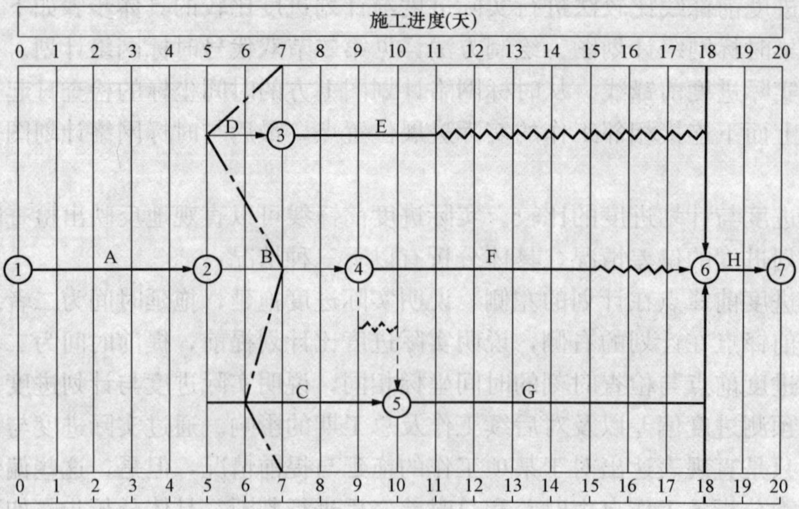

图 3-102 带有实际进度前锋线的早时标网络计划

注：图中的点画线为实际进度前锋线

接，绘出实际进度前锋线，如图 3-102 中所示的点画线。

(3) 实际进度与计划进度进行比较，分析预测偏差后续工作及总工期的影响。

1) B 工作与原进度计划相一致，既无提前，也无拖后；

2) C 工作实际进度拖后 1 天，而 C 工作位于关键线路，不存在机动时间，总时差为 0，因此，C 工作的拖延将直接引起工期拖延 1 天；

3) D 工作实际进度拖后 2 天，而 D 工作位于非关键线路上，存在 7 天总时差，因此 D 工作实际进度拖后并不影响总工期，只是导致紧后工作 E 推后开工时间，但仍还有 5 天机动时间可利用。

综上所述，目前实际进度拖延一天，若不采取措施，将使总工期较原计划推后 1 天。

根据图 3-102 所示检查情况，可以列出该网络计划的检查结果分析表，见表 3-14。

表 3-14 **网络计划检查结果分析表**

工作名称	检查时刻，工作尚需作业天数	到计划最迟完成时尚有天数	原有总时差	现有总时差	情况判别
B	2	3	1	1	与计划一致
C	4	3	0	−1	拖后 1 天，影响工期 1 天
D	2	7	7	5	拖后 2 天，但不影响工期

注意表中各数据的填写方法：

1) “检查时刻，工作尚需作业的天数” = “该工作的持续时间” − “该工作实际已施工的天数”；

2) “到计划最迟完成尚有天数” = “该工作计划最迟必须结束的时间” − “检查时刻的时间”；

3) “工作原有总时差” = “该工作后面各条线路中各工作自由时差累计之和的最小值” + “该工作自己的自由时差”；

4) “工作现有总时差” = “到工作计划最迟完成尚有的天数” − “检查时刻，工作尚需作业的天数”；

5) “情况判断”，如果“工作现有总时差” ≥0 时，说明该工作正常施工，不影响工期；如果“工作现有总时差” <0 时，说明该工作影响工期。

说明：《网络计划检查结果分析表》一般用于非时标网络计划。

3. “香蕉”曲线比较法

(1)“香蕉”曲线图。

“香蕉”曲线是由两条S曲线组合而成的闭合曲线（见图3-103）。S曲线是以横坐标表示时间，纵坐标表示累计完成任务量的一条曲线，因其形状总体呈S形，故称为S曲线。“香蕉”曲线图中上方一条曲线是按照各项工作最早可能开始时间而绘制，称为*ES*曲线；下方一条曲线是按照各项工作最迟必须开始时间而绘制，称为*LS*曲线；两条曲线组成一个闭合曲线，由于该闭合曲线形似“香蕉”，故称为“香蕉”曲线。

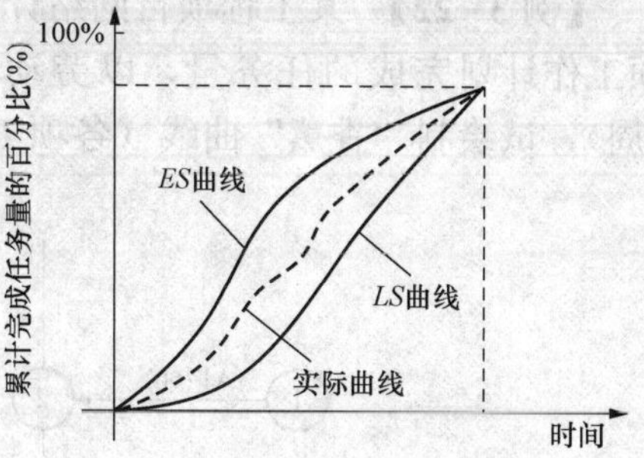

图3-103　“香蕉”曲线图

(2)“S曲线”绘制方法。

以下面例题说明“S曲线”绘制方法。

【例3-21】　某混凝土工程浇筑量为$2000m^3$，按照施工方案计划9个月完成，每月计划完成的混凝土浇筑量见表3-15，每项工作都按照最早可能开始时间开工，试绘制该混凝土浇筑工程的*ES*曲线。

表3-15　各脘成的混凝土浇筑量

时间（月）	1	2	3	4	5	6	7	8	9
每月计划完成量	80	160	240	320	400	320	240	160	80
累计计划完成量	80	240	480	800	1200	1520	1760	1920	2000

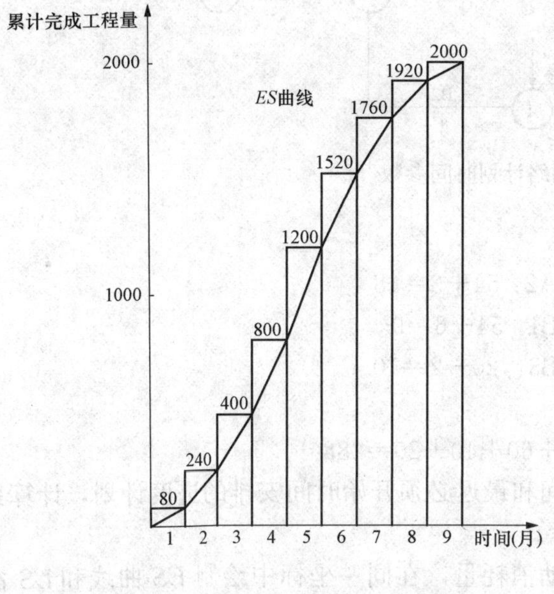

图3-104　混凝土浇筑工程的S曲线

解

根据已知条件：横坐标表示时间，纵坐标表示累计完成工程量，绘制*ES*曲线如图3-104所示。

同理可绘制*LS*曲线。

(3)利用“香蕉”曲线进行实际进度与计划进度比较的具体步骤如下：

①计算网络计划各项工作的最早可能开始时间和最迟必须开始时间；

②确定各工作在单位时间内的计划完成任务量；

③计算工程项目所需劳动消耗的总量；

④分别根据各项工作的最早可能开始时间和最迟必须开始时间安排的进度计划，计算工程项目在各单位时间计划

完成的任务量，即对各项工作在某一单位时间内完成任务量求和；

⑤绘制“香蕉”曲线，即在同一坐标中绘制 *ES* 曲线和 *LS* 曲线；

⑥分析比较两条 S 曲线。

【例 3 - 22】 某工程项目网络计划如图 3 - 105 所示，图中箭线上方括号内的数字表示各项工作计划完成的任务量，以劳动消耗量表示；箭线下方数字表示各项工作的持续时间(周)，试绘制“香蕉”曲线（各项工作均为匀速进展）。

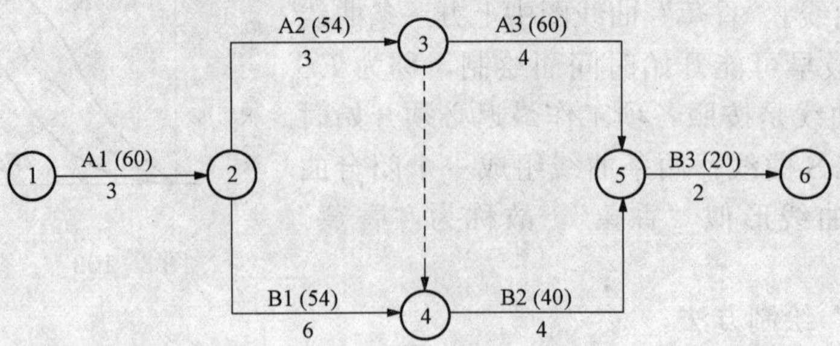

图 3 - 105　某工程项目网络计划

解

根据已知条件，各项工作均为匀速进展，因此，各项工作每周劳动消耗量均相等。

①计算网络计划各项工作的最早可能开始时间和最迟必须开始时间（图 3 - 106）；绘制早时标网络计划图（图 3 - 107）以及迟时标网络计划图（图 3 - 108）。

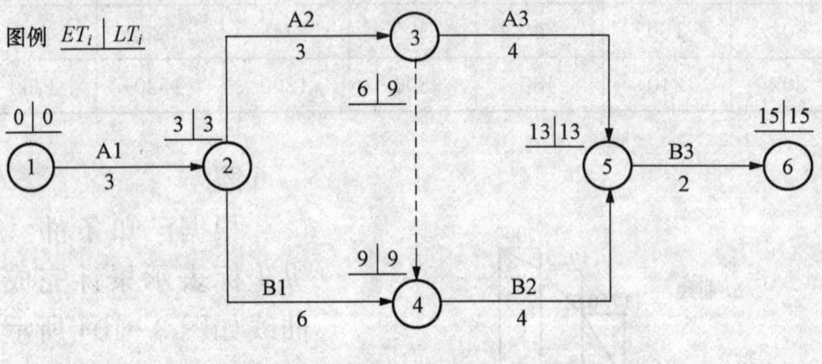

图 3 - 106　网络计划时间参数

②确定各项工作每周的劳动消耗量。

工作 A1：60÷3＝20　　　工作 A2：54÷3＝18

工作 A3：60÷4＝15　　　工作 B1：54÷6＝9

工作 B2：40÷4＝10　　　工作 B3：20÷2＝10

③计算工程项目劳动消耗总量 Q：

$$Q=60+54+54+60+40+20=288$$

④分别根据各项工作的最早可能开始时间和最迟必须开始时间安排的进度计划，计算累计劳动消耗量，如图 3 - 107 和图 3 - 108 所示。

⑤绘制“香蕉”曲线，根据不同累计劳动消耗量，在同一坐标中绘制 *ES* 曲线和 *LS* 曲线（图 3 - 109）。

(4)“香蕉”曲线比较法的作用。

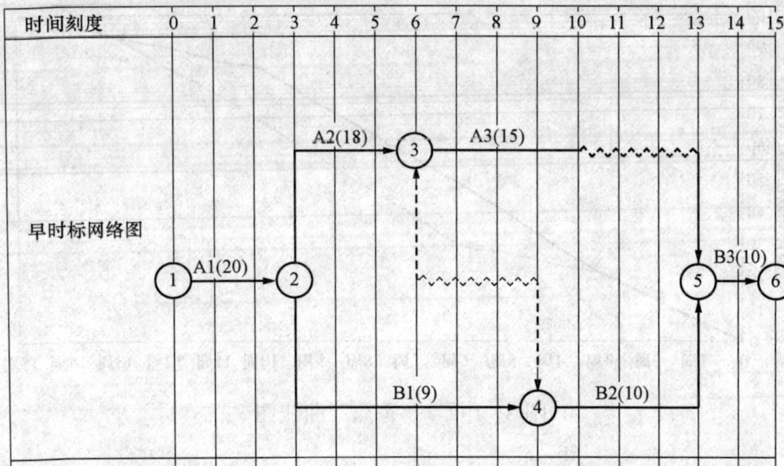

每周劳动消耗量	20	20	20	27	27	27	24	24	24	25	10	10	10	10	10
累计劳动消耗量	20	40	60	87	114	141	165	189	213	238	248	258	268	278	288
累计完成任务量百分比(100%)	7	14	21	30	40	49	57	66	74	83	86	90	93	97	100

图 3-107 早时标网络计划及劳动消耗量

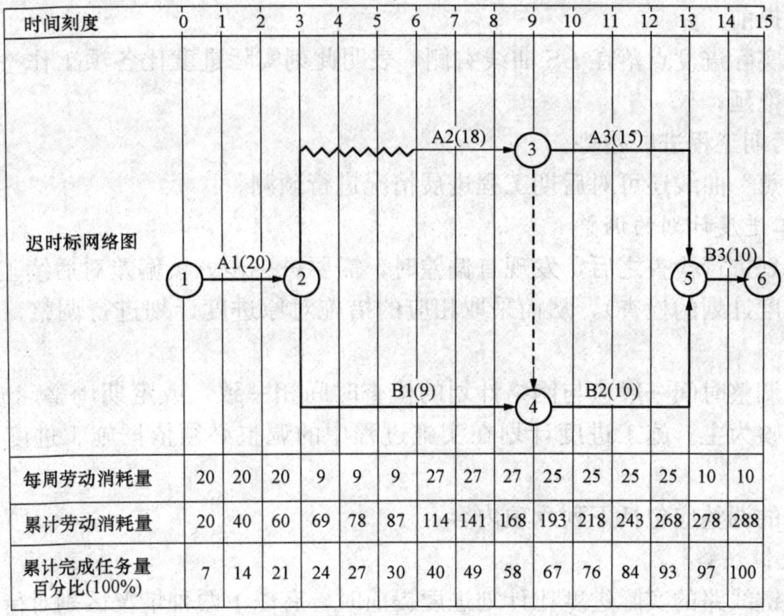

每周劳动消耗量	20	20	20	9	9	9	27	27	27	25	25	25	25	10	10
累计劳动消耗量	20	40	60	69	78	87	114	141	168	193	218	243	268	278	288
累计完成任务量百分比(100%)	7	14	21	24	27	30	40	49	58	67	76	84	93	97	100

图 3-108 迟时标网络计划及劳动消耗量

1）合理安排工程项目进度计划。

如果工程项目每项工作都按照最早可能开始时间来施工，可能导致项目投资加大；而如果工程项目每项工作都按照最迟必须开始时间来施工，则一旦受到外界影响因素的干扰，又将直接导致工程延期，使工程进度风险加大；因此一个合理的进度计划优化曲线应位于“香蕉”曲线包络的范围之内，如图 3-103 中虚线所示。

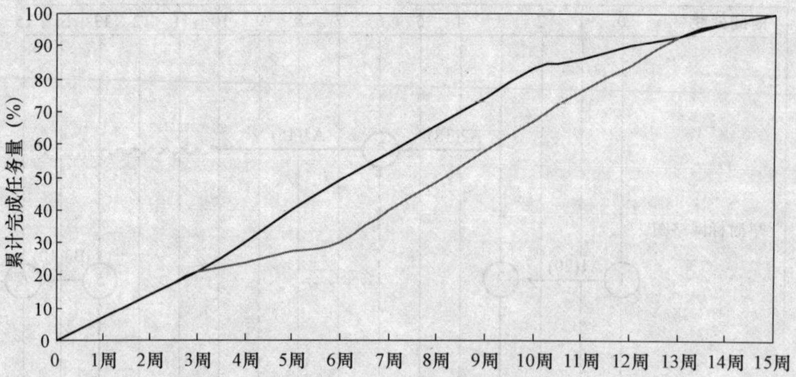

图 3-109 “香蕉”曲线图

2）定期比较工程项目的实际进度和计划进度。

在工程项目实施过程中，根据实际检查进度的情况，绘制实际进度的S曲线，比较工程项目的实际进度和计划进度，有以下三种情况：

第一种，实际进度的 *S* 曲线在“香蕉”曲线包络的范围之内，说明实际进度比最早时间计划晚一些，比最迟时间计划早一些，属于正常施工范围，不影响总工期；

第二种，实际进度点落在 *ES* 曲线左侧，表明此刻实际进度比各项工作按照最早时间安排的计划进度提前；

第三种，实际进度点落在 *LS* 曲线右侧，表明此刻实际进度比各项工作按照最迟时间安排的计划进度拖延；

3）预测后期工程进展趋势。

利用“香蕉”曲线还可对后期工程进展情况进行预测。

（二）施工进度计划的调整

对进度计划进行检查之后，发现有偏差时，需要进一步分析偏差对后续工作以及总工期的影响（见进度计划的检查），从而采取相应的措施对原进度计划进行调整，以确保工期目标得以实现。

网络计划调整时间一般应与网络计划的检查时间相一致，或定期调整，或作应急调整，一般以定期调整为主。施工进度计划在实施过程中的调整必须依据施工进度计划检查结果进行。

进度计划的调整应包括下列六项内容：

1. 调整关键线路

（1）当关键线路的实际进度比计划进度提前时，有以下两种情况区别对待：

①不计划缩短工期，则应选择后续关键工作中，资源占用量大或直接费用率高的工作适当延长其持续时间，从而降低资源强度或费用，具体方法同第四节“工期优化”中的延长工期。

②若计划缩短工期，则将计划的未完成部分作为一个新计划，重新计算时间参数并确定关键工作，按新计划实施。

（2）当关键线路的实际进度比计划进度拖延时，有以下两种情况区别对待：

①若工期不允许延长时，应在未完成的关键工作中选择资源强度小或直接费用率低的，

缩短其持续时间，并把未完成的部分作为一个新的计划，按照“工期优化”的方法进行调整。

②若工期允许延长时，应将计划的未完成部分作为一个新计划，重新计算时间参数并确定关键工作，按新计划实施。

2. 利用时差调整非关键工作的开始时间、完成时间或工作持续时间

非关键工作的调整应在其时差范围内进行，每次调整后应计算时间参数，判断调整对计划的影响。进行调整可采用下列方法：

（1）将工作在最早开始时间与最迟完成时间范围内移动；

（2）延长工作持续时间；

（3）缩短工作持续时间。

对非关键工作的时差进行调整目的是充分利用资源，降低成本、满足施工需要。时差调整均不得超出总时差值。

【例 3-23】 已知某工程网络计划，执行到 40 天下班时检查，实际进度情况如图 3-110 中的进度前锋线所示。试分析目前实际进度对后续工作和总工期的影响，并提出相应的调整措施。

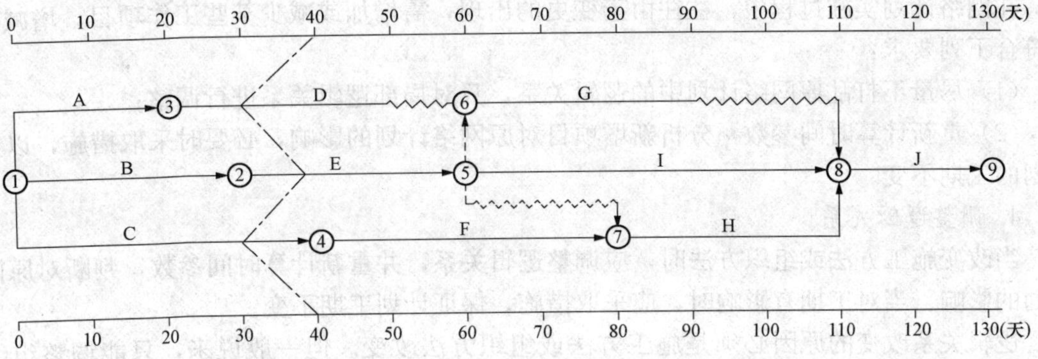

图 3-110 某工程带有进度前锋线的网络计划

分析：从图中可以看出：

①工作 D 是非关键工作，拖后 10 天，但其总时差为 40 天，不影响工期；

②工作 E 是关键工作，实际进度与计划进度一致，既不影响后续工作也不影响工期；

③工作 C 是关键工作，拖后 10 天，由于它是关键工作，所以影响后续工作开工时间，拖延工期 10 天。

综上所述，目前实际进度如不调整，则工期延长 10 天。

措施：区分以下三种不同情况加以调整。

①如果该工程项目不允许拖延，则在未完部分的关键线路中选择资源强度小或费用率低的关键工作（具体选择压缩工作时，考虑三项因素：第一，缩短持续时间对质量和安全影响不大的工作；第二，有充足的备用资源的工作；第三，缩短持续时间所需增加的费用最少的工作）缩短其持续时间。假设后续工作 F、H、J 综合比较考虑，将工作 F 的持续时间压缩 10 天增加的费用最少，且对质量安全影响不大，又有充足的备用资源。调整后的网络计划

见图3-111。

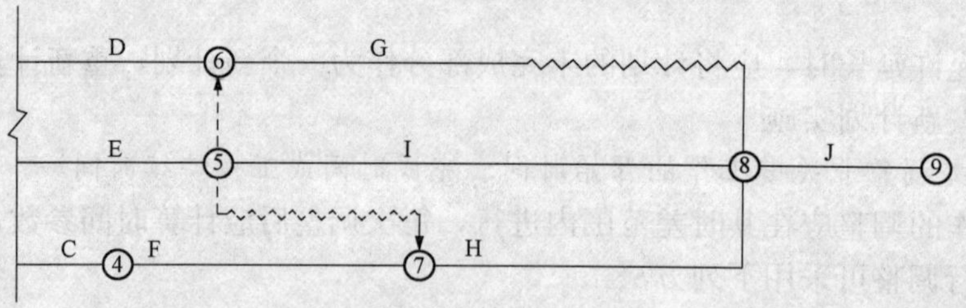

图3-111 调整后不拖延工期的网络计划

②如果该工程项目允许拖延，则以实际数据替代原计划数据，重新绘制实际进度检查日期之后的进度计划即可，调整后的工期为140天。

③若能延长时间，但延长的时间有限，如项目工期只可以延长5天，但偏差为10天，因此必须压缩5天时间，压缩方法与第一种情况相同，只是将工作F的持续时间由压缩10天调整为压缩5天。

3. 增减工作项目

在网络计划实施过程中，往往由于变更的出现，需增加或减少某些工作项目，增减项目应符合下列要求：

(1) 尽量不打乱原网络计划中的逻辑关系，只对局部逻辑关系进行调整；

(2) 重新计算时间参数，分析新增项目对原网络计划的影响，必要时采取措施，以保证计划的工期不变。

4. 调整逻辑关系

当改变施工方法或组织方法时，应调整逻辑关系，并重新计算时间参数，判断对原网络计划的影响。当对工期有影响时，应采取措施，保证计划工期不变。

逻辑关系改变的原因必须是施工方法或组织方法改变。但一般说来，只能调整组织关系，而工艺关系不宜进行调整，以免打乱原计划，调整逻辑关系是以不影响原定计划工期和其他工作的顺序为前提的。

5. 重新估计某些工作的持续时间

当发现某些工作的原持续时间有误或实现条件不充分时，应重新估算其持续时间，并应重新计算时间参数，观察对总工期的影响。

6. 调整资源投入

当资源供应发生异常（如供应满足不了需要）时，应采用资源优化方法对计划进行调整或采取应急措施，使其对工期影响最小。

进度计划调整时，可以只调整上述六项内容中的某一项，也可以同时调整多项。例如将工期与资源、工期与成本相结合进行调整，以达到综合效益最佳。只要能达到预期目标，调整越少越好。

最后需要强调的是，网络计划的控制是一种动态控制，是主动控制和被动控制相结合的控制。所谓主动控制，也称事前控制，就是预先分析影响计划目标实现的各种不利因素，提前拟订和采取各项预防性措施，以使计划目标得以实现。被动控制，也称事后控制，就是在网络计划实施过程中，随时检查进度，分析偏差，进行调整，然后按调整后的网络计划指导施工。两种控制，对计划管理人员来说，缺一不可，他们都是使计划按期完工必须采用的控制方式。

本章小结

网络计划是表达建筑工程施工进度计划的一种较好形式，工程网络计划技术首先要求以网络图形式表达一项工程中各工作开展的先后顺序和逻辑关系，本章第一部分内容主要讲述了双代号和单代号网络图组成的三要素、绘制原则、绘制步骤；双代号时标网络计划的概念、绘制方法；几种常用的网络计划时间参数的确定方法；通过对网络计划各项工作时间参数的计算分析，确定对全局性有影响的关键工作和关键线路，以便抓住施工中的主要矛盾。

网络计划优化是在满足既定的约束条件下，按某一目标，对初始网络计划进行不断检查、调整，寻求最优网络计划方案的过程，其内容包括工期优化、资源优化和费用优化三种。通过对初始网络计划的优化，利用各项工作的机动时间，充分调配人力、物力，达到缩短工期、保证质量、降低成本、均衡资源的效果。本章第二部分内容讲述了网络计划优化的思路、方法与步骤。

由于在实际施工过程中，总是会有这样或那样的可预见或不可预见的施工干扰因素出现，使人们难以按照原定计划执行。为此，要想保证工程进度按照计划进行，进度控制人员必须掌握施工进度控制的原理，在计划执行过程中，不断检查计划的执行情况，从中对比、分析，纠偏，采取组织、技术、经济、合同等措施，不断调整，以保证工程进度得到有效控制。本章第三部分内容就是站在施工方的角度，围绕进度计划的控制，进行综合论述。

能力训练 现场教学：网络计划实际应用调研

一、目的

通过组织网络计划实际应用调研，使学生了解网络计划方法在建筑工程项目施工进度安排上的应用，在资源分配和费用优化上的应用；进一步理解工程网络计划技术的基本原理，掌握建筑工程项目施工网络计划的绘制，熟练对网络计划进行时间参数计算，并能为计划的调整、实施和施工管理提供各种有用的信息。

二、内容与要求

（一）本课程调研的任务

（1）选择单体工程施工项目为调研对象。熟悉项目工程概况，了解和分析单位工程的概况、特点及施工时的客观条件，收集施工组织设计文件及其施工进度计划。

（2）绘制项目阶段性时标网络计划。计算网络时间参数，包括：节点的最早开始时间、最早结束时间；工作的最早开始时间、最迟开始时间、最早结束时间、最迟结束时间和时差；关键线路的持续时间。

（3）掌握工程施工动态，通过工作已进行的时间，完成的实物量或劳动量消耗来描述工程进展，进行施工进度检查及分析。检查的内容包括：关键工作进度；非关键工作进度及尚可利用的时差。分析实际进度对各项工作间逻辑关系的影响；根据赶工时间和赶工费用进行时间——费用的优化分析等。

(4) 根据实际进度情况，对网络计划作必要的修正，使其符合变化了的情况，为计划的调整、实施和施工管理提供有用的信息。

(二) 本课程调研的具体要求

学生在两周课程调研中，原则上应以小组形式相互讨论、分工设计，共同完成网络计划调研任务。具体要求如下：

(1) 学生应认真完成实践过程及课程调研报告。

(2) 课程调研应做到理论联系实际，具有一定的针对性。

(3) 进度计划的编制、调整方案应有一定的可操作性，选用的资料、数据必须真实。

三、组织方法

本课程调研时间为二周，时间安排为：

(1) 准备阶段（1天）：确定实习单位或研究对象。

(2) 实践阶段（6天）：调查、收集资料，初步分析及构想，方案及报告的基本确定。

(3) 撰写报告阶段（3天）：撰写课程调研报告。

思考题

1. 简述双代号网络图的构成要素及其含义。
2. 何谓虚工作？虚工作有什么作用？
3. 什么是关键线路？关键线路有什么作用？
4. 何谓时差？说明其现实意义。
5. 网络计划的优化包括哪几个方面？
6. 简述影响施工进度的因素。
7. 施工进度控制的原理包括几种？分别叙述其含义。
8. 进度计划检查的内容包括什么？
9. 从哪几方面进行进度控制的总结？
10. 简述进度计划调整的方法。
11. 什么是香蕉曲线？其作用有哪些？
12. 怎样运用实际进度前锋线进行进度的观察、分析与预测？

习 题

一、名词解释

1. 双代号网络图 2. 节点 3. 自由时差 4. 总时差 5. 关键线路 6. 实际进度前锋线 7. “香蕉”曲线

二、单项选择

1. 已知E工作有一个紧后工作G，G工作的最迟完成时间为第14天，持续时间为3天，总时差为2天。E工作的最早开始时间为第6天，持续时间为1天，则E工作的自由时差为（ ）。

A. 1天 B. 2天 C. 3天 D. 4天

2. 双代号网络图中虚工作（　　）。

A. 只消耗时间，不消耗资源　　B. 只消耗资源，不消耗时间

C. 既不消耗时间，也不消耗资源　　D. 既消耗时间，又消耗资源

3. 关于双代号时标网络计划，下列说法错误的是（　　）。

A. 自终点至起点不出现波纹线的线路是关键线路。

B. 双代号时标网络计划中表示虚工作的箭线有可能出现波纹线。

C. 每条箭线的末端（箭头）所对应的时标就是该工作的最迟完成时间。

D. 每条实箭线的箭尾所对应的时标就是该工作的最早开始时间。

4. 下列关于网络图逻辑关系说法正确的是（　　）。

A. 网络图的逻辑关系是固定不变的　　B. 网络图的逻辑关系主要指工艺关系

C. 组织关系受主观因素影响　　D. 工艺关系和组织关系都受人为因素制约

5. 已知E工作的紧后工作为F和G，F工作的最迟完成时间为第16天，持续时间5天，G工作的最迟完成时间为第20天，持续时间为3天，E工作的持续时间为4天，则E工作的最迟开始时间为（　　）。

A. 7天　　B. 11天　　C. 13天　　D. 17天

6. 在工程网络计划执行中，若某项工作比原计划拖后，而未超过该工作的自由时差，则（　　）。

A. 不影响工期，影响后续工作　　B. 不影响后续工作，影响总工期

C. 对总工期及后续工作均不影响　　D. 对总工期及后续工作均有影响

7. 某网络计划在执行中发现B工作还需作业5天，但该工作至计划最迟完成时间尚有4天，则该工作（　　）。

A. 进度正常　　B. 影响工期一天

C. 影响工期两天　　D. 仍有一天总时差

8. 在工程网络计划执行中，若某项工作比原计划拖后，当拖后时间大于其拥有的自由时差时，则（　　）。

A. 不影响其后续工作和总工期　　B. 不影响后续工作，但影响总工期

C. 影响其后续工作，也可能影响其总工期　　D. 影响其后续工作和总工期

9. 在工程施工过程中，监理工程师检查其实际进度发现某工作的总时差由5天变为−3天，则说明该工作的实际进度（　　）。

A. 拖后2天，影响工期2天　　B. 拖后5天，影响工期2天

C. 拖后8天，影响工期3天　　D. 拖后7天，影响工期7天

10. 在工程网络计划中，已知工作M的总时差和自由时差分别为4天和2天，检查其进度时发现，该工作持续时间延长了5天，说明此时工作M的实际进度（　　）。

A. 不影响总工期，也不影响其紧后工作的正常进行

B. 不影响总工期，但将其紧后工作的开始时间推迟5天

C. 将其紧后工作的开始时间推迟5天，并使总工期延长3天

D. 将其紧后工作的开始时间推迟3天，并使总工期延长1天

三、案例分析

1. 指出图3-112网络图中的错误。

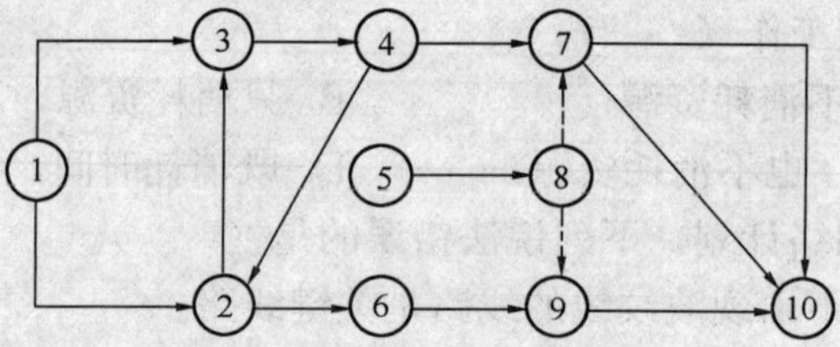

图 3-112 某工程双代号网络图

2. 已知各工作间的逻辑关系见表 3-16，绘制双代号网络图。

表 3-16 某工程逻辑关系表

工作	紧前工作	紧后工作	工作	紧前工作	紧后工作
A	—	B、E、F	F	A	G
B	A	C	G	F	C、H
C	B、G	D、I	H	G	I
D	C、E	—	I	C、H	—
E	A	D、J	J	E	—

3. 用图上计算法计算图 3-113 各项工作的最早可能开始与结束时间，最迟必须开始与结束时间，总时差、自由时差等时间参数，并确定关键线路，求出工期。

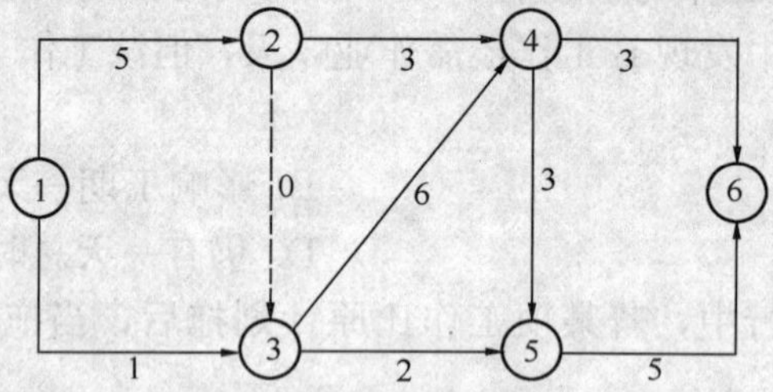

图 3-113 某工程双代号网络图

4. 某钢筋混凝土楼板工程，分三段流水施工。施工过程及流水节拍为：支模板——6d，绑扎钢筋——4d，浇筑混凝土——3d。试绘制该项目的时标网络图。

5. 根据下列逻辑关系绘制单代号网络图。

表 3-17 某工程逻辑关系表

工作	紧前工作	紧后工作	工作	紧前工作	紧后工作
A	—	B	E	—	B、D、F
B	A、E	C	F	E	G
C	B	—	G	D、F	—
D	E	G			

6. 根据如图 3-114 所示单代号搭接网络图，计算 ES、EF、LS、LF、TF、FF 和 LAG。

7. 已知网络计划如图 3-115 所示，箭杆下方括号外数字为工作正常持续时间，括号内

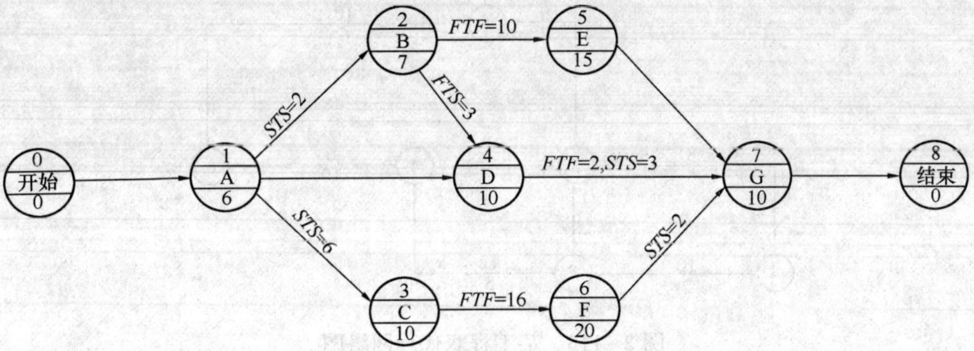

图 3-114　某工程单代号网络图

数字为工作最短持续时间，假定要求工期为 12 天，试对其进行工期优化。根据实际情况并考虑其他因素，缩短顺序为 F、E、I、A、C、H、B、D、G。

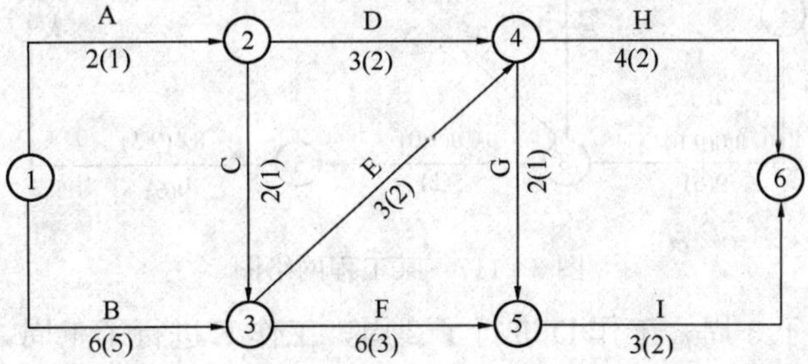

图 3-115　某工程网络图

8. 根据表 3-18 的有关数据，绘制双代号网络图，进行"资源有限——工期最短"的优化（设每天最多只供应 20 个单位，且工作不允许中断）。

表 3-18

工作代号	工作持续时间	每天资源需要量
0-1	2	10
0-2	6	8
1-2	3	12
1-3	5	12
2-3	8	8
2-4	7	9
3-5	10	6
4-5	6	10

9. 某工程网络计划如图 3-116 所示，图中箭线上数字表示一种资源数，箭线下数字表示持续时间，试对该计划进行"工期固定—资源均衡"的优化。

10. 已知网络计划如图 3-117 所示，图中箭线上方括号外为正常持续时间直接费，括号内为最短持续时间直接费，箭线下方括号外为正常持续时间，括号内为最短持续时间，费用单位为千元，时间单位为天。若间接费率为 0.8 千元/天，试对其进行费用优化。

11. 已知某工程网络计划如图 3-118 所示，工作持续时间单位为周。在第 7 周末检查

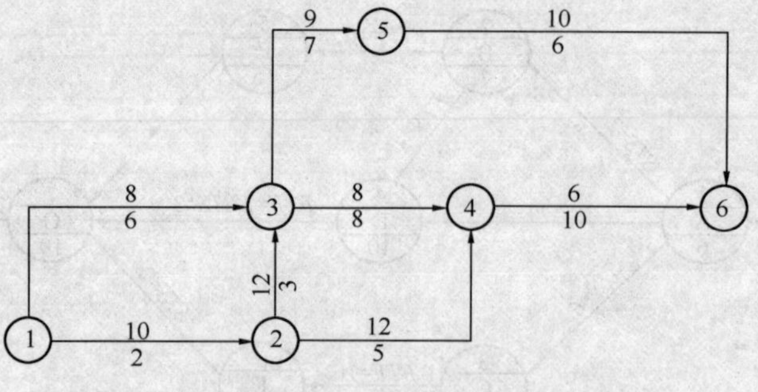

图 3-116 某工程双代号网络图

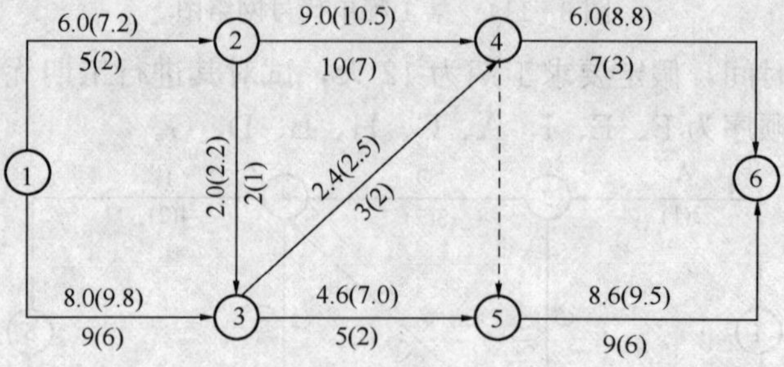

图 3-117 某工程网络图

时，发现工作 A 进行了 3 周，工作 D 进行了 2 周，工作 E 进行了 1 周，工作 F 进行了 1 周，据此绘制实际进度前锋线，并填写网络计划检查结果分析表 3-19。

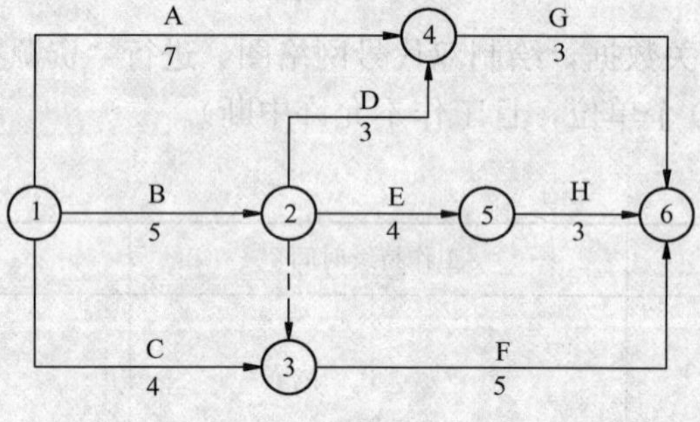

图 3-118 某工程网络计划

表 3-19 **网络计划检查结果分析表**

工作名称	检查时刻，工作尚需作业天数	到计划最迟完成时尚有天数	原有总时差	现有总时差	情况判别
A					
D					
E					
F					

12. 某工程的分部工程网络进度计划工期即为要求工期 29 天，网络计划如图 3-119 所示。施工中各工作的持续时间发生改变，具体变化及原因见表 3-20。该分部工程接近要求

工期时，承包商按照索赔程序的规定提出延期 19 天的索赔要求。

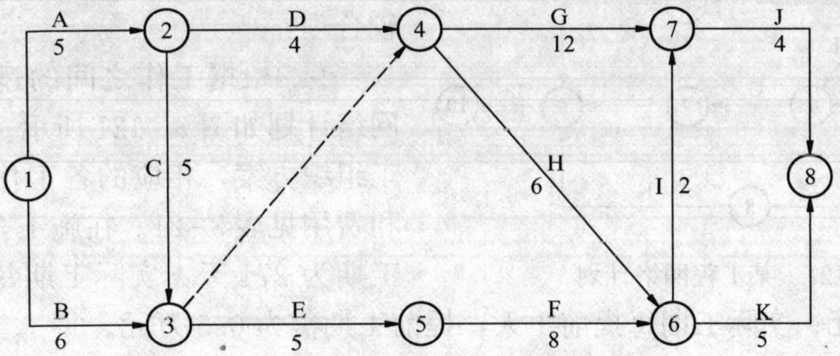

图 3-119　某分部工程网络计划

问题：监理工程师应该批准的工期延期为多少天？

表 3-20

工作代号	持续时间延长原因及天数			持续时间延长值
	业主原因	不可抗力原因	承包商原因	
A	1	1	1	3
B	2	1	0	3
C	0	1	0	1
D	1	0	0	1
E	1	0	2	3
F	0	1	0	1
G	2	4	0	6
H	0	0	2	2
I	0	0	1	1
J	1	0	0	1
K	2	1	1	4

13. 某工程双代号网络计划如图 3-120 所示，该进度计划已经监理工程师审核批准，合同工期为 23 个月。

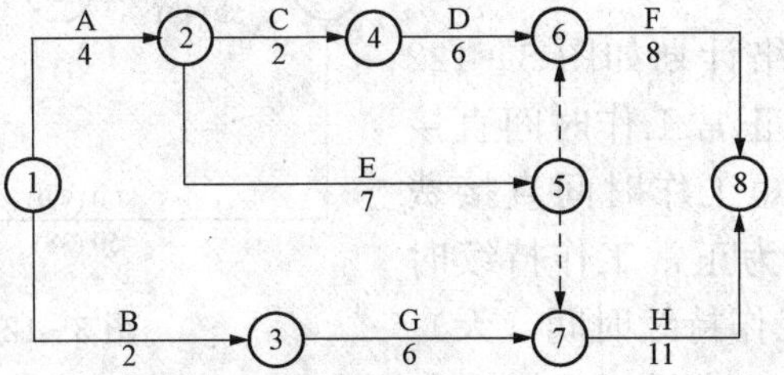

图 3-120　双代号网络计划

问题：(1) 该网络计划的计算工期为多少个月？关键工作有哪些？

(2) 计算工作 B、C、G 的总时差和自由时差。

(3) 如果工作 C 和工作 G 需共用一台施工机械且只能按先后顺序施工（工作 C 和工作

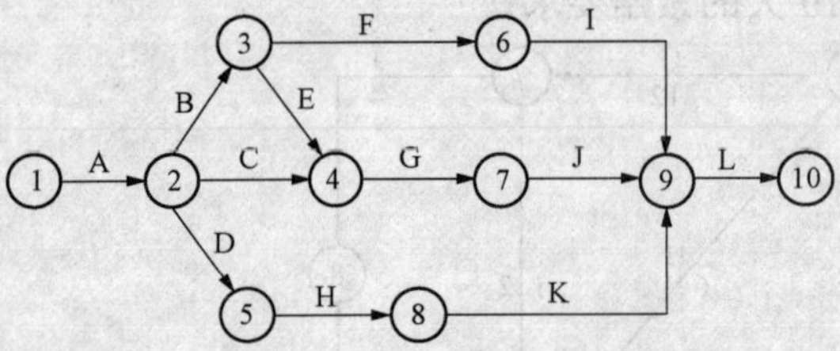

图 3-121 某工程网络计划

G不能同时施工），该网络计划应如何调整较合理？

14. 根据工作之间的逻辑关系，某工程网络计划如图 3-121 所示。该工程有两个施工组织方案，相应的各工作所需的持续时间和费用见表 3-21。在施工合同中约定：合同工期为 271 天，实际工期每拖延 1 天，逾期违约金为 0.5 万元；实际工期每提前 1 天，提前工期奖为 0.5 万元。

表 3-21

工作	施工组织方案Ⅰ		施工组织方案Ⅱ	
	持续时间（d）	费用（万元）	持续时间（d）	费用（万元）
A	30	13	28	16
B	46	20	42	22
C	28	10	28	10
D	40	19	39	19.5
E	50	23	48	23.5
F	38	13	38	13
G	59	25	55	28
H	43	18	43	18
I	50	24	48	25
J	39	12.5	39	12.5
K	35	15	33	16
L	50	20	49	21

问题：（1）分别计算两种施工组织方案的工期和综合费用并确定其关键线路。

（2）如果对该工程采用混合方案组织施工，应如何组织施工较经济？相应的工期和综合费用各为多少？（在本题的解题过程中不考虑工作持续时间变化对网络计划关键线路的影响）

15. 已知某工程的网络计划如图 3-122 所示，箭线上方括号外为正常工作时间直接费（万元），括号内为最短工作时间直接费（万元）；箭线下方括号外为正常工作持续时间（天），括号内为最短工作持续时间（天）。正常工作时间的间接费为 15.8 万元，间接费率为 0.20 万元/天。

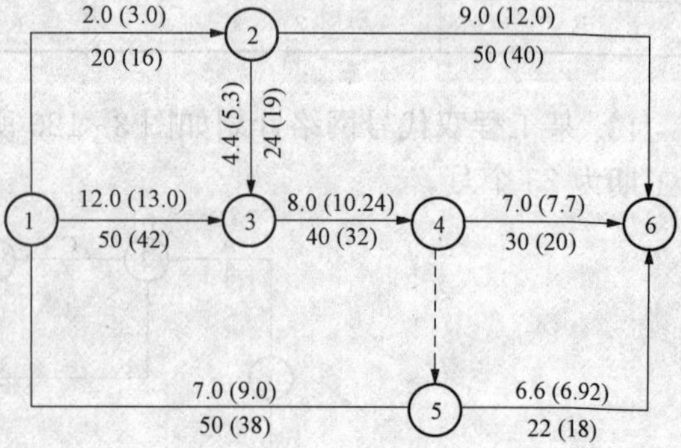

图 3-122 网络计划图

问题：（1）确定该工程的关键线路，并计算正常工期和总费用。

（2）确定该工程的总费用最低时所对应的工期和最低总费用。

（3）建设方提出若用 98 天完成该项目，可得奖励 6000 元，对施工方是否有利？相对于正常工期下的总费用，施工方节约（或超支）多少费用？

第四章　施工组织总设计

知识目标　了解施工组织总设计的作用；熟悉施工组织总设计的编制依据；掌握熟悉施工组织总设计的基本内容。

能力目标　能把握施工总体部署的编制要点；具备编制施工总进度计划、施工总平面图的能力。

第一节　概　　述

施工组织总设计是以整个建设项目或群体工程为对象编制的，用于指导其建设全过程各项全局性施工活动的技术、经济、组织、协调和控制的综合性文件。它是经过招投标确定了总承包单位以后，在总承包单位总工程师的主持下，会同建设单位、设计单位和分包单位的相应工程师共同编制的，突出了“规划”、“控制”、“统筹”等特点。

一、施工组织总设计的作用

施工组织总设计的主要作用表现在：

(1) 确定设计方案施工的可能性和经济合理性。

(2) 为建设单位主管部门编制建设计划提供依据。

(3) 为施工单位编制企业总体施工计划提供依据。

(4) 为组织物资技术供应提供依据。

(5) 保证施工准备工作顺利进行。

(6) 是编制单位工程组织设计的依据。

二、施工组织总设计的编制依据

施工组织总设计的编制依据主要有：

1. 建设项目基础文件

(1) 建设项目可行性研究报告及其批准文件。

(2) 建设项目规划红线范围及用地批准文件。

(3) 建设项目勘察设计任务书、图纸和说明书。

(4) 建设项目初步设计或技术设计批准文件、图纸和说明书。

(5) 建设项目设计总概算。

(6) 建设项目施工招标文件、工程承包合同及分包合同文件。

(7) 标前施工组织总设计文件。

(8) 建设单位对该工程分期分批交工的要求。

(9) 企业法定代表人与项目经理部签订的“项目管理目标责任书”。

2. 国家、地区有关工程建设的政策、法规和规范，企业标准等资料

(1) 关于工程建设报建程序的有关规定。

(2) 关于动迁工作的有关规定。

(3) 关于工程建设实施建设监理的有关规定。

(4) 关于工程建设管理机构对资质管理的有关规定。

(5) 关于工程建设造价管理的有关规定。

(6) 关于工程设计、施工和验收的有关规定。

(7) 工具性参考资料，如概算定额、技术规范、工期定额和其他参考数据。

(8) 国家现行有关工程建设质量、职业健康安全和环境保护的法规和技术标准。

(9) 施工企业自身正在执行的质量、职业健康安全和环境保护的管理体系文件。

3. 建设地区原始调查资料

(1) 当地气象资料，工程施工范围内的现场条件、工程地形地质水文资料。

(2) 当地建筑施工企业状况资料。

(3) 当地建筑材料、构配件和半成品的供应状况及价格等市场调查资料。

(4) 当地进口设备和材料到货口岸及其转运方式等资料。

(5) 当地交通运输、供水供电、电讯和供热的能力与价格等资料。

(6) 当地政治、经济、文化、科技、卫生、宗教等社会条件资料。

4. 施工企业的生产能力、机具设备状况、技术水平等

5. 类似施工项目的施工组织总设计实例、施工经验的总结等资料

(1) 类似施工项目的管理新经验、技术新成果资料。

(2) 类似施工项目的质量、工期、成本、安全、环保控制资料。

三、施工组织总设计的内容

施工组织总设计的内容视工程性质、规模、建筑结构的特点、施工的复杂程度、工期要求及施工条件的不同而有所不同，通常包括下列内容：

1. 工程概况

工程概况应包括项目主要情况和项目主要施工条件等。在编制工程概况时，为了清晰易读，宜采用图表说明。

2. 总体施工部署

总体施工部署包括：项目总体施工的宏观部署、项目施工的重点和难点、总承包单位应明确项目管理组织机构形式、新技术、新工艺、分包项目施工单位的资质和能力要求。

3. 施工总进度计划

施工总进度计划应按照项目总体施工部署的安排进行编制，编制时可采用网络图或横道图表示，并附必要说明。

4. 总体施工准备与主要资源配置计划

总体施工准备应包括技术准备、现场准备和资金准备等；主要资源配置计划应包括劳动力配置计划和物资配置计划等。

5. 主要施工方法

施工组织总设计应对项目涉及的单位（子单位）工程和主要分部（分项）工程所采用的施工方法进行简要说明。对脚手架工程、起重吊装工程、临时用水用电工程、季节性施工等专项工程所采用的施工方法应进行简要说明。

6. 施工总平面布置

施工总平面布置图应符合下列要求：根据项目总体施工部署，绘制现场不同施工阶段（期）的总平面布置图；施工总平面布置图的绘制应符合国家相关标准要求并附必要说明。

四、施工组织总设计的编制程序

施工组织总设计的编制程序如图 4-1 所示。

五、工程概况

工程概况是对整个建设项目或建筑群体的总说明和总分析，是对拟建建设项目或建筑群体所作的一个简明扼要的文字介绍，有时为了补充文字介绍的不足，还可附拟建建设项目的总平面图，主要建筑的平面、立面、剖面示意图及辅助表格等。

1. 项目主要情况

（1）项目名称、性质、地理位置和建设规模。项目性质可分为工业和民用两大类，应简要介绍项目的使用功能；建设规模可包括项目的占地总面积、投资规模（产量）、分期分批建设范围等。

（2）项目的建设、勘察、设计和监理等相关单位的情况。即建设、勘察、设计、监理单位名称及其资质等级、人员组成情况。

（3）项目设计概况。简要介绍项目的建筑面积、建筑高度、建筑层数、结构形式、建筑结构及装饰用料、建筑抗震设防烈度、安装工程和机电设备的配置等情况。

（4）项目承包范围及主要分包工程范围。

（5）施工合同或招标文件对项目施工的重点要求。

（6）其他应说明的情况。包括：建设方提供现场的标准及时间；设计方出图计划；资源供应条件。

2. 项目主要施工条件

（1）项目建设地点气象状况。简要介绍项目建设地点的气温、雨、雪、风和雷电等气象变化情况以及冬、雨期的期限和冬季土的冻结深度等情况。

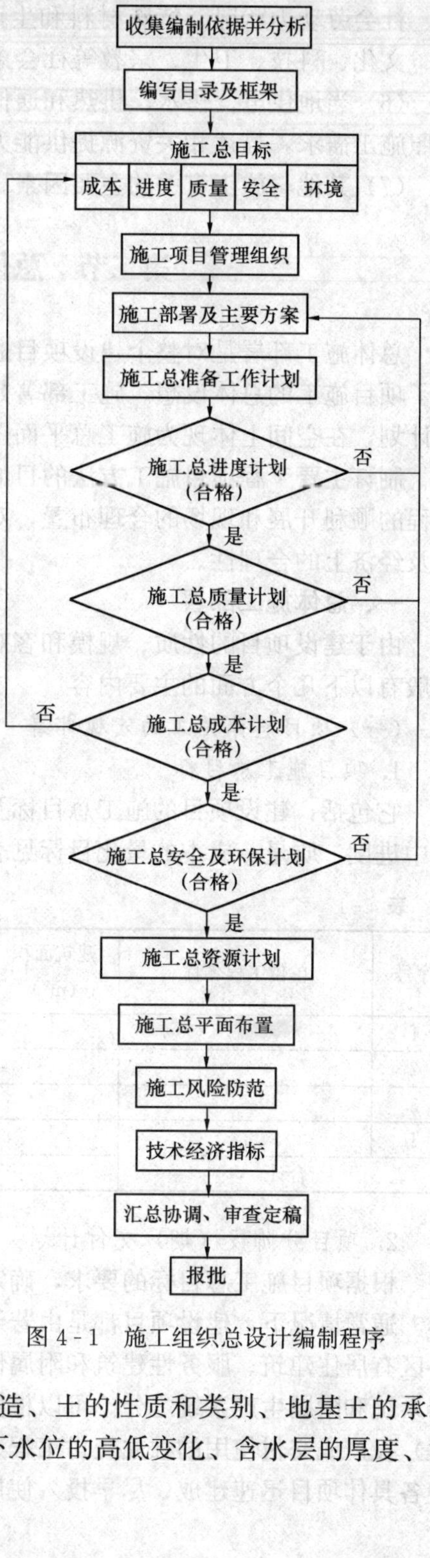

图 4-1 施工组织总设计编制程序

（2）项目施工区域地形和工程水文地质状况。简要介绍项目施工区域地形变化和绝对标高，地质构造、土的性质和类别、地基土的承载力，河流流量和水质、最高洪水和枯水期的水位，地下水位的高低变化、含水层的厚度、流向、流量和水质等情况。

(3) 项目施工区域地上、地下管线及相邻的地上、地下建(构)筑物情况。

(4) 与项目施工有关的道路、河流等状况。

(5) 当地建筑材料、设备供应和交通运输等服务能力状况。简要介绍建设项目的主要材料、社会劳动力状况、特殊材料和生产工艺设备供应条件及交通运输条件,当地政治、经济、文化、科技、卫生、宗教等社会条件状况。

(6) 当地供电、供水、供热和通信能力状况。根据当地供电、供水、供热和通信情况,按照施工需求,描述相关资源提供能力及解决方案。

(7) 其他与施工有关的主要因素。

第二节 总体施工部署与主要施工方法

总体施工部署是对整个建设项目通盘考虑、统筹规划后,所做出的全局性战略决策,明确了项目施工的总体设想。施工部署是施工组织总设计的核心,它在时间上体现为施工总进度计划,在空间上体现为施工总平面图。

制订主要工程项目施工方法的目的是为了进行技术和资源的准备工作,同时也为了施工进程的顺利开展和现场的合理布置,对施工方法的确定要兼顾技术工艺的先进性和可操作性以及经济上的合理性。

一、总体施工部署

由于建设项目的性质、规模和客观条件不同,其施工部署的内容和侧重点会有所区别,一般有以下几个方面的主要内容。

(一) 项目总体施工的宏观部署

1. 项目施工总目标

它包括:建设项目的施工总目标及单位工程的进度、质量、安全、环境和成本等目标。其中进度、质量、成本的量化目标见表 4-1。

表 4-1 **施工总目标**

序号	单位工程名称	建筑面积 (m^2)	控制工期(月)			控制成本 (万元)	控制质量
			开工日期	竣工日期	工 期		
1							
2							
3							
⋮							
	合计						

2. 项目分阶段(期)交付计划

根据项目施工总目标的要求,确定项目分阶段(期)交付的计划。

通常情况下,建设项目都是由若干个相对独立的投产或交付使用的子系统组成。如住宅小区有居住建筑、服务性建筑和附属性建筑之分;大型工业项目则有主体生产系统、辅助生产系统和附属生产系统之分。可以根据项目施工总目标的要求,将建设项目划分为分期(分批)投产或交付使用的独立交付工程系统。在保证工期的前提下,实行分期分批建设,既可使各具体项目迅速建成,尽早投入使用,又可在全局上实现施工的连续性和均衡性,减少暂设工程数量，降低工程成本。

3. 项目分阶段（期）施工的合理顺序及空间组织

根据项目分阶段（期）交付计划，合理地确定每个单位工程的开竣工时间，划分各参与施工单位的工作任务，明确各单位之间分工与协作的关系，确定综合的和专业化的施工组织，保证先后投产或交付使用的系统都能够正常运行。

在统筹安排各类项目施工时，要保证重点、兼顾其他。其中，应优先安排按生产工艺要求，先期投入生产或起主导作用的工程项目；工程量大、施工难度大、工期长的项目；供施工、生活使用的项目及临时设施等。

合理划分每个承包单位的施工区域，明确主导施工项目和穿插施工项目及其建设期限。安排好为全场性服务的施工设施，现场供水、排水、供电、供热、通信、道路、场地平整、各项服务全场的生产性和生活性施工设施，是全场性服务施工设施，直接影响项目施工的经济效果，必须优先安排好。

（二）项目施工的重点和难点分析

根据项目施工图纸、项目承包合同和总体施工部署等的要求，选择对工程的质量、安全、进度、成本、环保等起到决定性影响的项目，进行具体分析。

（三）项目管理组织机构

项目管理组织机构形式应根据施工项目的规模、复杂程度、专业特点、人员素质和地域范围确定，大中型项目宜设置矩阵式项目管理组织，远离企业管理层的大中型项目宜设置事业部式项目管理组织，小型项目宜设置直线职能式项目管理组织。

（1）总承包单位应明确项目管理组织机构形式，并宜采用框图的形式表示。

（2）项目部的质量、职业健康安全与环境管理体系。

（3）项目管理的工作程序、岗位责任制、各项管理制度和考核标准。

（四）新技术、新工艺

对于项目施工中开发和使用的新技术、新工艺应做出部署。

根据现有的施工技术水平和管理水平，对项目施工中开发和使用的新技术、新工艺应做出规划，并采取可行的技术、管理措施来满足工期和质量等要求。

（五）分包单位的资质和能力

对主要分包项目施工单位的资质和能力应提出明确要求，调集施工力量。

根据施工总目标和施工管理组织要求，拟订分包计划，划分参与建设的各施工单位的施工任务，明确总包与分包单位的关系，明确各施工单位之间的分工协作关系。

确定拟投入的最高人数和平均人数，调集施工力量，组建专业或综合工作队组。

二、主要施工方法

施工组织总设计应根据项目承包合同、项目施工图纸、施工总目标等要求，对项目涉及的单位（子单位）工程和主要分部（分项）工程所采用的施工方法进行简要说明。对脚手架工程、起重吊装工程、临时用水用电工程、季节性施工等专项工程所采用的施工方法应进行简要说明。

这些工程通常是建筑工程中工程量大、施工难度大、工期长，对整个项目的完成起关键作用的建（构）筑物以及影响全局的主要分部（分项）工程。

此施工方法与单位工程施工组织设计中的施工方法所要求的内容与深度不同。施工方法的内容包括：确定施工起点、流向，确定施工程序，确定施工顺序和施工方法，选择施工机械，安全施工设计，环境保护内容及方法。

在确定施工方法时，要尽量扩大工业化施工范围，努力提高机械化施工程度，减轻劳动强度，提高劳动生产率，保证工程质量，降低工程成本，确保按期交工，实现安全环保。

第三节　施工总进度计划

施工总进度计划是对施工现场各项施工活动在时间上所做的安排，它是施工部署在时间上的体现，具有控制性的特点。

施工总进度计划应依据施工合同、施工进度目标、有关技术经济资料，并按照总体施工部署确定的施工顺序和空间组织等进行编制。要合理确定每个独立交工系统及其单项工程控制工期，并使它们相互之间最大限度的搭接起来，编制出施工总进度计划。

施工总进度计划的内容应包括：编制说明，施工总进度计划表（图），分期（分批）实施工程的开、竣工日期，工期一览表等。施工总进度计划宜优先采用网络计划，网络计划应按国家现行标准 GB/T 13400.1 ～3《 网络计划技术》及行业标准 JGJ/T 121《 工程网络计划技术规程》的要求编制。

一、施工总进度计划的编制原则

(1) 合理安排各工程的施工顺序，优化配置劳动力、物资、施工机械等，保证拟建工程在规定的工期内完工，迅速发挥投资效益。

(2) 合理组织施工，保证施工的连续均衡、有节奏，从而加快施工速度，降低工程成本。

(3) 科学安排全年各季度的施工任务，避免出现突击赶工增加施工费用的现象，从而在保证质量的同时节约费用。

二、施工总进度计划的编制步骤

1. 确定施工总进度表达方式

施工总进度表达方式有横道图和网络图，详见本书第二章和第三章。

(1) 当采用横道图表示施工总进度计划，其形式见表 4-2。

表 4-2　**施工总进度计划横道图**

序号	单项工程名称	建筑工程指标		设备安装指标		造价（千元）			施工进度											
		单位	数量	单位	数量	合计	建筑工程	设备安装	20××年				20××年				20××年			
									Ⅰ	Ⅱ	Ⅲ	Ⅳ	Ⅰ	Ⅱ	Ⅲ	Ⅳ	Ⅰ	Ⅱ	Ⅲ	Ⅳ
1																				
2																				
3																				
⋮																				
资源动态图	施工总进度计划的技术经济指标分析：																			

（2）当采用网络图表示施工总进度计划，其形式见表 4-3。

表 4-3　施工总进度计划网络图

日　历	20××年				20××年				20××年				20××年				20××年				编制说明
工程日历																					
网络计划																					
工程日历																					
资源动态图																					

2. 编制施工总进度表

（1）收集编制依据。施工总进度计划的编制依据有：施工合同、施工进度目标、工期定额、有关技术经济资料、施工部署与主要工程施工方案等。

（2）确定进度控制目标。根据独立交工系统的先后次序，明确划分施工项目施工阶段；按照施工部署要求，合理确定各阶段及其单项工程开竣工时间；按照施工阶段顺序，列出每个施工阶段内部的所有单项工程，并将它们分别分解至单位工程和分部工程。

（3）计算每个单项工程、单位工程和分部工程的工程量。

（4）合理确定每个单项工程、单位工程和分部工程的施工持续时间。

（5）科学地安排分部工程之间搭接关系，并绘制成控制性的施工网络计划或横道计划。

（6）在安排施工进度计划时，要认真遵循编制施工组织设计的基本原则，详见本书第一章有关内容。

（7）为了有效地缩短建设总工期、平衡资源、降低成本，可对施工总进度计划初始方案进行优化，详见本教材第三章有关内容。

（8）编写施工总进度计划说明书。

3. 制订施工总进度保证措施

（1）组织保证措施。从组织上落实进度控制责任，建立进度控制协调制度。

（2）技术保证措施。编制施工进度计划实施细则；建立多级网络计划和施工作业周计划体系；强化事前、事中和事后进度控制。

（3）经济保证措施。确保按时供应资金；奖励工期提前有功者；经批准紧急工程可采用较高的计件单价；保证施工资源正常供应。

（4）合同保证措施。全面履行工程承包合同；及时协调分包单位施工进度；按时提取工程款；尽量减少业主提出工程进度索赔的机会。

三、总体施工准备与主要资源配置计划

（一）总体施工准备计划

应根据施工开展顺序和主要工程项目施工方法，编制总体施工准备工作计划。技术准备、现场准备和资金准备应满足项目分阶段（期）施工的需要。

技术准备包括施工过程所需技术资料的准备、施工方案编制计划、试验检验及设备调试

工作计划等；现场准备包括现场生产、生活等临时设施，如临时生产、生活用房，临时道路、材料堆放场，临时用水、用电和供热、供气等的计划；资金准备应根据施工总进度计划编制资金使用计划。（总体施工准备计划的具体内容详见本书第一章；其表格形式，可参照表5-5)。

（二）主要资源配置计划

主要资源配置计划应包括劳动力配置计划和物资配置计划等。

1. 劳动力配置计划

劳动力配置计划应按照各工程项目工程量，并根据总进度计划，参照概（预）算定额或者有关资料，分别确定出每个单项工程的专业工种、工人数和进场时间，然后逐项汇总直至确定出整个建设项目劳动力配置计划，它是组织工人进场和规划临时设施的主要依据。

目前施工企业在管理体制上已普遍实行管理层和劳务作业层的两层分离，合理的劳动力配置计划可减少劳务作业人员不必要的进、退场或避免窝工状态，进而节约施工成本。

劳动力配置计划应包括：确定各施工阶段（期）的总用工量；根据施工总进度计划确定各施工阶段（期）的劳动力配置计划，见表4-4。

表4-4　　劳动力配置计划

序号	单项工程名称	工种名称	劳动量（工日）	需要人数及时间											备注
				20××年（月）							20××年（季）				
				1	2	3	4	5	6	…	Ⅰ	Ⅱ	Ⅲ	Ⅳ	
1															
2															
⋮															
合计															

2. 物资配置计划

物资配置计划应包括下列内容：根据施工总进度计划确定主要工程材料和设备的配置计划；根据总体施工部署和施工总进度计划确定主要施工周转材料和施工机具的配置计划。

应根据总体施工部署和施工总进度计划确定主要物资的计划总量及进、退场时间。物资配置计划是组织建筑工程施工所需各种物资进、退场的依据，科学合理的物资配置计划既可保证工程建设的顺利进行，又可降低工程成本。

(1) 主要材料和预制品配置计划。主要材料和预制品配置计划是根据施工图纸、施工部署、工程量、消耗定额和施工总进度计划编制的，它是组织材料和制品加工、订货、运输，确定堆场和仓库的依据，见表 4-5。

表 4-5　　　主要材料和预制品配置计划

序号	单项工程名称	材料和预制品					需要量及时间											备注
							20××年（月）							20××年（季）				
		编码	名称	规格	单位	数量	1	2	3	4	5	6	…	Ⅰ	Ⅱ	Ⅲ	Ⅳ	
1																		
2																		
⋮																		
合计																		

(2) 施工机具和设备配置计划。施工机具和设备配置计划是根据施工部署、施工方案、工程量、机械台班产量定额和总进度计划确定的。它是组织施工机具和设备供应、确定施工机具和设备进场、施工用电量和选择变压器的依据，见表 4-6。

表 4-6　　　施工机具和设备配置计划

序号	单项工程名称	施工机具和设备					需要量及时间								备注
							20××年（月）				20××年（季）				
		编码	名称	型号	单位	电动机功率（kW）	1	2	3	…	Ⅰ	Ⅱ	Ⅲ	Ⅳ	
1															
2															
⋮															
合计															

(3) 施工设施配置计划。根据建设项目、独立交工系统、独立承包项目和单项工程施工需要，确定其相应施工设施。通常包括：施工用房屋、施工运输设施、施工供水设施、施工供电设施、施工通讯设施、施工安全设施和其他设施。

第四节 施工总平面图

施工总平面图是拟建项目施工场地的总布置图。它是按照施工方案和施工总进度计划的要求，将全工地永久建筑和拟建项目以及施工期间所需各项设施等做出合理的规划布置。

施工总平面布置应按照项目分期（分批）施工计划进行布置，并绘制总平面布置图。一些特殊的内容，如现场临时用电、临时用水布置等，当总平面布置图不能清晰表示时，也可单独绘制平面布置图。平面布置图绘制应有比例关系，各种临设应标注外围尺寸，并应有文字说明。现场所有设施、用房应由总平面布置图表述，避免采用文字叙述的方式。

一、施工总平面图设计的依据

（1）建设项目的各种设计资料，包括：建筑总平面图、地形地貌图、区域规划图、有关的一切已有和拟建的各种设施位置。

（2）建设地区的自然条件和技术经济条件。

（3）建设项目施工部署和主要建筑物施工方案。

（4）建设项目施工总进度计划、施工总质量计划和施工总成本计划。

（5）建设项目施工总资源计划和施工设施计划。

（6）建设项目施工用地范围和水电源位置，以及项目安全、环保标准。

二、施工总平面设计的内容

（1）项目施工用地范围内的地形状况；

（2）全部拟建的建（构）筑物和其他基础设施的位置；

（3）项目施工用地范围内的加工设施、运输设施、存储设施、供电设施、供水供热设施、排水排污设施、临时施工道路和办公、生活用房等；

（4）施工现场必备的安全、消防、保卫和环境保护等设施；

（5）相邻的地上、地下既有建（构）筑物及相关环境。

三、施工总平面图设计的原则

（1）平面布置科学合理，施工场地占用面积少。

（2）合理组织运输，减少二次搬运。

（3）施工区域的划分和场地的临时占用应符合总体施工部署和施工流程的要求，减少相互干扰。

（4）充分利用既有建（构）筑物和既有设施为项目施工服务，降低临时设施的建造费用。

（5）临时设施应方便生产和生活，办公区、生活区和生产区宜分离设置。

（6）符合节能、环保、安全和消防等要求。

（7）遵守当地主管部门和建设单位关于施工现场安全文明施工的相关规定。

四、施工总平面图设计的编制步骤

（一）把场外交通引入现场

设计施工总平面图时，首先应从确定大宗材料、预制品和生产工艺设备等进入工地的运输方式开始。

当大宗施工物资由公路运来时，必须解决好现场大型仓库、加工场与公路之间的相互关系。由于汽车线路可以灵活布置，因此，也可先布置场内仓库和加工场，然后再布置场外交通的引入。

当大宗施工物资由铁路运来时，必须解决如何引入铁路专用线问题。要考虑铁路的转弯半径和坡度的限制，确定起点和进场位置。铁路运输线宜由工地的一侧或两侧引入，若将铁路运输线设在工地中间部位，将影响工地的内部运输，对施工不利。只有在工地划分成若干个施工区域时，才考虑将铁路运输线引入工地中间部位的方案。

当大宗施工物资由水路运来时，应首先考虑原有码头的运输能力及要否增设新码头，以及大型仓库和加工场同码头的关系问题。

（二）仓库与材料堆场的布置

1. 仓库的形式

（1）露天仓库。用于堆放不因自然条件而影响性能、质量的材料。如砖、砂石、预制构件等的堆场。

（2）半封闭式（库棚）。用于堆放防止阳光雨雪直接侵蚀的材料。如珍珠岩、沥青、油毡等的堆场。

（3）封闭仓库。用于储存防止风霜雨雪直接侵蚀变质的物品，贵重材料以及容易损坏或散失的材料。如水泥、五金零件及器具工具等的堆场。

2. 确定仓库的面积

（1）计算工地物资储备量。材料的储备要保证工程施工的顺利进行，还要避免材料的积压，以免仓库面积过大，增加投资。一般储备量根据施工现场条件、供应条件和运输条件来确定。如场地狭小的可少些；生产受季节性影响的材料，必须考虑中断因素；水运材料则需考虑枯水期及严寒影响航运问题，储备量可大些；加工生产周期较长的材料，亦应考虑大些等。

1）建筑群（全现场）的材料储备，一般按年、季组织储备，按下式计算

$$q_1 = K_1 Q_1 \tag{4-1}$$

式中 q_1——总储备量，包括能为本工程使用已经落实的材料，如已进入转运仓库和中心仓库的材料，以及有了货源又订了货的地方材料（砖、石、砂、灰）。

K_1——储备系数。一般情况下对型钢、木材、砂石和用量小、不经常使用的材料取0.3～0.4，对水泥、砖、瓦、块石、石灰、管材、暖气片、玻璃、油漆、卷材、沥青取0.2～0.3，特殊条件下宜根据具体情况确定。

Q_1——该项材料最高年、季需用量。

2）单位工程的材料储备量应保证工程连续施工的需要，同时应与全现场的材料储备综合考虑，做到减少仓库面积，节省资金。其储备量按下式计算

$$q_2 = \frac{n \cdot Q_2}{T} \tag{4-2}$$

式中 q_2——单位工程材料储备量；

n——储备天数，见表4-7；

Q_2——该项材料计划期内需用量；

T——需用该项材料的施工天数，并大于n。

表 4-7 材料的储备期

序号	材料名称	储备天数	备注
1	砂子	10~30	
2	碎卵石	10~30	
3	石灰	10~30	
4	砖	10~30	
5	瓦	10~30	
6	块石	10~20	
7	炉渣	10~30	
8	水泥	30~40	
9	型钢及钢板	40~50	
10	钢筋	40~50	
11	木材	40~50	
12	沥青	20~30	
13	卷材	20~30	
14	玻璃	20~30	

(2) 确定仓库面积:

1) 按材料储备量计算

$$F=\frac{q}{P} \tag{4-3}$$

式中 F——仓库总面积，m^2；

q——仓库材料储备量，t、m^3等，用于建筑群时为 q_1，用于单位工程时为 q_2；

P——每平方米仓库面积能存放的材料数量，见表 4-8。

表 4-8 每平方米仓库材料存放定额及仓库面积利用系数

序号	材料名称	每平方米的储存量		堆放高度(m)	仓库类型
		单位	数量		
1	砂、石	m^3	1.2	1.5	露天
2	生石灰(块)	t	1.5	1.5	库棚
3	砖	千块	0.5	1.5	露天
4	黏土瓦、水泥瓦	千块	0.25	1.5	露天
5	块石	m^3	1	1.2	露天
6	水泥	t	1.4	1.5	密闭
7	型钢钢板	t	2.4~2.7	1	露天
8	钢筋	t	0.8~1.2	1	露天
9	圆木	m^3	0.9	2	露天
10	成材	m^3	0.7	3	露天
11	卷材	卷	15~24	2	库棚
12	耐火砖	t	2.5	1.8	库棚
13	水泥管	t	0.5	1.5	露天
14	钢门窗	t	0.65	2	库棚
15	木门窗	m^2	30	2	库棚
16	钢结构	t	0.16~0.24	2	露天
17	混凝土板	m^3	0.14~0.24	2	露天
18	混凝土梁	m^3	0.12~0.18	1.2	露天

2）按系数计算，适用于规划估算

$$F=\beta\cdot m \tag{4-4}$$

式中 F——所需仓库面积，m^2；

β——系数，见表4-9；

m——计算基数，见表4-9。

表4-9 按系数计算仓库面积参考指标

序号	名称	计算基数（m）	系数（β）	
			单位	数量
1	仓库（综合）	按年平均全员人数（工地）	m^2/人	0.7～0.8
2	水泥库	按当年水泥用量的40%～50%	m^2/t	0.7
3	其他仓库	按当年工作量	m^2/万元	1～1.5
4	五金杂品库	按年建安工作量计算时	m^2/万元	0.1～0.2
		按年平均在建建筑面积计算时	$m^2/100m^2$	0.5～1
5	土建工具库	按高峰年（季）平均全员人数	m^2/人	0.1～0.2
6	水暖器材库	按年平均在建建筑面积	$m^2/100m^2$	0.2～0.4
7	电气器材库	按年平均在建建筑面积	$m^2/100m^2$	0.3～0.5
8	化工油漆危险品库	按年建安工作量计算	m^2/万元	0.05～0.1
9	三大工具库（脚手、跳板、模板）	按年平均在建建筑面积计算	$m^2/100m^2$	1～2
		按年建安工作量计算	m^2/万元	0.3～0.5

3. 仓库的布置要求

应尽量利用永久性仓库为施工服务。通常考虑设置在运输方便、位置适中、运距较短及安全防火的地方，并应符合技术、安全方面的规定。

水泥、砂、石、木材等仓库或堆场，可布置在相应的搅拌站、预制场或加工场附近。砖、预制构件等应该直接布置在施工对象附近，避免二次搬运。工业项目建筑工地还应考虑主要设备的仓库或堆场，重型工艺设备尽量放在车间附近，普通工艺设备可放在车间外围空地上。

当采用公路运输时，仓库布置较灵活。一般中心仓库布置在工地中心区或靠近使用地方，也可以布置在工地入口处。

当采用铁路运输大宗施工物资时，中心仓库尽可能沿铁路专用线布置，并且在仓库前留有足够的装卸前线，否则要在铁路线附近设置转运仓库，而且该仓库要设置在工地同侧，避免运输跨越铁路。同时仓库不宜设置在弯道或坡道上。

当采用水路运输时，为缩短船只在码头上的停留时间，一般应在码头附近设置转运仓库。

(三)搅拌站和加工场的布置

1. 确定搅拌站和加工场的面积

各类加工场、作业棚等所需面积可参考表 4-10 和表 4-11。

表 4-10 临时加工场所需面积参考指标

序号	加工场名称	年产量		单位产量所需建筑面积	占地总面积(m^2)	备注
		单位	数量			
1	混凝土搅拌站	m^3	3200	$0.022(m^2/m^3)$	按砂石堆场考虑	400L 搅拌机 2 台
		m^3	4800	$0.021(m^2/m^3)$		400L 搅拌机 3 台
		m^3	6400	$0.020(m^2/m^3)$		400L 搅拌机 4 台
2	临时性混凝土预制场	m^3	1000	$0.25(m^2/m^3)$	2000	生产屋面板和中小型梁柱板等,配有蒸养设施
		m^3	2000	$0.20(m^2/m^3)$	3000	
		m^3	3000	$0.15(m^2/m^3)$	4000	
		m^3	5000	$0.125(m^2/m^3)$	<6000	
3	半永久性混凝土预制场	m^3	3000	$0.6(m^2/m^3)$	9000~12000	
		m^3	5000	$0.4(m^2/m^3)$	12000~15000	
		m^3	10000	$0.3(m^2/m^3)$	15000~20000	
4	木材加工场	m^3	15000	$0.0244(m^2/m^3)$	1800~3600	进行原木、方木加工
		m^3	24000	$0.0199(m^2/m^3)$	2200~4800	
		m^3	30000	$0.0181(m^2/m^3)$	3000~5500	
	综合木工加工场	m^3	200	$0.30(m^2/m^3)$	100	加工门窗、模板、地板、屋架等
		m^3	500	$0.25(m^2/m^3)$	200	
		m^3	1000	$0.20(m^2/m^3)$	300	
	粗木加工场	m^3	2000	$0.15(m^2/m^3)$	420	加工模板、屋架等
		m^3	5000	$0.12(m^2/m^3)$	1350	
		m^3	10000	$0.10(m^2/m^3)$	2500	
	细木加工场	m^3	15000	$0.09(m^2/m^3)$	3750	加工门窗、地板等
		m^3	20000	$0.08(m^2/m^3)$	4800	
		万 m^3	5	$0.0140(m^2/m^3)$	7000	
		万 m^3	10	$0.0114(m^2/m^3)$	10000	
		万 m^3	15	$0.0106(m^2/m^3)$	14300	

续表

序号	加工场名称		年产量		单位产量	占地总面积	备注
			单位	数量	所需建筑面积	(m^2)	
5	钢筋加工场		t	200	0.35(m^2/t)	280～560	加工、成型、焊接
			t	500	0.25(m^2/t)	380～750	
			t	1000	0.20(m^2/t)	400～800	
			t	2000	0.15(m^2/t)	450～900	
	现场钢筋拉直或冷拉所需场地(长×宽或面积)	拉直场	m		(70～80)×(3～4)		包括材料及成品堆放
		卷扬机棚	m^2		15～20		3～5t 电动卷扬机一台
		冷拉场	m		(40～60)×(3～4)		包括材料及成品堆放
		时效场	m		(30～40)×(6～8)		包括材料及成品堆放
	钢筋对焊(所需场地)	对焊场地	m		(30～40)×(4～5)		包括材料及成品堆放
		对焊棚	m^2		15～24		寒冷地区应适当增加
	钢筋冷加工(所需场地)	冷拔、冷轧机	m^2/台		40～50		
		剪断机	m^2/台		30～50		
		弯曲机 ϕ12 以下	m^2/台		50～60		
		弯曲机 ϕ40 以下	m^2/台		60～70		
6	金属结构加工(包括一般铁件)		所需场地(m^2/t)		年产 500t 为 10		按一批加工数量计算
					年产 1000t 为 8		
					年产 2000t 为 6		
					年产 3000t 为 5		
7	石灰消化	储灰池			5×3=15(m^2)		每两个储灰池配一套淋灰池和淋灰槽，每 600kg 石灰可消化 $1m^3$ 石灰膏
		淋灰池			4×3=12(m^2)		
		淋灰槽			3×2=6(m^2)		
8	沥青锅场地				20～24(m^2)		台班产量 1～1.5t/台

表 4-11　　现场作业棚所需面积参考指标

序号	名称	单位	面积指标 (m^2)	备注
1	木工作业棚	m^2/人	2	占地为建筑面积的 2～3 倍
2	电锯房	m^2	80	34～36in 圆锯一台
	电锯房	m^2	40	小圆锯一台
3	钢筋作业棚	m^2/人	3	占地为建筑面积的 3～4 倍
4	搅拌棚	m^2/台	10～18	
5	卷扬机棚	m^2/台	6～12	
6	烘炉房	m^2	30～40	
7	焊工房	m^2	20～40	
8	电工房	m^2	15	
9	白铁工房	m^2	20	
10	油漆工房	m^2	20	
11	机、钳工修理房	m^2	20	
12	立式锅炉房	m^2/台	5～10	
13	发电机房	m^2/kW	0.2～0.3	
14	水泵房	m^2/台	3～8	
15	空压机房（移动式）	m^2/台	18～30	
	空压机房（固定式）	m^2/台	9～15	

2. 搅拌站和加工场的布置要求

(1) 加工场的布置要求。加工场的布置应遵循方便生产、运输费用少、环境保护以及安全防火的原则。因此，加工场通常集中布置在工地边缘处，且与其相应的仓库和堆场布置在同一地区。

(2) 搅拌站的布置要求。当有混凝土专用运输设备时，可集中设置大型搅拌站，其位置可采用线性规划方法确定，否则就要分散设置小型搅拌站，它们的位置均应靠近使用地点或垂直运输设备。砂浆搅拌站宜采用分散就近布置。

(四) 场内运输道路的布置

根据施工项目及其与堆场、仓库或加工场相应位置，考虑物资转运路径和转运量，区分场内运输道路主次关系，优化确定场内运输道路主次和相互位置。

要尽可能利用原有或拟建的永久道路，以达到节约投资的目的。合理安排施工道路与场内地下管网间的施工顺序，时刻保证场内运输道路的畅通；要科学地确定场内运输道路的宽度，合理选择运输道路的路面结构，路面结构根据运输情况和运输工具的不同类型而定。一般场外与省、市公路相连的干线，宜建成混凝土路面；场区内的干线，宜采有碎石级配路面；场内支线一般为土路或砂石路。现场内临时道路技术要求和临时道路路面种类和厚度见表 4-12 和表 4-13。

表 4-12　临时道路技术标准

序号	指标名称	单位	技术标准
1	设计车速	km/h	≤20
2	路基宽度	m	双车道 6～6.5；单车道 4.4～5；困难地段 3.5
3	路面宽度	m	双车道 5～5.5；单车道 3～3.5
4	平面曲线最小半径	m	平原、丘陵地区 20；山区 15；回头弯道 12
5	最大纵坡	%	平原地区 6；丘陵地区 8；山区 9
6	纵坡最短长度	m	平原地区 100；山区 50
7	桥面宽度	m	木桥 4～4.5
8	桥涵载重等级	t	木桥涵 7.8～10.4（汽－6～汽－8）

表 4-13　临时道路路面种类和厚度

序号	路面种类	特点及其使用条件	路基土	路面厚度（cm）	材料配合比
1	级配砾石路面	雨天照常通车，可通行较多车辆，但材料级配要求严格	砂质土	10～15	体积比：黏土：砂：石子＝1:0.7:3.5 重量比：①面层：黏土 13%～15%，砂石料 85%～87%；②底层：黏土 10%，砂石混合料 90%
			黏质土或黄土	14～18	
2	碎（砾）石路面	雨天照常通车，碎（砾）石本身含土较多，不加砂	砂质土	10～18	碎（砾）石＞65%，当地土含量≤35%
			砂质土或黄土	15～20	

续表

序号	路面种类	特点及其使用条件	路基土	路面厚度（cm）	材料配合比
3	碎砖路面	可维持雨天通车，通行车辆较少	砂质土	13～15	垫层：砂或炉渣 4～5cm 底层：7～10cm 碎砖 面层：2～5cm 碎砖
			黏质土或黄土	15～18	
4	炉渣或矿渣路面	可维持雨天通车，通行车辆较少，当附近有此项材料可利用时	一般土	10～15	炉渣或矿渣 75%，当地土 25%
			较松软时	15～30	
5	砂土路面	雨天停车，通行车辆较少，附近不产石料只有砂时	砂质土	15～20	粗砂 50%，细砂、粉砂和黏质土 50%
			黏质土	15～30	
6	风化石屑路面	雨天不通车，通行车辆较少，附近有石屑可利用	一般土	10～15	石屑 90%，黏土 10%
7	石灰土路面	雨天停车，通行车辆少，附近产石灰时	一般土	10～13	石灰 10%，当地土 90%

（五）临时设施的布置

临时设施包括：办公室、宿舍、开水房、食堂、浴室等。应尽量利用原有建筑物，不足部分另行建造。

1. 确定临时设施的面积

根据工地施工人数，可计算临时设施的建筑面积。建筑面积指标见表 4-14。

表 4-14　　行政、生活、福利临时建筑面积参考资料

序号	临时房屋名称		指标使用方法	参考指标（m^2/人）
1	办公室		按管理人员人数	3～4
2	宿舍	单层通铺	按高峰年（季）平均职工人数（扣除不在工地住宿人数）	2.5～3
		双层床		2.0～2.5
		单层床		3.5～4
3	食堂		按高峰年平均职工人数	0.5～0.8
4	食堂兼礼堂			0.6～0.9
5	其他	其他合计		0.5～0.6
		医务所		0.05～0.07
		浴室		0.07～0.1
		理发室		0.01～0.03
		浴室兼理发室		0.08～0.1
		其他公用		0.05～0.10
6	现场小型设施	开水房	m^2	10～40
		厕所	按高峰年平均职工人数	0.02～0.07
		工人休息室		0.15

2. 临时设施的布置要求

一般工地行政管理用房宜设在工地入口处，以便对外联系；也可设在工地中间，便于工地管理。工人用的福利设施应设置在工人较集中的地方，或工人必经之处。生活区应设在场外，距工地500～1000m为宜。食堂可布置在工地内部或工地与生活区之间。临时设施的设计，应以经济、适用、拆装方便为原则，并根据当地的气候条件、工期长短确定其结构形式。

（六）临时水电管网的布置

1. 工地临时供水系统

（1）确定供水数量。施工现场临时供水主要包括：生产用水、生活用水和消防用水三种。生产用水包括施工用水、施工机械用水；生活用水包括施工现场生活用水和生活区生活用水。供水量的计算，需参考相关施工手册，先分别确定生产、生活和消防用水三种用水量，再确定总用水量；最后计算总用水量，还应增加10%，以补偿不可避免的水管渗漏损失。

（2）选择水源。施工现场供水水源，最好利用附近现有供水管道，否则宜另选天然水源。

（3）确定供水系统。供水系统可由取水设施、净水设施、储水构筑物、输配水管综合而成。

1）供水管径。可按相关施工手册计算确定供水管径。

2）供水管网的布置方式。临时供水管网的布置方式一般有三种，即环状管网、枝状管网和混合管网。

环状管网能够保证供水的可靠性，当管网某处发生故障时，水仍能由其他管线供给。但有管线长、造价高、管材耗量大等缺点。适用于要求有供水可靠的建设项目工程。

枝状管网供水可靠性差，它由干管及支管组成，有管线短、造价低等优点。当某处发生故障时，会造成断水，一般适用于中小型工程。

混合管网兼有环状管网和枝状管网的优点，一般适用于大型工程。

管网有明铺（地面上）和暗铺（地面下）两种铺设形式。考虑不影响工地施工，一般以暗铺为主，但要增加铺设费用，在冬期施工，水管宜埋设在冰冻线以下或采取防冻措施；通过道路部分，应考虑地面上重型机械荷载对埋设管的影响。

3）布置要求。管网布置应注意避开拟建工程的位置，尽量提前修建并利用永久性管网。管网铺设应在保证供水的情况下，尽量使管道铺设越短越好。高层施工时，为了满足高空用水的需要，有时要设置水塔或加压泵。

消防栓应靠近路口、路边或工地出入口附近布置，间距不大于120m，距建筑物外墙不大于25m且不小于5m，距路边不大于2m，消防水管直径不小于100mm。

2. 工地临时供电

（1）计算总用电量。施工现场用电包括动力用电和照明用电两种。总用电量的确定，需参考相关施工手册进行计算。

（2）确定配电导线截面积。选用的导线截面应同时满足机械强度、允许电压、允许电流强度等三个要求。一般先根据负荷电流的大小选择导线截面，然后再以机械强度和允许电压进行复核。

（3）确定变压器。

(4) 供电线路的布置。供电线路宜布置在路边，一般用木杆或水泥杆架空设置，杆距为25～40m，高度为4～6m，跨越铁路时，高度不小于7.5m，距建筑物的距离为6m。各供电线路的布置要不影响施工，避免二次拆迁。

从供电线路上引入接线必须从电杆上引出，不得在两杆之间的线路上引接。各用电设备必须装配与设备功率相应的闸刀开关，其高度应便于制作，单机单闸，不允许一闸多机使用。应有防雨措施，严防漏电、短路及触电事故的发生。

综上所述，施工总平面图的设计虽有一定规律可循，但在实际中也不能绝对化。上述各设计步骤不是独立布置的，而是相互联系、相互制约的，需要综合考虑、反复修正才能确定下来。若有几种方案时，应进行方案比较。

五、施工总平面图的绘制

施工总平面图的图幅可选用1～2号图纸，比例可采用1：1000或1：2000，在进行各项布置后，经综合分析比较，调整修改，形成施工总平面图，并作必要的文字说明，标上图例、比例、指北针等。完成的施工总平面图要比例正确，图例规范，字迹端正，线条粗细分明，图面整洁美观。绘图图例见表5-11。

许多大型建设项目的建设工期很长，随着工程的进展，施工现场的面貌将不断改变。因此，应按不同施工阶段分别绘制若干张施工总平面图。

六、施工总平面图设计的优化方法

在施工总平面图设计时，为使场地分配、仓库位置确定、管线道路布置更为经济合理，需要采用一些优化计算方法。

1. 场地分配优化法

施工总平面图通常要划分为几块场地，供几个专业工程施工使用。根据场地情况和专业工程施工要求，某一块场地可能会适用于一个或几个专业工程，但在施工中，一个专业工程只能使用一块场地，因此需要对场地进行合理分配，满足各专业工程的施工要求。

【例4-1】 某水泥厂施工现场周围可划分成Ⅰ、Ⅱ、Ⅲ、Ⅳ四块场地，供C1、C2、C3、C4四个专业工程施工使用。其中场地Ⅰ可供C1、C2、C3三个专业工程使用，场地Ⅱ可供C2、C3、C4三个专业工程使用，场地Ⅲ只能供专业工程C4使用，场地Ⅳ可供C3、C4专业工程使用。试确定最佳场地分配方案。

解 首先将场地和专业工程作为行和列，形成表4-16所示的矩阵表。表中的"○"表示对应的场地可供对应的专业工程使用，表中的"×"表示对应的场地不能供对应的专业工程使用（×也可略去不画）。因此表4-15表示出本示例中各场地与各专业工程之间的场地利用关系。

表4-15　场地分配优化法矩阵表

场地 专业工程	Ⅰ	Ⅱ	Ⅲ	Ⅳ
C1	○	×	×	×
C2	○	○	×	×
C3	○	○	×	○
C4	×	○	○	○

场地分配时，一个专业工程只能占用一块场地，而一块场地只能有一个（或没有）专业工程占用。按照这种原则，在表上求解如下：

（1）沿着行方向寻找只能占用一块场地的专业工程。本例中C1可占用场地Ⅰ，C2可占用场地Ⅰ、Ⅱ，C3可占用Ⅰ、Ⅱ、Ⅳ，C4可占用Ⅱ、Ⅲ、Ⅳ。因此，只能占用一块场地的工程是C1，占用的场地是Ⅰ。找出后，将C1和Ⅰ对应处的"○"涂成实心黑点"●"，然后将与实心黑点同列的其他圆圈划掉（或打上×），见表4-16的第一列。

表4-16 场地分配优化法矩阵分配表

专业工程 \ 场地	Ⅰ	Ⅱ	Ⅲ	Ⅳ
C1	●	×	×	×
C2	⊗	●	×	×
C3	⊗	⊗	×	●
C4	×	⊗	●	⊗

（2）按照上述方法，在划去一列后余下的矩阵表里，重复上述步骤，得到表4-16的结果。表上的实心黑点就表示对应的专业工程占用对应的场地，即C1-Ⅰ，C2-Ⅱ，C3-Ⅳ，C4-Ⅲ，这就是本例的最佳场地分配方案。

利用这种方法求得的最佳方案有时不是唯一确定的，根据这种情况，可以在此基础上，进一步采用其他方法加以确定。

2. 区域叠合优化法

施工现场的生活福利设施主要是为全工地服务的，因此，它的位置应适中，使用方便，节省往返时间，各服务点的受益大致均衡。确定这类临时设施的位置可采用区域叠合优化法，其步骤如下：

（1）在施工总平面图上将各服务点的位置列出，按各点位置画出外形轮廓图。

（2）将画好的外形轮廓图剪下，进行第一次折叠；要求是：折过去的部分最大限度地重合在其余面积之内。

（3）将折叠的图形展开，把折过去的面积用一种颜色涂上。

（4）再换一个方向，按上述方法折叠、涂色。如此重复多次（与区域凸顶点个数大致相同次数），最后剩下一小块未涂颜色区域，即为最优化点也就是最适合区域。

3. 最小树选线优化

施工总平面图设计中，在布置给排水、蒸汽、动力、照明等线路时，为了减少动力损耗、节约投资、加快临时设施建造速度，可采用最小树方法，确定最短线路。其步骤如下：

（1）将供应源与需求点位置画出。

（2）依次连接距离最短的连线，原则是：连线距离从小到大；各连线不能形成闭合线。

（3）当供应源与需求点全部被连接时，表明最小树已经找出，即为最短线路。

4. 选点归邻优化法

各种生产性临时设施如仓库、混凝土搅拌站等，各服务点的需要量一般是不同的，要确定其最佳位置必须要同时考虑需要量和距离两个因素，使总的运输吨公里（t·km）数量小，即满足目标函数

$$S = \min \sum_{i=1}^{m} \sum_{j=1}^{n} Q_j D_{ij} \tag{4-5}$$

式中　S——从点 i 到点 j 的总运输量，t·km；

Q_j——服务点 j 的需要量；

D_{ij}——i 点到 j 点的距离。

由于现场道路布置形式不同，用选点归邻法确定最优设场点位置时，可分以下两种情况：

（1）道路为无环路的枝状。此时选择最优设场点可忽略距离因素，选点方法概括为四句话，即“道路没有圈，检查两个端，小半归邻站，够半就设场”。具体步骤如下：

1）计算所有服务点需求量的一半

$$Q_b = \frac{1}{2} \sum_{j=1}^{n} Q_j \tag{4-6}$$

2）比较 Q_j 与 Q_b；若 $Q_j \geqslant Q_b$，则 j 点为最佳设场点；若 $Q_j < Q_b$，则合并到邻点 $j-1$ 处，邻点用量变为 $Q_j + Q_{j-1}$。

以此类推，一直累加到够半时为止。

（2）道路为有环形道路。当道路有环路时，数学上已经证明，最优点一定在服务点或道路交叉点上。具体选择步骤如下：

1）计算所有服务点需求量总和的一半 Q_b。

2）比较各枝路上各服务点 Q_j 和 Q_b，若 $Q_j \geqslant Q_b$，则 j 点为所求最优场点。否则，将其归入邻点。

3）若枝路上各点均 $Q_j < Q_b$，则比较环路上各点 Q_j 与 Q_b，若 $Q_j \geqslant Q_b$；则 j 为最优场点。

4）若环路上亦无 $Q_j \geqslant Q_b$ 点，则计算环路上各服务点与道路交叉点的运输吨公里（t·km）数。计算式为

$$S_i = \sum_{i=1}^{m} \sum_{j=1}^{n} Q_j D_{ij}$$

其中的 S_i 最小值点即为最优设场点。

七、施工总平面图的科学管理

（1）建立科学的施工总平面图管理制度，划分总平面图的使用管理范围。各区各片有专人负责总平面的管理，严格控制各种材料、构件、机具的位置、占用时间和占用面积。

（2）实行施工总平面动态管理。定期召开总平面动态管理会议，奖优罚劣，协调各单位关系；定期对现场平面进行实际使用情况复核，修正其不合理之处；随着不同的施工阶段，及时对施工总平面进行调整。

（3）做好现场的清理和维护工作，不准随意挖断道路，不准擅自拆迁建筑物和水电线路，大型临时设施和水电线路不得随意更改和移位。切实落实施工总平面图的各项要求，保证施工顺利进行。

八、施工风险防范

通常施工风险类型有：承包方式风险、承包合同风险、工期风险、质量安全风险、成本风险。

1. 施工风险因素识别

(1) 施工风险识别目的。确定施工过程中存在哪些风险，引起风险的主要原因，以及哪些风险必须认真对待。

(2) 施工风险识别过程。风险筛选、风险监测和风险诊断三个环节。

(3) 施工风险识别方法。专家调查法、故障树法、流程图分析法、财务报表分析法和现场观察法。通过这些方法可以对风险及其产生的原因作出判断，为风险估计、评价和决策提供依据。

2. 施工风险出现概率和损失值估计

(1) 风险估计方法。概率分析法、趋势分析法、专家会议法、德尔菲法和专家系统分析法。

(2) 风险损失值估计。通常风险损失包括：风险直接损失和间接损失两部分。直接损失一般较容易估计，间接损失估计比较复杂。因此必须细致地分析和估计风险间接损失。

3. 施工风险管理重点

(1) 风险潜在阶段，正确预见和及时发现风险苗头，制订实施各种风险控制手段和措施，以阻止风险损失发生，削弱损失影响程度，消除风险隐患。

(2) 在风险实际出现阶段，积极实施抢救和补救措施，将风险损失减少到最低程度。

(3) 当风险损失发生后，迅速运用风险管理手段和措施，对项目损失进行有效的经济补偿，在尽可能短的时间内，排除直接损失对项目正常运营的干扰，减少风险间接损失。

4. 施工风险防范对策

风险控制对策主要是：风险管理人员采取具体措施，控制并减少风险损失频率和幅度，使其风险损失发生具有可预见性。其主要手段和措施包括：风险回避、风险转移、风险预防、风险分散和保险。

风险财务对策主要是：风险管理人员用筹集资金支付风险损失的方法。其主要手段和措施包括：风险自留、风险转移和保险。

5. 施工风险管理责任

为了落实风险管理责任，应将风险名称、管理目标、防范对策和管理责任人列入风险管理责任表，并贯彻落实。

九、主要技术经济指标分析

1. 项目施工工期

建设项目总工期、独立交工系统工期以及独立承包项目和单项工程工期。

2. 项目施工质量

建设项目质量水平、单项工程和单位工程质量标准以及分部工程质量标准。

3. 项目施工安全

施工人员伤亡率、重伤率、轻伤率和经济损失。

4. 项目施工成本

建设项目总造价总成本和利润，每个独立交工系统总造价、总成本和利润，独立承包项目造价、成本和利润，每个单项工程、单位工程的造价、成本和利润，及其产值（总造价）利润率和成本降低率。

5. 项目施工消耗

建设项目总用工量，独立交工系统用工量，每个单项工程用工量，以及它们各自平均人数、高峰人数和劳动力不均衡系数，劳动生产率；主要材料消耗量和节约量；主要大型机械使用数量、台班量和利用率。

6. 项目施工其他指标

施工现场利用系数、施工设施建造费比例，以及综合工厂化程度、机械化程度和装配化程度。

第五节　施工组织总设计实例（手机扫码阅读）

案例一：××市××保障性住房施工组织总设计（请微信扫码阅览）

案例一：××市××保障性住房施工组织总设计

案例二：××市住宅小区及地库施工组织设计（请微信扫码阅览）

案例二：××市住宅小区及地库施工组织设计

本章小结

本章在前面几章内容的基础上，详细介绍了施工组织总设计的编制程序（见图 4-1），以及施工组织总设计的主要内容。

1. 工程概况

工程概况应包括项目主要情况和项目主要施工条件等。在编制工程概况时，为了清晰易读，宜采用图表说明。

2. 总体施工部署

总体施工部署包括：项目总体施工的宏观部署、项目施工的重点和难点、总承包单位应明确项目管理组织机构形式、新技术、新工艺、分包项目施工单位的资质和能力要求。

3. 施工总进度计划

施工总进度计划应按照项目总体施工部署的安排进行编制。施工总进度计划可采用网络图或横道图表示，并附必要说明。

4. 总体施工准备与主要资源配置计划

总体施工准备应包括技术准备、现场准备和资金准备等，主要资源配置计划应包括劳动力配置计划和物资配置计划等。

5. 主要施工方法

施工组织总设计应对项目涉及的单位（子单位）工程和主要分部（分项）工程所采用的施工方法进行简要说明。对脚手架工程、起重吊装工程、临时用水用电工程、季节性施工等专项工程所采用的施工方法应进行简要说明。

6. 施工总平面布置

施工总平面布置图应符合下列要求：根据项目总体施工部署，绘制现场不同施工阶段（期）的总平面布置图；施工总平面布置图的绘制应符合国家相关标准要求并附必要说明。

思考题

1. 什么是施工组织总设计？它包括哪些内容？
2. 试述施工组织总设计的作用及其编制依据和编制程序。
3. 施工组织总设计的工程概况包括哪些内容？
4. 施工组织总设计的施工部署包括哪些内容？
5. 试述施工总进度计划的编制步骤。
6. 施工总平面图一般包括哪些主要内容？其设计原则是什么？
7. 试述施工总平面图的设计步骤。
8. 收集一份实际工程的施工组织总设计文件。

第五章　单位工程施工组织设计

知识目标　了解单位工程施工组织设计的作用、编制依据；熟悉单位工程施工组织设计的编制程序；掌握单位工程施工组织设计的基本内容。

能力目标　能把握施工部署、主要施工方案的编制要点；具备编制施工进度计划、施工准备与资源配置计划、施工平面图的能力。

第一节　概　述

单位工程施工组织设计是以单位（子单位）工程为对象，用以指导拟建工程从施工准备到竣工验收全过程施工活动的技术、经济和组织管理的综合性文件。单位工程施工组织设计一般在施工图设计完成后，由项目经理组织，在技术负责人领导下编制，是施工前的一项重要准备工作。在开工前，应将经企业批准的单位工程施工组织设计报送总监理工程师审查确认。

一、单位工程施工组织设计的作用

单位工程施工组织设计的作用主要表现在以下几方面：

(1) 贯彻施工组织总设计精神，具体实施施工组织总设计对该单位工程的规划安排。

(2) 选择确定合理的施工方案，提出具体质量、安全、进度、成本保证措施，落实建设意图。

(3) 编制施工进度计划，确定科学合理的各分部分项工程间的搭接配合关系，以实现工期目标。

(4) 计算各种资源需要量，落实资源供应，做好施工作业准备工作。

(5) 设计符合施工现场情况的平面布置图，使施工现场平面布置科学、紧凑、合理。

二、单位工程施工组织设计的编制依据

单位工程施工组织设计的编制依据主要有以下几方面：

(1) 施工合同。施工合同中对工程的范围和内容、开竣工日期、质量标准、安全施工、合同价款与支付、索赔与争议等有关规定。

(2) 主管部门的批示文件。如上级主管部门审批的工程立项批准文件、建设用地规划许可证、建设工程规划许可证，建设用水、用电、通信、煤气、供水设施等的批准文件，以及施工许可证等。

(3) 经过会审的施工图纸。其中包括：单位工程的全部施工图纸、会审纪要和标准图等有关设计资料；对于较复杂的建筑工程还要有设备图纸和设备安装对土建施工的要求，及设计单位对新结构、新材料、新技术和新工艺的要求；如果是某个大型建设项目中的一个单位工程，还要有建设项目的总平面布置图等。

(4) 标前设计。应在投标前编制的施工组织设计基础上进一步细化。

(5) 施工组织总设计。本工程若为整个建设项目中的一个单位工程，应把施工组织总设

计中的总体施工部署及对本工程工期、质量、成本控制的目标要求和有关规定，作为编制依据。

(6) 项目管理目标责任书。在单位工程施工组织设计的编制中，应落实企业法定代表人与项目经理签订的“项目管理目标责任书”。

(7) 建筑业企业年度施工计划。如企业年度生产计划对该工程的安排、进度要求、其他项目穿插施工的要求和规定。

(8) 工程预算文件。其中提供了工程量、工料分析和预算成本，要求应有详细的分部分项工程量，必要时应有分层分段或分部位的工程量。

(9) 现行有关的规范、规程等资料。如国家的《建筑工程施工质量验收统一标准》及配套各专业工程施工质量验收规范，《建筑施工安全检查标准》及配套安全技术规范，《工程网络计划技术规程》，《房屋建筑制图统一标准》等系列国家制图标准，施工手册，有关施工规程，有关定额等；地方的有关标准、实施细则；企业的有关工法、专利、管理手册、程序文件、管理办法、制度、标准、细部做法、企业定额等。

(10) 各项资源情况。包括劳动力、施工机具和设备、材料、预制构件、加工品的供应能力和来源情况。

(11) 施工现场的具体情况和勘察资料。包括高程、地形地貌、水文地质和工程地质、气象、交通运输、场地面积、地上地下障碍物等。

(12) 建设单位可能提供的施工用地、临时房屋、水电等条件。如建设单位可能提供施工使用的临时房屋数量、水电供应量、水压电压等能否满足施工要求。

(13) 类似工程施工组织设计。这是快速编制本工程施工组织设计的有效参考依据。

三、单位工程施工组织设计的编制内容

根据工程的性质、规模、结构特点、繁简程度、技术要求和施工条件，单位工程施工组织设计的内容及深度广度可以有所不同，不强求一致，但应简明扼要，真正起到指导现场施工的作用。

单位工程施工组织设计较完整的内容一般应包括下述各项：

1. 工程概况

工程概况应包括工程主要情况、各专业设计简介和工程施工条件等。

2. 施工部署

施工部署应包括：工程施工目标、进度安排和空间组织、工程施工的重点和难点分析、工程管理的组织机构形式、新技术、新工艺、新材料和新设备、主要分包工程施工单位的选择要求及管理方式。

3. 施工进度计划

施工进度计划可采用网络图或横道图表示，并附必要说明；对于工程规模较大或较复杂的工程，宜采用网络图表示。

4. 施工准备与资源配置计划

施工准备应包括技术准备、现场准备和资金准备等；资源配置计划应包括劳动力配置计划和物资配置计划等。

5. 主要施工方案

单位工程应按照 GB 50300《 建筑工程施工质量验收统一标准》中分部、分项工程的划分原则，对主要分部、分项工程制定施工方案。对脚手架工程、起重吊装工程、临时用水用电工程、季节性施工等专项工程所采用的施工方案应进行必要的验算和说明。

6. 施工现场平面布置

施工现场平面布置图应参照本教材第四章——关于施工总平面布置的原则和要求的规定，并结合施工组织总设计，按不同施工阶段分别绘制。

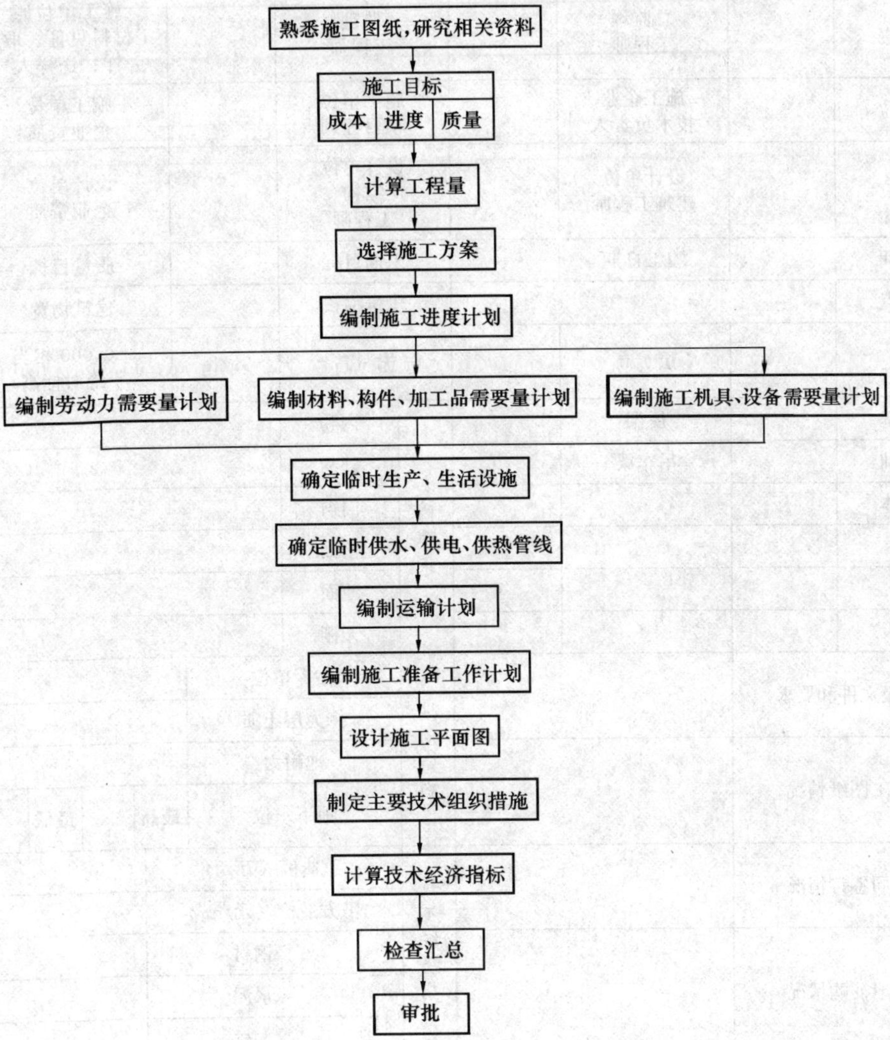

图 5-1　单位工程施工组织设计编制程序

四、单位工程施工组织设计的编制程序

单位工程施工组织设计的编制程序如图 5-1 所示。从中可以知道单位工程施工组织设计各个组成部分之间的先后次序和制约关系。

五、工程概况

单位工程施工组织设计中的工程概况，是对拟建工程的工程特点、地点特征、施工条件、施工特点、施工目标、组织机构等所作的一个简要、突出重点的文字介绍。对于建筑、结构不复杂及规模不大的拟建工程，其工程概况也可采用表格形式，见表 5-1。

表 5-1 **工程概况表**

单位工程名称		结构类型		建筑面积		出图日期	
建设单位		建设单位企业法人		建设单位项目负责人		监理单位原材料见证、取样、送样人	
监理单位		总监理工程师		监理工程师		施工单位原材料见证、取样、送样人	
施工单位		施工企业技术负责人		施工单位项目经理		施工单位企业资质	
设计单位		设计单位建筑工程师		设计单位结构工程师		设计单位企业资质	
开工日期		竣工日期		工期目标		质量目标	
工程地点				建筑物长		建筑物宽	
层数		层高		檐高		±0.000 相当于绝对标高	

建筑结构	地基		屋架		装修要求	内粉	
	基础		吊车梁			外粉	
	墙体					门窗	
	柱					楼面	
	梁					地面	
	楼板					天棚	

施工条件	上级文件和要求	
	施工图纸情况	
	合同签订情况	
	土地征购情况	
	三通一平情况	
	主要材料落实情况	
	临设解决办法	
	其他	

地质资料	钻探单位						
	持力层土质						
	地耐力						
	地下水位	最高		最低		常年	
技术经济指标	总造价（万元）						
	平方造价（元/m²）						
	三材	钢材		kg/m²			
		水泥		kg/m²			
		木材		m³/m²			
雨量	日最大量						
	一次最大						
	全年						
气温	最高		气候	冬施起止日期			
	最低			雨施起止日期			
其他							

为了弥补文字叙述或表格介绍工程概况的不足，一般需附上拟建工程平、立、剖面简

图，图中注明轴线尺寸、总长、总宽、总高、层高等主要建筑尺寸，细部构造尺寸不需注出，以求图形简洁明了。为了说明主要工程的任务量，一般还需附上主要分项工程工程量一览表，见表5-2。

表5-2　主要分项工程工程量一览表

序号	分部分项工程名称	工程量		序号	分部分项工程名称	工程量	
		单位	数量			单位	数量
1				6			
2				7			
3				8			
4				9			
5				…			

工程概况的主要内容包括：

1. 工程主要情况

(1) 工程名称、性质和地理位置。

(2) 工程的建设、勘察、设计、监理和总承包等相关单位的情况。

(3) 工程承包范围和分包工程范围。

(4) 施工合同、招标文件或总承包单位对工程施工的重点要求。

(5) 其他应说明的情况。如资金来源及工程投资额、工程造价，开竣工日期，施工图纸情况（是否出齐、会审）等。

2. 各专业设计简介

(1) 建筑设计简介应依据建设单位提供的建筑设计文件进行描述，包括建筑规模、建筑功能、建筑特点、拟建工程的建筑面积、平面形状、层数、层高、总高、总宽、总长、建筑耐火、防水及节能要求等，并应简单描述工程的主要装修做法。

(2) 结构设计简介应依据建设单位提供的结构设计文件进行描述，包括结构形式、地基基础形式、结构安全等级、抗震设防类别、主要结构构件类型及要求等。

(3) 机电及设备安装专业设计简介应依据建设单位提供的各相关专业设计文件进行描述，包括给水、排水及采暖系统、通风与空调系统、电气系统、智能化系统、电梯等各个专业系统的做法要求。

3. 工程施工条件

工程施工条件应参照本书第四章施工组织总设计中工程概况所列主要内容进行说明。

(1) 建设地点特征。主要包括：拟建工程的位置、地形，工程地质和水文地质条件；不同深度的土壤分析；冻结期间与冻土深度；地下水位与水质，气温；冬、雨期起止时间；主导风向与风力；地震烈度等特征。

(2) 施工条件。主要包括：水、电、道路及场地平整的“三通一平”情况；施工现场及周围环境情况；当地的交通运输条件；材料、预制构件的生产及供应情况；施工机械设备的落实情况；劳动力，特别是主要施工项目的技术工种的落实情况；内部承包方式、劳动组织形式及施工管理水平；现场临时设施的解决等。

(3) 工程施工特点。主要包括：拟建工程的施工特点和施工中的关键问题。通过分析施工特点，可以说明工程施工的重点所在，以便在选择施工方案、组织资源供应和技术力量配备、编制施工进度计划、设计施工现场平面布置、落实施工准备工作上采取有效措施，解决关键问题的措施落实于施工之前，使施工顺利进行，提高建筑业企业的经济效益和管理水平。

不同类型的建筑、不同条件下的工程施工，均有其不同的特点。如砖混结构住宅建筑的施工特点是砌筑和抹灰工程量大，水平与垂直运输量大，主体施工占整个工期35%左右，应尽量使砌筑与楼板混凝土工程流水施工，装修阶段占整个工期50%左右，工种交叉作业，应尽量组织立体交叉平行流水施工。又如，现浇钢筋混凝土高层建筑的施工特点是基坑、地下室支护结构安全要求高，结构和施工机具设备的稳定性要求高，钢材加工量大，混凝土浇筑难度大，脚手架、模板工程需进行设计，安全问题突出，要有高效率的垂直运输设备等。再如，在单层装配式工业厂房施工中，要重点解决地下工程、预制工程和结构安装工程。

第二节 施工部署与主要施工方案

一、施工部署

施工部署是对项目实施过程做出的统筹规划和全面安排，包括项目施工主要目标、施工顺序及空间组织、施工组织安排等。

（一）工程施工目标

工程施工目标应根据施工合同、招标文件以及本单位对工程管理目标的要求确定，包括进度、质量、安全、环境和成本等目标。施工目标必须满足或高于施工合同目标，作为控制施工进度、质量、成本计划的依据。

当单位工程施工组织设计作为施工组织总设计的补充时，其各项目标的确立应同时满足施工组织总设计中确立的施工目标。

（二）进度安排和空间组织

施工部署中的进度安排和空间组织应符合下列规定：

1. 施工顺序

应明确说明工程主要施工内容及其进度安排，施工顺序应符合工序逻辑关系。

施工部署应对本单位工程的主要分部（分项）工程和专项工程的施工做出统筹安排，对施工过程的里程碑节点进行说明。

（1）确定施工顺序的一般原则。

在全面施工阶段，应按“先地下后地上”、“先主体后围护”、“先结构后装修”、“先土建后设备”的一般原则，结合工程的具体情况，确定各分部工程、专业工程之间的先后次序。

1）“先地下后地上”是指首先完成地基处理和基础工程、管道、管线等地下设施，再开始地上工程施工。地下工程应按先深后浅的次序施工，这样可以提供良好的施工场地，避免造成返工、影响质量，或对地上部分施工产生干扰。

2）“先主体后围护”是指首先施工框架建筑、排架建筑等的主体结构，再进行围护结构的施工。为了加快施工进度，在多层建筑、特别是高层建筑中，围护结构与主体结构搭接施工的情况也比较普遍，即主体施工数层后，围护结构也随后而上，既能扩大现场施工作业面，又能缩短工期。

3）“先结构后装修”是指首先施工主体结构，再进行装修工程的施工。有时为了缩短工期，也可部分搭接施工，如有些临街建筑往往是上部主体结构施工时，下部一层或数层先进行装修并开门营业，可以加快进度，提高效益。

4）“先土建后设备”是指不论工业或民用建筑，一般首先进行土建工程的施工，再进行水、暖、煤、电、卫等建筑设备的施工。但它们之间更多的是穿插配合的关系，如要求设备安装的某一工序穿插在土建的某一工序之前，尤其在装修阶段，要从保质量、讲节约的角度，处理好各工种之间的协作配合关系。

施工顺序是指分项工程（或工序）之间施工的先后次序。组织单位工程施工时，应将其划分为若干个分部工程（或施工阶段），每一分部工程（或施工阶段）又可划分为若干个分项工程（或工序），并对各个分项工程（或工序）之间的先后顺序作出合理安排。它的确定既是为了按照客观施工规律组织施工，也是为了解决工种之间在时间上的搭接问题，在保证质量与安全施工的前提下，充分利用空间，争取实现缩短工期的目的。合理地确定施工顺序是编制施工进度计划的需要。

（2）确定施工顺序的基本要求。

1）符合施工程序、施工工艺。施工程序确定了施工阶段或分部工程之间的先后次序，确定施工顺序时必须遵循已确定的施工程序，如先结构后装修的程序。施工工艺是各施工过程之间客观存在的工艺顺序和相互制约关系。随工程结构和构造的不同而不同，一般是不能违背的。例如，浇筑混凝土必须在安装模板、绑钢筋完成，并经隐蔽工程验收后才能开始；钢筋混凝土预制构件必须达到一定强度后才能吊装。

2）考虑施工方法和施工机械的要求。如单层工业厂房吊装工程，当采用分件吊装法时，则施工顺序为吊柱→吊梁→吊屋盖系统；当采用综合吊装法时，则施工顺序为第一节间吊柱、梁、屋盖→第二节间依次类推，直至最后节间。又如在安装装配式多层多跨工业厂房时，若采用塔式起重机，则可自下而上地逐层安装；若采用桅杆式起重机，则可把厂房在平面上划分为若干单元，自下而上地吊装完一个单元构件再吊下一个单元构件。

3）按照施工组织的要求。如有地下室的高层建筑，其地下室的混凝土地坪工程可以安排在其上层楼板施工前进行，也可以在上层楼板施工后进行。从施工组织的角度看，前一种施工顺序较方便，上部空间宽敞，便于利用吊装机械直接向地下室运输浇筑地坪所需的混凝土；而后者，其材料运输和施工较困难。又如，安排室内外装饰工程施工顺序时，可按施工组织规定的先后顺序进行。

4）考虑施工质量、安全的要求。如基坑回填土，特别是从一侧进行回填时，必须在砌体达到必要的强度才能开始；屋面防水层施工，需等找平层干燥后才能进行；楼梯抹面最好安排在上一层的装饰工程全部完成后进行。以上施工顺序安排可满足施工质量要求。又如，脚手架应在每层结构施工之前搭好；多层房屋施工，只有在已经有层间楼板把楼层分开的条件下，才容许同时在各个楼层展开施工。以上施工顺序安排可满足安全施工要求。

5）考虑当地气候条件。在中南、华东地区施工时，应多考虑雨期施工的影响；在华北、东北、西北地区施工时，应多考虑冬期施工的影响。如，土方、砌体、混凝土、屋面等工程应尽量避开冬、雨期，冬、雨期到来之前，应先完成室外各项施工过程，为室内施工创造条件；冬期室内施工时，先安装玻璃，后做其他装饰工程，有利于保温和养护。

(3) 多层砖混结构建筑的施工顺序。多层砖混结构建筑的施工，其施工阶段划分一般可以分为：基础工程、主体结构工程、屋面及装饰工程三个阶段。其施工顺序如图 5-2 所示。

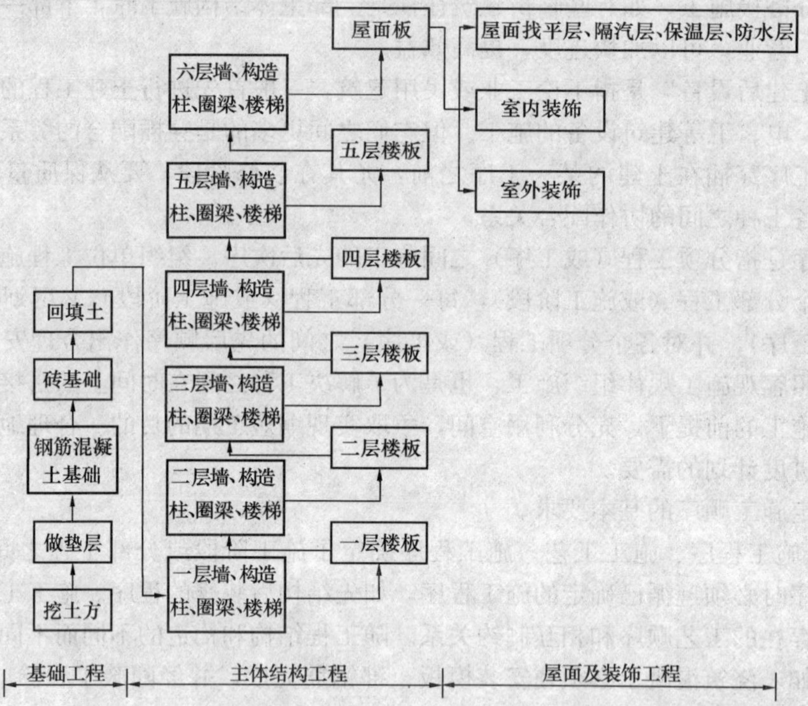

图 5-2 砖混结构六层住宅施工顺序示意图

1) 基础工程的施工顺序。基础工程施工阶段是指室内地坪（±0.000）以下的所有工程施工阶段。其施工顺序一般为：挖土方→做垫层→做钢筋混凝土基础→砌基础→铺设防潮层→回填土。如有地下障碍物、文物、坟穴、防空洞、溶洞、软弱地基等问题，需先进行处理；如有桩基础，应先进行桩基础施工；如有地下室，则应在基础砌完成后，砌筑地下室墙，在做完防潮层后施工地下室顶板，最后回填土。

需注意，这阶段挖土与垫层在施工安排上要紧凑，间隔时间不宜太长，以防基槽（坑）积水或受冻，影响地基承载力。还应注意，垫层施工后要留有技术间歇时间，使之具有一定强度后，再进行下道工序的施工。各种管沟的挖土、垫层、管沟墙、盖板、管道铺设等应尽可能与基础施工配合，平行搭接进行。回填土一般在基础完工后一次分层夯填完毕，以便为后续施工创造条件。对零标高以下的房心回填土，最好与基槽（坑）回填土同时进行，注意水暖电卫煤气管道的回填标高，如不能同时回填，也可于装饰工程之前，与主体结构的施工同时交叉进行。

2) 主体结构工程的施工顺序。主体结构工程施工阶段的工作，通常包括搭脚手架及垂直运输设施、砌筑墙体、安门窗框、安预制过梁、现浇构造柱、圈梁、雨篷、楼板，安预制楼板等分项工程。若楼板为现浇时，其钢筋混凝土工程施工顺序为立构造柱钢筋→砌墙→安构造柱模板→浇构造柱混凝土→安梁、板、梯模板→绑梁、板、梯钢筋→浇梁、板、梯混凝土。若楼板为预制时，墙体砌筑与安装楼板为主导工程，应尽量使墙体砌筑流水施工。可采用划分流水施工段的方法。根据每个施工段砌墙工程量、工人人数、垂直运输量及吊装机械效率等计算确定流水节拍的大小。至于安装楼板，如能设法做到连续吊装，可与砌墙工程组织流水施工；如不能连续吊装，则和各层现浇混凝土工程一样，只要与砌墙工程紧密配合，保证砌墙连续进行则可。现浇厨房、卫生间楼板的支模板、绑钢筋可安排在墙体砌筑的最后一步插入，在浇筑构造柱、圈梁混凝土的同时浇筑厨房、卫生间楼板混凝土。还应注意，脚手架的搭设也应配合砌体进度逐层逐段进行。

房屋设备安装工程与主体结构工程的交叉施工表现为，在主体结构施工时，应在砌墙或现浇钢筋混凝土楼板的同时，预留上下水管和暖气立管的管洞、电气孔槽、穿线管或预埋木块和其他预埋件。

3）屋面及装饰工程施工顺序。这个阶段的特点是：施工内容多；有的工程量大，有的小而分散；劳动消耗量大，手工操作多，工期长。

屋面工程的施工顺序一般为，找平屋→隔汽层→保温层→找平层→防水层。一般情况下，它可以和装饰工程搭接或平行施工。

装饰工程可分为室内装饰（顶棚、墙面、楼地面、楼梯等抹灰，门窗扇安装、油漆、安玻璃、油墙裙、做踢脚线等）和室外装饰（外墙抹灰、勒脚、散水、台阶、明沟、水落管等）。室内、外装饰工程的施工顺序通常有先外后内，先内后外，内外同时进行等三种，具体采用哪种顺序应视施工条件和气候而定。通常室外装饰应避开雨期或冬期。当室内为水磨石楼地面时，为防止其施工时水的渗漏对外墙面的影响，应先进行水磨石的施工；如果为了加快脚手架的周转或要赶在冬期之前完成外装饰，而应采用先外后内的装饰。室内外装饰各施工层与施工段之间的施工顺序由施工起点流向定出。当该层装饰、落水管等分项工程都完成后，即开始拆除该层的脚手架。散水及台阶等外架拆除后进行施工。

室内抹灰工程在同一层的顺序一般是：地面→天棚→墙面，此顺序便于清理地面基层，地面质量易于保证，且便于收集天棚、墙面落地灰，节约材料。但地面需要养护时间及采取保护措施，影响后续工程，会使工期拉长。有时为了缩短工期，也可以采用天棚→墙面→地面的施工顺序，但要注意应在做地面面层时将落地灰清扫干净，否则会影响面层与楼板的粘结质量。

底层地面一般多是在各层装修做好以后进行。楼梯间踏步，因为在施工期间容易受到损坏，通常在各层装修基本完成后，自上而下统一施工。门窗扇的安装安排在抹灰之前或之后进行，主要视气候和施工条件而定。门窗油漆后再安装玻璃。

房屋设备安装工程的施工与装饰工程的交叉配合施工表现为，应先安装各种管道和附墙暗管、接线盒等，再进行装饰工程施工；水、暖、煤、电、卫等设备安装一般在楼地面和墙面抹灰前或后穿插施工。

室外管网工程的施工可以安排在土建工程前或与其同时施工。

（4）高层框架结构建筑的施工顺序。高层框架结构建筑的施工，按其施工阶段划分，一般可以分为地基与基础工程、主体结构工程、屋面及装饰装修工程三个阶段，其施工顺序如图 5-3 所示。

1）基础工程的施工顺序。高层现浇框架—剪力墙结构基础，若有地下室一层，且需地基处理时，基础工程的施工顺序一般为：土方开挖→地基处理→垫层→地下室底板防水及底板→地下室墙、柱、顶板→地下室外墙防水→回填土。

土方开挖时需注意防护和支护。如有桩基础时，还需确定桩基打设的施工顺序。对于大

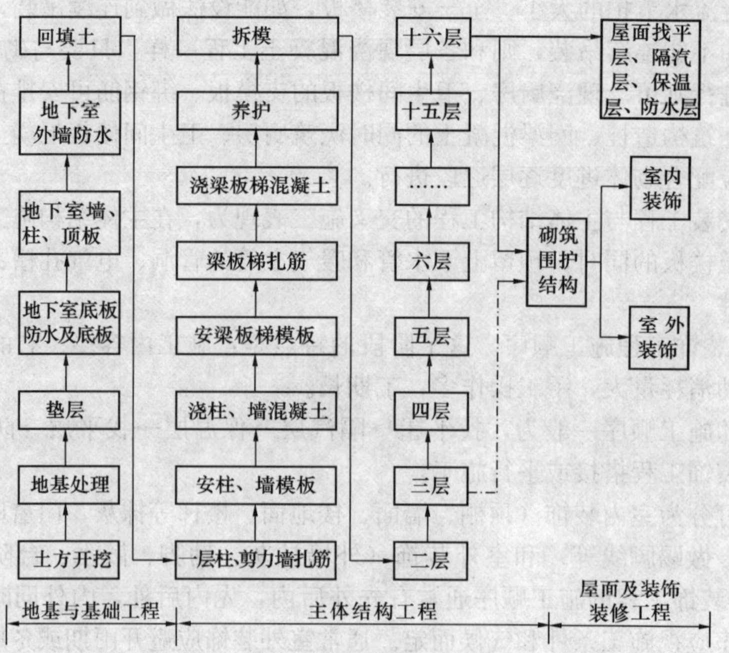

图 5-3　高层框架—剪力墙结构建筑的施工顺序示意图

注：主体 2～16 层的施工顺序同第一层。

体积混凝土，还需确定分层浇筑施工顺序，并安排测温工作。施工时，应根据气候条件，加强对垫层和基础混凝土的养护，在基础混凝土达到拆模要求时及时拆模，并尽早回填土，为上部结构施工创造条件。

2）主体结构工程的施工顺序。主体结构工程施工阶段的工作包括：安装垂直运输设施及搭脚手架，每一层分段施工框架—剪力墙混凝土结构，砌筑围护结构墙体等。其中，每层每段的施工顺序为：测量放线→柱、剪力墙钢筋绑扎→墙柱设备管线预埋→验收→墙柱模板支设→验收→浇墙柱混凝土→养护拆模→梁板梯模板支设→测量放线→板底层筋绑扎→设备管线预埋敷设→验收→ 梁梯钢筋、板上层筋绑扎→验收→浇梁梯板混凝土→养护→拆模。柱、墙、梁、板、梯的支模、绑筋等施工过程的工程量大，耗用的劳动力、材料多，对工程质量、工期起着决定性作用。故需将高层框架—剪力墙结构在平面上分段、在竖向上分层，组织流水施工。

砌筑围护结构墙体的施工包括：砌筑墙体、安门窗框、安预制过梁，现浇构造柱等工作。高层建筑砌筑围护结构墙体一般可安排在框架—剪力墙结构施工到 3～4 层（或拟建层数一半）后即插入施工，以缩短工期，为后续室内、外装饰工程施工创造条件。

3）屋面及装饰工程的施工顺序。屋面工程的施工顺序及其与室内、外装饰工程的关系和砖混结构建筑施工顺序基本相同。

高层框架—剪力墙结构建筑的装饰工程是综合性的系统工程，其施工顺序与砖混结构建筑的施工顺序基本相同，但要注意目前装饰工程新工艺、新材料层出不穷，安排施工顺序时应综合考虑工艺、材料要求及施工条件等因素。施工前应预先完成与之交叉配合的水、暖、煤、电、卫等安装，尤其注意天棚内的安装未完成之前，不得进行天棚施工。施工时，先作样板或样板间，经与甲方和监理共同检查认可后方可大面积施工，以保证施工质量。安排施工顺序时应特别注意成品保护。

(5) 单层装配式厂房的施工顺序。单层装配式钢筋混凝土工业厂房的施工，按其施工阶段划分，一般可以分为：基础工程、预制及养护工程、安装工程、围护工程、屋面及装饰工程五个施工阶段。其施工顺序如图 5-4 所示。

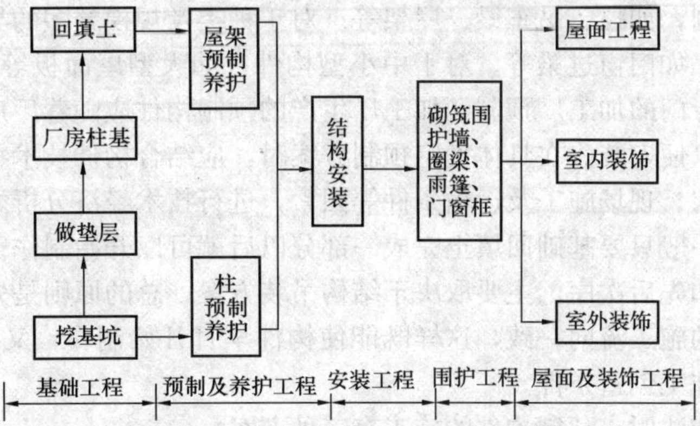

图 5-4　单层装配式厂房的施工顺序示意图

单层工业厂房由于生产工艺问题，无论在厂房类型、建筑面积、造型或结构构造上都与民用建筑有较大差别，且具有设备基础和各种管网，所以其施工要比民用建筑复杂。有的单层工业厂房，面积、规模较大，生产工艺要求复杂，厂房按生产工艺分区、分工段，这种工业厂房的施工顺序的确定，不仅要考虑土建施工和组织的要求，而且要研究生产工艺的要求，一般是先生产的工段先施工，从而尽早交付使用，发挥投资效益。因此，对于规模大，工艺复杂的工业厂房的施工，要分期分批施工，分期分批交付生产使用。下面叙述中小型工业厂房的施工顺序。

1) 基础工程的施工顺序。单层工业厂房的柱基础一般为现浇钢筋混凝土杯形基础，宜采用平面流水施工。其施工顺序通常为：挖基坑→做垫层→绑筋→支模→浇混凝土基础→养护→拆模→回填土。其中，重型工业厂房建设在土质较差地区时，需采用桩基础，为缩短工期，常将打桩工程安排在准备阶段进行。

厂房柱基础与设备基础施工顺序的不同，常常会影响到主体结构的安装方法和设备安装投入的时间。因此，需结合具体情况决定其施工顺序。通常有两种方案。

①“封闭式”施工，即先施工厂房柱基础，再施工设备基础。当厂房柱基础的埋置深度大于设备基础埋置深度时，在厂房结构安装后再施工设备基础对厂房结构稳定性无影响；或对于较大较深的设备基础采取了特殊的施工方案（如沉井）时，可采用“封闭式”施工。

②“开敞式”施工，即厂房柱基础与设备基础同时施工。当厂房柱基础的埋置深度小于设备基础深度时，设备基础基坑的挖土范围已与柱基础的基坑挖土范围连成一片或深于厂房柱基础；或厂房所在地点土质不佳时，可采用“开敞式”施工。

若厂房基础与设备基础埋置深度接近时，则两种施工顺序可任选。

单层工业厂房在基础施工前，和民用建筑一样，也要处理好基础下部的松软土、洞穴、防空洞、文物等，然后分段进行流水施工，且其流水施工要与现场预制工程、结构吊装工程相结合，在考虑各分项工程的搭接时，应根据当时的气温条件，加强对垫层和基础混凝土的养护，在基础混凝上达到拆模强度后即可拆模，并及早进行回填土，为现场预制工程创造条件。

2）预制及养护工程的施工顺序。单层工业厂房结构构件的预制方式，一般采用加工厂预制和现场预制相结合的方法，通常对于重量较大、尺寸大或运输不便的大型构件，可在拟建厂房现场就地预制，如柱、吊车梁、屋架等。对于种类及规模繁多的异形构件，可在拟建厂房外部集中预制，如门窗过梁等。对于中小型构件，如大型屋面板等标准构件、木制品、钢结构构件等宜在专门的加工厂预制。加工厂生产的预制构件应随着厂房结构安装工程的进展陆续运往现场，以便安装。在具体确定预制方案时，应结合构件技术特征、当地加工厂的生产能力、工期要求、现场施工及运输条件等因素，进行技术经济分析之后确定。现场内部就地预制的构件，一般只要基础回填土完成一部分以后就可以开始制作。但构件在平面上的布置、制作的流程和先后次序，主要取决于结构吊装方案，总的原则是先吊装的先预制。制作的流向应与基础的施工流向一致，这样既能使构件早日开始制作，又能及早让出工作面，为结构安装工程的施工创造条件。

当采用分件吊装法时，预制构件的施工有三种方案。

①当场地狭小而工期允许时，构件预制可分别进行。首先制作柱和吊车梁，待柱和吊车梁安装完毕再制作屋架。

②当场地宽敞时，可依次安排柱、吊车梁、屋架的连续制作。

③当场地狭小但工期紧迫时，可首先将柱和梁等在拟建厂房内就地制作，接着或同时在拟建厂房外进行屋架预制。

当采用综合吊装法时，柱、梁、屋架等构件可按节间依次制作。此时视场地具体情况确定构件是全部在拟建厂房内就地预制，还是一部分在拟建车间外预制，现场后张法预应力屋架的施工顺序是：场地平整夯实→支模→扎筋（有时先扎筋后支模）→预留孔道（预埋钢管或加压橡皮管）→浇捣混凝土→养护→拆模→预应力钢筋张拉→锚固→灌浆→养护。

单层工业厂房结构构件预制后需养护并达到一定强度要求。其养护技术间歇时间长短取决于当地气温、混凝土拌制时的技术措施（加减水剂或早强剂等）、养护工艺、养护条件等因素。预应力屋架，托架梁等构件在混凝土的强度达到设计强度等级时方可进行张拉预应力筋；预制结构构件的混凝土强度、预应力混凝土构件孔道灌浆的水泥砂浆强度必须符合设计要求时方可进行吊装；设计无规定时，混凝土的强度不应低于设计强度的70%，预应力混凝土构件孔道灌浆的强度不应低于15MPa。

3）结构安装工程的施工顺序。结构安装工程是单层工业厂房施工的主导工程，应单独编制施工作业设计，其施工内容有：柱、抗风柱、吊车梁、屋架、天窗架、大型屋面板等构件的吊装、校正和固定。

吊装前需作以下准备工作：检查混凝土构件强度，杯底抄平、杯口弹线，吊装验算和加固，起重机械安装等。

结构安装工程的吊装顺序取决于安装方法。当采用分件吊装法时，其顺序是：第一次开行吊装柱，边校正边固定；待柱与柱基杯口接头混凝土达到设计强度的70%后，第二次开行吊装吊车梁；第三次开行吊装屋盖构件。当采用综合吊装法时，其顺序是：先吊装第一节间四根柱，迅速校正并临时固定，再吊装吊车梁及屋盖等构件，如此依次逐个节间安装，直至整个厂房安装完毕。

结构安装工程的施工流向通常应与预制构件制作的流向一致。若车间为多跨又有高低跨时，安装流向应从高低跨柱列开始，以适应吊装工艺的要求。

4）围护工程的施工顺序。围护工程施工阶段的工作通常包括：搭脚手架、搭设垂直运输机具，内、外墙体砌筑，现浇门框、雨篷、圈梁，安木门窗框等。在厂房结构安装工程结束后，或安装完一部分区段后即可开始内、外墙砌筑的分段施工。

脚手架应配合砌筑工程搭设，内隔墙的砌筑应根据其基础形式而定，有的可以在地面工程之前与外墙同时进行，有的则需在地面工程完成后进行。

5）屋面及装饰工程的施工顺序。屋面工程施工在砌筑完成后即可进行，其施工顺序与多层砖混结构建筑的屋面工程相同。

装饰工程的施工分为室内装饰（地面的平整、垫层、面层，安装门窗扇，刷白、油漆、安玻璃等）和室外装饰（勾缝、抹灰、水落管、勒脚、散水、明沟等），两者可平行施工，并可与其他施工过程穿插进行。室内地面应在设备基础、墙体工程完成了一部分和地下管沟、管道、电缆完成后进行；刷白应在墙面干燥和大型屋面板灌缝后进行，并在油漆开始前结束；门窗油漆可在内墙刷白后进行，也可与设备安装同时进行。室外装饰一般自上而下，并随之拆除脚手架，在散水施工前将脚手架拆除完毕。

水暖煤电卫安装工程与砖混结构建筑的施工顺序基本相同，但应注意空调设备安装的安排。而生产设备的安装，由于专业性强、技术要求高，应遵照有关专业顺序进行，一般由专业公司承担。

以上所述的施工过程和顺序，仅适用于一般情况。建筑结构、现场条件、施工环境不同，均会对施工过程和顺序的安排产生影响。因此，对每一个单位工程必须根据其施工特点和具体情况，合理地确定其施工顺序，组织立体交叉平行流水作业，以期最大限度地利用空间、争取时间。

2. 划分施工流水段、确定施工起点流向

（1）施工流水段。施工流水段应结合工程具体情况，根据工程特点及工程量，分阶段进行合理划分，并应说明划分依据及流水方向，确保均衡流水施工。

单位工程施工阶段的划分一般包括地基基础、主体结构、装修装饰和机电设备安装三个阶段。

（2）确定施工起点流向。施工起点流向是单位工程在平面或竖向上施工开始的部位和流动的方向。一般情况下，对于单层建筑物，如单层厂房，只需按其车间、工段或节间，分区分段地确定其平面上的施工起点流向；对于多层建筑物，除了确定其每层平面上的施工起点流向外，还需确定其层间或单元空间竖向上的施工起点流向。

施工起点流向的确定，主要解决施工项目在空间上施工顺序合理的问题，影响到一系列施工过程的开展和进程，是组织施工的重要一环，一般应综合考虑以下几个因素。

1）建设单位对生产和交付使用的需要。根据建设单位的要求，生产上和使用上要求急的工段或部位先施工。这往往是确定施工起点流向的决定因素，也是施工单位全面履行合同条款应尽的义务。如高层宾馆、饭店、商厦等，可以在主体结构施工到相当层后，即进行下部首层或数层的设备安装与室内外装修。

2）车间的生产工艺流程。这是确定工业建筑施工起点流向的关键因素。如要先试生产的工段应先施工，在生产工艺上要影响其他工段试车投产的工段应先施工。

3）工程现场条件和施工方法、施工机械。工程现场条件，如施工场地的大小、道路布置等，以及采用的施工方法和施工机械，是确定施工起点流向的主要因素。如当选定了挖土机械和垂直运输机械后，这些机械的开行路线或布置位置就决定了基础挖土及结构吊装的施工起点流向。

4）技术复杂、工期长的部位应先施工。单位工程各部分的繁简程度不同，一般对技术复杂、新结构、新工艺、新材料、新技术、工程量大、工期较长的工段或部位应先施工。如高层框架结构建筑，主楼部分应先施工，裙房部分后施工。

5）房屋的高低层或高低跨和基础的深浅。在高低跨并列的单层工业厂房结构安装中，柱的吊装从并列处开始；在高低跨并列的多层建筑物中，层数多的区段常先施工；屋面防水层施工应按先高后低的方向施工，同一屋面则由檐口到屋脊方向施工；基础有深浅时，应按先深后浅的顺序施工，并且考虑施工现场周边环境状况。

6）施工组织的分层分段。划分施工层、施工段的部位也是决定施工起点流向时应考虑的因素。在确定施工流向的分段部位时，应尽量利用建筑物的伸缩缝、沉降缝、抗震缝、平面有变化处和留槎接缝不影响结构整体性的部位，且应使各段工程量大致相等，以便组织有节奏流水施工，并应使施工段数与施工过程数相协调，避免劳动力窝工；还应考虑分段的大小应与劳动组织（或机械设备）及其生产能力相适应，保证足够的工作面，便于操作，提高生产效率。

7）分部分项工程的特点及其相互关系。各分部分项工程的施工起点流向有其自身的特点。如一般基础工程由施工机械和方法决定其平面的施工起点流向；主体结构从平面上看，一般从哪一边先开始都可以，但竖向一般应自下而上施工；装饰工程竖向的施工起点流向比较复杂，室外装饰一般采用自上而下的流向，室内装饰则可采用自上而下、自下而上、自中而下再自上而中三种流向。密切相关的分部分项工程，如果前面施工过程的起点流向确定了，则后续施工过程也就随之而定了。如单层工业厂房的土方工程的起点流向决定了柱基础、某些构件预制、吊装施工过程的起点流向。

下面以多层建筑物室内装饰工程为例加以说明。

①室内装饰工程采用自上而下的施工流向。这通常是指主体结构封顶、做好屋面防水层后，室内装饰从顶层开始逐层向下进行。其施工起点流向如图 5-5 所示，有水平向下和垂直向下两种情况；施工中一般采用图 5-5（a）所示水平向下的方式较多。这种施工流向的优点是：主体结构完成后，有一定的沉降时间，沉降变

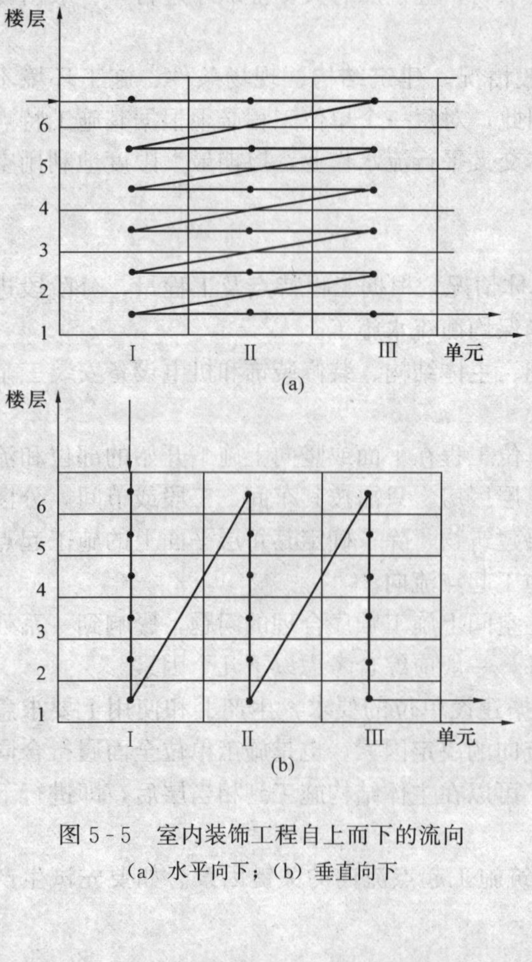

图 5-5　室内装饰工程自上而下的流向

（a）水平向下；（b）垂直向下

化趋于稳定，能保证装饰工程的质量；做好屋面防水层后，可防止雨水或施工用水渗漏而影响装饰工程质量；再者，自上而下的流水施工，各工序之间交叉少，便于组织施工，也便于从上而下清理垃圾。其缺点是不能与主体施工搭接，工期相应较长。

②室内装饰工程采用白下而上的施工流向。这通常是指当主体结构施工完第三或四层以上时，装饰工程从第一层开始，逐层向上进行。其施工流向如图 5-6 所示，有水平向上和垂直向上两种情况。这种施工流向的优点是：可以与主体结构平行搭接施工，故工期较短，当工期紧迫时可考虑采用这种流向。其缺点是：工序之间交叉多，材料机械供应密度增大，需要很好地组织施工、加强管理，采取有效安全措施；当采用预制楼板时，为防止雨水或施工用水从上层板缝渗漏而影响装饰工程质量，应先做好上层地面再做下层顶棚抹灰。

③室内装饰工程采用自中而下再自上而中的施工流向。它综合了前两者的优缺点，一般适用于高层建筑的室内装饰施工。其施工起点流向如图 5-7 所示。

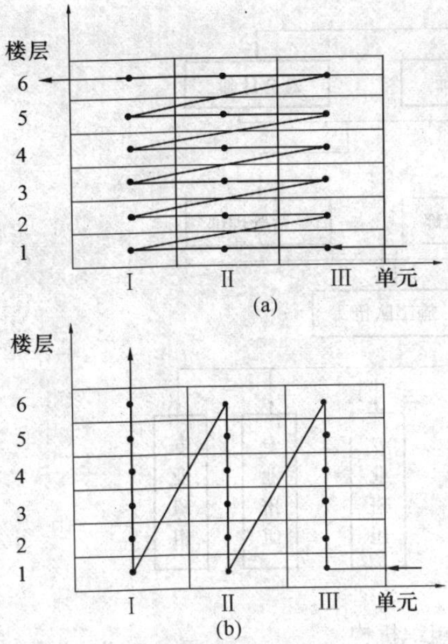

图 5-6　室内装饰工程自下而上的流向

(a) 水平向上；(b) 垂直向上

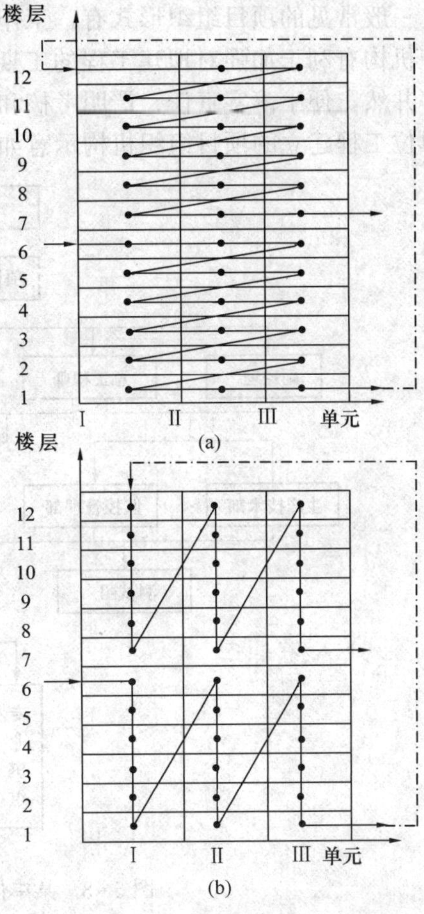

图 5-7　室内装饰工程自中而下再自上而中的流向

(a) 水平向下；(b) 垂直向下

（三）工程施工的重点、难点

对于工程施工的重点和难点应进行分析，包括组织管理和施工技术两个方面。

工程的重点和难点对于不同工程和不同企业具有一定的相对性，某些重点、难点工程的施工方法可能已通过有关专家论证成为企业工法或企业施工工艺标准，此时企业可直接引用。重点、难点工程的施工方法选择应着重考虑影响整个单位工程的分部（分项）工程，如工程量大、施工技术复杂或对工程质量起关键作用的分部（分项）工程。

（四）组织机构

工程管理的组织机构宜采用框图的形式表示，并确定项目经理部的工作岗位设置及其职责划分。

主要包括：确定施工管理组织目标，确定施工管理工作内容，确定施工管理组织机构，制定施工管理工作流程和考核标准。

确定施工管理组织机构需完成以下工作：确定组织机构形式，确定组织管理层次，制定岗位职责，选派管理人员。

确定组织机构形式时需考虑：项目性质、施工企业类型、企业人员素质、企业管理水平等因素。一般常见的项目组织形式有：工作队式、部门控制式、矩阵式、事业部式。适用的项目组织机构有利于加强对拟建工程的工期、质量、安全、成本等管理，使管理渠道畅通、管理秩序井然，便于落实责任、严明考核和奖罚。

某单位工程建立的项目组织机构示意如图 5 - 8 所示。

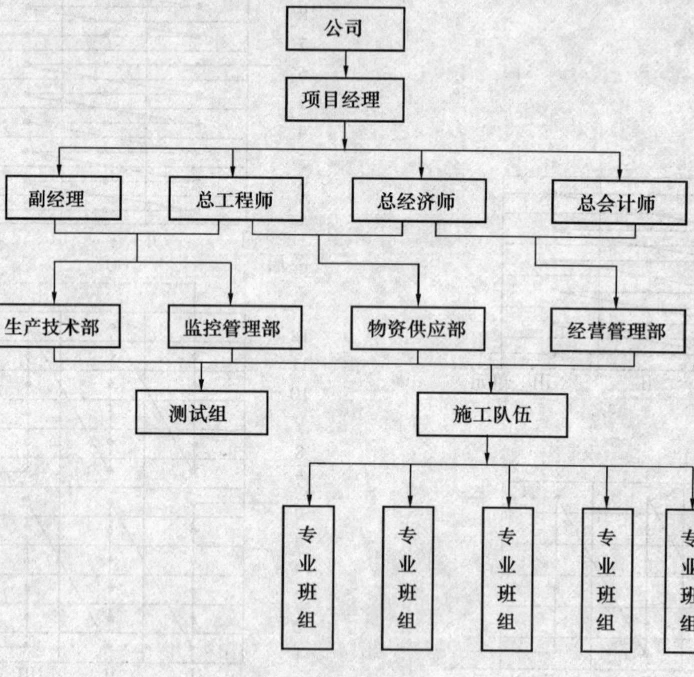

图 5 - 8 某单位工程项目组织机构

（五）新技术、新工艺、新材料、新设备

对于工程施工中开发和使用的新技术、新工艺应做出部署，对新材料和新设备的使用应提出技术及管理要求。

（六）分包工程

对主要分包工程施工单位的选择要求及管理方式应进行简要说明。

二、主要施工方案

施工方案是单位工程施工组织设计的核心问题，是单位工程施工组织设计带决策性的重要环节，应结合工程的具体情况和施工工艺、工法等按照施工顺序进行描述，施工方案的确定要遵循先进性、可行性和经济性兼顾的原则。

单位工程应按照 GB 50300《建筑工程施工质量验收统一标准》中分部、分项工程的划分原则，对主要分部、分项工程制定施工方案。

对脚手架工程、起重吊装工程、临时用水用电工程、季节性施工等专项工程所采用的施工方案应进行必要的验算和说明。

施工方案合理与否，将直接影响到工程进度、施工平面布置、施工质量、安全生产和工程成本，因此，必须引起足够重视。为了防止施工方案的片面性，一般需对主要工程项目的几种可能采用的施工方案作技术经济比较，使选定的施工方案符合施工现场实际，技术先进，施工可行，经济合理。

（一）选择施工方法和施工机械

施工方法是指单位工程中主要分部分项工程的施工手段和工艺，属于施工方案的技术方面，是施工方案的重要组成部分。施工方法和施工机械的选择是紧密联系的，应当协调统一。

选择施工方法和施工机械直接影响施工进度、质量、安全、成本。因此，要根据建筑物（构筑物）的平面形状、尺寸、高度，结构特征、抗震要求，工程量大小，工期长短、资源供应条件，施工现场和周围环境，施工单位技术管理水平和施工习惯等因素，综合分析考虑，制定可行方案，进行技术经济指标分析，优化后再决策。

1. 选择施工方法和施工机械时应注意的问题

（1）符合施工组织总设计的要求。对于施工组织总设计已审定的施工方法、施工机械，单位工程在选择施工方法、机械时应遵照执行。

（2）施工方法选择时，着重于影响整个工程施工的分部分项工程的施工方法。影响整个工程施工的分部分项工程是指：工程量大而在单位工程中占着重要地位的分部分项工程，施工技术复杂或采用新技术、新工艺及对工程质量起关键作用的分部分项工程，不熟悉的特殊结构工程或由专业施工单位施工的特殊专业工程。对于以上分部分项工程，要求施工方法详细而具体，必要时可编制单独的分部分项工程的施工作业设计。而对于工人熟悉或按照常规做法施工的分部分项工程，则不必详细拟定，只提出应注重的特殊问题即可。

（3）施工机械的选择应遵循切合需要、实际可能、经济合理的原则。

1）技术条件。包括技术性能、工作效率、工作质量、能源耗费、劳动力的使用，安全性和灵活性、通用性和专用性，维修难易和耐用性等。

2）经济条件。包括原始价值、经济寿命、使用寿命、使用费用、维修费用等，若是租赁机械则考虑租赁费用。考虑以上因素，可以使选择的施工机械经济节约。

3）进行定量技术经济比较，使机械选择最优。

（4）首先选择主导工程的机械，辅助机械与其配套，机械类型型号尽量少一些。

1）选择施工机械时，首先根据工程特点决定其最适宜的主导工程的施工机械。例如，在选择装配式单层工业厂房结构安装用的起重机类型时，当工程量大而集中时，可采用塔式起重机或桅杆式起重机，当工程量小或工程量虽大但又相当分散时，则采用无轨自行式起重机。

2）为充分发挥主导机械的效率，各种辅助机械或运输工具应与其生产能力协调配套。例如，在土方工程中采用汽车运土时，汽车的斗容量应为挖土机斗容量的整数倍，汽车的数量应保证挖土机连续作业。

3）在同一工地上，力求一机多用及综合利用。应尽量减少施工机械的种类和型号，有利机械管理。当工程量大而且集中时，应选用专业化施工机械；当工程量小而分散时，要选择多用途施工机械，如挖土机可用于挖土、装卸、起重、打桩，起重机可用于吊装和短距离水平运输。

(5）充分发挥企业现有机械的能力。应考虑提高企业现有机械的利用率，当本单位的机械能力不能满足工程需要时，再考虑购置或租赁机械。

(6）符合提高工业化、机械化的要求。要结合实际尽量提高工业化程度，各种混凝土构件、钢构件、木构件、钢筋加工等应最大限度地实现工厂化预制，还要结合实际尽量提高机械化施工的程度，减少繁重的人工劳动操作。

(7）满足工期、质量、安全、成本的要求。选择施工方法和施工机械时应先进合理、可行经济，以满足工期短、质量高、安全好、成本低的要求。

2. 主要分部分项工程的施工方法和施工机械

主要分部分项工程的施工方法和施工机械在建筑施工技术中已有详细叙述，这里仅将需重点拟定的内容和要求归纳如下：

(1）土石方与地基处理工程。

1）挖土方法。根据土方量大小，确定采用人工挖土还是机械挖土，当采用人工挖土时，应按进度要求确定劳动力人数，分区分段施工。当采用机械挖土时，应选择机械挖土的方式，再确定挖土机的型号、数量，机械开挖方向与路线，人工如何配合修整基底、边坡。

2）地面水、地下水和排除方法。确定排水沟渠、集水井、井点的布置及所需设备的型号、数量。

3）挖深基坑方法。应根据土壤类别及场地周围情况确定边坡的放坡坡度或土壁的支撑形式和打设方法，确保安全。

4）石方施工。确定石方的爆破方法，所需机具材料。

5）地形较复杂的场地平整，进行土方平衡计算，绘制平衡调配表。

6）确定运输方式、运输机械型号及数量。

7）土方回填的方法，填土压实的要求及机具选择。

8）地基处理的方法（换填地基、夯实地基、挤密桩地基、注浆地基等）及相应的材料机具设备。

(2）基础工程。

1）浅基础。其中垫层、钢筋混凝土基础施工的技术要求。

2）地下防水工程。应根据其防水方法（混凝土结构自防水、水泥砂浆抹面防水、卷材防水、涂料防水），确定用料要求和相关技术措施等。

3）桩基。明确施工机械型号，人土方法和入土深度控制、检测、质量要求等。

4）基础有深浅不同时。应确定基础施工的先后顺序，标高控制，质量安全措施等。

5）各种变形缝。确定留设方法及注意事项。

6）混凝土基础施工缝。确定留置位置、技术要求。

（3）混凝土和钢筋混凝土工程。

1）模板的类型和支模方法的确定。根据不同的结构类型，现场施工条件和企业实际施工装备，确定模板种类、支承方法和施工方法，并分别列出采用的项目、部位、数量，明确加工制作的分工，选用隔离剂，对于复杂的还需进行模板设计及绘制模板放样图。模板工程应向工具化方向努力，推广“快速脱模”，提高周转利用率。采取分段流水工艺，减少模板一次投入量。同时，确定模板供应渠道（租用或内部调拨）。

2）钢筋的加工、运输和安装方法的确定。明确构件厂或现场加工的范围（如，成型程度是加工成单根、网片或骨架）；明确除锈、调直、切断、弯曲成型方法；明确钢筋冷拉、加预应力方法；明确焊接方法（如电弧焊、对焊、点焊、气压焊等）或机械连接方法（如锥螺纹、直螺纹等）；钢筋运输和安装方法。明确相应机具设备型号、数量。

3）混凝土搅拌和运输方法的确定。若当地有商品混凝土供应时，首先应采用商品混凝土，否则，应根据混凝土工程量大小，合理选用搅拌方式，是集中搅拌还是分散搅拌；选用搅拌机型号、数量；进行配合比设计；确定掺和料、外加剂的品种数量；确定砂石筛选，计量和后台上料方法；确定混凝土运输方法。

4）混凝土的浇筑。确定浇筑顺序、施工缝位置、分层高度、工作班制、浇捣方法、养护制度及相应机械工具的型号、数量。

5）冬期或高温条件下浇筑混凝土。应制定相应的防冻或降温措施，落实测温工作，明确外加剂品种、数量和控制方法。

6）浇筑厚大体积混凝土。应制定防止温度裂缝的措施，落实测量孔的设置和测温记录等工作。

7）有防水要求的特殊混凝土工程。应事先做好防渗等试验工作，明确用料和施工操作等要求，加强检测控制措施，保证质量。

8）装配式单层工业厂房的牛腿柱和屋架等大型的在现场预制的钢筋混凝土构件。应事前确定柱与屋架现场预制平面布置图。

（4）砌体工程。

1）砌体的组砌方法和质量要求，皮数杆的控制要求，流水段和劳动力组合形式等。

2）砌体与钢筋混凝土构造柱、梁、圈梁、楼板、阳台、楼梯等构件的连接要求。

3）配筋砌体工程的施工要求。

4）砌筑砂浆的配合比计算及原材料要求，拌制和使用时的要求。

（5）结构安装工程。

1）选择吊装机械的类型和数量。需根据建筑物外形尺寸，所吊装构件外形尺寸、位置、重量、起重高度，工程量和工期，现场条件，吊装工地拥挤的程度与吊装机械通向建筑工地的可能性，工地上可能获得吊装机械的类型等条件来确定。

2）确定吊装方法，安排吊装顺序、机械位置和行驶路线以及构件拼装办法及场地。

3）有些跨度较大的建筑物的构件吊装，应认真制定吊装工艺，设定构件吊点位置，确定吊索的长短及夹角大小，起吊和扶正时的临时稳固措施，垂直度测量方法等。

4）构件运输、装卸、堆放办法，以及所需的机具设备（如平板拖车、载重汽车、卷扬机及架子车等）型号、数量和对运输道路的要求。

5）吊装工程准备工作内容，起重机行走路线压实加固；各种吊具，临时加固，电焊机等要求以及吊装有关技术措施。

(6) 屋面工程。

1）屋面各个分项工程（如卷材防水屋面一般有找坡找平层、隔汽层、保温层、防水层、保护层或使用面层等分项工程，刚性防水屋面一般有隔离层、刚性防水层等分项工程。）的各层材料特别是防水材料的质量要求、施工操作要求。

2）屋盖系统的各种节点部位及各种接缝的密封防水施工。

3）屋面材料的运输方式。

(7) 装饰装修工程。

1）明确装修工程进入现场施工的时间、施工顺序和成品保护等具体要求，结构、装修、安装穿插施工，缩短工期。

2）较高级的室内装修应先做样板间，通过设计、业主、监理等单位联合认定后，再全面开展工作。

3）对于民用建筑需提出室内装饰环境污染控制办法。

4）室外装修工程应明确脚手架设置，饰面材料应有防止渗水、防止坠落，金属材料防锈蚀的措施。

5）确定分项工程的施工方法和要求，提出所需的机具设备的型号、数量。

6）提出各种装饰装修材料的品种、规格、外观、尺寸、质量等要求。

7）确定装修材料逐层配套堆放的数量和平面位置，提出材料储存要求。

8）保证装饰工程施工防火安全的方法。如材料的防火处理、施工现场防火、电气防火、消防设施的保护。

(8) 脚手架工程。

1）明确内外脚手架的用料、搭设、使用、拆除方法及安全措施，外墙脚手架大多从地面开始搭设，根据土质情况，应有防止脚手架不均匀下沉的措施。

高层建筑的外脚手架，应每隔几层与主体结构作固定拉接，以便脚手架整体稳固；且一般不从地面开始一直向上，应分段搭设，一般每段 5～8 层，大多采用工字钢或槽钢作外挑或组成钢三脚架外挑的做法。

2）应明确特殊部位脚手架的搭设方案。如施工现场的主要出入口处，脚手架应留有较大的空位，便于行人甚至车辆进出，空位两边和上边均应用双杆处理，并局部设置剪刀撑，加强与主体结构的拉接固定。

3）室内施工脚手架宜采用轻型的工具式脚手架，装拆方便省工、成本低。高度较高、跨度较大的厂房屋顶天花板喷刷工程宜采用移动式脚手架，省工又不影响其他工程。

4）脚手架工程还需确定安全网挂设方法、“四口五临边”防护方案。

(9) 现场水平垂直运输设施。

1）确定垂直运输量，有标准层的需确定标准层运输量。

2）选择垂直运输方式及其机械型号、数量、布置、安全装置、服务范围、穿插班次，明确垂直运输设施使用中的注意事项。

3）选择水平运输方式及其设备型号、数量。

4）确定地面和楼面上水平运输的行驶路线。

（10）特殊项目。

1）采用四新（新结构、新工艺、新材料、新技术）的项目及高耸、大跨、重型构件，水下、深基、软弱地基，冬季施工等项目，均应单独编制如下内容：选择施工方法，阐述工艺流程，需要的平立剖示意图，技术要求，质量安全注意事项，施工进度，劳动组织，材料构件及机械设备需要量。

2）对于大型土石方、打桩、构件吊装等项目，一般均需单独提出施工方法和技术组织措施。

（二）制订技术组织措施

施工技术组织措施是指为保证质量、安全、进度、成本、环保、季节性施工、文明施工等，在技术和组织方面所采用的方法。应在严格执行施工验收规范，检验标准、操作规程等前提下，针对工程施工特点，制订切实可行的措施。

1. 保证进度目标的措施

（1）组织措施。

1）建立进度控制目标体系和进度控制组织系统，落实各层次进度控制人员和工作责任。

2）建立进度控制工作制度，如检查时间、方法、协调会议时间，参加人员等。定期召开工程例会，分析研究解决各种问题。

3）建立图纸审查、工程变更与设计变更管理制度。

4）建立对影响进度的因素分析和预测的管理制度，对影响工期的风险因素有识别管理手法和防范对策。

5）组织劳动竞赛，有节奏地掀起几次生产高潮，调动职工积极性，保证进度目标实现。

6）组织流水作业。

7）季节性施工项目的合理排序。

（2）技术措施。

1）采取加快施工进度的施工技术方法。

2）规范操作程序，使施工操作能紧张而有序的进行，避免返工和浪费，以加快施工进度。

3）采取网络计划技术及其他科学适用的计划方法，并结合电子计算机的应用，对进度实施动态控制。在发生进度延误问题时，能适时调整工作间的逻辑关系，保证进度目标实施。

（3）经济措施。

1）及时办理工程预付款及工程进度款收取手续，落实实现进度目标的保证资金。

2）签订关于工期和进度的经济承包责任书，建立相应奖惩制度并实施。

3）对应急赶工要求赶工费用。

4）对工期提前要求奖励，并进行内部奖励。

5）对工程延误支付赔偿金，并进行内部惩罚。

6）加强索赔管理，处理索赔事件。

（4）合同措施。

1）加强合同管理，加强有关进度条款的学习贯彻。

2）保持总承包合同与分包合同工期协调一致，以合同形式保证工期进度的实现。

(5) 信息措施。

1）建立对施工进度能有效控制的监测、分析、调整、反馈信息系统和信息管理工作制度。

2）运用系统原理、封闭循环原理、信息反馈原理、信息时效性原理等，随时监控施工过程的信息流，进行全过程进度控制。

2. 保证质量目标的措施

保证工程质量的关键是明确质量目标，建立质量保证体系，对工程对象经常发生的质量通病制定防治措施。

(1) 组织措施。

1）建立各级技术责任制、完善内部质保体系，明确质量目标及各级技术人员的职责范围，做到职责明确、各负其责。

2）推行全面质量管理活动，开展质量红旗竞赛，制定奖优罚劣措施。

3）定期进行质量检查活动，召开质量分析会议。

4）加强人员培训工作，贯彻《建筑工程施工质量验收统一标准》(GB 50300—2013)及相关专业工程施工质量验收系列规范。对使用“四新”或是质量通病，应进行分析讲解，以提高施工操作人员的质量意识和工作质量，从而确保工程质量。

5）对影响质量的风险因素（如工程质量不合格导致的损失，包括质量事故引起的直接经济损失、修复和补救等措施发生的费用以及第三者责任损失等）有识别管理办法和防范对策。

(2) 技术措施。

1）确保工程定位放线、标高测量等准确无误的措施。

2）确保地基承载力及各种基础、地下结构、地下防水、土方回填施工质量的措施。

3）确保主体承重结构各主要施工过程质量的措施。

4）确保屋面、装修工程施工质量的措施。

5）依据《建筑工程冬期施工规程》(JGJ/T 104—2011) 等制订季节性施工的质量保证措施。

6）解决质量通病的措施。

3. 保证安全目标的措施

(1) 组织措施。

1）明确安全目标，建立安全保证体系。

2）执行国家、行业、地区安全法规、标准、规范，如《职业健康安全管理体系要求》(GB/T 28001—2011)、《建筑施工安全检查标准》(JGJ 59—2011) 等。并以此制定本工程安全管理制度，各专业工作安全技术操作规程。

3）建立各级安全生产责任制，明确各级施工人员的安全职责。

4）提出安全施工宣传、教育的具体措施，进行安全思想，纪律、知识、技能、法制的教育，加强安全交底工作；施工班组要坚持每天开好班前会，针对施工中安全问题及时提示；在工人进场上岗前，必须进行安全教育和安全操作培训。

5）定期进行安全检查活动和召开安全生产分析会议，对不安全因素及时进行整改。

6）需要持证上岗的工种必须持证上岗。

7）对影响安全的风险因素（如在施工活动中，由于操作者失误、操作对象的缺陷以及环境因素等导致的人身伤亡、财产损失和第三者责任等损失）有识别管理办法和防范对策。

（2）技术措施。

1）施工准备阶段的安全技术措施：

①技术准备中要了解工程设计对安全施工的要求，调查工程的自然环境对施工安全及施工对周围环境安全的影响等。

②物资准备时要及时供应质量合格的安全防护用品，以满足施工需要等。

③施工现场准备中，各种临时设施、库房、易燃易爆品存放都必须符合安全规定。

④施工队伍准备中，总包、分包单位都应持有《建筑业企业安全资格证》。

2）施工阶段的安全技术措施：

①针对拟建工程地形、地貌、环境、自然气候、气象等情况，提出可能突然发生自然灾害时有关施工安全方面的措施，以减少损失，避免伤亡。

②提出易燃、易爆品严格管理、安全使用的措施。

③防火、消防措施，有毒、有尘、有害气体环境下的安全措施。

④土方、深基施工、高空作业、结构吊装、上下垂直平行施工时的安全措施。

⑤各种机械机具安全操作要求，外用电梯、井架及塔吊等垂直运输机具安拆要求、安全装置和防倒塌措施，交通车辆的安全管理。

⑥各种电器设备防短路、防触电的安全措施。

⑦狂风、暴雨、雷电等各种特殊天气发生前后的安全检查措施及安全维护制度。

⑧季节性施工的安全措施。夏期作业有防暑降温措施，雨期作业有防雷电、防触电、防沉陷坍塌、防台风、防洪排水措施，冬期作业有防风、防火、防冻、防滑、防煤气中毒措施。

⑨脚手架、吊篮、安全网的设置，各类洞口、临边防止作业人员坠落的措施。现场周围通行道路及居民保护隔离措施。

⑩各施工部位要有明显的安全警示牌。

⑪操作者严格遵照安全操作规程，实行标准化作业。

⑫基坑支护、临时用电、模板搭拆、脚手架搭拆要编写专项施工方案。

⑬针对新工艺、新技术、新材料、新结构，制定专门的施工安全技术措施。

4. 降低成本的措施

制定降低成本的措施要依据以下三个原则，即全面控制原则、动态控制原则、创收与节约相结合的原则。具体可采用如下措施。

（1）建立成本控制体系及成本目标责任制，实行全员全过程成本控制，搞好变更、索赔工作，加快工程款回收。

（2）临时设施尽量利用已有的各项设施，或利用已建工程作临时设施，或采用工具式活动工棚等，以减少临设费用。

（3）劳动组织合理，提高劳动效率，减少总用工数。

（4）增强物资管理的计划性，从采购、运输、现场管理、材料回收等方面，最大限度地降低材料成本。

(5) 综合利用吊装机械，提高机械利用率，减少吊次，以节约台班费。缩短大型机械进出场时间，避免多次重复进场使用。

(6) 增收节支，减少施工管理费的支出。

(7) 保证工程质量，减少返工损失。

(8) 保证安全生产，减少事故频率，避免意外工伤事故带来的损失。

(9) 合理进行土石方平衡，以节约土方运输及人工费用。

(10) 提高模板精度，采用工具模板、工具式脚手架，加速模板等材料的周转，以节约模板和脚手架费用。

(11) 采用先进的钢筋连接技术，以节约钢筋。

(12) 砂浆、混凝土中掺外加剂或掺和料（粉煤灰等），节约水泥用量。

(13) 编制工程预算时，应“以支定收”，保证预算收入；在施工过程中，要“以收定支”，控制资源消耗和费用支出。

(14) 加强经常性的分部分项工程成本核算分析及月度成本核算分析，及时反馈，以纠正成本的不利偏差。

(15) 对费用超支风险因素（如价格、汇率和利率的变化，或资金使用安排不当等风险事件引起的实际费用超出计划费用）有识别管理办法和防范对策。

5. 季节施工措施

(1) 雨期施工措施。

1) 做好雨期施工准备工作，包括：组织准备、技术准备、现场准备、物资准备、材料及设备防护、临时设施检修。

2) 地基与基础工程，雨期施工工作面不宜过大，应逐段、逐片地分期完成。雨期开挖基槽（坑）时，应考虑边坡稳定，放坡适当加大。如条件限制，不能保证放坡时，应采取设置临时支撑或在边坡上加钉钢丝网片，并浇注 50 厚细石混凝土。

3) 主体结构工程，雨期砌筑工程要有防止基槽灌水和雨水冲刷砂浆的措施，雨天不得使用过湿砌块，雨后继续施工应检查墙体垂直度。在连阴天或雨天适当减小砂浆的稠度，混合结构砌体日砌筑高度不宜超过 1.2m。收工时，应用防雨材料覆盖砌体表面。

4) 钢结构禁止在雨天焊接。焊条、焊剂和粉芯焊丝在使用前，必须按产品说明书和有关要求进行烘干。

5) 建筑装饰、装修工程，外装饰施工应采取遮挡措施，防止雨淋、曝晒。室内抹灰施工尽量在做完屋面后进行，并采取措施防止雨水渗漏，做好板缝、后浇带、留槎及各种洞口的封闭。

6) 建筑屋面工程，尽量在雨期前施工完毕。如时间来不及，应先铺一层卷材防水或做一道防水涂料。

7) 制定防暑、防雷击、防塌方、防滑、防高空坠落等方面的安全防范措施，做好雨期施工的安全教育和安全技术交底工作。

(2) 冬期施工措施。

1) 做好冬期施工准备工作，包括：组织准备、技术准备、现场准备、物资准备、材料及设备防护、临时设施检修。

2) 土方工程冬期施工前应做好准备工作，并应连续施工。

3）在负温条件下使用的钢筋，施工时应加强检验。钢筋在运输和加工过程中应防止撞击和刻痕。

4）冬期施工的混凝土，其原材料加热和搅拌、混凝土运输、浇筑和养护，均应按《建筑工程冬期施工规程》（JGJ/T 104—2011）的要求进行热工计算，并应作为施工依据。

5）装配式结构混凝土构件在运输及堆放前应将运输车辆、构件、垫木及堆放场地的积雪、结冰清除干净，堆放场地应平整、坚实。

6）砖和砌块在砌筑前，应清除表面污物、冰雪等，不得使用遭水浸和受冻后的砖或砌块。

7）进行负温钢结构施工的电焊工应经过负温焊接工艺培训，考试合格并取得相应的合格证后，方可焊接操作。

8）楼地面工程一般应避免冬期施工，必须进行冬期施工时，应采取严格的保温加热措施或掺加防冻剂。

9）室外饰面工程宜采用暖棚法施工，棚内的温度不应低于5℃。

10）屋面防水工程冬期施工应选择无风晴朗天气进行，利用日照条件提高基层温度，以增加卷材与基层的粘结。若采用新材料应按有关产品操作要求进行。

11）做好越冬工程维护工作。

12）入冬前必须对全体参与施工的人员进行冬期施工的宣传教育和安全措施交底，建立健全安全生产责任制。

6. 文明施工措施

（1）建立现场文明施工责任制等管理制度，做到随做随清、谁做谁清。

（2）定期进行检查活动，针对薄弱环节，不断总结提高。

（3）施工现场围栏与标牌设置规范，出入口交通安全，通路畅通，场地平整，安全与消防设施齐全。

（4）临时设施规划整洁，办公室、宿舍、更衣室、食堂、厕所清洁卫生。

（5）各种材料、半成品、构件进场有序，避免盲目进场或后用先进等情况，现场材料应堆放整齐，分类管理。

（6）做好成品保护及施工机械修养工作。

7. 环境保护措施

（1）项目经理部应根据《环境管理系列标准汇编》（GB/T 24000—ISO 14000）建立项目环境监控体系，不断反馈监控信息，采取整改措施。

（2）施工现场泥浆和污水未经处理不得直接排入城市排水设施和河流、湖泊、池塘。

（3）除有符合规定的装置外，不得在施工现场融化沥青和焚烧油毡、油漆，亦不得焚烧其他可产生有毒、有害烟尘和恶臭气味的废弃物，禁止将有毒、有害废弃物作土方回填。

（4）建筑垃圾、渣土应在指定地点堆放，每日进行清理。高空施工的垃圾及废弃物应采用密闭式串筒或其他措施清理搬运。装载建筑材料、垃圾或渣土的车辆，应采取防止尘土飞扬、洒落或流溢的有效措施。施工现场应根据需要设置机动车辆冲洗设施。

（5）在居民和单位密集区域进行爆破、打桩等施工作业前，项目经理部应按规定申请批准，还应将作业计划、影响范围、程度及有关措施等情况，向受影响范围的居民和单位通报说明，取得协作和配合；对施工机械的噪声与振动扰民，应采取相应措施予以控制。

(6) 经过施工现场的地下管线，应有发包人在施工前通知承包人，标出位置，加以保护。施工时发现文物、古迹、爆炸物、电缆等，应当停止施工保护好现场，及时向有关部门报告，按照有关规定处理后方可继续施工。

(7) 施工中需要停水、停电、封路而影响环境时，必须经有关部门批准，事先告知。在行人、车辆通行的地方施工，沟、井、坎、穴应设置覆盖物和标志。

(8) 施工现场在温暖季节应绿化。

(三) 施工方案的技术经济评价

对施工方案进行技术经济评价是选择最优施工方案的重要环节之一。任何一个分部分项工程，都有若干可行的施工方案，其中应优选出一个工期短、质量高、安全好、劳动安排合理、成本低的最优方案，这就是施工方案技术经济评价的目的。

施工方案的技术经济评价涉及的因素多而复杂，一般来说只需对一些主要分部（分项）工程的施工方案进行技术经济比较，有时也需对一些重大工程项目的总体施工方案进行全面技术经济评价。施工方案的技术经济评价一般有以下两种方法：

1. 定性分析评价

施工方案的定性经济分析评价是结合施工实际经验分析比较。一般有以下定性评价指标。

对若干个施工方案的优缺点进行分析：

(1) 施工操作难易程度和施工可靠性，技术上是否可行。

(2) 利用现有或取得机械的可能性，是否充分发挥现有机械的作用。

(3) 劳动力尤其是特殊专业工种能否满足需要。

(4) 施工方案对冬、雨期施工的适应性。

(5) 为现场文明施工创造有利条件的可能性。

(6) 为后续工程创造有利条件的可能性。

(7) 保证质量措施的可靠性。

2. 定量分析评价

施工方案的定量技术经济分析评价是计算各方案的几个主要技术经济指标，进行综合分析比较。

(1) 定量评价指标通常有：工期指标、劳动量指标、主要材料消耗指标、成本指标、质量指标。

(2) 定量评价的方法通常有：

1) 多指标分析方法。它是用工期指标、劳动量指标、质量指标、成本指标等一系列单个的技术经济指标，对各个方案进行分析对比，从中优选的方法。

2) 综合指标分析方法。它是以多指标分析方法为基础，将各指标按照其在评价中重要性的相对程度，分别定出数值，再将各指标依据其在各方案中的优劣程度定出相应的分值，然后计算得到综合指标值，施工方案综合指标值最大者为优。

第三节 单位工程施工进度计划

单位工程施工进度计划是施工部署在时间上的体现，反映了施工顺序和各个阶段工程进展情况，应均衡协调、科学安排。巨大的经济效益寓于时间和顺序的组织之中，决不能稍有忽视。

一、单位工程施工进度计划的作用与分类

（一）单位工程施工进度计划的作用

单位工程施工进度计划是施工组织设计的重要组成部分，它的主要作用如下：

（1）实现对单位工程进度的控制，保证在规定工期内完成符合质量要求的工程任务。

（2）确定分部分项工程的施工顺序、施工持续时间及相互间的衔接配合关系。

（3）它是确定各项资源需要量计划和施工准备工作计划的依据。

（4）它是编制季度、月度生产作业计划的依据。

（二）单位工程施工进度计划的分类

1. 按对施工项目划分的粗细程度进行分类

（1）控制性施工进度计划。它是按分部工程来划分施工项目，控制各分部工程的施工时间及其相互配合、搭接关系的一种进度计划。

它主要适用于工程结构较复杂、规模较大、工期较长而需跨年度施工的工程，如大型公共建筑、大型工业厂房等；还适用于规模不大或结构不复杂，但各种资源（劳动力、材料、机械等）不落实的情况；也适用于工程建设规模、建筑结构可能发生变化的情况。

编制控制性施工进度计划的单位工程，当各分部工程的施工条件基本落实之后，在施工之前还需编制各分部工程的指导性施工进度计划。

（2）指导性施工进度计划。它是按分项工程来划分施工项目，具体指导各分项工程的施工时间及其相互配合、搭接关系的一种进度计划。

它适用于施工任务具体明确、施工条件落实、各项资源供应正常，施工工期不太长的工程。

2. 按编制时间阶段进行分类

（1）中标前施工进度计划。它是建筑业企业在招投标过程中所编制的施工进度计划。

（2）中标后施工进度计划。它是建筑业企业在中标后，技术准备时进一步编制的施工进度计划。

二、单位工程施工进度计划的编制依据

（1）施工合同等资料。

（2）“项目管理目标责任书”中明确的单位工程开工、竣工时间，即要求工期。

（3）施工组织总设计中总进度计划对本单位工程的规定和要求。

（4）建筑总平面图及单位工程全套施工图纸、地质地形图、工艺设计图、设备及其基础有关标准图等技术资料。

（5）已确定的单位工程施工方案与施工方法，包括施工程序、顺序、起点流向、施工方法与机械、各种技术组织措施等。

（6）预算文件中的工程量、工料分析等资料。

（7）劳动定额、机械台班定额等定额资料。

（8）施工现场条件、气候条件、环境条件。

（9）施工人员的技术素质及劳动效率。

（10）主要材料、设备的供应能力。

（11）已建成的类似工程的施工进度计划。

三、单位工程施工进度计划的编制程序

(一) 单位工程施工进度计划的编制程序（见图 5-9）

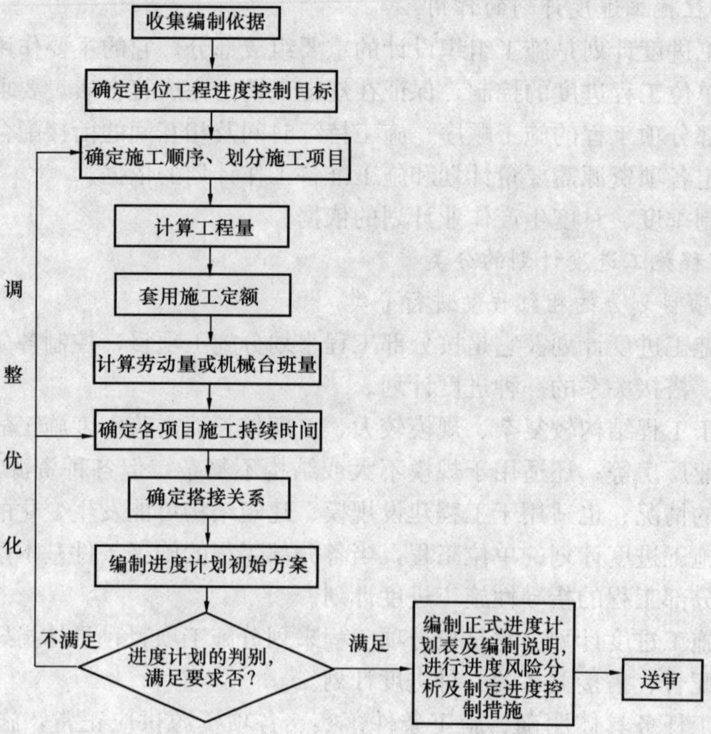

图 5-9 单位工程施工进度计划的编制程序

(二) 单位工程施工进度计划的表示方法

单位工程施工进度计划一般用图表来表示，通常有两种形式的图表：横道图和网络图。其内容详见本教材第二章、第三章所述。

一般工程画横道图即可，对工程规模较大、工序比较复杂的工程宜采用网络图表示，通过对各类参数的计算，找出关键线路，选择最优方案。

(1) 横道图表示单位工程施工进度计划，横道图的形式见表 5-3。

表 5-3 横道图施工进度计划

序号	施工项目	工程量		劳动量			施工机械			每天班次	每班人数	工作天数	施工进度											
													年 月						年 月					
		单位	数量	工种	定额	工日数	机械名称	定额	台班数															
1																								
2																								
3																								
…																								
资源动态图	施工进度计划的技术经济指标分析：																							

从上表中可以看出，表格由上下两部分组成。上半部分是施工进度计划的主要内容，又由左右两部分组成，左边反映单位工程的施工项目、工程量、劳动量或机械台班量、施工人数及工作持续时间等；右边是从规定的开工日期起到竣工日期为止的时间表，可分为日历时间和工程日历两行，其中每格可根据需要表示一天或若干天，下面是以左边的数据设计的进度指示图表，用线条形象表现各施工项目的施工进度，综合反映班组流水施工情况及相互之间先后顺序和搭接配合关系。

有时，根据需要可绘制下半部分，左边是施工进度计划的技术经济指标分析，右边是资源动态图，可分类汇总单位时间各种资源计划的动态需要情况，汇总方式可为直方图，亦可为S形曲线图等形式。

（2）网络图表示单位工程施工进度计划，网络图的形式见表5-4。

表5-4　　网络图施工进度计划

日历	年　月										年　月										编制说明
工程日历																					
网络计划																					
工程日历																					
资源动态图																					

编制工程网络计划应符合现行国家行业标准《工程网络计划技术规程》（JGJ/T 121—2015）的规定。从上表中可以看出，表格由左右两部分组成，左半部分的上边是施工进度计划的主要内容，上下均有时间表，网络计划居中绘制；下边是资源动态图。右半部分是编制说明。

（三）单位工程施工进度计划编制的主要步骤和方法

根据施工进度计划的编制程序，现将其主要步骤和方法叙述如下：

1. 施工项目的划分

施工项目是包含一定工作内容的施工过程，是进度计划的基本组成单元。编制施工进度计划时，首先按照施工方案拟定的施工顺序并结合施工图纸，将拟建单位工程的各个施工过程列出，并结合施工条件、劳动组织等因素，加以适当调整，使之成为编制施工进度计划所需要的施工项目。

在划分施工项目时，应注意以下问题：

（1）施工项目划分的粗细程度。这主要取决于施工进度的类型，对于控制性施工进度计划，施工项目可粗一些，一般只列出施工阶段或分部工程名称，如划分为基础工程、主体工程、屋面及装饰装修工程。对于实施性施工进度计划，其施工过程可细一些，一般应明确到分项工程或更具体，特别是其中的主导施工过程均应详细列出，如屋面工程还要划分为找平层、隔汽层、保温层、防水屋、保护层等分项工程。

（2）施工项目的划分应与施工方案的要求保持一致。如结构安装工程，若采用综合吊装法，则施工项目按施工单元（节间、区段）来确定；而采取分件吊装法，则施工项目应按构件来确定，列出柱吊装、梁吊装、屋架扶直就位、屋盖吊装等施工项目。

(3) 施工项目的划分需区分直接施工与间接施工。如预制加工厂构件的制作和运输工作等一般不列入施工项目。

(4) 将施工项目适当合并，使进度计划简明清晰，突出重点。这是主要考虑将某些穿插性或次要的、工程量不大的分项工程合并到主要分项工程中去，如安装门窗框可以并入砌墙工程；对同一时间由同一施工队施工的过程可以合并，如工业厂房各种油漆施工，包括门窗、钢梯、钢支撑等油漆可并为一项；对于零星、次要的施工项目，可统一列入“其他工程”一项。

(5) 水、暖、电、卫工程和设备安装工程的列项。这些工程通常由各专业队负责施工，在施工进度计划中，只需列出项目名称，反映出这些工程与土建工程的配合关系即可，不必细分。

(6) 施工项目排列顺序的要求。所有的施工项目，应按施工顺序排列，即先施工的排前面，后施工的排后面，所采用施工项目的名称可参考现行定额手册上的项目名称。

2. 计算工程量

工程量计算一般可直接采用施工图预算的数据，若某些项目有出入，要结合工程项目的实际情况作必要的调整和补充。工程量计算应注意以下问题：

(1) 注意工程量的计量单位。各分部分项工程的工程量计量单位应与现行定额手册中所规定的单位相一致，以便计算劳动量、材料需要量和机械数量时可直接套用，避免因换算而发生错误。

(2) 注意计算工程量时与选定的施工方法和安全技术要求一致。如计算土方工程量时，应根据其边坡安全防护是放坡还是加支撑等。

(3) 注意结合施工组织的要求，分段、分层计算工程量。当直接采用预算文件中的工程量时，应按施工项目的划分情况将预算文件中有关项目的工程量汇总。如砌筑砖墙项目，预算中是按内墙、外墙，墙厚、砂浆强度等级分别计算工程量，施工进度计划的砌筑砖墙项目则需在此基础上分段、分层汇总计算工程量。

3. 套用施工定额

根据前述确定的施工项目、工程量和施工方法，即可套用施工定额，套用时需注意以下问题：

(1) 确定合理的定额水平。当套用本企业制定的施工定额，一般可直接套用；当套用国家或地方颁发的定额，则必须结合本单位工人的实际操作水平、施工机械情况和施工现场条件等因素，确定实际定额水平。

(2) 对于采用新技术、新工艺、新材料、新结构或特殊施工方法项目，施工定额中尚未编入，需参考类似项目的定额、经验资料，或按实际情况确定其定额水平。

(3) 当施工进度计划所列项目工作内容与定额所列项目不一致时，如施工项目是由同一工种，但材料、做法和构造都不同的施工过程合并而成时，可采用其加权平均定额，计算公式如下

$$\overline{S}=\frac{\sum_{i=1}^{n}Q_i}{\sum_{i=1}^{n}P_i} \tag{5-1}$$

$$\sum_{i=1}^{n} P_i = P_1 + P_2 + P_3 + \cdots + P_n = \frac{Q_1}{S_1} + \frac{Q_2}{S_2} + \frac{Q_3}{S_3} + \cdots + \frac{Q_n}{S_n}$$

$$\sum_{i=1}^{n} Q_i = Q_1 + Q_2 + Q_3 + \cdots + Q_n$$

式中　$\overline{S}$——某施工项目加权平均产量定额，(m^3，m^2，m，t，…/工日)；

$\sum_{i=1}^{n} Q_i$——该施工项目总工程量，(m^3，m^2，m，t，…)；

$\sum_{i=1}^{n} P_i$——该施工项目总劳动量，工日；

Q_1，Q_2，Q_3，…，Q_n——同一工种但施工材料、做法、构造不同的各施工过程的工程量，(m^3，m^2，m，t，…)；

P_1，P_2，P_3，…，P_n——与上述施工过程相对应的劳动量，工日；

S_1，S_2，S_3，…，S_n——与上述施工过程对应的产量定额，(m^3，m^2，m，t，…/工日)。

【例 5-1】 某工程室内楼地面分别采用水磨石、贴瓷砖、贴花岗岩等三种施工做法，其工程量分别为 1850m^2、682m^2、1235m^2，所采用的产量定额分别是 2.25m^2/工日，3.85m^2/工日，6.13m^2/工日，试计算其加权平均产量定额。

解　按式 (5-1) 有

$$\overline{S} = \frac{\sum_{i=1}^{n} Q_i}{\sum_{i=1}^{n} P_i} = \frac{Q_1 + Q_2 + Q_3}{P_1 + P_2 + P_3} = \frac{1850 + 682 + 1235}{\frac{1850}{2.25} + \frac{682}{3.85} + \frac{1235}{6.13}} = 3.14(m^2/\text{工日})$$

4. 确定劳动量和机械台班数量

根据各分部分项工程的工程量及其施工定额水平，计算各施工项目所需要的劳动量和机械台班数量。

(1) 劳动量的确定。一般按下列公式计算确定劳动工日数：

$$P = \frac{Q}{S} \qquad (5-2)$$

或

$$P = Q \cdot H \qquad (5-3)$$

式中　P——某施工项目所需的劳动量，工日；

Q——该施工项目的工程量，(m^3，m^2，m，t，…)；

S——该施工项目采用的产量定额，(m^3，m^2，m，t，…/工日)；

H——该施工项目采用的时间定额，(工日/m^3，m^2，m，t，…)。

【例 5-2】 某基槽土方工程量为 365m^3，采用人工挖土，确定采用的施工定额水平为 4.5m^3/工日，试计算完成该挖土任务所需的劳动量。

解　按式 (5-2) 有

$$P = \frac{Q}{S} = \frac{365}{4.5} = 81\ (\text{工日})$$

若上例中，已知时间定额为 0.222 工日/m^3，则按式 (5-3) 有

$$P = Q \cdot H = 365 \times 0.222 = 81\ (\text{工日})$$

(2) 机械台班量的确定。当施工项目以机械施工为主，应按下列公式计算确定机械台班数量

$$D=\frac{Q'}{S'} \tag{5-4}$$

$$D=Q'\cdot H' \tag{5-5}$$

式中 D——某施工项目所需的机械台班数量，台班；

Q'——该施工项目机械施工完成的工程量，(m^3，t，件，…)；

S'——该施工项目采用的机械产量定额，(m^3，t，件，…/台班)；

H'——该施工项目采用的机械时间定额，(工日/m^3，t，件，…)。

【例 5-3】 某基坑土方工程量为 $3820m^3$，采用机械挖土，其机械挖土量是整个开挖量的 90%，确定采用挖土机挖土自卸汽车随挖随运，挖土机的产量定额为 $310m^3$/台班，自卸汽车的产量定额为 $85m^3$/台班，试计算确定挖土机及自卸汽车的台班需要量。

解 按式（5-3）有

$$D_{挖土机}=\frac{Q'_{挖}}{S'_{挖}}=\frac{3820\times0.9}{310}=11\ (台班)$$

$$D_{汽车}=\frac{Q'_{运}}{S'_{挖}}=\frac{3820\times0.9}{85}=40\ (台班)$$

(3) 对于"其他工程"项目所需劳动量，可根据其内容和数量并结合施工现场具体情况，以总劳动量的百分比（一般为 10%～20%）计算确定。

(4) 对于水暖电卫、设备安装等工程项目，一般不计算其劳动量和机械台班数量，仅安排与土建工程配合的施工进度。

5. 确定各施工项目的工作持续时间

一般有三种方法：定额计算法、倒排计划法和经验估算法。

(1) 定额计算法。这种方法是根据施工项目需要的劳动量或机械台班量，再配以劳动人数或机械台数，来计算确定其工作持续时间。其计算公式如下

$$T=\frac{P}{R\cdot N} \tag{5-6}$$

式中 T——完成施工项目的工作持续时间，天；

P——该施工项目所需的劳动量或机械台班量，工日或台班；

R——该施工项目上每班安排的施工班组人数或机械台数，人或台；

N——工作班制。

【例 5-4】 某工程的砌筑工程，总劳动量为 675 工日，一班制工作，瓦工班组人数为 25 人，试计算完成砌筑工程需要的工作持续时间。

解 按式（5-6）有

$$T=\frac{P}{R\cdot N}=\frac{675}{25\times1}=(天)$$

在应用上述公式时，首先需确定施工班组人数或机械台数以及工作班制。

1）确定施工班组人数时，主要是考虑最小劳动组合人数、最小工作面和可能安排的班组人数等因素。

最小劳动组合，即某一施工项目进行正常施工时所必需的最低限度的班组人数及其合理

的组合，人数过少或比例不当均会引起劳动生产率的下降。

最小工作面，即施工班组为保证安全生产和有效操作所必需的工作面。最小工作面决定了最高限度的班组人数，人数过多会影响安全或造成窝工。

可能安排的班组人数，即施工单位计划配备在该施工项目的人数。一般要在上述最低和最高限度之内，根据具体情况确定即可。

2）确定机械台数时，主要是考虑机械生产效率、施工工作面、可能安排的机械台数及维修保养等因素，与确定施工班组人数的情况相似。

3）确定工作班制时，有一班制施工、多班制施工两种情况。当工期允许、劳动力和机械周转使用不紧迫、施工工艺上无连续施工要求时，可采用一班制施工，否则，可考虑两班甚至三班制施工。

（2）倒排计划法。这种方法是先根据规定的总工期、施工项目所需的劳动量或机械台班量以及施工经验，确定各施工项目的工作持续时间和工作班制，再反算施工班组人数或机械台数。其计算公式如下

$$R=\frac{P}{T\cdot N} \tag{5-7}$$

【例 5-5】 某单位工程的基坑土方工程采用机械开挖，需要 97 个台班，要求 12 天挖完，试计算完成该土方工程需要的机械台数。

解 按式（5-7）有

$$T=\frac{P}{R\cdot N}=\frac{97}{12}=8(\text{台})$$

一般计算时均先按一班制考虑，如果每天所需的机械台数或班组人数超过企业或项目部现有人力、物力或工作面限制，则应根据具体情况和条件，从施工技术与组织上采取有效措施，如增加工作班次等。

（3）经验估算法。这种方法是根据施工经验进行估计，一般适用于采用新工艺、新方法、新材料、新技术等无定额可循的工程。为了提高其估算准确程度，可采用“三时估计法”，即估计出该施工项目的最长、最短和最可能的三种工作持续时间，然后计算确定该施工项目的工作持续时间。

其计算公式如下：

$$T=\frac{A+4C+B}{6} \tag{5-8}$$

式中 T——完成某施工项目的工作持续时间，天；

A——完成该施工项目最长持续时间，天；

B——完成该施工项目最短持续时间，天；

C——完成该施工项目可能持续时间，天。

6. 初排施工进度

上述各项计算内容确定以后，开始编制施工进度计划的初始方案。此时，必须考虑各分部分项工程的合理施工顺序，尽可能组织流水施工，力求主要工种连续工作。步骤如下：

（1）首先划分主要施工阶段或分部工程，分析每个主要施工阶段或分部工程的主导施工过程，优先安排主导施工过程的施工进度，使其尽可能连续施工，其他施工过程尽可能与主导施工过程配合穿插、搭接或平行作业，形成主要施工阶段或分部工程的流水作业图。

(2) 对于其他施工阶段或分部工程，也要分析其阶段内的主导工程，先安排主导施工过程，再安排其他过程的施工进度，形成其他施工阶段或分部工程的流水作业图。

(3) 按照施工程序，将各施工阶段或分部工程的流水作业图最大限度地合理搭接起来，一般需考虑相邻施工阶段或分部工程的前者最后一个分项工程与后者的第一个分项工程的施工顺序关系。最后汇总为单位工程的初始进度计划。

7. 施工进度计划的检查与调整

为了使初排的施工进度满足规定的目标，应根据上级要求、合同规定、施工条件及经济效益等，进行如下检查与调整：

(1) 施工进度计划的检查工作：

1) 先检查各施工项目间的施工顺序是否合理。施工顺序的安排应符合建筑施工技术上、工艺上、组织上的基本规律，平行搭接和技术间歇应科学合理。

2) 检查工期是否合理。施工进度计划安排的施工工期首先应满足上级规定或施工合同的要求；其次应满足连续均衡施工，具有较好的经济效果。即安排工期要合理，并不是越短越好。

3) 检查资源是否均衡。施工进度计划的劳动力、材料、机械设备等供应与使用，应避免集中，尽量连续均衡。

(2) 施工进度计划的调整工作。经过检查，对于不当之处可作如下调整：

1) 增加或缩短某些施工项目的工作持续时间，以改变工期和资源状态。

2) 在施工顺序允许的情况下，将某些施工项目的施工时间向前或向后移动，优化资源。

3) 必要时可考虑改变施工技术方法或施工组织，以期满足施工顺序、工期、资源等方面的目标。

8. 施工进度计划的审核

上级对施工进度计划审核的主要内容如下：

(1) 单位工程施工进度目标应符合总进度目标及施工合同工期的要求，符合其开竣工日期的规定，分期施工应满足分批交工的需要和配套交工的要求。

(2) 施工进度计划的内容全面无遗漏，能保证施工质量和安全的需要。

(3) 合理安排施工程序和作业顺序。

(4) 资源供应能保证施工进度计划的实现，且较均衡。

(5) 能清楚分析进度计划实施中的风险，并制定防范对策和应变预案。

(6) 各项进度保证计划措施周到可行、切实有效。

应当指出，上述施工进度计划的编制步骤之间不是孤立的，而是存在相互联系、相互依赖的关系，有的可以同时进行。建筑施工本身是一个复杂的生产过程，受到周围许多客观因素的影响，在施工过程中，由于资源供应条件及自然条件等变化，都会影响施工进度。因此，在工程进展中，应随时掌握施工动态，并经常检查和调整施工进度计划。

四、单位工程施工进度计划的技术经济评价

(一) 施工进度计划技术经济评价的主要指标

评价单位工程施工进度计划编制的优劣，主要有下列指标：

1. 工期指标

(1) 提前时间

$$提前时间=上级要求或合同要求工期-计划工期 \qquad (5-9)$$

（2）节约时间

$$节约时间=定额工期-计划工期 \tag{5-10}$$

2. 动量消耗的均衡性指标

用劳动量不均衡系数（K）加以评价

$$K=\frac{最高峰施工时期工人人数}{施工期间每天平均工人人数} \tag{5-11}$$

对于单位工程或各个工种来说，每天出勤的工人人数应力求不发生过大的变动，即劳动量消耗应力求均衡，为了反映劳动量消耗的均衡情况，应画出劳动量消耗的动态图。在劳动量消耗动态图上，不允许出现短时期的高峰或长时期的低陷情况，允许出现短时期的甚至是很大的低陷。最理想的情况是 K 接近于 1，在 2 以内为好，超过 2 则不正常。当一个施工单位在一个工地上有许多单位工程时，则一个单位工程的劳动量消耗是否均衡就不是主要的问题，此时，应控制全工地的劳动量动态图，力求在全工地范围内的劳动量消耗均衡。

3. 主要施工机械的利用程度

主要施工机械一般是指挖土机、塔式起重机、混凝土泵等台班费高、进出场费用大的机械，提高其利用程度有利于降低施工费用，加快施工进度。主要施工机械利用率的计算公式为

$$主要施工机械利用率=\frac{报告期内施工机械工作台班数}{报告期内施工机械制度台班数}\times 100\% \tag{5-12}$$

（二）施工进度计划技术经济评价的参考指标

进行施工进度计划的技术经济评价，除以上主要指标外，还可考虑以下参考指标。

1. 单方用工数

$$总单方用工数=\frac{单位工程用工数（工日）}{建筑面积（m^2）} \tag{5-13}$$

$$分部工程单方用工数=\frac{分部工程用工数（工日）}{建筑面积（m^2）} \tag{5-14}$$

2. 工日节约率

$$总工日节约率=\frac{施工预算用工数（工日）-计划用工数（工日）}{施工预算用工数（工日）}\times 100\% \tag{5-15}$$

$$分部工程工日节约率=\frac{施工预算分部工程用工数（工日）-计划分部工程用工数（工日）}{施工预算分部工程用工数（工日）}\times 100\% \tag{5-16}$$

3. 大型机械单方台班用量（以吊装机械为主）

$$大型机械单方台班用量=\frac{大型机械台班量（台班）}{建筑面积（m^2）} \tag{5-17}$$

4. 建安工人日产值

$$建安工人日产值=\frac{计划施工工程总产值（元）}{进度计划日期\times 每日平均人数（工日）} \tag{5-18}$$

五、施工准备工作计划

单位工程施工准备工作计划是施工组织设计的一个组成部分，一般在施工进度计划确定后即可着手进行编制。它主要反映开工前、施工中必须做的有关准备工作，是施工单位落实

安排施工准备各项工作的主要依据。

施工准备应包括技术准备、现场准备和资金准备等。

1. 技术准备

技术准备应包括施工所需技术资料的准备、施工方案编制计划、试验检验及设备调试工作计划、样板制作计划等。

(1) 主要分部(分项)工程和专项工程在施工前应单独编制施工方案，施工方案可根据工程进展情况，分阶段编制完成；对需要编制的主要施工方案应制定编制计划。

(2) 试验检验及设备调试工作计划应根据现行规范、标准中的有关要求及工程规模、进度等实际情况制订。

(3) 样板制作计划应根据施工合同或招标文件的要求并结合工程特点制订。

2. 现场准备

现场准备应根据现场施工条件和工程实际需要，准备现生活等临时设施。

3. 资金准备

资金准备应根据施工进度计划编制资金使用计划。

为落实各项施工准备工作，加强对施工准备工作的检查监督，通常施工准备工作可列表表示，其表格形式见表 5-5。

表 5-5　　施工准备工作计划

序号	施工准备工作名称	准备工作内容（及量化指标）	主办单位（及主要负责人）	协办单位（及主要协办人）	完成时间	备注
1						
2						
3						
⋮						

六、各项资源需要量计划

在单位工程施工进度计划正式编制完成后，就可以编制各项资源需要量计划。资源配置计划应包括劳动力配置计划和物资配置计划等。与施工组织总设计相比较，单位工程施工组织设计的资源配置计划相对更具体，其劳动力配置计划宜细化到专业工种。

劳动力配置计划应包括下列内容：确定各施工阶段用工量；根据施工进度计划确定各施工阶段劳动力配置计划。

物资配置计划应包括下列内容：主要工程材料和设备的配置计划应根据施工进度计划确定，包括各施工阶段所需主要工程材料、设备的种类和数量；工程施工主要周转材料和施工机具的配置计划应根据施工部署和施工进度计划确定，包括各施工阶段所需主要周转材料、施工机具的种类和数量。

(一) 劳动力需要量计划

编制劳动力需要量计划，需依据施工方案、施工进度计划和施工预算。其编制方法是按进度表将每天所需人数分工种统计，得出每天所需的工种及人数，按时间进度要求汇总编出。它主要是作为现场劳动力调配、衡量劳动力耗用指标、安排生活福利设施的依据。其表格形式见表 5-6。

表 5-6　劳动力需要量计划

序号	专业工种		劳动量（工日）	需要人数及时间						备注
				年　月			年　月			
	名称	级别		上旬	中旬	下旬	上旬	中旬	下旬	
1										
2										
3										
⋮										

（二）主要材料需要量计划

编制主要材料需要量计划，要依据施工预算工料分析和施工进度。其编制方法是将施工进度计划表中各施工过程，分析其材料组成，依次确定其材料品种、规格、数量和使用时间，并汇总成表格形式。它主要是备料、确定仓库和堆场面积，以及组织运输的依据。其表格形式见表 5-7。

表 5-7　主要材料需要量计划

序号	材料名称	规格	需要量		需要时间	备注
			单位	数量		
1						
2						
3						
⋮						

（三）预制加工品需要量计划

预制加工品要包括混凝土制品、混凝土构件、木构件、钢构件等，编制预制加工品需要量计划，需依据施工预算和施工进度计划。其编制方法是将施工进度计划表中需要预制加工品的施工过程，依次确定其预制加工品的品种、型号、规格、尺寸、数量和使用时间，并汇总成表格形式。它主要用于加工订货，确定堆场面积和组织运输。其表格形式见表 5-8。

表 5-8　预制加工品需要量计划

序号	预制加工品名称	图号、型号	规格尺寸	需要量		使用部位	加工单位	要求供应起止时间	备注
				单位	数量				
1									
2									
3									
⋮									

（四）施工机械需要量计划

编制施工机械需要量计划需依据施工方案和施工进度计划。其编制方法是将单位工程施工进度表中的每一个施工过程，按其施工方案确定其每天所需的机械类型、数量，按进度汇总编写。它主要用于落实施工机具采源，组织进场。其表格形式见表5-9。

表5-9 施工机械需要量计划

序号	机械名称	型号	规格	电功率(kV·A)	需要量		机械来源	使用起止时间	备注
					单位	数量			
1									
2									
3									
⋮									

（五）生产工艺设备需要量计划

编制生产工艺设备需要量计划需依据生产工艺布置图和设备安装进度。它主要是作为生产设备订货、组织运输和进场后存放依据。其表格形式见表5-10。

表5-10 生产工艺设备需要量计划

序号	生产工艺设备名称	型号	规格	电功率(kV·A)	需要量		货源	进场时间	备注
					单位	数量			
1									
2									
3									
⋮									

第四节　单位工程施工平面图

单位工程施工平面图是对拟建单位工程施工现场所作的平面规划和空间布置图。一般按地基基础、主体结构、装修装饰和机电设备安装三个阶段分别绘制。它是根据拟建工程的规模、施工方案、施工进度计划及施工现场的条件等，按照一定的设计原则，来正确地解决施工期间所需的各种暂设工程同永久性工程和拟建工程之间的合理位置关系。

单位工程施工平面图是进行施工现场布置的依据和实现施工现场有计划、有组织进行文明施工的先决条件，因此它是单位工程施工组织设计的重要组成部分。贯彻和执行科学合理的施工平面布置图，会使施工现场秩序井然，施工顺利进行，保证进度，提高效率和经济效果。否则，会导致施工现场的混乱，造成不良后果。

一、单位工程施工平面图的设计依据

在进行单位工程施工平面图设计前，设计人员首先应认真研究施工方案和施工进度计划，在踏勘现场，取得施工环境第一手资料的基础上，认真研究以下资料，才能使设计与施工现场的实际情况相符，从而使其确实起到指导施工现场空间布置的作用。施工平面图设计所依据的主要资料有：

（一）设计和施工组织设计时所依据的有关拟建工程的当地原始资料

（1）自然条件调查资料。如气象、地形地貌、水文及工程地质资料，周围环境和障碍

物，主要用于布置地表水和地下水的排水沟，确定易燃、易爆及有碍人体健康的设施的布置，安排冬、雨期施工期间所需设备的地点。

(2) 技术经济调查。如交通运输、水源、电源、气源、物资资源等情况，主要用于布置水、电、管线和道路。

(3) 社会调查资料。如社会劳动力和生活设施，参加施工各单位的情况，建设单位可为施工提供的房屋和其他生活设施。它可以确定可利用的房屋和设施情况，对布置临时设施有重要作用。

(二) 有关的设计资料、图纸等

(1) 建筑总平面图。图上包括一切地下、地上原有和拟建的房屋和构筑物的位置和尺寸。它是正确确定临时房屋和其他设施位置，以及修建工地运输道路和排水设施等所需的资料。

(2) 一切原有和拟建的地下、地上管道位置资料。在设计施工平面图时，可考虑利用这些管道或需考虑提前拆除或迁移，并需注意不得在拟建的管道位置上面建临时建筑物。

(3) 建筑区域的竖向设计资料和土方平衡图。它在布置水、电管线、道路以及安排土方的挖填、取土或弃土地点时有用。

(4) 本工程如属群体工程之一，应符合施工组织总设计和施工总平面图的要求。

(三) 单位工程施工组织设计的施工方案、进度计划、资源需要量计划等施工资料

(1) 单位工程施工方案。据此可以确定垂直运输机械和其他施工机具的位置、数量和规划场地。

(2) 施工进度计划。从中可了解各施工阶段的情况，以便分阶段布置施工现场。

(3) 资源需要计划。即各种劳动力、材料、构件、半成品等需要量计划，可以确定宿舍、食堂的面积、位置，仓库和堆场的面积、形式、位置。

(四) 有关建设法律法规对施工现场管理提出的要求

主要文件有《建设工程施工现场管理规定》(建设部令第 15 号)、《文物保护法》《环境保护法》《环境噪声污染防治法》《消防法》《消防条例》《环境管理体系标准》(GB/T 24000—ISO 14000)、《建设工程施工现场综合考评试行办法》《建筑施工安全检查标准》等。另外，施工平面图布置时还应遵守有关企业的施工现场管理标准和规定。遵守以上法律、法规和规定，可以使施工平面图的布置安全有序，整洁卫生，不扰民，不损害公众利益，做到文明施工。

二、单位工程施工平面图的设计内容

(1) 已建和拟建的地上地下的一切建(构)筑物以及其他设施(道路和管线等)的位置和轮廓尺寸、层数等。

(2) 工程施工场地状况、测量放线标桩位置、地形等高线和土方取弃场地。

(3) 移动式起重机开行路线、轨道布置和固定式垂直运输设备位置。

(4) 各种搅拌站，加工场，材料、构件、加工半成品、机具的仓库和堆场。

(5) 生产和生活福利设施的布置。

(6) 场外交通引入位置和场内道路的布置。

(7) 临时给排水管线、临时用电(电力、通信)线路、蒸汽及压缩空气管道等布置。

(8) 临时围墙及必备的安全、消防、保卫和环境保护等设施。

(9) 相邻的地上、地下既有建（构）筑物及相关环境。

(10) 必要的图例、比例尺、方向及风向标记。

三、单位工程施工平面图的设计原则

(1) 现场布置尽量紧凑，节约用地，不占或少占农田。在保证施工顺利进行的前提下，布置紧凑、节约用地可以便于管理，并减少施工用的管线，降低成本。

(2) 短运输、少搬运。在合理的组织运输，保证现场运输道路畅通的前提下，最大限度地减少场内运输，特别是场内二次搬运，各种材料尽可能按计划分期分批进场，充分利用场地。各种材料堆放位置，应根据使用时间的要求，尽量靠近使用地点，运距最短，既节约劳动力，也减少材料多次转运中的消耗，可降低成本。

(3) 控制临时设施规模，降低临时设施费用。在满足施工的条件下，尽可能利用施工现场附近的原有建筑物作为施工临时设施，多用装配式的临设，精心计算和设计，从而少用资金。

(4) 临时设施的布置，应便利于施工管理及工人的生产和生活，使工人至施工区的距离最近，往返时间最少，办公用房应靠近施工现场，福利设施应在生活区范围之内。

(5) 遵循建设法律、法规对施工现场管理提出的要求，利于生产、生活、安全、消防、环保、市容、卫生防疫、劳动保护等。

四、单位工程施工平面图的设计步骤

单位工程施工平面图的一般设计步骤如图 5-10 所示。

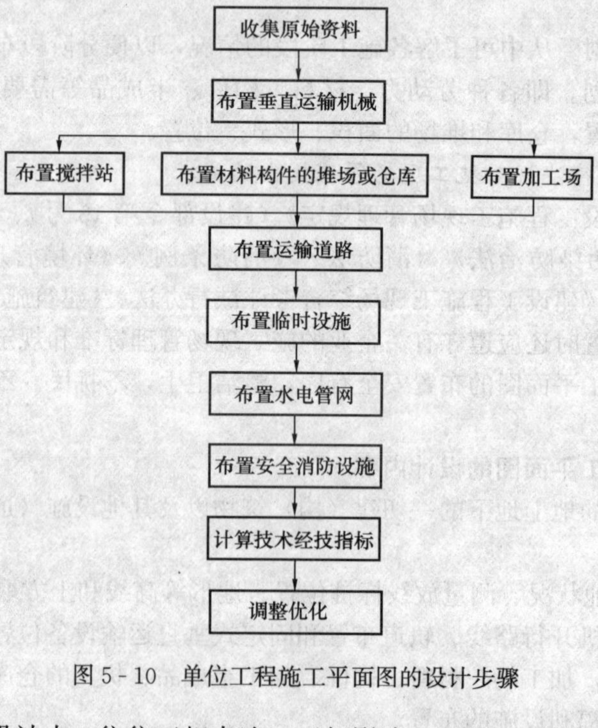

图 5-10 单位工程施工平面图的设计步骤

以上步骤在实际设计中，往往互相牵连，互相影响，因此，要多次重复进行。除研究在平面上的布置是否合理外，还必须考虑它们的空间条件是否可能和科学合理，特别是要注意安全问题。在单位工程施工平面图设计中有以下要点。

（一）垂直运输机械的布置

垂直运输机械在建筑施工中主要担负垂直运送材料设备和人员上下的任务。垂直运输机械的需要数量按以下公式计算

$$N=\frac{\Sigma Q}{S} \tag{5-19}$$

式中 N——垂直运输机械的数量；

ΣQ——垂直运输高峰期每班运输量；

S——每台垂直运输机械每班运输量。

垂直运输机械的位置直接影响仓库、搅拌站、各种材料和构件等位置及道路和水、电线路的布置等，因此，它的布置是施工现场全局的中心环节，必须首先予以确定。

由于各种垂直运输机械性能不同，其布置的位置也不相同。

1. 塔式起重机的布置

塔式起重机具有提升、回转、水平输送等功能，用其垂直和水平吊运长、大、重的物料为其他垂直运输机械所不及。按其固定方式可分为固定式、轨道式、附墙式和内爬式四类。其中，轨道式塔式起重机一般沿建筑物长向布置，其位置尺寸取决于建筑物的平面形状、尺寸、构件重量、起重机的性能及四周的施工场地条件等，其布置要求如下：

（1）塔吊的平面布置。通常有以下四种布置方案，如图 5-11 所示。

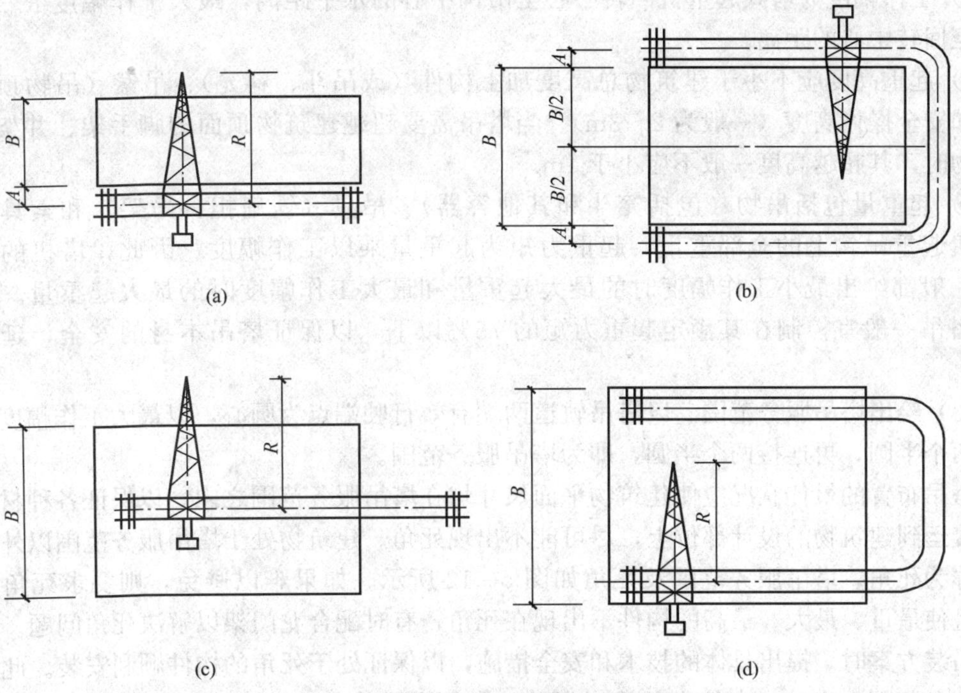

图 5-11 轨道式塔吊平面布置方案

（a）单侧布置；（b）双侧布置；（c）跨内单行布置；（d）跨内环形布置

1）单侧布置。当建筑物宽度较小，可在场地较宽的一面沿建筑物长向布置，其优点是轨道长度较短，并有较宽的场地堆放材料和构件。其起重半径 R 应满足下式要求

$$R \geqslant B+A \tag{5-20}$$

式中 R——塔式起重机的最大回转半径，m；

B——建筑物平面的最大宽度，m；

A——塔轨中心线至外墙外边线的距离，m。一般当无阳台时，A＝安全网宽度＋安全网外侧至轨道中心线距离；当有阳台时，A＝阳台宽度＋安全网宽度＋安全网外侧至轨道中心线距离。

2）双侧布置（或环形布置）。当建筑物较宽，构件重量较重时，可采用双侧布置（或环形布置）。起重半径及应满足下式要求

$$R \geqslant \frac{B}{2} + A \tag{5-21}$$

3）跨内单行布置。当建筑物周围场地狭窄，或建筑物较宽，构件较重时，采用跨内单行布置。其起重半径应满足下式要求

$$R \geqslant \frac{B}{2} \tag{5-22}$$

4）跨内环形布置。当建筑物较宽，采用跨内单行布置不能满足构件吊装要求，且不可能跨外布置时，应选择跨内环形布置。

(2) 复核塔吊的工作参数。塔式起重机的平面布置确定后，应当复核其主要工作参数，使其满足施工需要。主要参数包括工作幅度、起重高度、起重量和起重力矩。

1）工作幅度为塔式起重机回转中心至吊钩中心的水平距离，最大工作幅度 R_{max} 为最远吊点至回转中心的距离。

2）起重高度应不小于建筑物总高度加上构件（或吊斗、料笼）、吊索（吊物顶面至吊钩）和安全操作高度（一般为 2～3m）。当塔吊需要超越建筑物顶面的脚手架、井架或其他障碍物时，其超越高度一般不应小于 1m。

3）起重量包括吊物（包括笼斗和其他容器）、吊具（铁扁担、吊架）和索具等作用于塔机起重吊钩上的全部重量，起重力矩为起重量乘以工作幅度。因此，塔机的技术参数中一般都给出最小工作幅度时的最大起重量和最大工作幅度时的最大起重量。应当注意，塔吊一般宜控制在其额定起重力矩的 75％以下，以保证塔吊本身的安全，延长使用寿命。

(3) 绘出塔吊服务范围。以塔吊轨道两端有效行驶端点为圆心，以最大工作幅度为半径画出两个半圆，再连接两个半圆，即为塔吊服务范围。

塔吊布置的最佳状况应使建筑物平面尺寸均在塔吊服务范围之内，以保证各种材料与构件直接运到建筑物的设计部位上，尽可能不出现死角。建筑物处于塔吊服务范围以外的阴影部分称为死角。塔吊服务范围及死角如图 5-12 所示。如果难以避免，则要求死角越小越好，且使最重、最大、最高的构件不出现在死角，有时配合龙门架以解决死角问题。并且在确定吊装方案时，提出具体的技术和安全措施，以保证处于死角的构件顺利安装。此外，在塔吊服务范围内应考虑有较宽的施工场地，以便安排构件堆放、搅拌设备出料后能直接起吊，主要施工道路也应处于塔吊服务范围内。

(4) 塔吊的装设位置应具有相应的装设条件。如具有可靠的基础并设有良好的排水措施，可与结构可靠拉结和水平运输通道条件等。

2. 井字架、龙门架的布置

井字架和龙门架是固定式垂直运输机械，它的稳定性好、运输量大，是施工中最常用

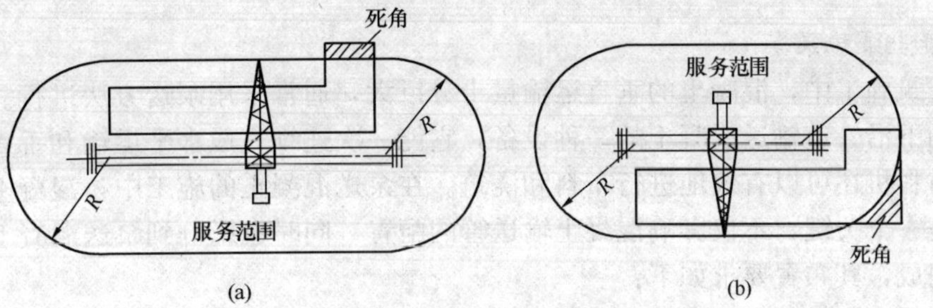

图 5-12　塔吊服务范围及死角示意图

(a) 南边布置方案；(b) 北边布置方案

的，也是最为简便的垂直运输机械，采用附着式可搭设超过 100m 的高度。井架内设吊盘（也可在吊盘下加设混凝土料斗），井架上可视需要设置拨杆，其起重量一般为 0.5～1.5t，回转半径可达 10m。

井字架和龙门架的布置，主要是根据机械性能，工程的平面形状和尺寸、流水段划分情况、材料来向和已有运输道路情况而定。布置的原则是，充分发挥起重机械的能力，并使地面和楼面的水平运输最短。布置时应考虑以下几个方面的因素：

(1) 当建筑物呈长条形，层数、高度相同时，一般布置在流水段分界处或长度方向居中位置。

(2) 当建筑物各部位高度不同时，应布置在高低分界线较高部位一侧。

(3) 其布置位置以窗口处为宜，以避免砌墙留槎和减少井架拆除后的修补工作。

(4) 一般考虑布置在现场较宽的一面，因为这一面便于堆放材料和构件，以达到缩短运距的要求。

(5) 井字架、龙门架的数量要根据施工进度，提升的材料和构件数量，台班工作效率等因素计算确定，其服务范围一般为 50～60m。

(6) 卷扬机应设置安全作业棚，其位置不应距起重机械太近，以便操作人员的视线能看到整个升降过程，一般要求此距离大于建筑物高度，水平距外脚手架 3m 以上。

(7) 井架应立在外脚手架之外并有一定距离为宜，一般为 5～6m。

(8) 缆风设置，高度在 15m 以下时设一道，15m 以上时每增高 10m 增设一道，宜用钢丝绳，并与地面夹角成 45°，当附着于建筑物时可不设缆风。

3. 建筑施工电梯的布置

建筑施工电梯（亦称施工升降机、外用电梯）是高层建筑施工中运输施工人员及建筑器材的主要垂直运输设施，它附着在建筑物外墙或其他结构部位上，随建筑物升高，架设高度可达 200m 以上。

在确定建筑施工电梯的位置时，应考虑便于施工人员上下和物料集散；由电梯口至各施工处的平均距离应最短；便于安装附墙装置；接近电源，有良好的夜间照明。

4. 自行无轨式起重机械

自行无轨式起重机械分履带式，汽车式和轮胎式三种起重机，它移动方便灵活，能为整个工地服务，一般专做构件装卸和起吊之用。适用于装配式单层工业厂房主体结构的吊装。其吊装的开行路线及停机位置主要取决于建筑物的平面布置、构件重量、吊装高度和吊装方法等。

5. 混凝土泵和泵车

高层建筑施工中，混凝土的垂直运输量十分巨大，通常采用泵送方法进行。混凝土泵是在压力推动下沿管道输送混凝土的一种设备，它能一次连续完成水平运输和垂直运输，配以布料杆或布料机还可以有效地进行布料和浇筑。在泵送混凝土的施工中，混凝土泵和泵车的停放布置是一个关键，不仅影响混凝土输送管的配置，同时也影响到泵送混凝土的施工能否按质按量完成，其布置要求如下：

(1) 混凝土泵设置处的场地应平整坚实，具有重车行走条件，且有足够的场地、道路畅通，使供料调车方便。

(2) 混凝土泵应尽量靠近浇筑地点。

(3) 其停放位置接近排水设施，供水、供电方便，便于泵车清洗。

(4) 混凝土泵作业范围内，不得有障碍物、高压电线，同时要有防范高空坠物的措施。

(5) 当高层建筑采用接力泵泵送混凝土时，其设置位置应使上、下泵的输送能力匹配，且验算其楼面结构部位的承载力，必要时采取加固措施。

(二) 搅拌站、加工场及各种材料、构件的堆场或仓库的布置

搅拌站、加工场及各种材料、构件的堆场或仓库的位置应尽量靠近使用地点或在塔式起重机服务范围之内，又要便于运输和装卸。

1. 搅拌站的布置

搅拌站主要指混凝土及砂浆搅拌机，其型号、规格、数量在施工方案中确定。其布置的要求如下：

(1) 搅拌站应尽可能布置在垂直运输机械附近，以减少混凝土及砂浆的水平运距。当选择为塔吊方案时，混凝土搅拌机的出料斗（车）应在塔吊的服务范围之内，可以直接挂钩起吊。

(2) 搅拌站应布置在道路附近，便于砂石进场及拌和物的运输。

(3) 搅拌站应有后台上料的场地，以布置水泥、砂、石等搅拌所用材料。

(4) 有特大体积混凝土施工时，搅拌站尽可能靠近使用地点。

(5) 搅拌站四周应设排水沟，使得清洗机械的污水排走，避免现场积水。

(6) 混凝土搅拌机每台所需面积为 $25m^2$ 左右，冬期施工时，考虑保温与供热设施等面积为 $50m^2$ 左右；砂浆搅拌机每台所需面积为 $15m^2$ 左右，冬期施工时面积为 $30m^2$ 左右。

2. 加工场的布置

各种加工场的位置，要根据加工品使用地点和不影响主要工种工程施工为原则，通过不同方案优选来确定。

(1) 木材、钢筋、水电卫安装等加工棚宜设置于建筑物四周稍远处，并有相应的材料及成品堆场。

(2) 石灰及淋灰池可根据情况布置在砂浆搅拌机附近。

(3) 木工间、电焊间、沥青熬制间等易燃或有明火的现场加工棚，要离开易燃易爆物品仓库，布置在施工现场的下风向，并通入给排水管道，附近应设有灭火器、沙箱或消防水池等。

3. 材料、构件的堆场或仓库的布置

各种材料、构件的堆场或仓库应先计算其面积，然后根据材料使用地点来进行优化布置。同一场地在各施工阶段可供多种材料或构件堆放，如先堆主体施工阶段的模板、钢筋，

再堆装饰装修施工阶段的各种面砖等。其布置的要求如下：

(1) 仓库的布置：

1) 水泥仓库应选择地势较高、排水方便、靠近搅拌机的地方。

2) 各种易燃、易爆物品或有毒物品的仓库，如各种油漆、油料、亚硝酸钠、装饰材料等，应与其他物品隔开存放，室内应有较好的通风条件，存量不宜过多，应根据施工进度有计划的进出。仓库内禁止火种进入并配有灭火设备。

3) 木材、钢筋及水电器材等仓库，应与加工棚结合布置，以便就近取材加工。

(2) 预制构件的布置。预制构件的堆放位置应根据吊装方案，大型构件一般需布置在起重机械服务范围内，堆放数量应根据施工进度、运输能力和条件等因素，实行分期分批配套进场，吊完一层楼（或一个施工段）再进场一批构件，以节省堆放面积。

(3) 材料堆场的布置。各种材料堆场的面积应根据其用量的大小、使用时间的长短、供应与运输情况等计算确定。布置时考虑先用先堆，后用后堆，尽量靠近使用地点，布置在塔吊服务范围内，且交通方便。如砂石尽可能布置在搅拌机后台附近，并按不同粒径规格分别堆放。

在基坑边堆放的材料，应规定与基坑边的安全距离，一般不小于0.5m，并作基坑边坡稳定性验算，防止塌方事故；围墙边堆放砂、石、石灰等散状材料时，应作高度限制，防止挤倒围墙造成意外伤害；楼层堆物，应规定其数量、位置，防止压断楼板造成坠落事故。

(三) 运输道路的布置

施工现场应优先利用永久性道路，或先建永久性道路的路基，作为道路使用，在工程竣工前再铺路面。运输道路应按现场生产的需要，沿生产和生活性施工设施布置，使其畅通无阻。因此，运输道路最好围绕拟建建筑物布置成环形，道路每隔一定距离要设置一个回车场。道路的路面宽度至少为3m，道路两侧一般应结合地形设排水沟，沟深不小于0.4m，底宽不小于0.3m。对施工道路的要求见第四章表4-12、表4-13。

(四) 行政管理、文化生活、福利用临时设施的布置

这些临时设施主要有办公室、宿舍、工人休息室、食堂、开水房、厕所、门卫等，布置时要考虑使用方便，有利于生产、安全防火和劳动保护等要求，具体确定它们各自位置。有关的面积计算及参考指标，参见第四章。

临时设施应尽可能采用活动式结构或就地取材设置，办公室应靠近施工现场，与工地人口联系方便，工人休息室应设在工人作业区，宿舍应布置在安全的上风向，门卫及收发室应布置入口处。

(五) 施工给排水管网的布置

1. 施工给水管网的布置

(1) 施工给水管网首先要经过设计计算，然后进行布置，其中包括水源选择，用水量计算（包括生产用水、机械用水、生活用水、消防用水等），取水设施，储水设施，配水布置管径确定等。

(2) 施工用的临时给水管，一般由建设单位的干管或自行布置的干管接到用水地点（如搅拌站、食堂等），布置时应力求管网总长度最短，管径的大小和水龙头数目需视工程规模大小经计算确定。管线可暗铺，也可明铺，视当时的气温条件和使用期限的长短而定。其布置形式有环形、枝形、混合式三种。

(3) 给水管网应按防火要求布置消防栓，消防水管线的直径一般不小于100mm，消防栓应沿道路布置，消防栓的间距不应超过120m，且应设有明显的标志，周围3m以内不准堆放建筑材料。

(4) 高层建筑施工给水系统应设置蓄水池和加压泵，以满足高空用水的需求。

2. 施工排水管网的布置

(1) 当单位工程属于群体工程之一时，现场排水系统将在施工组织总设计中考虑；若是单独一个工程时，应单独考虑。

(2) 为排除地面水和地下水，应及时修通永久性下水道，并结合现场地形在建筑物周围设置排泄地面水和地下水的沟渠。

(3) 在山坡地施工时，应设有拦截山水下泻的沟渠和排泄通道，防止冲毁在建工程和各种设施。

(六) 施工供电的布置

(1) 单位工程施工用电，要与建设项目施工用电综合考虑，在全工地性施工平面图中安排。如属于独立的单位工程，要先计算出施工用电总量（包括电动机用电量、电焊机用电量、室内和室外照明电量），并选择相应变压器，然后计算导线截面积，并确定供电网形式。

(2) 为了维修方便，施工现场一般采用架空配电线路，并尽量使其线路最短。要求现场架空线与施工建筑物水平距离不小于1m，线与地面距离不小于4m，跨越建筑物或临时设施时，垂直距离不小于2.5m，线间距不小于0.3m。

(3) 现场线路应尽量架设在道路的一侧，且尽量保持线路水平，以免电杆受力不均，在低压线路中，电杆间距应为25～40m，分支线及引入线均应由电杆处接出，不得在两杆之间接线。

(4) 线路应布置在起重机的回转半径之外。否则应搭设防护栏，其高度要超过线路2m，机械运转时还应采取相应措施，以确保安全。现场机械较多时，可采用埋地电缆，以减少互相干扰。

(5) 变压器应远离交通要道口处，布置在现场边缘高压线接入处，离地应大于3m，四周设有高度大于1.7m的铁丝网防护栏，并用明显标志。

(七) 单位工程施工平面图的绘图

单位工程施工平面图是施工的重要技术文件之一，是施工组织设计的重要组成部分。因此，要精心设计，认真绘制。

单位工程施工平面图的设计步骤、内容、图例、要求和方法基本同施工总平面图。绘图基本要求如下：

(1) 应做到标明主要位置尺寸，要按图例或编号注明布置的内容、名称，线条粗细分明，字迹工整清晰，图面清楚美观。

施工平面图常见图例见表5-11。

(2) 绘图比例常用1∶200～1∶500，视工程规模大小而定。

(3) 将拟建单位工程置于平面图的中心位置，各项设施围绕拟建工程设置。

需注意的是建筑施工是一个复杂多变的生产过程，不同的工程性质和不同的施工阶段，各有不同的施工特点和要求，对现场所需的各种施工设备，也各有不同的内容和要求。各种施工机械、材料、构件等随着工程的进展而逐渐进场，又随着工程的进展而不断消耗、变动。

表 5-11　**施工平面图常用图例**

序号	名　称	图　例
	一、地形及控制点	
1	室内标高	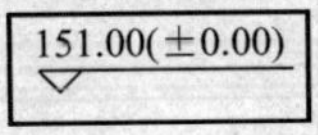
2	室外标高	●143.00　▼143.00
3	原有建筑	
4	窨洞：地上、地下	
5	蒙古包	
6	坟地、有树坟地	
7	钻孔	
8	高等线：基本的、补助的	
9	土堤、土堆	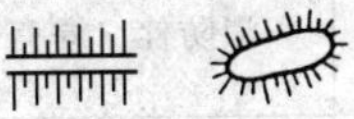
10	坑穴	
11	现有永久公路	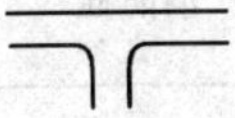
12	拟建永久道路	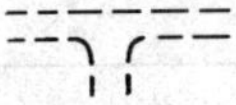
13	施工用临时道路	
	二、建筑、构筑物	
1	新建建筑物	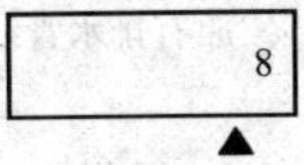
2	将来拟建建筑物	
3	临时房屋：密闭式、敞篷式	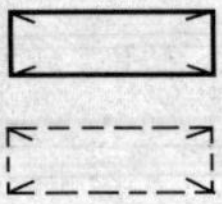
4	实体围墙及大门	
5	通透围墙及大门	
6	建筑工地界线	
7	工地内的分区线	
8	烟囱	
9	水塔	
10	测量坐标	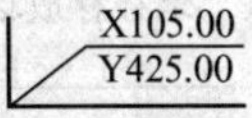
11	建筑坐标	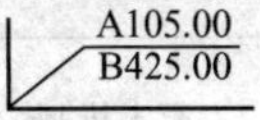
	三、材料、构件堆场	
1	散状材料临时露天场地	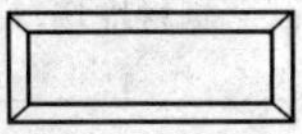
2	其他材料露天堆场或露天作业场	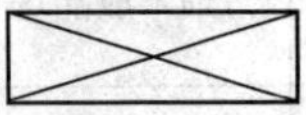
3	施工期间利用的永久堆场	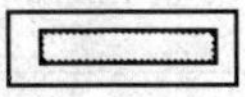
4	土堆	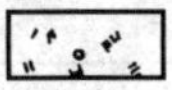
5	砂堆	
6	砾石、碎石堆	
7	块石堆	

续表

序号	名称	图例
8	砖堆	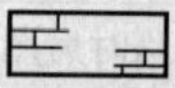
9	钢筋堆场	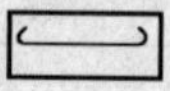
10	型钢堆场	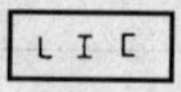
11	铁管堆场	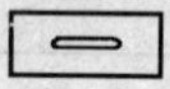
12	钢筋成品场	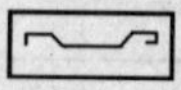
13	钢结构场	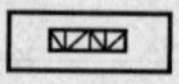
14	屋面板存放场	
15	砌块存放场	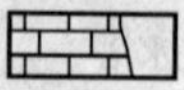
16	墙板存放场	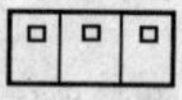
17	一般构件存放场	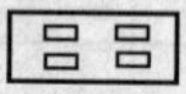
18	原木堆场	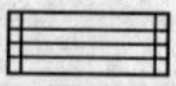
19	锯材堆场	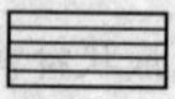
20	细木成品场	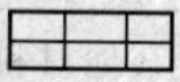
21	粗木成品场	
22	矿渣、灰渣堆	
23	废料堆场	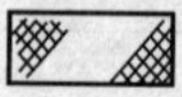
24	脚手、模板堆场	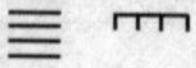

四、动力设施

序号	名称	图例
1	临时水塔	
2	临时水池	
3	储水池	
4	永久井	
5	临时井	
6	加压站	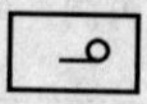
7	原有的上水管线	
8	临时给水管线	—S—S—
9	给水阀门（水嘴）	
10	支管接管位置	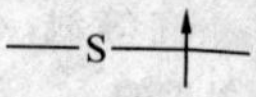
11	消防栓（原有）	
12	消防栓（临时）	
13	消防栓	
14	原有上下水井	
15	拟建上下水井	
16	临时上下水井	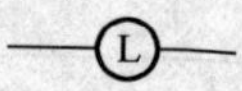
17	原有排水管线	
18	临时排水管线	——P——
19	临时排水沟	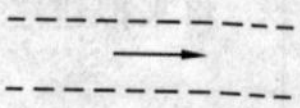

续表

序号	名　称	图　例
20	原有化粪池	
21	拟建化粪池	
22	水源	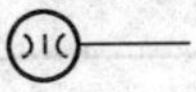
23	电源	
24	总降压变电站	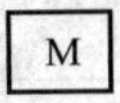
25	发电站	
26	变电站	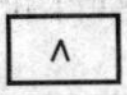
27	变压器	
28	投光灯	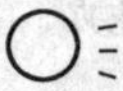
29	电杆	
30	现有高压 6kV 线路	—— WW_6 —— WW_6 ——
31	施工期间利用的永久高压 6kV 线路	— LWW_6 — LWW_6 —
32	临时高压 3～5kV 线路	— $W_{3.5}$ — $W_{3.5}$ —
33	现有低压线路	— W — W —
34	施工期间利用的永久低压线路	— LVV — LVV —
35	临时低压线路	— V — V —
36	电话线	—·O·——·O·—
37	现有暖气管道	— T — T —

序号	名　称	图　例
38	临时暖气管道	— Z —
39	空压机站	
40	临时压缩空气管道	— VS —
	五、施工机械	
1	塔轨	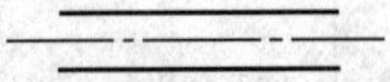
2	塔吊	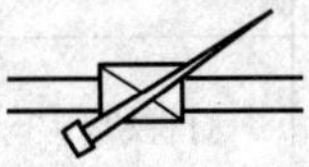
3	井架	
4	门架	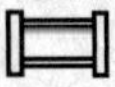
5	卷扬机	
6	履带式起重机	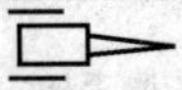
7	汽车式起重机	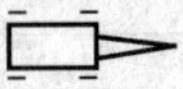
8	缆式起重机	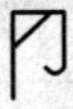
9	铁路式起重机	
10	皮带运输机	
11	外用电梯	
12	少先吊	
13	推土机	
14	挖土机：正铲	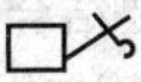
	反铲	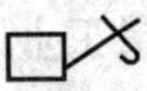
	抓铲	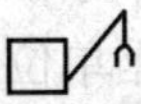
	拉铲	

续表

序号	名称	图例
15	铲运机	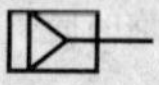
16	混凝土搅拌机	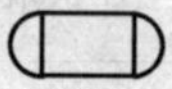
17	灰浆搅拌机	
18	洗石机	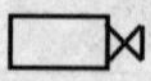
19	打桩机	
20	水泵	
21	圆锯	
	六、其他	
1	脚手架	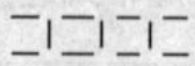
2	壁板插放架	
3	淋灰池	
4	沥青锅	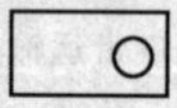
5	避雷针	

序号	名称	图例
	七、绿化	
1	常绿针叶树	
2	落叶针叶树	
3	常绿阔叶乔木	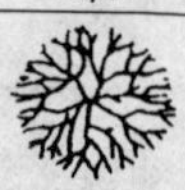
4	落叶阔叶乔木	
5	常绿阔叶灌木	
6	落叶阔叶灌木	
7	竹类	
8	花卉	
9	草坪	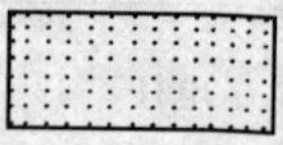
10	花坛	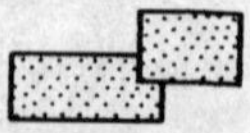
11	绿篱	
12	植草砖铺地	

在整个施工过程中，工地上的实际布置情况是动态变化的。因而，对于大型建筑工程、施工期限较长或建筑工地较为狭窄的工程，为了把各施工阶段工地上的合理布置情况反映出来，需要结合实际，按不同的施工阶段设计几张施工平面图。如，一般中小型工程只要绘制主体结构施工阶段的施工平面图即可，高层建筑可绘制基础、主体、装修等阶段的施工平面图，单层工业厂房可绘制基础、预制、吊装等阶段的施工平面图。

五、单位工程施工平面图的技术经济评价指标

根据单位工程施工平面图的设计原则并结合施工现场的具体情况，施工平面图的布置可以有几种不同的方案，需进行技术经济比较，从中选出最经济合理安全的平面布置方案。可以通过计算分析下列技术经济指标，获得所需的平面布置方案。

（1）施工用地面积及施工占地系数

$$施工占用系数=\frac{施工用地面积（m^2）}{场地面积（m^2）}\times 100\% \tag{5-23}$$

（2）施工场地利用率

$$施工场地利用率=\frac{施工设施占用面积（m^2）}{施工用地面积（m^2）}\times 100\% \tag{5-24}$$

（3）施工用临时房屋面积、道路面积、临时供水管线长度及临时供电线路长度。

（4）临时设施投资率

$$临时设施投资率=\frac{临时设施费用总和（元）}{工程总造价（元）}\times 100\% \tag{5-25}$$

第五节 单位工程施工组织设计案例

——××经济适用房项目4#楼施工组织设计

1. 编制依据

1.1 ××省建筑设计研究院设计的××经济适用房项目4#楼工程施工图纸

1.2 公司编制的《工程质量管理手册（2017）版》、《技术管理手册（2017）版》、《环境和职业健康安全管理手册（2017版）》、《施工生产管理手册（2017版）》、《项目施工管理手册（2017版）》

1.3 国家、行业及××省现行有关技术规范、规程及标准

1.4 总公司编制的《建筑安装工程施工工艺标准》（土建分册）QB/SXJG－TJGY

1.5 通过现场调查、采集、咨询所获得的资料

2. 工程概况

××4#楼及其附属配套工程、地下车库工程位于××市××铁路以东，××河以南，××党校以西。该楼共三个单元，主体建筑丙单元下部设有二层临街商业，丙单元南、北两侧均为二层框架结构临街商业。本工程室内外高差（以住宅首层地面计）为0.6m。地下二层层高：甲、乙单元3.8m，丙单元为3.3m。地下一层层高：甲、乙单元2.8m，丙单元为2.7m。主体建筑下部一、二号临街商业与住宅交汇部分采用局部错层布置形式，商业一层层高3.9m，二层3.3m，三层住宅3.0m，四层以上部分层高2.9m，电梯机房层高4.8m。主体建筑北面二层框架结构商业部分一层层高4.2m，二层层高3.9m。建筑高度96.60～97.80m。主体结构为剪力墙结构，基础为桩承台梁＋防水板；二层商业部分为框架结构，基础为筏板或独立基础。建筑面积38 851.37m²。

2.1 工程建设概况（见表5-12）

表5-12 **工程建设概况**

工程名称	××经济适用房4#楼	工程地址	××市××铁路以东，××河以南，××党校以西
建设单位	××铁路局	勘查单位	××冶金岩土工程勘察总公司
设计单位	××市建筑设计研究院	监理单位	××铁建工程监理咨询有限责任公司
质量监督部门	××市建筑工程质量监督站	质量要求	确保省优，争创××杯
总包单位	×××集团有限公司	合同工期	885天

续表

工程名称	××经济适用房4#楼	工程地址	××市××铁路以东，××河以南，××党校以西
检测单位	××建筑科研检测有限公司（70%检测） ××××检测有限公司（30%检测）		
工程主要功能及用途	住宅，裙房一、二层为商铺		

2.2 建筑设计概况（见表5-13）

表5-13　　建筑设计概况

序号	项目	内容	
1	建筑面积	总建筑面积	$37505.46m^2$
		地下建筑面积	$2241.15m^2$
		地上建筑面积	$35264.31m^2$
2	层数	主楼地上三十三层	地下二层
3	建筑层高	地下室二层甲、乙单元层高3.8m，丙单元为3.3m	地下一层甲、乙单元层高2.8m，丙单元为2.7m
		商业一层层高3.9m，二层3.3m	一～三层住宅3.0m
		标准层2.9m	电梯机房4.8m
4	建筑标高	±0.000标高817.8m	室内外高差0.6m
		建筑总高97.8m	
5	建筑耐火等级	一级	
6	保温层	外墙面保温	40无机纤维棉板
		地下室顶板	80厚岩棉板
		屋面保温层	80厚岩棉板
7	上人屋面	找平层	20厚1∶3水泥砂浆找平
		找坡层	30厚（最薄处）1∶6水泥矿渣找坡
		防水层	一道4厚无胎自粘聚合物改性沥青防水卷材
		保护层	50厚C20细石混凝土，内配双向$\phi4@150\times150$钢筋网片
		找平层	20厚干硬性水泥砂浆，面上撒素水泥
		面层	18厚水泥花砖铺平拍实，1∶1水泥砂浆填缝
8	外装修	外墙面	涂料
		门窗	断桥铝合金窗、中空塑钢窗、镶板门、防火门
9	内装修	顶棚	喷涂料顶棚、刮腻子顶棚
		墙面	喷涂料、面砖墙面
		楼地面	水泥地面、铺地砖地面
10	防水工程	屋面防水等级	Ⅱ级
		屋面	一道4mm厚无胎自粘聚合物改性沥青防水卷材
		卫生间	4mm厚聚氨酯防水涂膜，防水层在地面之上周边卷起250
		地下室外墙	一道4mm厚无胎自粘聚合物改性沥青防水卷材

2.3　结构设计概况（见表5-14）

表5-14　　**结构设计概况**

序号	项目		内容		
1	结构形式		基础结构形式	筏形基础、独立基础	
			主体结构形式	剪力墙，裙房为框架	
2	地下水位情况		地下水位标高	地下水埋深7.1m～8.9m	
			地下水质	对混凝土及钢筋具有微弱腐蚀性	
3	地基处理		钢筋混凝土灌注桩		
4	地下工程防水		结构抗渗自防水	抗渗等级P6	
			材料防水	一道4mm厚无胎自粘聚合物改性沥青防水卷材	
5	混凝土强度等级	垫层	C15		
		基础	C35 P6		
		地下室外墙	C35 P6		
		剪力墙	地下二层～六层	C35	
			七层～屋面	C30	
		板、楼梯	C30		
		圈梁、构造柱	C25		
		室外露天构件	C30		
6	抗震等级		抗震设防烈度	8度	
7	钢筋类别		HPB300、HRB335、HRB400		
8	钢筋接头形式		闪光对焊、电渣压力焊、电弧焊		
9	砌体材料		±0.000以下采用240mm厚页岩烧结砖，M10水泥砂浆、±0.00以上200mm厚加气混凝土砌块，M5混合砂浆		
10	结构断面尺寸		基础垫层厚度（mm）	100	
			基础底板厚度（mm）	400	
			外墙厚度（mm）	地下	350、300
				地上	200
			内墙厚度（mm）	地下	350、300、200
				地上	200
			梁断面（mm）	1050×500（人防）、350×500（人防）、350×600、200×400、350×500、300×350、350×350、300×400、250×350	
			楼板厚度（mm）	100、150、180、250	

2.4　工程安装概况

电气：楼内照明、电力供配电、防雷保护、接地保护及弱电配管。

暖通：采暖、空调凝结水系统。采暖系统干管及其立管 $DN\leqslant50$mm 时，采用镀锌钢管，螺纹连接；$DN>50$mm 时，采用无缝钢管，焊接连接；保温材料采用 25mm 厚橡塑保温管壳；冷凝水管采用热镀锌钢管，螺纹连接。

给排水：生活冷水系统、生活热水系统、生活污水系统、废水系统。其中给水系统采用钢塑复合管，衬塑管件连接；污水系统干管及其立管采用 RKC 压兰式柔性抗震排水铸铁管，法兰连接；污水支管采用 UPVC 塑料管，粘接连接；压力排水管采用热镀锌钢管，螺纹连接。

消防系统：消火栓系统、自动喷淋系统、消防弱电系统、防火卷帘系统。消火栓低区采用内外热镀锌钢管，高区采用加厚内外热镀锌钢管，自动喷淋系统管道采用内外热镀锌干管，$DN<100$mm 采用螺纹连接，$DN\geqslant 100$mm 采用沟槽连接。

通风及防排烟：包括正压送风系统和防排烟系统。防排烟系统风管采用 1.2mm 厚镀锌铁皮制作，其中人防密闭区内风管采用 3mm 厚镀锌钢板制作。

2.5　工程节能设计概况

2.5.1　节能设计目标

本工程居住节能设计达到节能 65%的标准，公建节能设计达到节能 50%的标准。

2.5.2　热工指标

住宅部分体型系数：0.254；窗墙比：南：0.52，北：0.45，东：0.45，西：0.34。商铺部分体型系数：0.27；窗墙比：南：0.39，东：0.48，西：0.15。

2.5.3　节能措施

外墙：住宅 40mm 厚无机纤维棉板，传热系数：0.688；商铺 40mm 厚无机纤维棉板，传热系数 0.55。

屋面：住宅 80mm 厚岩棉板，传热系数 0.504；商铺 80mm 厚岩棉板传热系数 0.50。

门窗：住宅：单框双玻塑钢窗（12mm 空气层），传热系数 2.405；商铺：空气层为 12mm 厚的中空玻璃塑钢窗，传热系数 2.47。

主楼地下一层顶板板底（一层为住宅部分）80mm 厚岩棉板，传热系数为 0.577。地面接触空气的外挑楼板（首层阳台板底）50mm 厚无机纤维棉板，传热系数 0.596。商铺：底面接触空气的外挑楼板（二层外挑楼板板底）80mm 厚岩棉板，传热系数为 0.58；设备层顶板底（非采暖房间与采暖房间的楼板）30mm 厚岩棉板，传热系数为 1.38。

户门：双层钢板，内夹 25mm 厚岩棉板，传热系数 1.462。

2.6　自然条件

工程现场气候属温带大陆性气候，冬季干冷严寒，春季回暖迅速。夏季雨量集中，日温差较大；秋季天高气爽，气温稳定少变。年平均气温 9.3℃。一月份最冷，平均气温 6.8℃；7 月份最热，平均气温 23.5℃。

本工程拟建场地地貌单元属××山山前黄土台地，拟建场地地形大体呈东北高西南低。建筑场地类别为Ⅱ类，本场地不考虑液化影响。季节性标准冻土深度为 0.74m。地下水埋深在 7.4～8.9m，地下水对混凝土及钢筋具有微弱腐蚀性。场地范围内未见到地下管线、地面沉降等不良地质现象的形成。

2.7　工程特点项目实施条件分析

2.7.1　本工程是公司重点工程，小区内施工单位有××××局、×××建总。分公司要求项目部综合管理排名小区第一，确保×××市场的建筑领地不能丢，在众多单位中树立

×××集团的精品旗帜。项目部确定了创小区安全、质量、进度样板工程的目标。

2.7.2　本工程主楼外地下空间全部为地下车库，施工场地狭小，给施工带来了不少困难，要求项目部安排合理施工顺序、工艺措施得当、前后衔接及时到位、材料机具布置合理，加强施工过程管理，组织优秀队伍进场作业，确保各项管理目标的实现。

2.7.3　本工程结构施工的重点和难点

2.7.3.1　本工程建筑总高度97.8m，保证建筑物大角垂直度、电梯井筒垂直度是本工程的重点。

2.7.3.2　本工程±0.00以上剪力墙模板采用全钢大模板，根据模板配置数量，周转次数及每日混凝土的浇筑量、工程量的均衡程度，塔吊工作效率等合理组织流水施工作业是本工程的重点。

2.8　本工程合同内容及业供物资、拟分包工程

2.8.1　本项目合同约定的承包范围

施工图范围内除甲方分包工程以外的全部建筑安装工程。

2.8.2　业供物资

本工程暂无业供物资。

2.8.3　拟分包工程

由项目经理部组织总承包管理和施工，承包范围为地基处理、基坑支护、结构、装修、给排水、通风、电气等，项目部暂拟订对由项目经理部组织总承包管理和施工，承包范围为地基处理、基坑支护、结构、装修、给排水、通风、电气等，项目部暂拟订对人防门安装工程进行分包，人防门安装由××××防护设备有限公司施工，2018年7月5日进场。基础底板及外墙防水由业主直接分包（××××防水有限公司施工），要求2018年6月20日进场。

3. 施工准备计划

3.1　技术准备

3.1.1　项目部管理人员认真熟悉图纸，了解设计意图，参加图纸会审，及时与业主、监理、设计单位共同解决图纸中存在的问题。

3.1.2　开工前及施工过程中，对施工现场管理人员进行相关业务的培训，做到熟悉本行业的法律、法规、相关技术规范，并了解本工程的施工组织设计。所有人员应持证上岗。

3.1.3　组织编制施工方案，根据工程特征编制具有可行性、针对性的分部工程施工方案及专项施工方案，逐级做好技术交底。

3.1.4　编制施工预算及施工图预算，进行工料分析。

3.1.5　配备好高精度的施工测量器具，配备专业测量人员，负责施工过程中的测量工作。

3.1.6　验收建设单位提供的高程点及坐标控制点。

3.2　现场准备

3.2.1　按照建设单位提供的施工现场范围，合理进行临设规划。施工区、办公区、生活区三区分离，设置库房、水泥库及易燃易爆品库房。按照施工总平面图，合理布设各种图牌、标识及料具，主要施工场区道路进行硬化，场区按照公司要求进行布置，保障安全，拆除障碍，清理现场，文明施工。现场空地适当进行绿化。

3.2.2 施工现场临时用水

现场用水包括施工用水、消防用水、生活用水三部分，均采用自来水。由现场建设单位给定水源引出，将水引至施工平面图指定位置。现场临时供水主管道选用直径100mm、生活办公区供水管道选用直径25mm、施工现场选用直径50mm的镀锌钢管，埋在冰冻线以下，并砌筑控制闸门窖井，以便维护。工地临时供水计算如下：

(1) 工地总用水量计算：

施工用水量 $q_1=K_1K_2\Sigma Q_1N_1/8\times3600T_1t$

$=1.1\times100\times300\times1.5/8\times3600=1.72L/S$

工地生活用水 $q_2=P_1N_3K_4/8\times3600t$

$=200\times40\times1.4/8\times3600\times1=0.39L/S$

生活区生活用水 $q_3=P_2N_4K_5/24\times3600$

$=220\times100\times2.25/24\times3600=0.57L/S$

消防用水量 $q_4=10$ L/S（查计算手册表18-13）

工地面积小于5ha，且 $q_1+q_2+q_3<q_4$

则施工工地总用水量 $Q=1.1q_4=11L/S$

(2) 供水管径个计算：

主管道直径 $d=(4Q/3140v)^{1/2}=(4\times11/3140\times1.5)^{1/2}=95$mm

现场供水主管道选用 $DN100$ 焊接钢管。

同理计算出施工用水、生活用水管径分别为38、22mm。实际分别选用 $DN50$、$DN25$ 的镀锌钢管。

3.2.3 施工现场临时用电

施工现场变压器由甲方提供，输出380/220V电压，其容量 $S_N\geqslant KS=75.82kVA$。S_N 为1250kVA，满足施工需要。采用三相五线制埋地电缆供电。严格按照“三相配电，两级保护”制度供电，保证施工用电安全。

现场具体操作时遵照《临时用电施工组织设计》执行。

3.3 人员准备

主体结构实行劳务招标，选择施工经验丰富、劳动力能满足施工需要、价格合理的劳务队，签订劳务合同。

3.4 物资、机具准备

按照材料、设备机具需用量计划，提前组织货源。在工程开工前，根据施工图预算计算出全部工程主要材料用量，并编制出材料供应总计划。项目经理部根据工程进度，结合材料供应总计划，提前半月编制材料需用量计划，送交分公司材料科，保证材料及时到位。

项目部资料员负责致监理的材料报验工作，以配合监理单位对工程质量的监督。

3.5 试验准备

选定××建筑科研检测有限公司作为本工程的70%日常检测试验单位，与业主、监理共同选定××检测有限公司承担30%见证取样试验检测，在开工前由资料员将试验单位资质报业主及监理认可。

现场建立混凝土试块标准养护室，配备相应的试验器材，按国家现行有关标准对各项器材设备进行检测。

组织各种进场材料的检验及钢筋连接试验工作，准备好各种混凝土试模的配备。

4. 施工部署

4.1 项目组织机构（见图5-13）

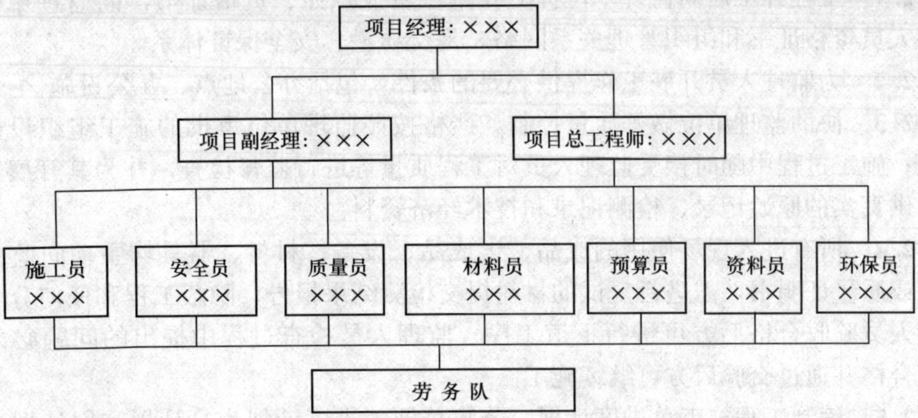

图5-13 项目组织机构

4.2 项目目标管理

4.2.1 工程质量管理目标：确保省优，争创××杯。

4.2.2 工期目标：严格遵守及按照合同条款的要求，从建设方及监理签署开工令起算，确保本工程合同工期内完成所有招标范围内工程任务。

4.2.3 成本控制目标：实行项目经理责任制，项目经理与分公司签订“项目管理目标责任书”，将工程的成本控制在项目经理的责任目标成本以内。

4.2.4 安全文明施工目标：保证在该工程施工过程中，杜绝重大人身伤害、设备、火灾事故发生，实现该工程安全生产“三零”目标，轻伤事故频率控制在3‰以内；实行现场标准化管理，施工现场和临时设施整洁、美观、卫生，施工过程中有序、低噪、无尘，保证周围道路干净美观，节约水电，节约材料，确保本工程成为“省级安全文明标化工地”。

4.3 总承包管理及相关协调措施

4.3.1 与业主的配合

4.3.1.1 全面履行工程合同，确保工程目标的实现。

4.3.1.2 项目部及时提出应由业主供应的材料、设备的供应计划，并对业主提供的材料、设备进行交接、验收，及时提出业主指定分包商的进场计划。

4.3.1.3 与业主共同商定一级网络计划，以此作为工程进度控制目标，项目部及时向业主提供施工进度计划表、月度施工作业计划、月份施工统计报表，并接受业主的监督、检查。

4.3.1.4 项目部应对工程质量严格要求，尊重业主的监督，对重要的隐蔽工程，请业主参加认证后，方可进行下道工序施工。

4.3.1.5 工程施工过程中，出现承包合同约定条款以外的重大设计变更、材料代用等项施工单位应及时向业主办理手续，以此作为结算依据。

4.3.1.6 工程全部竣工，双方按规定办理交工验收手续。项目部在规定时间内提供完整的竣工资料，对验收过程中存在的问题，采取补救措施，尽快达到设计、合同和规范要求。

4.3.2 与监理单位的协调配合

4.3.2.1 工程开工后向监理单位提交我单位营业执照、资格证书，向监理单位提交项目部主要人员资格证书和组织管理关系网络，提交质量、安全保证体系。

4.3.2.2 为监理人员开展工作提供必要的条件，包括办公地点、办公设施。

4.3.2.3 协助监理单位做好质量控制，严格按照监理单位审批的施工组织设计和施工方案施工；施工过程中随时接受监理人员对工程质量等进行监督检查，并为其开展工作提供方便，提供真实的原始记录、检测记录和技术经济资料。

4.3.2.4 所有进入现场使用的成品、半成品、设备、材料、器具均主动向监理提交产品合格证或质量证明书，需进行复试的材料提交检测结果报告。隐蔽工程和任何分项工程必须经监理人员验收合格后方可进行下道工序。监理人员检查过程中提出的问题必须随时整改，整改合格并通过交验后方可继续施工。

4.3.2.5 编制工程施工总进度计划，分解总施工进度计划为月计划和周计划，制订相应的劳动力计划和材料采购计划，定期向监理单位提交。协助监理公司开好工程周协调会，每次工程周协调会检查上期计划完成情况和下期施工计划，对施工进度计划有拖延的，应分析产生拖延的原因，制订将拖延工期赶上去的措施，保证工程总施工进度符合合同工期要求。

4.3.2.6 根据工程施工进度计划，编制每月形象进度报表和下月计划完成工程投资费用，报监理、业主等单位审核，以便监理、业主能随时掌握项目投资动态，准确控制投资分布。

4.3.2.7 为配合监理顺利开展工作，在意见不一致时，先执行监理的指导后进行磋商统一。在现场管理工作中，维护监理的权威性。

4.3.2.8 配合监理单位管理协调好业主独立分包单位，督促现场所有施工分包单位服从监理管理，使监理工程师的指令得到全面执行。

4.3.3 与设计单位的协调配合

4.3.3.1 做好图纸会审工作，参加业主组织的图纸会审，与设计单位设计人员就图纸设计中存在的问题和施工方面的要求广泛交换意见，形成有效图纸会审意见。

4.3.3.2 建立与设计人良好的联络，加强与设计人员沟通，充分领会设计意图，正确处理施工中的模糊概念，更好地将设计意图体现在工程实体中。

4.3.3.3 就施工方案中需要设计单位配合的内容，及时向设计单位征询意见，与设计单位达成共识，使施工方案在工程施工前得以修正完善，形成切实可行的指导施工的纲领性文件。

4.3.3.4 主动与设计人员会商处理施工中可能出现的设计问题，配合设计人员完善施工图设计，并及时形成有效设计文件或技术核定单。

4.3.3.5 邀请专业设计人员参加重要部位的结构隐蔽验收和分部工程验收；征求设计人员对机电设备、装饰材料、卫生洁具等选型、选材方面的意见；会同业主、设计人员及监理，验收样板（间），进行中间质量验收与竣工验收等。

4.3.4 分包管理

4.3.4.1 分包管理方式和总体要求：设立协调项目副经理，在工程部内设多名协调员分别负责每个分包单位的联络和协调工作，每项分包工作都有专人管理，职责明确，责任到人，做到凡事有人管、有人帮助解决。

4.3.4.2 编制分包商进场计划，包括分包内容、考查预审时间、招标时间、进场时间和施工工期等内容。参与业主指定分包商的选择，协助业主对指定分包商的资质、施工能力及施工方案进行考查和审定。

4.3.4.3 所有分包单位及业主指定分包单位进场均须与总包单位项目经理部签订工程配合协议，严格按协议条款来检查、落实分包单位的责任、义务，尽量减少推诿扯皮现象的出现而耽误工期。

4.3.4.4 项目部责成分包单位严格按照实现工程总目标的要求，建立完善的与之相适应的生产、安全和质量等保证体系，并纳入项目经理部统一领导，服从总包及业主代表、监理工程师的领导，按总体安排进退场。

4.3.4.5 项目部及时对指定分包商上报的月度工作量完成情况进行审核，并参照质量、工期、安全、文明施工等月度各项考核评分情况予以综合考评。

4.3.4.6 项日部督促分承包方编制和实施专项方案。

专业分承包方施工人员进场后，项目部对其进行教育。施工前，项目部将有关的环境和风险因素控制措施向专业分承包方进行交底。项目部核查进场的特种作业人员持证上岗情况，留存有效证件复印件。

4.3.4.7 分包单位必须认真按照分包合同要求组织施工，项目部根据分包合同要求，对施工进度、质量、环境及职业健康文明生产进行管理，并做好记录。

4.4 各项资源的供应方式

4.4.1 劳动力供应

劳动力供应以内部劳务招标方式选择劳务队。劳动力需求计划根据工程设计图纸、预算定额、施工定额和地下部分施工进度计划编制，项目部以此作为动态调配劳动力的主要依据。本工程计划投入劳动力227人。

安装工程必须服从土建工程的工期安排，随着土建的速度和工作量增减及时调整施工人员，做到不影响土建工期。

4.4.2 施工机械设备计划

根据本工程特点和进度要求，结合现场的土质情况、场地情况、塔机覆盖范围、塔机附着等影响立塔的因素，塔吊位置布置4根混凝土灌注桩，桩长、桩径、配筋及混凝土强度等级同（结施2）工程桩要求。在基础底板施工前就将塔吊安装起来，塔吊型号为QTZ5013臂长（50m），具体详见《塔吊施工方案》。

主体施工至十层时在主楼南侧㊱—㊵轴间安装施工电梯，用于砌体及装修阶段人员及材料的垂直运输。混凝土采用泵送浇筑，塔吊配合施工，施工期间根据实际需要由商品混凝土厂家提供气泵或地泵。

根据工程施工进度，主要施工机械设备通过集团公司面向社会租赁方式，择优选取。钢筋加工机械、木工加工机械由分公司择优选择供应，其他小型设备由劳务队自备。

4.4.3 施工模架

本工程模板±0.000以下全部采用竹胶板模板；±0.000以上剪力墙采用全钢大模板，

梁板采用多层板，支撑体系采用碗扣式脚手架；竹胶板和脚手架等周转材料均按三层备料。

本工程地下室至地上二层结构防护采用落地式外双排钢管脚手架，地上三层以上结构施工采用双排悬挑架，外装修采用电动吊篮。

4.4.4 临时设施提供方式

现场临建均采用彩钢板搭设，工人生活区临建亦全部采用彩钢板搭建，彩钢板房面向社会择优选取。

4.5 施工流水段的划分及施工工艺流程

4.5.1 总体施工顺序

总体施工顺序先地下后地上、先主体后装修，安装工程穿插配合的原则进行。土建、安装和装修等工程均由专业队伍承担，以土建为主导，各专业工种相互协调，密切配合，共同完成本工程各项施工任务。

4.5.2 在实际施工过程中，应科学合理地安排各工序先后搭接关系，土建施工与水电、暖通等安装施工紧密配合。安装工程线管暗敷，管道预留洞在主体结构施工中配合进行。各种管道、电气安装工程在装修阶段穿插完成。

4.5.3 施工区段的划分

根据本工程特点，基础结构以后浇带为界分为三个施工段流水施工；±0.00 以下结构由东向西分为三个施工段施工；±0.00 以上结构分为三个流水施工段，1～24 轴为 1 段，24～42轴为 2 段，42～60 轴为 3 段，流水方向：1→2→3。

4.5.4 施工工艺流程

基础施工：测量放线→人防基底钎探→垫层→砖胎模（砖模外侧回填土）→防水层及保护层→基础钢筋→墙插筋及上反梁吊模→基础混凝土。

地下室结构施工：测量放线→墙钢筋→墙模板→梁板模板→梁板钢筋→混凝土浇筑→地下室外墙防水层→保护层→室内外回填→内填充墙砌筑。

上部主体结构施工：测量放线→校正竖向钢筋位移→墙柱钢筋→墙模板→梁板模板→梁板钢筋→安装预埋件→安装配合→混凝土浇筑。

5. 主要分部分项工程的施工方案及技术措施

5.1 测量放线及沉降观测

5.1.1 测量放线

施工测量应符合 GB 50206—2007《工程测量规范》的有关规定。

5.1.1.1 测量放线原则

测量坚持固定人员、固定仪器、固定方法、固定线路原则，并保护好测量仪器、测量基准点，将误差控制在规范所规定的允许范围内。在测量时遵循整体控制局部，高精度控制低精度、长方向控制短方向的原则。施工控制网必须经初定、精测、检测三步确定。

5.1.1.2 水准点的建立

根据业主给定的标高控制点，建立本工程相对标高控制水准点，本工程拟设四个半永久性水准点，按照水准测量方法将高程点引入，且符合精度要求后，对其闭合差进行调整方可使用。水准点的桩位为埋深 0.8m 的混凝土桩或标注在永久性建筑物上，桩顶预埋钢筋并用红油漆标明。要做好可靠保护，作为控制高程的原始依据。水准点大样如图 5-14 所示：

5.1.1.3　轴线控制网的测定

依据给定的坐标定出控制线，组织施工测量人员用全站仪进行初测、复测、建立轴线控制网。设置轴线控制桩于基坑开挖线 2m 以外不受沉降影响的坚固稳定地点，埋深大于 0.5m。做木桩埋设混凝土墩台里面，上面钉钉子，为防止扰动，并将各点向远处顺延引点。

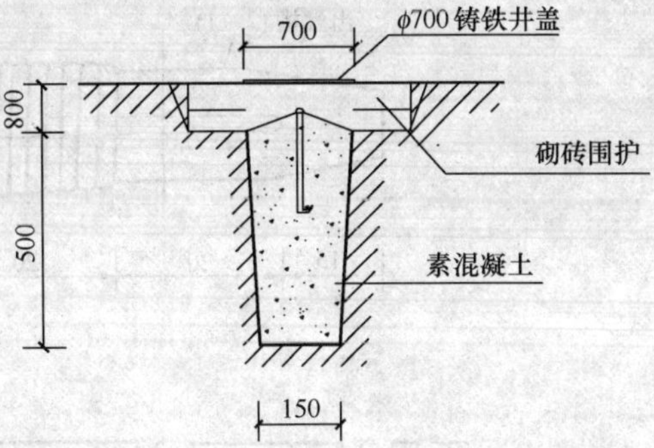

图 5-14　水准控制点埋设图（单位：mm）

5.1.1.4　基础测量

在垫层测量放线前，首先对轴线控制网进行校测，然后架经纬仪于坑边控制桩上，大钢尺往返丈量闭合尺寸，将各主轴线引测至垫层上，最后将标高点引测至塔吊最下面一节塔吊标准节上，作为标高的控制依据。

5.1.1.5　主体施工测量

施工±0.000 板时，在楼板上适当位置埋设 150mm×150mm×10mm 钢板，由轴线桩点引测至钢板上并刻十字线定点，作为基准点。主体施工时，采用激光经纬仪，透过楼板预留孔洞（200mm×200mm）向施工层传递，采用内控天顶法，设 4 个内控点，将点全部投测，最后用经纬仪进行角度闭合，经检查无误后，弹出主控线，然后依次弹出分控线、就位线、复核线。各层平面放出的细部轴线，尤其是剪力墙的控制线必须校核无误，以便检查结构浇筑质量和以后的进一步施工。轴线竖向投侧允许偏差每层控制在 3mm 以内，全高轴线竖向投侧允许偏差控制在 15mm 以内。

5.1.1.6　窗洞口测量控制方法（略）

5.1.1.7　电梯井施工测量控制方法（略）

5.1.1.8　高程控制（略）

5.1.1.9　装饰工程测量（略）

5.1.2　沉降观测

沉降观测水准基点的设置，严格按照《建筑变形测量规程》执行。沉降观测实行四固定（测量员固定、仪器固定、钢尺固定、线路固定），水准测量采用闭合法。注意保护沉降观测点，定期检查，遇有损坏应及时修复，并记录在案。由场外永久性控制点引至施工现场，在基坑每测至少设置两个水准点，所有水准点经闭合无误后组成水准网，等级为Ⅱ级水准测量。

5.1.2.1　沉降观测点的留设

沉降观测点分两次埋设，第一次在地下二层外挡土墙上设点（相对标高－5.2m 左右），第二次在施工至±0.000 后，在室外地坪以上混凝土墙体上（相对标高 0.5m 左右）分别设置沉降观测点。沉降观测点布置按结施 4 执行。

混凝土墙面沉降观测点做法如图 5-15 所示。

5.1.2.2　沉降观测要求

地下二层设观测点，进行首次观测，地下每完一层做一次沉降观测。

施工到地下结构时将观测点移到＋0.5m 处，每完一层做一次沉降观测。

冬雨季施工前后各测设一次，停工前，复工后分别测设一次，装修阶段每月观测一次。

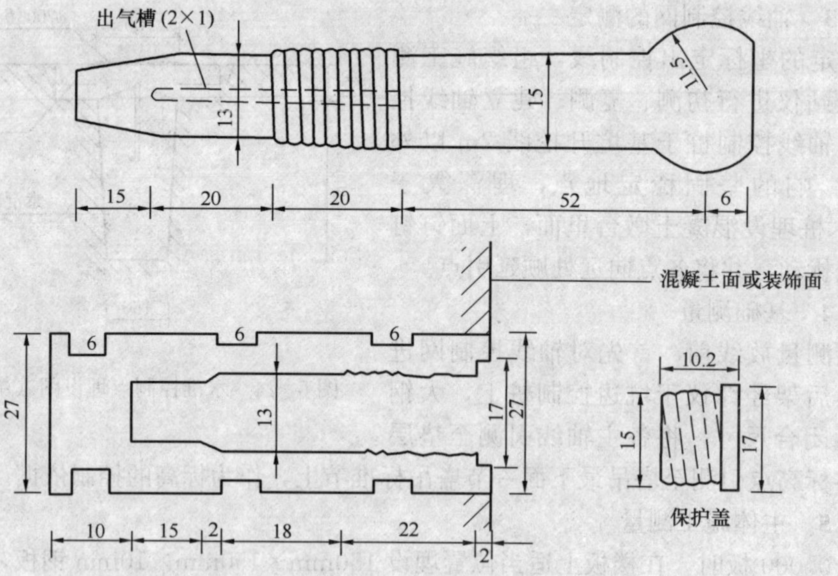

图 5-15

注：保护盖背面留十字凹槽，以便用螺丝刀开启。

每次观测结束后，应检查记录是否正确，精度是否合格，然后将观测高程列入沉降观测成果表中，计算相邻两次观测之间的沉降量。整理后的观测记录报建设单位和监理审核，沉降观测分析报告交建设单位。

建筑物交工前观测一次，并做沉降观测曲线图，竣工后移交业主继续观测，并将完善记录资料交与业主。

建筑物竣工验收后交建设单位继续观测，第一年每三个月观测一次，以后每半年观测一次，直至沉降稳定为止，若发现异常，及时通知设计单位。

要定期对所设平面控制网及水准点进行复合，发现问题及时修正。

详见测量放线专项方案。

5.2 土方开挖

5.2.1 工艺流程：定位放线、验线→机械挖土→放基底边线→验槽→坑底找平修整。

5.2.2 土方开挖采用机械开挖，根据现场情况，开挖时采用反铲挖土机，按先深后浅开挖，挖出的土方用自卸汽车外运。开挖前根据控制桩放开挖土方控制线，开挖土方分阶段进行，每段开挖深度为 2m。在未完成上层作业面的土钉与喷射混凝土支护以前，不得进行下一层深度的开挖。当用机械进行土方作业时，严禁边壁出现超挖或造成边壁土体松动。因基坑边线较长，可分段开挖，开挖长度 10～20m。

5.2.3 开挖顺序为从南向北，从西向东依次开挖，自卸汽车从东北角将土方运走。运土坡道（5m 宽）在基坑内东北侧，当基坑内其他处土方挖到要求标高后，再将坡道土倒退式挖、运走。

5.2.4 开挖过程中要进行边坡修整，在两侧边坡上每隔 10m 左右测设水平桩以控制标高；基坑开挖后，基坑的边壁宜采用小型机具或铲锹进行切削清壁。距设计底标高 1000mm 左右应进行抄平，机械开挖至设计标高以上 300mm 时，应停止机械施工，改用人工挖土，修底直至设计标高，尽量防止对地基土的扰动，不得超挖。

5.2.5　根据地质勘察状况，本工程勘察深度内未见地下水，固不考虑地下水影响。

5.2.6　基抗开挖完毕后在基抗周围搭设围护栏杆，栏杆由上下两道横杆，及立柱组成，上杆距地高度 1.2m、下杆距地 0.6m，立柱及横杆均采用钢管，立柱打入地面以下 50～70cm，钢管距边口不应小于 50cm，栏杆用黄黑油漆间隔涂刷。

具体详见《土方开挖基坑支护施工方案》。

5.3　地基钎探、验槽

本工程裙房地基需进行钎探。(略)

5.4　混凝土垫层施工（略）

5.5　地下室防水（略）

5.6　土方回填

地下室挡土墙外立面防水层施工后及时进行室外回填，先将坑底杂物清理干净，然后回填土方，用蛙式打夯机分层夯实，采用 3∶7 灰土回填，压实系数≥0.94，每层虚铺厚度不大于 250mm，夯实后采用环刀法取样，做击实试验符合要求后进行下一步回填。室内采用 3∶7灰土回填，分层夯实，压实系数≥0.94。

5.6.1　工艺流程：

基层清理→检验土质→分层铺土→夯击密实→分层取样、验收→修整找平验收。

5.6.2　施工方法（略）

5.7　钢筋工程

5.7.1　钢筋原材进场验收

钢筋进场时，必须带有出厂合格证和出厂性能检测报告，材料员必须验证钢材质量证明书，其内容包括：钢筋级别、强度等级、牌号、规格、数量、力学性能、工艺性能、化学成分、订货日期、检验部门印章、合格证编号。钢材质量证明书应提供原件，如为复印件时，要加盖供货单位公章。钢筋进场后应分批、分规格、分牌号堆放，并挂牌标识。由监理工程师见证，取样员按批进行取样复试，同批同规格钢材重量不大于 60t 为一检验批，复试合格并报监理工程师验收后方可使用。

5.7.2　钢筋制作

钢筋加工按以下程序进行：除锈→调直→切断→弯曲成型。

5.7.3　钢筋连接

(1) 本工程钢筋采用的连接方式：基础 $D\geqslant 14$mm 采用单面电弧焊连接、闪光对焊；竖向钢筋 $D\geqslant 14$mm 采用电渣压力焊；$D<14$mm 钢筋采用绑扎搭接。

(2) 钢筋接头位置：梁板顶部钢筋在跨中搭接，梁板底部钢筋在支座处搭接；筏形基础梁板底部筋在跨中搭接，顶部钢筋在支座处搭接。接头位置 50%错开 35 倍钢筋直径且不小于 500mm；墙筋：搭接接头位置 50%错开，水平钢筋搭接净距离≥500mm，竖向钢筋搭接净距离≥$0.3L_{lE}$。

5.7.4　钢筋焊接前要先进行试焊，对合格试焊件的工艺参数、人员资格、设备能力进行确认后，才可大量施焊。

5.7.5　钢筋施工过程严格按照 03G101、04G101-3、06G901-1、09G901-3、09G901-2 标准图集及结构设计说明规范施工，钢筋加工及安装位置偏差应符合《混凝土结构工程施工质量验收规范》中的允许偏差。

5.7.6 钢筋绑扎与安装

5.7.6.1 钢筋绑扎前的准备工作

已浇筑混凝土浮浆未清除干净不准绑钢筋；钢筋污染清除不干净不准绑钢筋；控制线未弹好不准绑钢筋；钢筋偏位未检查校正合格不准绑钢筋；钢筋接头本身质量未检查合格不准绑钢筋；技术交底未到位不准绑钢筋；钢筋加工未验收不准绑钢筋。

5.7.6.2 基础钢筋绑扎

基础钢筋施工顺序：测量定位放线（标明上层柱、墙和不同断面位置）→预检→摆放垫块→铺电梯井、集水井坑短向钢筋→铺电梯井、集水井坑长向钢筋→铺电梯井、集水井坑构造钢筋→铺筏板、筏梁底层钢筋→搭设钢管架子及放置马镫支撑→铺筏板、筏梁上层钢筋→墙柱插筋、箍筋→拆除架子，调整钢筋位置→绑扎拉结筋、加强筋→墙体插筋、柱子插筋→清理、自检、验收。马凳大样如图 5-16 所示。

5.7.6.3 墙钢筋：剪力墙钢筋的接头交错排列放置，箍筋接头转角与竖向钢筋交叉点均绑扎牢固。混凝土浇筑前下层墙柱的竖向钢筋露出楼面部分，在楼面上用水平钢筋及拉筋将其固定。墙筋在水平和竖向每 1000mm 的间距沿全长宜采用套扣法绑扎。墙体水平、竖向设梯子筋，竖向梯子筋上、中、下分别设三个横撑，长度比墙体厚度小 2mm。

5.7.6.4 柱钢筋：柱筋按要求设置后，在其底板上口设一道限位箍，如图 5-17 所示，保证柱钢筋不偏位。钢筋连接完后，要用线坠校正其垂直度，无误后再绑扎箍筋。先上、中下各绑一道并放上柱定位筋，第一道距混凝土结构面为＋15cm，第三道距梁底－30cm，定位筋钢筋直径采用Φ 20 钢筋。

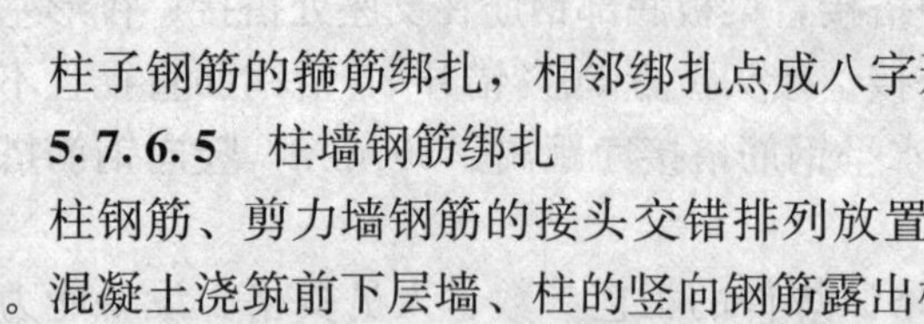

图 5-16 450mm 高底板Φ 20 钢筋马凳大样图

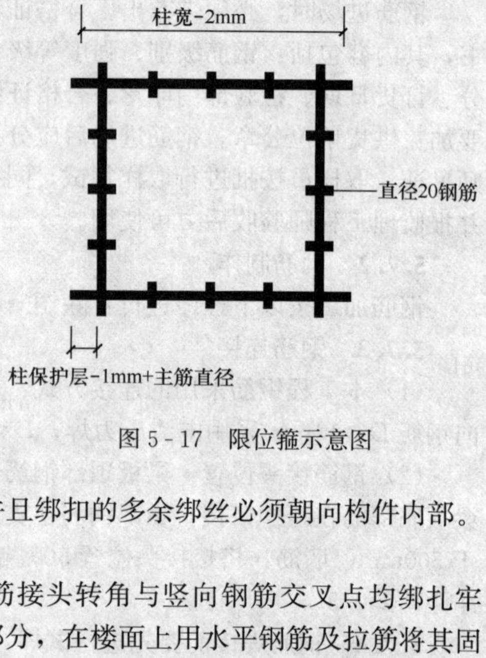

图 5-17 限位箍示意图

柱子钢筋的箍筋绑扎，相邻绑扎点成八字形，并且绑扣的多余绑丝必须朝向构件内部。

5.7.6.5 柱墙钢筋绑扎

柱钢筋、剪力墙钢筋的接头交错排列放置，箍筋接头转角与竖向钢筋交叉点均绑扎牢固。混凝土浇筑前下层墙、柱的竖向钢筋露出楼面部分，在楼面上用水平钢筋及拉筋将其固定。墙筋在水平和竖向每 1000mm 的间距沿全长宜采用套扣法绑扎。墙体竖向设梯子筋，竖向梯子筋上、中、下分别设三个横撑，长度比墙体厚度小 2mm。柱、剪力墙保护层采用加设塑料环圈控制，柱每侧同一平面设 2 个卡环，竖向间距 500mm，相邻侧面错开布置，同时按每 5m 间距设一根 ϕ25 斜撑，以防止钢筋骨架整体位移。墙每侧按间距 700mm 梅花形布置。

5.7.6.6　连梁钢筋绑扎

（1）墙筋绑扎完后，绑扎连梁钢筋；连梁主筋的高度为洞口的结构高度＋25mm，要求根据结构 50 线进行量测确保洞口高度准确。

（2）连梁主筋锚入洞口两侧暗柱内的长度见纵向受拉最小锚固长度表。

（3）连梁箍筋与主筋用火烧丝采用兜扣绑扎，箍筋叠合处沿连梁上铁交错布置。

（4）箍筋 135°弯钩保证平行，在进两侧暗柱 50mm 要设置一道箍筋。

（5）连梁位置处如有水电预留洞，要求根据图 5-18 对连梁进行补强。

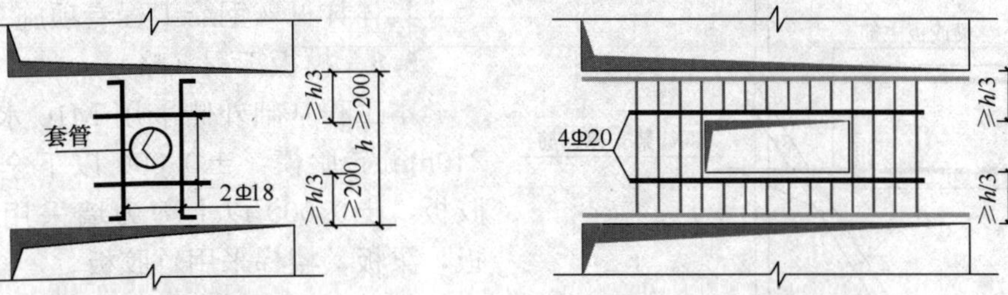

（混凝土连梁上预埋套管加筋大样）
（加强筋每边伸过洞边l_{aE}）

（混凝土连梁上预留孔洞加筋大样）
（加强筋每边伸过洞边l_{aE}）

图 5-18　预留洞口补强大样图

（6）连梁钢筋绑扎完后，拆除暗柱临时固定架。

（7）在墙上口处放置Φ 14 墙水平梯子筋（墙筋梯形架用钢筋焊成，周转使用），以此检查墙竖筋的间距，保证墙竖筋的平直。墙水平梯子筋与模板支架固定，保证立筋位置的正确性，如图 5-19 所示。

5.7.6.7　梁板钢筋绑扎

（1）支梁底模→绑梁筋→支梁侧模、支板底模→绑板下层钢筋→水电预留线管→绑板上层钢筋。

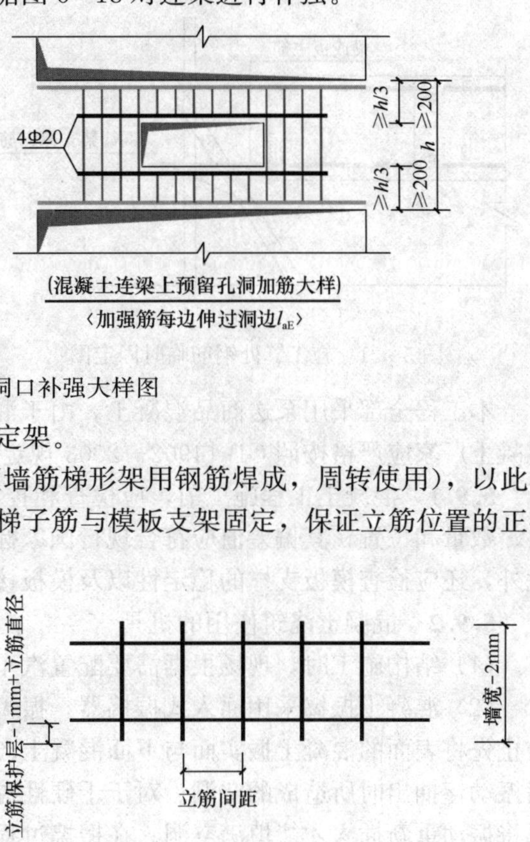

图 5-19　水平梯子筋

根据设计要求，次梁上下主筋应置于主梁上下主筋之上；纵向框架梁的上部主筋应置于横向框架梁上部主筋之上；当两者梁高相同时纵向框架梁的下部主筋应置于横向框架梁下部主筋之上；当梁与柱或墙侧平时，梁该侧主筋应置于柱或墙竖向纵筋之内，构造按设计说明。

（2）箍筋开口朝上且沿受力钢筋方向相互错开并按设计要求加密，主次梁相交处，主梁筋在下，次梁筋在上。

（3）绑扎板筋时，用八字扣，钢筋相交点均要绑扎。人防板筋为双层双向钢筋，为确保上部钢筋的位置，在两层钢筋间加设工字钢筋马凳，马凳用Φ 14、Φ 12 钢筋加工，间距 1000mm，如图 5-20 所示。

其余顶板钢筋采用 ϕ12 钢筋制作成“几”型马凳间距 1m 梅花形布置。

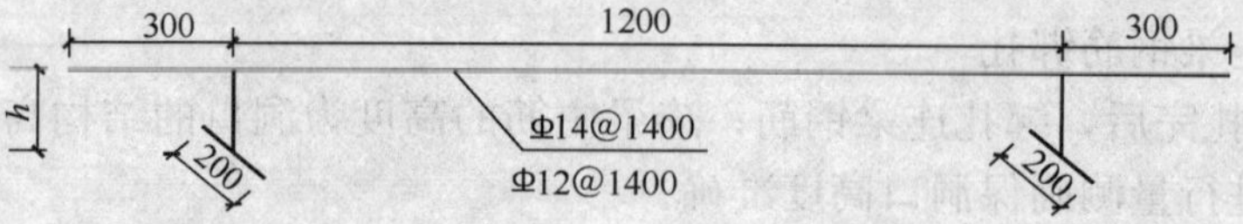

图 5-20　顶板马凳

在后浇带处梁板筋用钢管架支撑，以保持梁板钢筋成水平，不奋拉或不往上翘起，如图 5-21 所示。

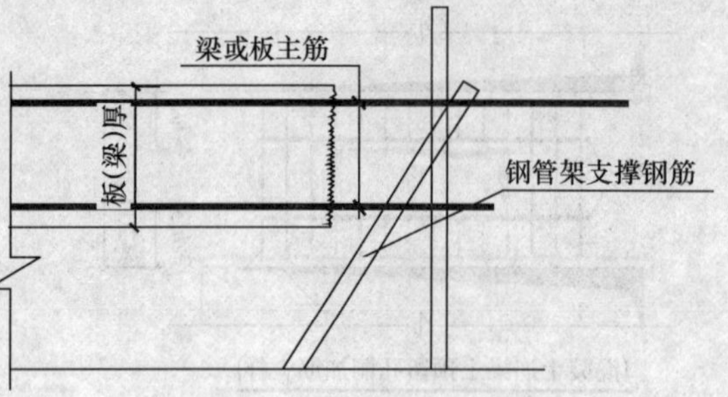

图 5-21　施工缝处钢筋临时固定图

具体详见《钢筋工程专项施工方案》。

5.8　模板工程（略）

本工程基础外侧采用 M10 水泥砂浆砌 240mm 砖胎模，±0.000 以下全部采用竹胶板，±0.000 以上剪力墙采用全钢大模板，梁板、楼梯采用竹胶板。

具体施工时详见《模板施工专项方案》。

5.9　混凝土工程

本工程全部采用泵送商品混凝土。由于混凝土质量是结构工程中的重要部分，要求商品混凝土厂家应严格按照 GB 14902—2003 规定进行出厂检验。

5.9.1　混凝土工程施工前，应检查和控制模板、钢筋、保护层和预埋件等的尺寸，规格、数量和位置，其偏差值应符合现行国家标准《混凝土结构工程施工及验收规范》规范。此外，还应检查模板支撑的稳定性以及模板接缝的密合情况。

5.9.2　混凝土浇筑使用的机具

(1) 结构施工时，现场根据需要配置汽车泵、混凝土泵、布料机及必需的泵管。

(2) 混凝土振捣采用插入式振捣器，振捣器的操作，要做到"快插慢拔"。快插是为了防止先将表面的混凝土振实而与下面混凝土产生分层、离析现象；慢拔是为了使混凝土能填满振动棒抽出时所造成的空洞。对于干硬性混凝土，有时还要在振动棒抽出的洞旁不远处，再将振动重新插入才能填满空洞。在振捣过程中，宜将振捣棒上下略为抽动，以使上下振捣均匀。

5.9.3　混凝土结构施工缝设置

施工缝应设在混凝土受剪力较小且便于施工的部位。留缝应符合下列规定：

(1) 柱的施工缝应留置在基础或基础梁的上部和梁下面。

(2) 墙的施工缝设置在洞口过梁跨中 1/3 跨度范围内，也可设置在纵横墙的交接处。

(3) 梁与板的混凝土应一起浇筑。

(4) 楼梯施工缝留置在进休息平台 1/3 净跨的部位（至少超过 250～300mm）。此时楼梯梁在相应剪力墙位置留梁窝，至少过墙中，最好穿透。

(5) 墙柱混凝土强度等级高于梁时，施工缝的位置留置在梁中距柱边不小于梁高的部位。

(6) 浇筑底板及顶板混凝土时在以后浇带为界的各个施工段应一次浇筑完毕，原则上不留其他施工缝。在浇筑墙体时，当留设施工缝时，应遵守下列规定：墙体水平施工缝不应留在剪力与弯矩最大处或底板与侧墙的交接处，应留在高出底板表面 300mm 的墙体上，墙体有预留孔洞时，施工缝距孔洞边缘不应小于 300mm；底板混凝土采用斜面分层，施工时由一个方向浇筑，不得随意浇筑，以免漏振。上翻基础梁浇筑时先将混凝土浇筑超过筏板标高，待混凝土接近初凝时，再浇筑上部混凝土；墙体混凝土浇筑注意将混凝土浇筑到同一标高，且接茬部位必须保证是毛面。

(7) 墙体水平施工缝浇筑混凝土前，应将其表面浮浆和杂物清除，再铺 30～50mm 厚的与混凝土配比相同的减石子水泥砂浆，并及时浇灌混凝土。墙身混凝土要分层连续浇筑，分层振捣密实，每层混凝土浇筑高度不大于 500mm。

(8) 在施工缝处继续浇筑混凝土时，已浇筑的混凝土抗压强度不应小于 1.2N/mm²。在已硬化的混凝土表面上继续浇筑混凝土前，应注意除垃圾、水泥薄膜、表面上松动砂石和软弱混凝土层，同时还加以凿毛，用水冲洗干净并充分湿润，残留在混凝土表面的积水应予以清除。

(9) 注意施工缝位置附近回弯钢筋时，要做到钢筋周围的混凝土不受松动和损坏。钢筋上的油污、水泥砂浆及浮锈等杂物也应清除。

(10) 从施工缝处开始继续浇筑时，要避免直接靠近缝边下料。机械振捣之前，宜向施工缝处逐渐推进，并距 80～100cm 处停止振捣，但应加强对施工缝接缝的捣实工作，使其紧密结合。

5.9.4 浇筑时注意的要点（略）

5.9.5 混凝土养护（略）

5.9.6 质量要求

(1) 混凝土结构表面应坚实、平整、不得有露筋、蜂窝等缺陷、预埋件位置应正确；

(2) 混凝土结构表面的裂缝宽度不应大于 0.2mm，并不得贯通；

(3) 在已浇筑的混凝土强度达到 1.2N/mm²以后，才准许在其上来往行人和安装模板及支架，但不得将建筑材料集中堆放。

5.10 脚手架工程

5.10.1 结构施工时，楼板模板支撑采用碗扣式脚手架。主体施工外架采用爬架，上挂密目网封闭；外装修架采用标准吊篮架。

5.10.2 脚手架搭设前，要按照 JGJ 59—2011《建筑施工安全检查标准》要求，编制施工方案及进行设计计算，确保脚手架的安全使用。

具体见《悬挑双排架专项施工方案》。

5.11 后浇带施工

5.11.1 基础底板后浇带

在后浇带两侧放置Φ 14 钢筋长度 600mm，间距 200mm 与筏板上下钢筋焊接，中间焊Φ 14 通长钢筋一道，用以固定钢丝网。钢丝网中部预埋 50mm×100mm 的木条，木条与钢筋绑扎固定，木条表面刷隔离剂，如图 5-22 所示。两侧混凝土终凝后将木条取出，自然形成规则的企口缝。

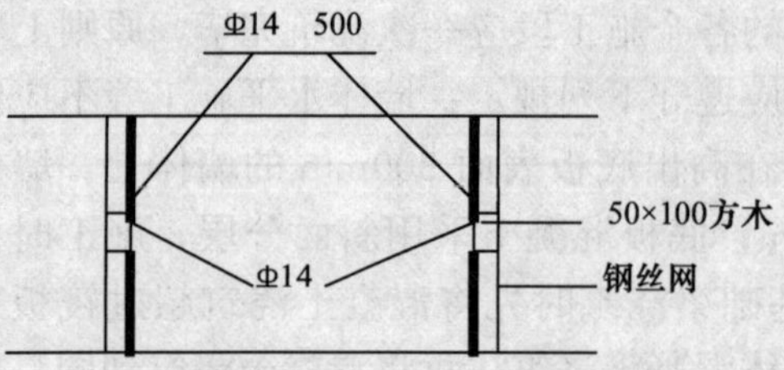

图 5-22 后浇带做法

基础后浇带做法如图 5-23 所示：

钢丝网的网眼一般不宜过大，一般以网眼 20 目为宜，用Φ 14 钢筋做龙骨，间距 300mm 进行固定，以确保混凝土浇筑时钢丝网不鼓胀漏浆。

后浇带的上口处理：上层钢筋网片上口统一用木方子闸槎，施工前先对后浇带处的上层钢筋抄平后纠正不水平钢筋确保上口保护层一致。将木龙骨用铁丝固定在钢筋上，同时必须拉直线校直木方子。

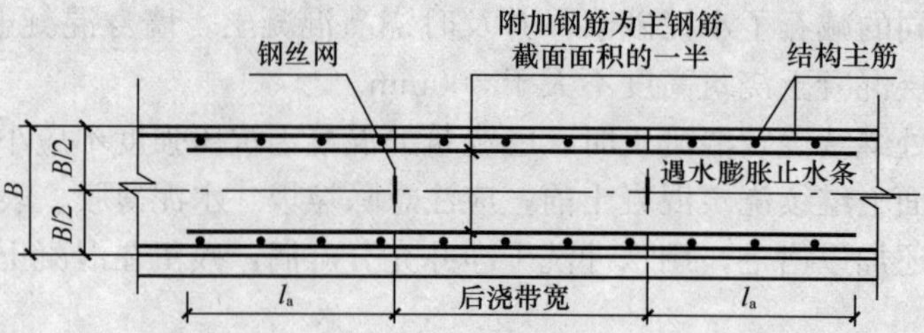

图 5-23 基础板、地下室外墙后浇带防水构造（一）型

5.11.2 挡墙后浇带模板

挡土墙的后浇带采用双层铅丝网，由短方木支撑加固，短方木长 350mm，间距 200mm，短方木为一次性消耗品。顶板的后浇带侧模采用竹胶合板条，遇钢筋开槽，由木龙骨支撑，此竹胶合板条也是一次性消耗品。顶板后浇带的底模在顶板模拆除时一块拆除，但两侧须马上支设临时支撑，立柱间距不大于 1200mm。后浇带混凝土浇注前重新支模。

5.11.3 后浇带处拆模后支撑支设严格按集团公司统一做法要求。

（1）在支设楼层模架体系时，后浇带处与周围模架体系分开支设，拆除模板时保留后浇带处模架体系。

（2）在拆除楼板模架体系后，重新按楼层模架方案支设后浇带处模架体系。

（3）在拆除楼板模架体系后，由钢管、扣件组成简易的“四管支柱”，支顶在后浇带处的梁下面（如为无梁楼板，则支在后浇带处的板下面），如图 5-24～图 5-27 所示。

（4）后浇带处支撑应在楼层模架体系拆除后及时支顶。后浇带处支撑，均应从底层向上连续支设，上下层顶柱对齐。

（5）后浇带支顶时，务必将后浇带两侧的方木或挡板拆除，依照后浇带正确尺寸弹线，用打磨机将后浇带切齐（要求上下一致），并将松软的混凝土全部凿除。

（6）后浇带支顶要先从后浇带纵横交叉处进行，沿各个方向的后浇带进行排杆布设。

5.11.4 成品保护

后浇带混凝土浇筑前，后浇带上满铺竹胶合模板，以防杂物掉入 。

5.11.5 后浇带混凝土

后浇带混凝土浇筑之前，施工缝处模板须清除干净，并对施工缝进行凿毛处理，浇水湿润，后浇带内掉进去的杂物及浇筑混凝土时两侧因跑浆而流出来的混凝土清理干净。在凿净接槎，钢筋绑扎完成，请监理验收认可后，先刷一道掺有 UEA 的水泥素浆，再浇筑掺

UEA 的高一级的混凝土，振捣密实。混凝土终凝后，设专人进行养护，每天定时浇水养护，保持比同层混凝土湿润至少 15 天以上。

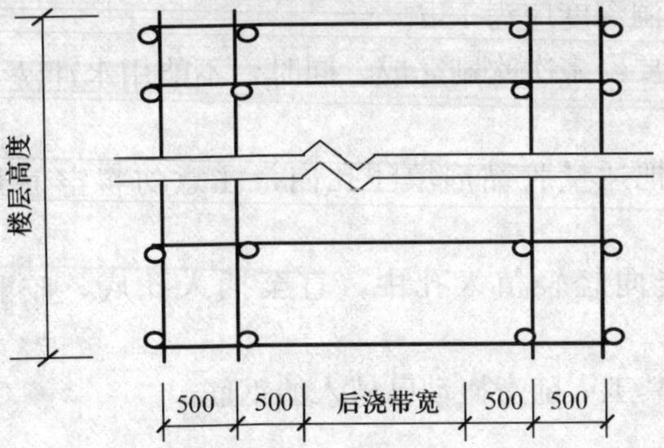

图 5-24　后浇带支撑立面图

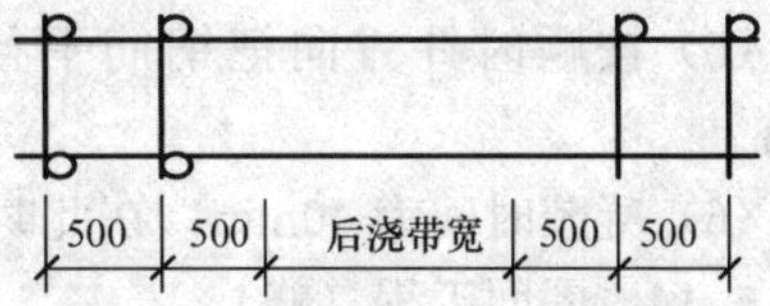

图 5-25　后浇带支撑平面图

图 5-26　后浇带支撑实景图

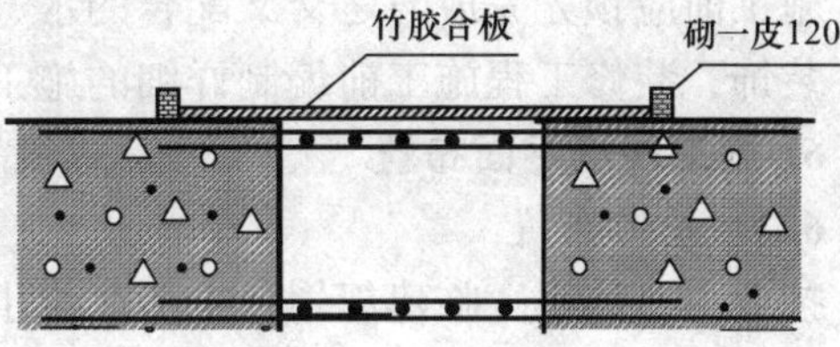

图 5-27　后浇带保护措施

5.12　施工空调板预埋钢筋控制方法（略）

5.13　砌体工程

±0.000 以下砌体采用页岩烧结砖 M10 水泥砂浆砌筑；±0.000 以上采用加气混凝土砌块 M5 混合砂浆砌筑。

5.13.1　砌筑原材料进场应严格把关，进场后经监理见证按要求取样送试验部门复验合格后方可使用，砌筑配合比严格按试验提供的配比执行。

5.13.2　在砌砖前，先根据设计图纸将构造柱位置进行弹线，拉结筋按设计要求放置。加气混凝土砌块填充墙砌筑前，应先进行墙压筋的植筋工作，拉结钢筋的规格 2Φ6@500，沿墙长通长设置。加气混凝土砌块采用手锯或电锯由专人切割，不准随意砍砸。

5.13.3　填充墙与结构的连接构造，水平拉结筋、构造柱的设置等严格按设计要求施工。因甲方建筑格局未确定，砌体墙拉筋Φ6.5、构造柱Φ14 钢筋不预埋，按植筋考虑。

5.13.4　植筋施工方法。植筋施工过程：定孔位→钻孔→清孔→填胶黏剂→植筋→凝胶。

(1) 先按设计要求在框架柱或梁上弹出钻孔位置，项目施工员验收符合要求后方准开始钻孔，避免因钻孔位置不正确而造成返工。

(2) 钻孔使用配套冲击电钻。钻孔时，孔洞深度应为 15d。

(3) 清孔时，用吹气泵清除孔洞内粉尘，要经多次吹刷完成。同时，不能用水冲洗，以免残留在孔中的水分削弱黏合剂的作用。

(4) 使用植筋注射器从孔底向外均匀地把适量胶黏剂填注孔内，注意勿将空气封入孔内。

(5) 按顺时针方向把钢筋平行于孔洞走向轻轻植入孔中，直至插入孔底，胶黏剂溢出。

(6) 凝胶时间为 40min，在此时间内，严禁工人随意搬动已植入的钢筋。

5.14 屋面工程（略）

本工程为上人屋面。施工程序：混凝土基层处理→20 厚（最薄处）1：6 水泥矿渣找坡→20 厚 1：3 水泥砂浆找平→2 道 1.5 厚 YTL－A 自粘防水卷材→70 厚挤塑聚苯板（燃烧性能为 B1 级）→干铺无纺聚酯纤维布一层→40mm 厚 C20 细石混凝土，内配双向Φ 4@150×150 钢筋网片→25mm 厚 1：4 干硬性水泥砂浆，面上撒素水泥→10 厚地砖铺平拍实，缝宽 5～8mm，1：1 水泥砂浆填缝。

具体详见《屋面工程创优策划》。

5.15 装饰、装修工程（略）

施工前应预先完成与之交叉配合的水、暖、电、卫等的安装。

装饰、装修工程施工前编制详细的施工方案。

6. 施工现场平面布置

6.1 总体布置

按业主总体小区临建规划，生活区位于场区东北角，办公区位于场区东南角。由于现场场地狭窄，地下车库开挖钎探验槽后及时浇筑混凝土垫层，利用地下车库混凝土垫层作为施工场地，分区域划分为钢筋原材堆放区、钢筋加工区、钢筋半成品堆放区、木工加工区、三钢堆放区。

6.2 临时设施

6.2.1 生产区临时设施

6.2.1.1 施工场地设置排水沟、沉淀池，将积水排入市政管道，确保施工期间场地文明、整洁、不积水。根据场地情况，先在现场东北角开设大门，待北侧路修通，则在工地北侧开大门，场地围墙采用瓦楞铁皮，高 2.2m。大门口设置现场图牌，标明工程概况、安全纪律、防火须知、安全生产、文明施工、施工总平面和项目部组织架构及主要管理人员名单、技术、质量要求等内容，以扩大社会影响，接受社会监督。

6.2.1.2 钢筋、模板加工区用钢管搭设、上盖 5cm 厚脚手板。

6.2.1.3 材料堆放应挂牌明示，必要时架空遮盖。

6.2.2 厕所

生活区建造男女厕所。厕所设临时化粪池。厕所内墙面贴瓷砖，地面满铺地砖，并设专人打扫，定时喷洒空气清新剂和消毒剂，保持卫生整洁。

表 5-15　临时设施计划一览表

序号	设施名称	种类	占地面积（m^2）	规　模
1	办公区	彩钢板	360	三层彩板房
2	钢筋区	钢筋棚	84	
3	材料库	彩钢板	20	
4	地材堆场	混凝土硬化地面	60	
5	生活办公	混凝土硬化地面	220	
6	施工道路	混凝土硬化路面	660	
7	生活区	彩钢板房	500	三层彩板房
8	淋浴间	彩钢板房	12.6	
9	厨房	彩钢板房	108	
10	厕所	彩钢板房	43	

6.3　施工平面布置管理

工地的文明施工全面部署，现场按规定要求设置“七牌三图”以及安全宣传标语和警告牌、现场质量管理牌和技术管理牌。在业主临建南围墙背面设置班前安全质量讲评台，对全体参加施工人员进行教育，提高全体施工人员的安全、质量、文明施工意识。现场基坑西侧设置重大危险源公示牌，每日由项目安全员根据第二天各施工队不同的施工内容结合识别和评价的重大危险和环境因素，填写相关内容。

施工平面布置图如图 5-28 所示。

7. 施工资源计划

7.1　劳动力需用量计划（见表 5-16）

表 5-16　劳动力需用量计划表　单位：人

工　种	基础阶段	结构阶段	装修阶段	竣工收尾
木工	50	60		
钢筋工	60	50		
混凝土工	20	20		
架子工	20	20	15	
电焊工	8	6		
瓦工	20	40		
抹灰工	15		40	10
防水工	20		20	
特殊工种（电工、机械工、起重工）	4	4	4	2
壮工	20	20	20	15
总人数	227	220	99	27

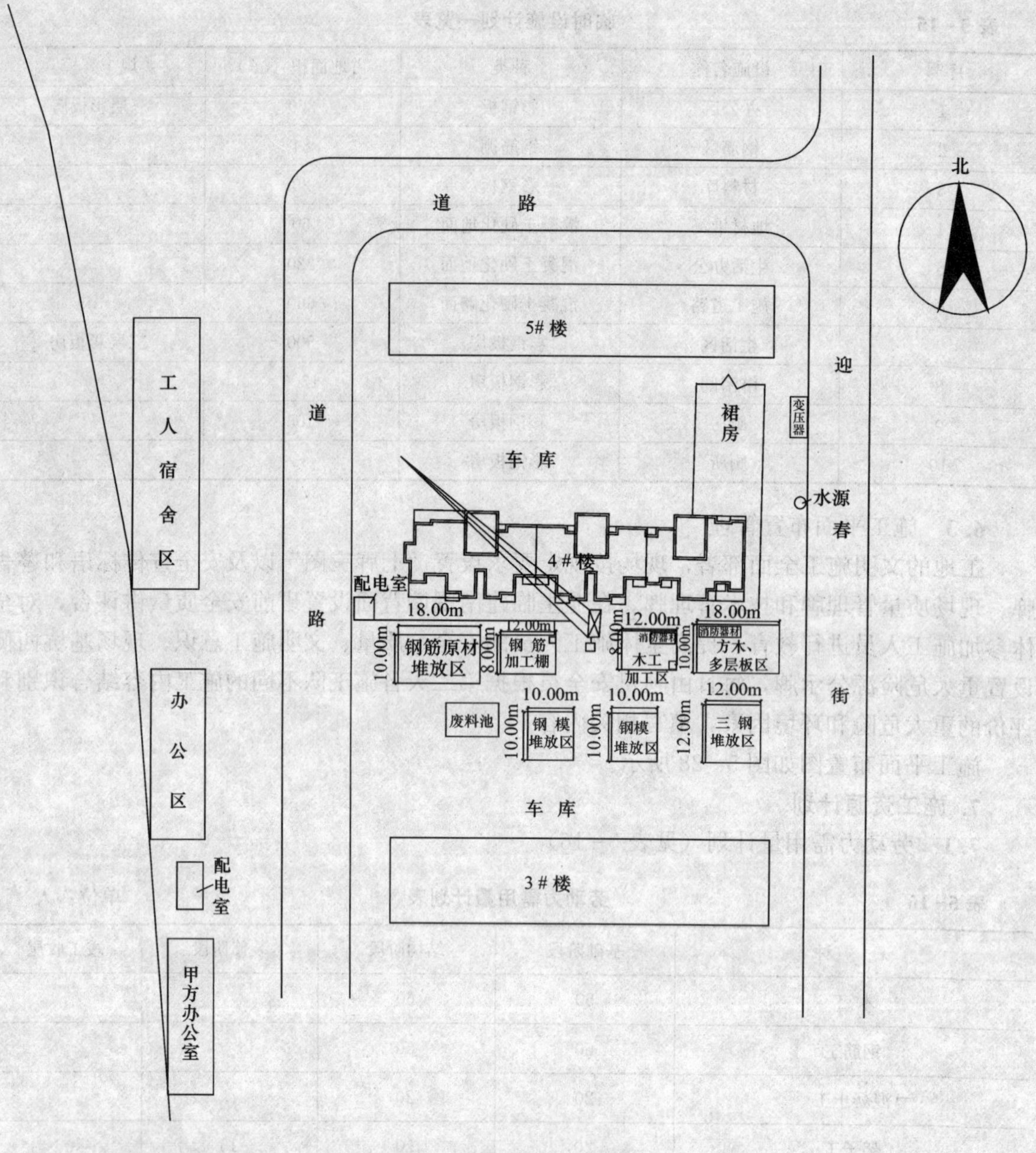

图 5-28　施工平面布置图

7.2　机械设备需用量计划（见表 5-17）

表 5-17　　　　机械设备需用量计划表

序号	机械、设备名称	型号规格	数量	额定功率(kW)	进场时间	备注
1	塔吊	QTZ5013	1	48	2018.6.1	主体
2	施工升降机	SCD200/AJ	1	40	2019.5.1	主体、装修
3	插入式振捣器	ZX50	6	6×1.5	2018.6.20	主体
4	平板式振动器	ZB11	1	1×1.5	2018.6.20	主体

续表

序号	机械、设备名称	型号规格	数量	额定功率(kW)	进场时间	备注
5	钢筋弯曲机	GW40	2	2×3	2018.6.20	主体
6	钢筋切断机	QJ40-1	2	2×3	2018.6.20	主体
7	钢筋调直机	GT4-14	1	1×9.5	2018.6.20	主体
8	钢筋弯箍机		2	2×2.2	2018.6.20	主体
9	电锯	MJ106	1	1×5.5	2018.6.201	主体装修
10	电刨	MIB2-80/1	1	1×0.7	2018.6.20	主体装修
11	交流电焊机	BX3-500-2	6	6×38.6kVA	2018.6.20	主体装修
12	闪光对焊机	LP-10	1	100kVA	2018.6.20	基础
13	蛙式夯土机	HW60	4	4×3	2019.3.1	主体装修
14	砂轮切割机		1	1×2.2	2018.8.10	主体装修
15	扬程泵	100m	1	2×10	2018.9.10	主体
16	镝灯	3000W	4	4×3	2018.5.5	主体

7.3　主要材料需用量计划（见表 5-18）

表 5-18　主要材料计划用量

序号	名称	数量
1	钢筋	2412t
2	商品混凝土	16 002m^3
3	水泥	1773t
4	砂	4351m^3
5	石	653m^3
6	页岩烧结砖	123 427 块
7	生石灰	581t
8	加气混凝土砌块	2050m^3

7.4　周转材料需用量计划（见表 5-19）

表 5-19　周转材料需用量计划表

序号	名称	规格	单位	数量	进场时间
1	多层板	15mm	m^2	5400	2018 年 7 月 1 日
2	方木	40mm×90mm	m^3	145	2018 年 7 月 1 日
3	全钢大模板	6mm 厚钢板	m^2	1440	2018 年 9 月 10 日
4	脚手板	5cm 厚	m^3	108	2018 年 7 月 15 日
5	钢管	ϕ48×3.0	t	132	2018 年 7 月 5 日
6	扣件	ϕ48 钢管用	个	24 000	2018 年 7 月 5 日
7	止水对拉杆	14-700mm	根	3900	2018 年 7 月 15 日

续表

序号	名称	规格	单位	数量	进场时间
8	止水对拉杆	14-1000mm	根	100	2018年7月15日
9	对拉杆	14-800mm	根	48 000	2018年7月20日
10	止水对拉杆	14-800mm	根	4300	2018年7月10日
11	碗扣立杆	1.2m	根	2500	2018年7月10日
12	碗扣立杆	2.4m	根	3000	2018年7月10日
13	碗扣立杆	1.5m	根	1200	2018年7月10日
14	碗扣横杆	0.9m	根	1500	2018年7月10日
15	碗扣横杆	1.2m	根	6000	2018年7月20日
16	上托座	600mm长	个	5500	2018年7月20日
17	3型卡	ϕ48钢管用	个	15 000	2018年7月20日

7.5 检验和测量装置需用量计划（见表5-20）

表5-20 检验和测量装置需用量计划表

序号	装置名称	规格	数量	标准状态
1	激光垂准仪	DZJ2	1台	检定合格
2	电子经纬仪	TD02	1台	检定合格
3	全站仪	NTS-662型	1台	检定合格
4	水准仪	DZS3-1	1台	检定合格
5	靠尺	2m	1把	检定合格
6	钢尺	50m	1把	检定合格
7	钢卷尺	5m	6把	有MC标志
8	游标卡尺	0-150	1把	检定合格
9	塔尺	5m	1把	检定合格
10	塞尺	JZC-1	1把	检定合格
11	方尺	—	1把	检定合格
12	百格网	240×115	1个	检定合格
13	混凝土试模	100×100×100	8组	检定合格
14	混凝土抗渗试模	D150	1组	检定合格
15	砂浆试模	70.7×70.7×70.7	5组	检定合格
16	混凝土坍落度仪	100×200×300	1个	检定合格
17	台秤	TGT-1000	1台	检定合格

7.6 技术文件配备计划（见表 5-21）

表 5-21　技术文件配备计划表

序号	名称	编号
1	企业工艺标准	QB/SXJG—GY
2	钢筋机械连接通用技术规程	JGJ 107—2015
3	混凝土结构图平法规则和构造	16G101—1，2，3
4	建筑施工扣件式钢管脚手架安全技术规范	JGJ 131—2011
5	建筑工程施工质量验收统一标准	GB 50300—2013
6	建筑地基基础工程质量验收规范	GB 50202—2002
7	混凝土结构工程质量验收规范	GB 50204—2015
8	砌体工程施工质量验收规范	GB 50203—2011
9	屋面工程质量验收规范	GB 50207—2012
10	建筑地面工程施工质量验收规范	GB 50209—2010
11	建筑装饰装修工程质量验收规范	GB 50210—2018
12	建筑电气工程施工质量验收规范	GB 50303—2015
13	通风与空调工程施工质量验收规范	GB 50243—2016
14	建筑给水排水与采暖工程施工质量验收规范	GB 50242—2002
15	建筑工程施工质量评价标准	GB/T 50375—2016

8. 施工进度计划及保证措施

8.1 工期目标

开工日期：2017 年 12 月 28 日

竣工日期：2020 年 8 月 31 日

8.2 施工进度计划

2018 年 4 月 6 日～2018 年 5 月 20 日　桩基工程
2018 年 5 月 21 日～2018 年 6 月 30 日　挖土方验槽
2018 年 7 月 1 日～2018 年 9 月 10 日　±0.00 以下结构完
2018 年 9 月 11 日～2018 年 11 月 30 日　9 层结构完
2018 年 12 月 1 日～2019 年 2 月 28 日　冬期休整
2019 年 3 月 1 日～2019 年 8 月 30 日　主体结构完
2019 年 5 月 1 日～2019 年 9 月 30 日　砌体结构完
2019 年 10 月 1 日～2019 年 11 月 20 日　屋面保温、防水及保护层
2019 年 12 月 1 日～2020 年 2 月 28 日　冬期休整
2019 年 10 月 25 日～2020 年 6 月 30 日　外墙保温装饰
2020 年 3 月 1 日～2020 年 6 月 30 日　室内装修
2020 年 5 月 1 日～2020 年 6 月 30 日　室外工程
2020 年 7 月 1 日～2020 年 8 月 31 日　竣工收尾、交验

施工进度网络计划如图 5-29 所示。

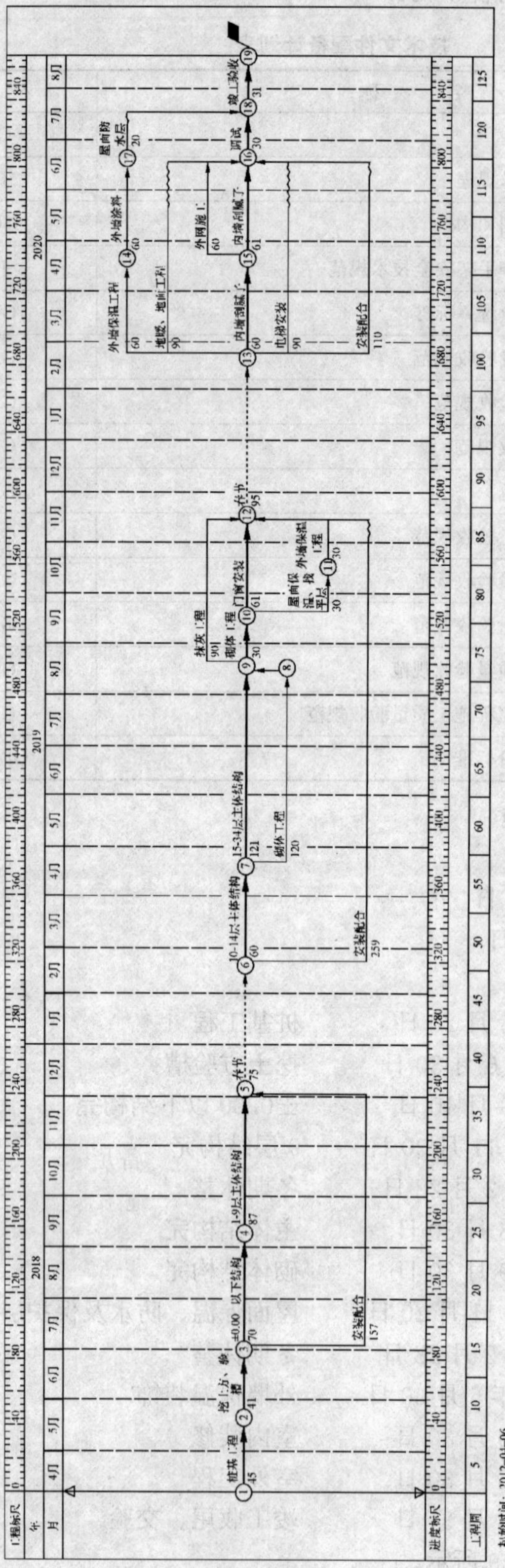

图5-29 ××经济适用房项目施工进度计划

8.3 进度保证措施

8.3.1 按施工阶段分解，突出控制节点。以关键线路和次关键线路为线索，以网络计划中心起止节点为控制点，在不同施工阶段确定重点控制对象，制订施工细则，达到保证控制节点的实现。

8.3.2 按施工队伍分解，明确分部目标。以总进度网络为依据，明确各个施工队伍的分包目标，通过合同责任书落实分包责任，以分头实现各自的分部目标确保总目标的实现。

8.3.3 按专业工种分解，确定交接时间。在不同专业和不同工种的任务之间，要进行综合平衡，并强调相互间的衔接配合，确定相互交接的日期，强化工期的严肃性，确保工程进度的实现。

8.3.4 按总进度网络计划的时间要求，将施工总进度计划分解为月和旬进度计划，控制每日的施工进度。

8.4 进度保证的管理措施（略）

8.5 进度保证的技术措施

8.5.1 在施工生产中影响进度的因素纷繁复杂，如设计变更、技术、资金、机械、材料、人力、水电供应、气候、组织协调等，要保证目标总工期的实现，就必须采取各种措施预防和克服上述影响进度的诸多因素，其中从技术措施入手是最直接有效的途径之一。

8.5.2 设计变更因素是进度执行中最大干扰因素，其中包括改变部分工程的功能引起大量变更施工工作量，以及因设计图纸本身欠缺而变更或补充造成增量、返工，打乱施工流水节奏，致使施工减速、延期甚至停顿。针对这些现象，项目部要通过理解图纸与业主意图，进行自审、会审和与设计院交流，采取主动姿态，最大限度地实现事前预控，把影响降到最低。

8.6 进度保证的其他措施

8.6.1 劳动力配置：根据工程进度需求，详细编制各阶段劳动力计划，优选施工力量强、技术水平高的专业施工队伍进场施工。在保证劳动力的条件下，优化工人的技术等级和思想、身体素质的配备与管理。以均衡流水为主，对关键工序、关键环节人员、必要工作面根据施工条件及时组织抢工期及实行双班作业。

8.6.2 材料配置：按照施工进度计划要求及时进货，做到既满足施工要求，又要使现场无太多的积压，以便有更多的场地安排施工。公司建立有效的材料市场调查和采购、供应部门。

8.6.3 机械配置：为保证本工程的按期完成，我们将配备足够的大、中、小型施工机械，不仅满足正常使用，还要保证有效备用。另外，要做好施工机械的定期检查和日常维修，保证施工机械处于良好的状态。

8.6.4 资金配备：根据施工实际情况编制月进度报表，根据合同条款申请工程款，并将工程款合理分配于人工费、材料费等各个方面，使施工能顺利进行。

8.6.5 后勤保障：后勤服务人员要做好生活服务供应工作，重点抓好吃、住两大难题，工地食堂的饭菜要保证品种多、味道好，同时开饭时间要随时根据施工进度进行调整，为项目部施工创造良好的生产和生活环境，确保项目施工人员以充沛的精力投入工作，圆满地完成施工任务。

8.6.6 资金保障：要专项专账专用，当本工程需要时，从公司内部银行调用，确保不影响工程施工。

9. 检验试验计划

本工程试验机构选择：选定××建筑科研检测有限公司作为本工程的70%日常检测试验单位，与业主、监理共同选定××检测有限公司承担30%见证取样试验检测。项目部配备一名专职取样员负责现场取样。现场设置一个标准养护室及标养池，具体做法参照公司统一标准制作。

9.1 原材料检验试验计划（见表5-22）

表5-22 原材料检验试验计划表

序号	原材料名称	批量要求	检验项目	部位
1	钢筋	60t/批	屈服点、抗拉强度、伸长率、冷弯性能	基础、主体
2	水泥	200t/批	胶砂强度、安定性、凝结时间	砌体、装修、屋面
3	烧结普通砖	10万块/批	抗压强度	砌体
4	砂	400m^3/批	筛分析、含泥量、泥块含量	砌体、装修、屋面
5	石	400m^3/批	筛分析、含泥量、泥块含量、含水率、针片状颗粒含量	砌体、装修
6	防水卷材	500～1000卷抽4卷；100～499卷抽3卷；100卷以下抽2卷；在外观检验合格的卷材中任取一卷复试	拉力、延伸率、耐热度、低温柔度、不透水性	基础底板及外墙
7	防水涂料	5t/批	拉伸强度、断裂延伸率、低温柔性、不透水性、固体含量	厨卫间
8	加气混凝土砌块	1万块/批	立方体抗压强度、干密度	砌体
9	挤塑聚苯板	6次/随机抽样	表观密度、导热系数、压缩强度	外墙
10	80厚岩棉板	同一厂家同一品种/3组	导热系数、密度、抗压强度、燃烧性能	屋面
11	35厚岩棉板	同一厂家同一品种/3组	导热系数、密度、抗压强度、燃烧性能	地下室顶板
12	耐碱网格布	6次/随机抽样	力学性能、抗腐蚀性能	外墙
13	聚合物抹面砂浆	6次/随机抽样	粘结强度	外墙
14	外窗	同厂家、同品种、同类型产品抽查不少于3樘	气密性、保温性能、中空玻璃露点、玻璃遮阳系数、可见光透射比、传热系数、抗风压性能	外窗

9.2 过程检验试验计划（见表5-23）

表5-23 过程检验试验计划表

序号	项目	部位	取样基数	组数
1	土壤干密度试验	室外回填	每20m取1点	每步15点
		房心回填	每200m^{2}取1点	每步12点
2	混凝土抗渗试验	基础、地下室外墙	P6每500m^{3}取样1组	6组

续表

序号	项目	部位	取样基数	组数
3	混凝土抗压强度试验（每 $100m^3$ 取样一组）	混凝土垫层	C15 每 $100m^3$ 取样 1 组	3 组
		基础	C35	标养 14 组，同条件 600℃·天 5 组
		墙 −2 层	C35	标养 8 组，同条件 600℃·天 2 组
		墙 −1 层	C35	标养 4 组，同条件 600℃·天 1 组
		墙 1～6 层	C35	每层标养 3 组，同条件 600℃·天 1 组
		墙 7～顶层	C30	标养 3 组，同条件 600℃·天 1 组
		梁板楼梯（C30）	−2 层	标养 5 组，同条件 600℃·天 2 组，同条件拆模 2 组
			−1 层	标养 3 组，同条件 600℃·天 2 组，同条件拆模 2 组
		梁板楼梯（C30）	一层～顶层	每层标养 2 组，同条件 600℃·天 1 组，同条件拆模 2 组
4	砂浆抗压强度试验	−2 层～顶层	每 $250mm^3$ 砌体取样 1 组	36 组
5	钢筋闪光对焊	基础	每 300 个接头取样 1 组	3 组
6	钢筋电弧焊	基础	每 300 个接头取样 1 组	3 组
7	电渣压力焊	墙柱≥φ14 钢筋	每 300 个接头取样 1 组	每层 3 组
8	植筋拉拔强度试验	砌体墙拉筋、圈梁、构造柱	各规格每 300 根 1 组	4 组
9	闭水试验	卫生间	24h	每层 1 次
10	淋水试验	屋面	2h	裙房屋面、顶层屋面

9.3　安全与功能检验试验计划（见表 5-24）

表 5-24　**安全与功能检验试验计划表**

序号	项　目	备　注
1	地下室防水效果检查试验记录	
2	屋面淋水试验记录	
3	卫生间地面蓄水试验记录	
4	建筑节能、保温测试记录	
5	卫生间通风道通风试验记录	
6	室内环境检测报告	建设单位负责提供
7	钢筋保护层厚度检验报告	

续表

序号	项目	备注
8	结构实体检验同条件养护试件强度检验记录	
9	建筑物沉降观测记录	
10	建筑物垂直度、标高、全高测量记录	
11	建筑外窗气密性、水密性、抗风压检测	

9.4 隐蔽工程验收计划（见表5-25）

表5-25 隐蔽工程验收计划表

序号	隐蔽项目	部位	份数
1	混凝土垫层	基础	1
2	地下防水卷材	基础底板、地下室外墙	4
3	混凝土	基础、墙柱、梁板楼梯	45
4	钢筋隐蔽	基础、墙柱、梁板楼梯	152
5	砌体隐蔽	基础、主体	36
6	保温、找坡、找平、防水层隐蔽	屋面	8
7	找平层、防水层、保护层	卫生间	104
8	保温板	外墙、屋面等	10
9	门窗与结构连接件	门窗洞口	36
10	抹灰钢丝网隐蔽	每层墙体不同材料交接处、线管开槽处	36

9.5 结构实体检验

结构实体检验的内容为混凝土强度、钢筋保护层厚度检验。混凝土强度按分部（子分部）工程，用数理统计方法检验，钢筋保护层厚度由监理（建设单位）和项目部共同选定。具体内容详见《结构实体检验方案》。

9.6 分部分项检验批划分计划（见表5-26）

表5-26 分部分项检验批划分计划表

序号	分部工程	子分部工程	分项工程	检验批名称	检验批数	部位
1	地基与基础	土方	土方开挖	土方开挖	2	主楼、裙楼
			锚杆土钉墙支护	土钉墙支护	3	主楼东、西面
			土方回填	土方回填	5	室内、室外、裙楼
		地下防水	防水混凝土	防水混凝土	2	基础底板及地下室外墙
			卷材防水	卷材防水层	3	基础底板及地下室外墙
			细部构造	地下防水细部构造	3	基础底板、外墙后浇带及外墙施工缝

续表

序号	分部工程	子分部工程	分项工程	检验批名称	检验批数	部位
1	地基与基础	混凝土基础	模板	现浇结构模板安装	15	垫层、基础、地下室墙柱、梁板
				现浇结构模板拆除		
			钢筋	钢筋加工	15	基础、地下室墙柱、梁板
				钢筋安装	15	
				钢筋电渣压力焊	6	地下室墙柱
				钢筋电弧焊	3	基础
				钢筋闪光对焊	3	基础
			混凝土	混凝土施工	9	垫层、基础、地下室墙柱、梁板
				现浇结构外观尺寸偏差	9	垫层、基础、地下室墙柱、梁板
			后浇带混凝土	混凝土施工	1	基础后浇带
		砌体	砖砌体	砖砌体	2	地下室
			配筋砌体	配筋砌体	2	地下室
2	主体结构	混凝土结构	模板	模板安装	210	一层～顶层、裙房一、二层墙柱、梁板
				模板拆除	210	一层～顶层、裙房一、二层墙柱、梁板
			钢筋	钢筋加工	210	一层～顶层、裙房一、二层墙柱、梁板
				钢筋电渣压力焊	108	一层～顶层、裙房一、二层墙柱
				钢筋安装	210	一层～顶层、裙房一、二层墙柱、梁板
			混凝土施工	混凝土施工	210	一层～顶层、裙房一、二层墙柱、梁板
			现浇结构外观	现浇结构外观	36	一层～顶层墙柱、梁板
		砌体结构	填充墙砌体	填充墙砌体	36	一层～顶层、裙房一、二层填充墙砌体
			配筋砌体	配筋砌体	36	一层～顶层、裙房一、二层填充墙砌体
3	建筑装饰装修	地面	水泥混凝土面层	水泥混凝土面层	2	地下二层地面
			水泥砂浆面层	水泥砂浆面层	2	设备层地面、水箱间
			砖面层	砖面层	1	屋面
			地面找平层	地面找平层	35	一层～顶层卫生间、裙房一、二层
		抹灰	一般抹灰	一般抹灰	33	一层～顶层室内抹灰

续表

序号	分部工程	子分部工程	分项工程	检验批名称	检验批数	部位
		门窗	木门安装	木门安装	35	一层～顶层、裙房一、二层
			塑钢窗安装	塑钢窗安装	2	裙房一、二层
			铝合金窗安装	铝合金窗安装	33	一～三十三层
		轻质隔墙	板材隔墙	板材隔墙	35	一层～顶层、裙房一、二层
		涂饰	涂料涂饰	涂料	35	一层～顶层内墙、外墙
		饰面砖	饰面砖	饰面砖	2	一层电梯厅、门厅
4	建筑屋面	屋面	屋面保温层	屋面保温层	3	屋面
			屋面找平层	屋面找平层	3	屋面
			卷材防水层	卷材防水层	3	屋面
			细石混凝土防水层	细石混凝土防水层	2	屋面
			细部构造	细部构造	3	屋面
			密封材料嵌缝	密封材料嵌缝	2	屋面
5	建筑节能	建筑节能	墙体节能	墙体节能	35	外墙、楼梯间内墙
			门窗节能	门窗节能	35	一层～顶层、裙房
			屋面节能	屋面节能	3	住宅、机房、裙房
			地面节能	地面节能	2	地下室顶棚

10. 施工质量计划及保证措施

10.1 工程质量目标及质量管理组织机构（略）

本工程质量目标：确保省优，争创××杯。

10.2 施工质量保证措施（略）

10.3 主要分项的质量保证措施（略）

10.3.1 模板工程

10.3.1.1 所有梁、柱均由翻样给出模板排列图和排架支撑图，经项目部工程师审核后交班组施工，特殊部位应增加细部构造大样图。

10.3.1.2 模板使用前，对变形、翘曲超出规范的应即刻退出现场，不得使用，模板拆下来，应将混凝土残渣、垃圾清理干净，重新刷隔离剂。

10.3.1.3 模板安装完毕后，应由专业人员对轴线、标高、尺寸、支撑系统、扣件螺栓，拉结螺栓进行全面检查，浇混凝土过程中应有技术好、责任心强的木工“看模”，发现问题及时报告施工组、技术组。

10.3.1.4 所有楼板内的孔洞模必须安装正确，并做加固处理。

10.3.2 钢筋工程

10.3.2.1 钢筋保护层的控制是钢筋工程控制的重点，在施工过程中加强钢筋卡具、撑脚的应用，框架柱、梁等均设置卡具，来保证钢筋位置的准确。

10.3.2.2 楼板上所有电气线必须在楼板底层筋铺设后安装，使楼板底面混凝土保护层达到设计和规范要求。

10.3.2.3　在混凝土浇筑过程中，派专人“看筋”，如发现松动、移位，保护层不符合时均应及时修整。

10.3.2.4　因楼板配筋直径不大，且部分为圆钢，所以在浇筑混凝土时，钢筋容易位移变形。为避免以上现象，混凝土浇筑过程中，定岗定部位派人检查，返修平板钢筋，特别注重对平板上皮筋保护层的控制。

10.3.2.5　模板内下部受力钢筋伸入支座的锚固长度（除按设计图中清明外），在边支座不小于 $5d$（d 为钢筋直径）且不小于 100mm，在中间支座伸至支座中心 HRB300 级钢筋端部做成弯钩。

10.3.2.6　落实专人复核拉结筋的留设。

10.3.2.7　钢筋绑扎时不得单向扣，并注意绑扎扣端头要朝向构件内，以防在混凝土面产生锈蚀。

10.3.2.8　应用 CAD 技术、细化钢筋配筋。

为了彻底消除土建和水电施工而造成结构施工阶段机电洞口任意切割的现象，做到钢筋下料一次绑扎预留机电洞口，不切割一根钢筋，利用 CAD 技术，绘制机电预留、预埋留洞图，细化钢筋配筋，确保水电预留预埋位置的准确。

10.3.3　混凝土工程

10.3.4　防水工程（略）

10.3.5　内外装修质量保证措施（略）

10.4　质量控制重点及其针对性措施

针对该工程特点，结合施工中易出现的质量通病，将混凝土施工跑模、烂根、孔洞、漏浆、钢筋偏移及卫生间、屋面、地下室渗漏，抹灰工程的空、裂等列为本工程的质量控制点。针对性措施（略）。

10.5　特殊过程

本工程特殊过程为：防水混凝土，地下工程柔性防水两项。重点对工艺参数、人员资格、设备能力、材料性能进行监控。

10.5.1　施工前编制专项方案。

10.5.2　通过验证、考核、试验等方法由责任工程师对专项施工方案中提出的设备、人员、工艺参数等进行确认，填写《特殊过程确认记录》。

10.5.3　施工过程中施工员对人员资格、设备能力及工艺参数等每个检验批至少监视和测量一次，填写《预检工程检查表》。

表 5-27　　**特殊过程及工艺参数表**

序号	过程名称	工艺参数	人员资格	设备能力	确认方式
1	柔性防水	基层干燥度：含水率 8%～15%搭接宽度：≥100mm	资质审查合格的专业施工队伍施工，作业人员有职业技能岗位证书	设备性能满足工艺要求	试铺、专项方案审批
2	防水混凝土	配合比：采用商品混凝土养护时间：楼板盖一层塑料布自然养护，柱墙喷养护液养护。养护时间不少于 14d。	作业人员有职业技能岗位证书	输送泵泵送能力、振动棒直径满足施工要求	专项方案审批

10.6 成品半成品保护措施

10.6.1 成品保护管理措施

10.6.1.1 项目部定期或不定期检查落实成品、半成品保护措施。各主管工长负责成品保护措施的实施。施工班组主要负责施工现场成品保护措施的具体操作。

10.6.1.2 成品保护应纳入分部、分项工程施工合同，原则上是哪个班组施工，哪个班组负责各自施工内容的成品保护。

10.6.2 分项措施

10.6.2.1 红线桩：由甲方提供的“红线桩”及现场引入的水准点，均应用砖砌体围护，其高度不超过自然地坪，并树立标志。施工过程中所做的轴线引桩、门板、皮数杆等未经施工人员同意，均不得碰撞、碾压、拆除。

10.6.2.2 回填土有管线处，水平管线的两侧和上部必须用人工分层夯实，防止损坏管线造成漏水。

10.6.2.3 钢筋工程。

(1) 墙筋：已绑扎好的墙筋禁止施工人员从墙筋中穿过，安装电管人员在安装时禁止搬、撬、踩墙筋，操作时采用马凳。

(2) 板筋：施工时先绑扎下层钢筋，再铺设水电电管（一次到位），然后再绑扎上层钢筋，绑扎板筋时从一头开始向后退着绑扎，不许踩踏，为减少钢筋被踩踏，施工现场钢筋绑扎时必须采用跳板凳。

(3) 当楼板钢筋绑扎完毕后，严禁在成型的钢筋上随意走动或集中堆放施工重物。

(4) 施工过程中，施工现场必须设立马道，施工人员必须走马道，严禁攀爬钢筋。

(5) 绑扎完的梁、板钢筋，要设钢筋凳，上铺脚手板作人行通道，要防止板的负弯矩筋被踩下移以及受力构件配筋位置变化而改变受力构件结构。

(6) 绑扎完的墙钢筋，人员上下要经过脚手架，禁止攀爬钢筋。

(7) 浇筑混凝土时，采用布料机可避免泵管振动将结构钢筋振动移位。

(8) 浇筑混凝土时，应设专人看钢筋，以防钢筋跑位。

(9) 钢筋绑扎完成后，严禁施工机械的油污等污染钢筋，如果钢筋被油污污染可采用适当浓度的洗涤液进行清洗，并用清水冲洗干净。外脚手架的搭设与拆除不得磕碰墙面。

10.6.2.4 模板工程（略）

10.6.2.5 混凝土工程（略）

10.6.2.6 卷材防水（略）

10.6.2.7 门窗工程（略）

10.6.2.8 装饰成品保护（略）

11. 环境及文明施工管理方案

11.1 辨识重大环境因素

项目部对与重大环境因素和危险源有关的相关方要进行沟通。

11.1.1 对供方中的商品混凝土、散装材料、矿棉、危险化学品的运输方，项目部采用交底的形式提出环境和职业健康安全要求。

11.1.2　项目部向劳务分承包方进行安全交底，交底内容包括相关重大因素的控制措施、安全生产、文明施工、环境保护等控制要求。

11.1.3　对和顾客有关的重大因素及时与其沟通。

11.2　施工环境保护措施

11.2.1　严格执行国家颁布的《环境保护法》，在全部施工过程中，严格控制噪音、粉尘等对周边环境的污染。

11.2.2　在施工区及生活办公区附近，设置可回收、不可回收半封闭垃圾池，并有标识，楼层内设置临时垃圾桶，楼内施工垃圾严禁随意抛撒，造成扬尘，并适量洒水降尘，以免污染地下水和环境。

11.2.3　在现场主要施工道路、施工区操作棚、生活办公区等人员活动场所，对地面进行硬化处理。利用空闲地种植花草，绿化、净化、美化现场。

11.2.4　清理施工垃圾，必须搭设封闭式临时专用垃圾道，或用小车吊运，严禁随意凌空抛洒。施工垃圾应及时清运，适量洒水，减少扬尘。

11.2.5　施工现场污水排放采取就地处置原则，现场食堂设置隔油池，厕所设置化粪池，混凝土搅拌机及砂浆机清洗等施工污水设沉淀池，将排出的污水经二次沉淀后，用于洒水降尘或排入蓄水池二次使用。

11.2.6　禁止将有毒有害废弃物用作土方回填。

11.2.7　不得在施工现场焚烧产生有毒有害烟尘和恶臭的物质。

12. 职业安全管理方案

12.1　职业健康安全总目标

认真贯彻落实“安全第一、预防为主”的安全生产方针，建立健全安全保证体系。

安全目标：杜绝死亡，重伤事故，轻伤事故频率控制在6‰以下。

12.2　安全管理组织机构

组成安全生产领导小组和相应的各级管理组织，对工程安全生产和消防保卫负全面领导者责任，分级管理、各负其责。

12.3　职业健康安全重大危险源将在专项施工安全方案中体现。

12.4　安全保证措施（略）

13. 季节性施工措施（略）

14. 科技创新计划

14.1　科技创新目标：完成QC成果一项。

QC课题：大钢模施工质量控制

管理措施：成立以项目经理、总工为首、各专业技术骨干为核心的QC攻关小组，制定切实可行的工作方案，制订学习计划及QC工作活动计划，按时开展QC活动，并及时汇总整理QC活动成果。通过开展QC活动，提高工作效率，改善劳动条件，保证安全及工程质量，以期获得较好的经济效益。

14.2 建设部十项新技术推广应用计划（见表 5-28）

表 5-28

序号	项目	新技术应用名称	项目主要内容及应用部位	负责人
1	地基基础与地下空间技术	灌注桩后注浆技术	地基处理：冲击成孔混凝土后压浆工艺，工程总桩数 214 根	×××
2	模板及脚手架技术	组拼式大模板技术	主体剪力墙模板采用全钢大模板，121 546m²	×××
3	机电安装技术	金属矩形风管薄钢板法兰连接技术	地下二层约 1900m²	×××
4	绿色施工技术	粘贴保温板外保温系统施工技术	外墙保温采用 50 厚挤塑聚苯板，约20 000m²	×××
		预拌砂浆技术	内墙抹灰	×××
		铝合金窗断桥技术	住宅 1～33 层	×××
5	信息化技术	工程量自动计算技术	应用于建模、工程量统计、钢筋统计等过程，实现砌体、混凝土、装饰、基础等各部分的自动算量	×××
		塔式起重机安全监控管理系统应用技术	应用于塔吊施工过程中的安全监控	×××
		建设项目资源计划管理技术	应用于全面控制项目材料周转及成本控制	×××

14.3 科技创新措施（略）

15. 施工方案编制

15.1 施工方案编制计划（见表 5-29）

表 5-29 施工方案编制计划表

序号	方案名称	文件编号	备注
1	施工组织设计	SJ/5F・××苑・01・2018	
2	土方开挖基坑支护施工方案	SJ/5F・××苑・02・2018	需专家论证
3	塔吊施工方案	SJ/5F・××苑・03・2018	
4	雨期施工方案	SJ/5F・××苑・04・2018	
5	测量放线、沉降观测方案	SJ/5F・××苑・05・2018	
6	临时用电施工组织设计	SJ/5F・××苑・06・2018	
7	地下防水卷材施工方案	SJ/5F・××苑・07・2018	
8	钢筋施工方案	SJ/5F・××苑・08・2018	
9	±0.00 以下模板施工方案	SJ/5F・××苑・09・2018	
10	防水混凝土施工方案	SJ/5F・××苑・10・2018	
11	人防地下室工程施工方案	SJ/5F・××苑・11・2018	
12	地基与主体结构创优策划	SJ/5F・××苑・12・2018	

续表

序号	方案名称	文件编号	备注
13	±0.00 以上模板施工方案	SJ/5F·××苑·13·2018	
14	结构实体检测方案	SJ/5F·××苑·14·2018	
15	安全施工专项方案	SJ/5F·××苑·15·2018	
16	悬挑外架施工方案	SJ/5F·××苑·16·2018	
17	植筋施工方案	SJ/5F·××苑·17·2018	
18	施工电梯安拆方案	SJ/5F·××苑·18·2018	
19	应急预案与响应措施	SJ/5F·××苑·19·2018	
20	节能工程专项方案	SJ/5F·××苑·20·2018	
21	屋面工程创优策划	SJ/5F·××苑·21·2018	
22	装饰装修工程创优策划	SJ/5F·××苑·22·2018	

15.2　本工程需专家论证的分部分项工程

根据住房及城乡建设部印发的《危险性较大的分部分项安全管理规定》（建办质［2018］31号）文件，本工程应当组织的专家论证的工程有土方开挖、支护工程，项目部严格按《施工组织设计及专项管理办法》第七章第十四条执行。

本章小结

本章在前面几章内容的基础上，详细介绍了单位工程施工组织设计的编制程序，以及单位工程施工组织设计的主要内容。要点包括：

1. 工程概况

工程概况应包括：工程主要情况、各专业设计简介和工程施工条件等。

2. 施工部署

施工部署应包括：工程施工目标、进度安排和空间组织、工程施工的重点和难点分析、工程管理的组织机构形式、新技术、新工艺、新材料和新设备、主要分包工程施工单位的选择要求及管理方式。

3. 施工进度计划

施工进度计划可采用网络图或横道图表示，并附必要说明；对于工程规模较大或较复杂的工程，宜采用网络图表示。

4. 施工准备与资源配置计划

施工准备应包括技术准备、现场准备和资金准备等；资源配置计划应包括劳动力配置计划和物资配置计划等。

5. 主要施工方案

单位工程应按照《建筑工程施工质量验收统一标准》GB 50300 中分部、分项工程的划分原则，对主要分部、分项工程制定施工方案。对脚手架工程、起重吊装工程、临时用水用电工程、季节性施工等专项工程所采用的施工方案应进行必要的验算和说明。

6. 施工现场平面布置

施工现场平面布置图应参照本教材第四章——关于施工总平面布置的原则和要求的规定，并结合施工组织总设计，按不同施工阶段分别绘制。

其中，以施工方案、施工进度计划、施工平面图三项最为关键，要求掌握其编制要点。

能力训练 现场教学：单位工程施工组织设计调研

一、目的

通过组织同学们到施工现场调研，使学生对施工组织设计在工程实际中的应用增强感性认识，提高学习兴趣。

了解单位工程施工组织设计在工程建设中的作用，分析目前本地区单位工程施工组织设计的编制水平，熟悉单位工程施工组织设计的基本构成，掌握单位工程施工组织设计的编制要点。从而巩固课堂所学理论知识，提高运用所学知识解决工程实际问题的能力，培养科学严谨的学习态度及工作中的应变能力。为毕业后从事施工技术组织管理工作、指挥现场施工等奠定基础。

二、内容与要求

(一) 本课程调研的任务

(1) 选择现场教学基地，调研工程施工实际情况。

1) 观察记录。认真记录该工程的劳动组织、施工平面布置、施工段划分、施工机械配置等情况。

2) 收集资料。收集该工程的施工图纸、施工合同、施工条件、施工组织设计文件等相关资料。

3) 分析思考。分析本工程特点、工程施工组织设计文件的优缺点、施工组织设计在执行中存在的问题。

(2) 布置“某单位工程施工组织设计实训任务书”。熟悉任务书及配套施工图纸、施工条件。

(3) 编制某单位工程施工组织设计文件。根据“某单位工程施工组织设计实训任务书”，结合现场调研所收集的资料，完成以下任务。

1) 编制施工部署、主要施工方案。

2) 确定施工进度表。

3) 绘制施工平面图。

(二) 本课程调研的具体要求

(1) 学生应认真收集施工现场相关资料，收集的成果可以表现为：手工记录的文字图表、复印件、电子文档等。

(2) 对该工程施工组织设计文件的编制和执行水平进行分析评价。

(3) 将学生划分为若干模拟项目经理部，分工合作，共同完成“某单位工程施工组织设计文件”的编制。

(4) 施工部署、主要施工方案说明书5000字以上，要求文字工整、重点突出、图文并茂。

(5) 施工进度表采用2号图绘制，横道图或网络图均可，要求图面整洁、完整正确、带有资源动态图。

（6）施工平面图采用2号图绘制，要求图面整洁、布置科学合理，采用同一图例和适当比例。

三、组织方法

本课程调研时间为二周，时间安排为：

（1）选择实习基地，划分模拟项目经理部，现场收集资料，并对任务书和资料进行分析。(2天)

（2）各项目经理部探讨编制施工部署、主要施工方案、确定施工进度表、绘制施工平面图。(6天)

（3）学生提交实训成果，组织进行模拟招投标的技术评标答辩，综合评定实训成绩。(2天)

思考题

1. 什么是单位工程施工组织设计？它包括哪些内容？
2. 试述单位工程施工组织设计的作用及其编制依据和编制程序。
3. 单位工程的工程概况包括哪些内容？
4. 单位工程施工方案包括哪些内容？
5. 什么是单位工程施工起点流向？影响施工起点流向的主要因素有哪些？
6. 确定施工顺序应遵守的基本原则有哪些？
7. 试述多层砖混结构建筑物及多层框架结构建筑物的施工顺序。
8. 试述装配式厂房的施工顺序。
9. 选择施工方法和施工机械应注意哪些问题？
10. 试述施工技术组织措施的主要内容。
11. 编制单位工程施工进度计划的作用和依据有哪些？
12. 单位工程施工进度计划可分几类？分别适用于什么情况？
13. 试述单位工程施工进度计划的编制程序。
14. 在施工进度计划中划分施工项目有哪些要求？
15. 工程量计算应注意什么问题？
16. 如何确定一个施工项目需要的劳动工日数或机械台班数？
17. 怎样确定完成一个施工项目的延续时间？
18. 如何初排施工进度？怎样进行施工进度计划的检查与调整？
19. 资源需要量计划有哪些？
20. 单位工程施工平面图一般包括哪些主要内容？其设计原则是什么
21. 试述单位工程施工平面图的设计步骤。
22. 试述塔式起重机的布置要求。
23. 搅拌站、加工厂、材料堆场的布置要求有哪些？
24. 试述施工道路的布置要求。
25. 试述临时供水、供电设施的布置要求。
26. 收集一份实际工程的单位工程施工组织设计文件。
27. 根据一套完整的施工图纸和实际施工条件，编制一份单位工程施工组织设计文件。

第六章　施　工　方　案

知识目标　熟悉《危险性较大的分部分项工程安全管理规定》熟悉施工方案的编制与审批的基本要求。

能力目标　掌握两类施工方案的编制要点。

第一节　施工方案概述

施工方案(Construction Scheme)是以分部(分项)工程或专项工程为主要对象编制的施工技术与组织方案,用以具体指导其施工过程,是单位工程施工组织设计的细化、深化。施工方案分两类,一类是分部(分项)技术方案,另一类是专项安全技术方案。二类方案在工程实践中通称为专项方案。

一、施工方案的编制与审批

1. 施工方案的编制者

施工方案的编制者有下列两种情况:

(1) 专业承包公司独立承包项目中的分部(分项)工程或专项工程所编制的施工方案。

(2) 作为单位工程施工组织设计的补充,由总承包单位编制的分部(分项)工程或专项工程施工方案。

2. 施工方案的编制、审批规定

(1) 分部(分项)技术类施工方案。作为对施工组织设计的深化完善,主要分部都应编制,尤其是技术比较复杂的分部(分项),如地基处理、地下防水、人防门安装、钢结构制作安装、屋面防水、门窗安装、外保温工程、精装修的深化设计、机房设备安装、室外排水管网等,方案指导施工,对保证质量,统一做法、防止返工、控制造价起到的良好作用。这类方案由一般由项目部编制,经项目上生产、预算讨论由项目技术负责人定稿,项目经理或上级技术部门审批,结构方面技术含量高的方案需经公司总工审批,再报监理工程师审批。分部(分项)技术类的施工方案的编制主要内容包括:工程概况、施工安排、施工进度计划、施工准备与资源配置计划、施工方法及工艺要求。

(2) 安全技术类专项方案。在《建设工程安全生产管理条例》(国务院第393号令)中规定:对下列达到一定规模的危险性较大的分部(分项)工程编制专项施工方案,并附具安全验算结果,经施工单位技术负责人、总监理工程师签字后实施。具体包括:①基坑支护与降水工程;②土方开挖工程;③模板工程;④起重吊装工程;⑤脚手架工程;⑥拆除、爆破工程;⑦国务院建设行政主管部门或者其他有关部门规定的其他危险性较大的工程。

对上述所列工程中涉及深基坑、地下暗挖工程、高大模板工程的专项施工方案,施工单位还应当组织专家进行论证、审查。除上述《建设工程安全生产管理条例》中规定的分部

(分项)工程外，施工单位还应根据项目特点和地方政府部门有关规定，对具有一定规模的重点、难点分部(分项)工程进行相关论证。详见住房和城乡建设部令第37号《危险性较大的分部分项工程安全管理规定》，建质[2009]254号文件《建筑工程高大模板支撑系统施工安全监督管理导则》。安全技术类施工方案的编制内容主要包括：工程概况、编制依据、施工计划、施工工艺技术、施工安全保证措施、劳动力计划，指导施工的图及计算书。

二、工程概况

工程概况应包括工程主要情况、设计简介和工程施工条件等。

由总承包单位编制的分部(分项)工程或专项工程施工方案，其工程概况可参照本节执行，单位工程施工组织设计中已包含的内容可省略。

1. 工程主要情况

工程主要情况应包括：分部(分项)工程或专项工程名称，工程参建单位的相关情况，工程的施工范围，施工合同、招标文件或总承包单位对工程施工的重点要求等。

2. 设计简介

设计简介应主要介绍施工范围内的工程设计内容和相关要求。

3. 工程施工条件

工程施工条件应重点说明与分部(分项)工程或专项工程相关的内容。

三、施工安排

施工安排应包括：工程施工目标、工程施工顺序及施工流水段、工程的重点和难点、工程管理的组织机构及岗位职责。

1. 工程施工目标

工程施工目标包括进度、质量、安全、环境和成本等目标，各项目标应满足施工合同、招标文件和总承包单位对工程施工的要求。

2. 工程施工顺序及施工流水段

工程施工顺序及施工流水段应在施工安排中确定。

3. 工程的重点和难点

针对工程的重点和难点，进行施工安排并简述主要管理和技术措施。

4. 工程管理的组织机构及岗位职责

工程管理的组织机构及岗位职责应在施工安排中确定，并应符合总承包单位的要求。

根据分部(分项)工程或专项工程的规模、特点、复杂程度、目标控制和总承包单位的要求设置项目管理机构，该机构各种专业人员配备齐全，完善项目管理网络，建立健全岗位责任制。

四、施工进度计划

编制施工进度计划应当符合以下要求：

(1) 分部(分项)工程或专项工程施工进度计划应按照施工安排，并结合总承包单位的施工进度计划进行编制。

施工进度计划的编制应内容全面、安排合理、科学实用，在进度计划中应反映出各施工区段或各工序之间的搭接关系、施工期限和开始、结束时间。同时，施工进度计划应能体现和落实总体进度计划的目标控制要求；通过编制分部(分项)工程或专项工程进度计划进而体现总进度计划的合理性。

(2)施工进度计划可采用网络图或横道图表示，并附必要说明。

五、施工准备与资源配置计划

(一)施工准备

施工方案中的施工准备计划，针对的是分部(分项)工程或专项工程，在施工准备阶段，除了要完成本项工程的施工准备外，还需注重与前后工序的相互衔接。

施工准备应包括下列内容：

(1)技术准备。包括施工所需技术资料的准备，图纸深化和技术交底的要求，试验检验和测试工作计划，样板制作计划以及与相关单位的技术交接计划等。

(2)现场准备。包括生产、生活等临时设施的准备以及与相关单位进行现场交接的计划等。

(3)资金准备。编制资金使用计划等。

(二)资源配置计划

资源配置计划应包括下列内容：

1. 劳动力配置计划

确定工程用工量，并编制专业工种劳动力计划表。

2. 物资配置计划

物资配置计划包括工程材料和设备配置计划，周转材料和施工机具配置计划以及计量，测量和检验仪器配置计划等。

六、施工方法及工艺要求

编写施工方法及工艺要求应符合以下规定：

(1)明确分部(分项)工程或专项工程施工方法并进行必要的技术核算，对主要分项工程(工序)明确施工工艺要求。

施工方法是工程施工期间所采用的技术方案、工艺流程、组织措施、检验手段等。它直接影响施工进度、质量、安全以及工程成本。其内容应比施工组织总设计和单位工程施工组织设计的相关内容更细化。

(2)对易发生质量通病、易出现安全问题、施工难度大、技术含量高的分项工程(工序)等应做出重点说明。

(3)对开发和使用的新技术、新工艺以及采用的新材料、新设备应通过必要的试验或论证并制订计划。

对于工程中推广应用的新技术、新工艺、新材料和新设备，可以采用目前国家和地方推广的项目，也可以根据工程具体情况由企业创新；对于企业创新的技术和工艺，要制订理论和试验研究实施方案，并组织鉴定评价。

(4)对季节性施工应提出具体要求。根据施工地点的实际气候特点，提出具有针对性的施工措施。在施工过程中，还应根据气象部门的预报资料，对具体措施进行细化。

第二节 施工方案案例1——某工程外墙外保温施工方案

本施工方案由工程概况、施工安排、施工进度计划、分项工程施工工艺、质量管理措施、安全文明管理措施和环境保护措施构成。

1. 工程概况

1.1 工程简况

××项目，位于北方地区××市，为6栋小高层住宅楼，钢筋混凝土剪力墙结构，建筑面积43 585.87m^2。各楼情况见表6-1。

表6-1

楼座	建筑面积（m^2）			层数	层高	建筑高度（m）
	总计	地下	地上			
1#	10 806.37	950.1	9856.27	10/1	1#、3#楼：地下一层2.7m；一层3.9m；二层3.6m；三～十层2.9m。	37.2
2#	3599.64	494.76	3104.88	5/1	2#楼：地下一层2.7m；一层3.9m；二层3.3m；三～五层2.9m；五层为复式住宅	19.8
3#	8745.4	809.86	7935.54	10/1		37.2
4#	8740	658.92	8081.08	11/1	4～6#：地下一层2.4m；一层2.7m；二～十一层2.9m；十一层为复式住宅	35.4
5#	6563.3	494.76	6068.54	11/1		35.4
6#	9278.11	738.55	8539.56	11/1		35.4

1.2 外保温设计

本小区楼体外保温采用挤塑聚苯乙烯泡沫板（XPS），以粘、钉结合方式与墙身固定，抗裂砂浆复合耐碱玻纤网格布为保护增强层，面层涂料饰面为主，底部为瓷砖。

1.2.1 挤塑聚苯乙烯泡沫板：南立面板规格为1200mm×600mm×40mm，东、西、北立面板规格为1200mm×600mm×50mm，平头式阻燃型，表观密度25～32kg/m^3，尺寸收缩率<1.5%，吸水率<1.5%，每两层设30cm高的水泥发泡板防火隔离带，防火等级为A级。

1.2.2 专用聚合物粘结砂浆、面层砂浆：厂家已配制好，现场施工时加水用手持式电动搅拌机搅拌，重量比为水：聚合物砂浆=1：5，可操作时间不小于2h。

1.2.3 固定件：采用自攻螺丝配合工程塑料膨胀钉固定挤塑聚苯乙烯泡沫板，要求单个固定件的抗拉承载力标准值≥0.6kN。

1.2.4 耐碱玻纤网格布和热镀网：面砖部位采用砂浆中铺热镀锌钢丝网，钢网为0.7mm热镀锌，网眼127mm×127mm；涂料部位采用耐碱玻纤网，耐碱玻纤网不小于160g/m^2。

1.3 施工条件

1.3.1 经业主、监理、总包、外保温施工单位联合验收的各楼外墙体（可分段进行）垂直、平整度满足规范要求，门窗框安装到位，飘窗、阳台栏板、挑檐等突出墙面部位尺寸合格，办理交接单后即可进行施工。

1.3.2 雨天施工时，须采取有效防雨措施，防止雨水冲刷刚施工完毕的粘结砂浆或尚未初凝面层聚合物砂浆。

1.3.3 施工现场环境温度及找平层表面温度在施工中及施工后24h内均不得低于5℃，风力不大于5级。

1.3.4 基层外墙穿墙眼需用发泡胶填堵密实，保证室外水不通过穿墙眼渗入室内。

1.3.5 基层墙面孔洞、胀模部位需处理。

1.4 编制说明及编制依据

1.4.1 编制说明：本方案编制的目的是指导外保温工程施工，作为技术、经济、组织管理的综合性文件，作业用吊篮架安装、拆除另有专项方案，本方案关于吊篮架使用安全做了要求。

1.4.2 编制依据

(1) 合同文件，投标方案。

(2) 主要依据的国家、行业和企业标准，见表6-2。

表6-2

序号	名称
1	《外墙外保温工程技术规程》(JGJ 144—2017)
2	《外墙外保温建筑构造》(10J 121)
3	《建筑装饰装修工程质量验收规范》(GB 50210—2018)
4	《建筑节能工程施工验收规范》(GB 50411—2014)
5	外保温深化设计

(3) 施工现场的布置、进度等实际情况。

2. 施工安排

2.1 施工目标

2.1.1 质量目标：符合《建筑工程施工质量验收统一标准》(GB 50300—2013) 及《建筑节能工程施工验收规范》(GB 50411—2014) 要求，合格。

2.1.2 安全文明目标：安全无事故，文明施工。

2.1.3 进度目标：总工期90天，2019年7月1日开工，2019年9月30日竣工。

2.1.4 环境目标：杜绝环境事故，预防施工污染，减少垃圾排放。

2.1.5 成本目标：在保证质量、安全、环保节能前提下，经济节约。

2.2 分包组织机构

2.2.1 项目部管理组织机构(见图6-1)

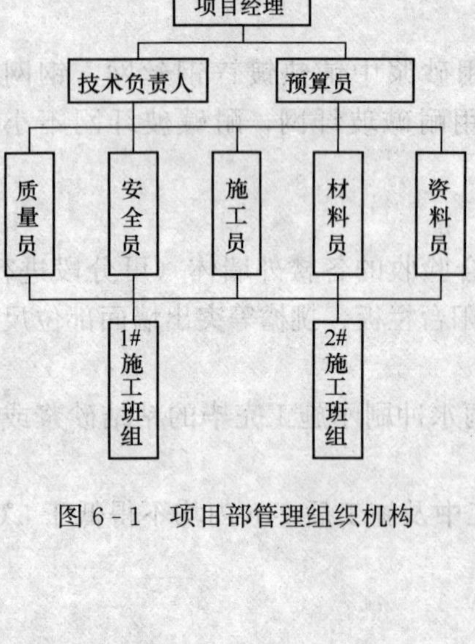

图6-1 项目部管理组织机构

2.2.2 项目人员的岗位职责

(1) 项目经理。①全面负责项目工期、质量、成本控制及安全、文明管理工作；②组织编制工程项目施工劳动力、材料、机具和机械设备的使用计划及预、结算并组织实施。

(2) 技术负责人。①协助项目经理制定施工组织设计方案，全面管理项目的技术、质量、生产；②与总包方、业主方和监理方协调工程中设计变更等相关技术问题；③对施工班组开工时进行技术交底和操作前的培训考核；④组织施工现场资料的收集、整理，报审、报验。

(3) 施工员。①按施工方案组织现场生产，给班组布置任务，处理现场问题，统计工作量；②提项目所需的材料、用具计划；③每天主持碰头会，总结当天工作，布置明天工作。

(4) 质检员。①负责原材料、施工过程中的质量检查和验收；②每对施工班组进行质量、安全文明施工交底；③做好过程检查记录及质量验收资料。

(5) 安全员。①负责现场安全生产检查、监督；②每天检查施工现场脚手架或吊篮的安全情况，检查用电设备及防护装置的安全情况；③监督工人坚持使用“三宝”（安全帽、安全带、安全绳）；④发生安全事故，立即保护现场，及时上报，并积极参加调查和处理。

(6) 材料员。①根据生产计划，组织各种材料和机具及时到达施工现场。②做好材料和机具的仓储管理及收发记录。③每天统计材料用量，根据质量安全员每天提供的施工面积，计算单位面积的材料消耗量，与核定的标准相对照并上报项目经理。

(7) 资料员。①按照技术负责人确定标准，收集、整理工程技术资料，办理各类报验手续；②负责项目部与业主、总包、监理、设计单位之间往来文件收发、登记工作；③办理隐蔽工程报验、设计变更、工程签证、完工验收手续。

2.3 施工顺序及主要施工方法

2.3.1 施工顺序和总工期

6栋楼分三个流水段，两个班组，顺序施工，即1#、2#一个段，3#、4#为一个段，5#、6#楼为一个段；每段两个班组作业，一个班组15人，每个班组对承包楼号的保温板安装、抹面砂浆全部完活，总工期为90天。

2.3.2 主要施工方法

(1) 材料选用：保温板、砂浆确定品牌后统一采购。

(2) 作业班组：组织2个班组。

(3) 外脚手架：采用吊篮脚手架。

(4) 垂直运输：外用电梯。

2.4 施工准备

2.4.1 技术准备

(1) 前期工作验收和接收：总包给了设计图纸，各楼层的“50线”，室内外高差，保温工程技术交底，并办理交接手续。

(2) 本分项工程的深化设计已完成并确认，对班组的技术交底准备。

(3) 外保温施工的样板已验收，材料试验合格，并做原材料和成品检测计划。

2.4.2 劳动力配置计划（见表6-3）

表6-3 劳动力配置表

工种	人数	备注
班组1	30	安装保温板、抹面
班组2	30	安装保温板、抹面
电工	1	安全用电
壮工	5	装卸材料

2.4.3 材料配置

按各楼工程量，提出保温板、砂浆、锚栓、网格布等材料用量计划，提前进场。

2.4.4 工具配置计划（见表 6-4）

表 6-4 **工具配置情况**

序号	设备名称	规格（型号）	数量	用途
1	冲击钻	JZ—350	15 个	打锚栓眼
2	手推车	0.2m^3	10 个	运输
3	手提式搅拌器	J1Z—SD04—23A	10 个	搅拌粘结剂、抹面胶浆基料
4	平口批刀		30 把	粘板、抹面、腻子批涂
5	锯齿批刀		30 把	粘板、抹面
6	灰桶		30 只	
7	托灰板		30 个	
8	小手锯		30 个	
9	卷尺	5m	30 把	
10	铝合金刮尺	2m	30 个	检测
11	建筑工程检测器	JZC—D	4 个	检测
12	粗砂布		100 张	

2.4.5 临时用电

从总包方指定配电箱接入，自备开关箱、电缆，向总包方提出用电计划，包括总用电量，需要接电源的位置，用电设备汇总（包括电动吊篮用电）等，并把临时用电由项目经理、技术负责人向管理人员和班组做安全技术交底，按 JGJ 46—2005 临时用电规范要求用电。

2.4.6 临时用水

主要拌粘结砂浆、抹面砂浆用，从总包方指定点接入，自备二次管线。

2.4.7 临时设施

管理人员办公、住宿，工人住宿、仓库按总包方安排使用。

3. 施工进度计划（见表 6-5）

表 6-5 **××项目外保温施工进度计划**

工序名称	工期计划	7月										8月										9月									
		3	6	9	12	15	18	21	24	27	31	3	6	9	12	15	18	21	24	27	31	3	6	9	12	15	18	21	24	27	30
1#、2#楼	1. 保温板安装	—	—	—	—	—	—																								
	2. 网格布抹面砂浆							—	—	—	—																				
3#、4#楼	1. 保温板安装											—	—	—	—	—	—														
	2. 网格布抹面砂浆																	—	—	—	—										
5#、6#楼	1. 保温板安装																					—	—	—	—	—	—				
	2. 网格布抹面砂浆																											—	—	—	—

4. 分项工程施工工艺

4.1 工艺流程（见图 6-2）

4.2 主要工序做法

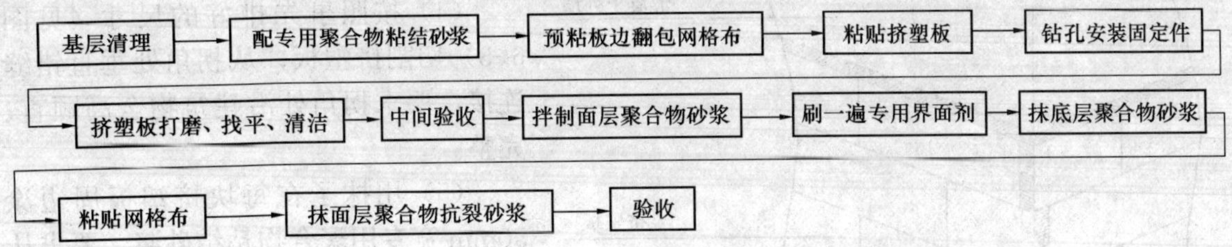

图 6-2　工艺流程图

4.2.1　基层清理

(1) 清理混凝土墙面上残留的浮灰、脱模剂油污等杂物及抹灰空鼓部位等。

(2) 剔除剪力墙接茬处劈裂的混凝土块、夹杂物、空鼓等，并重新进行修补；窗台挑檐按照 2%用水泥砂浆找坡，外墙各种洞口填塞密实。

(3) 要求粘贴挤素板表面平整度偏差不超过 4mm，超差时对突出墙面处进行打磨，对凹进部位进行找补（需找补厚度超过 6mm 时用 1∶4 水泥砂浆抹灰，需找补厚度小于 6mm 时由保温施工单位用聚合物粘结砂浆实施找补）；以确保整个墙面的平整度在 4mm 内，阴阳角方正、上下通顺。

4.2.2　配制砂浆

(1) 施工使用的砂浆分为专用粘结砂浆及面层聚合物抗裂砂浆。

(2) 施工时用手持式电动搅拌机搅拌，拌制的粘结砂浆重量比为水∶砂浆＝1∶5，边加水边搅拌；搅拌时间不少于 5 分钟，搅拌必须充分、均匀，稠度适中，并有一定黏度。

(3) 砂浆调制完毕后，须静置 5 分钟，使用前再次进行搅拌，拌制好的砂浆应在 1h 内用完。

4.2.3　预粘板端翻包网格布

在飘窗板、挑檐、阳台、伸缩缝等位置预先粘贴板边翻包网格布，将不小于 220mm 宽的网格布中的 80mm 宽用专用粘结砂浆牢固粘贴在基面上（粘结砂浆厚度不得超过 2mm），后期粘贴挤塑板时再将剩余网格布翻包过来，做法见后面图 6-12～图 6-15 所示。

4.2.4　粘贴挤塑板

(1) 施工前，根据整个外墙立面的设计尺寸编制挤塑板的排板图，以达到节约材料、施工速度的目的。挤塑板以长向水平铺贴，保证连续结合，上下两排板须竖向错缝 1/2 板长，局部最小错缝不得小于 200mm。

(2) 总包单位指定某一基面处理完成的楼层作为样板层交与外保温单位进行样板层施工。挤塑板的粘贴应从细部节点（如飘窗、阳台、挑檐）及阴、阳角部位开始向中间进行。施工时要求在建筑物外墙所有阴阳角部位沿全高挂通线控制其顺直度（注：保温施工时控制阴阳角的顺直度而非垂直度），并要求事先用墨斗弹好底边水平线及 1000mm 控制线，以确保水平铺贴，在区段内的铺贴由下向上进行。

(3) 粘贴挤塑板时，板缝应挤紧，相邻板应齐平，施工时控制板间缝隙不得大于 2mm，板间高差不得大于 1.5mm。当板间缝隙大于 2mm 时，须用挤塑板条将缝塞满，板条不得用砂浆或胶结剂粘结；板间平整度高差大于 1.5mm 的部位应在施工面层前用木锉、粗砂纸或砂轮打磨平整。

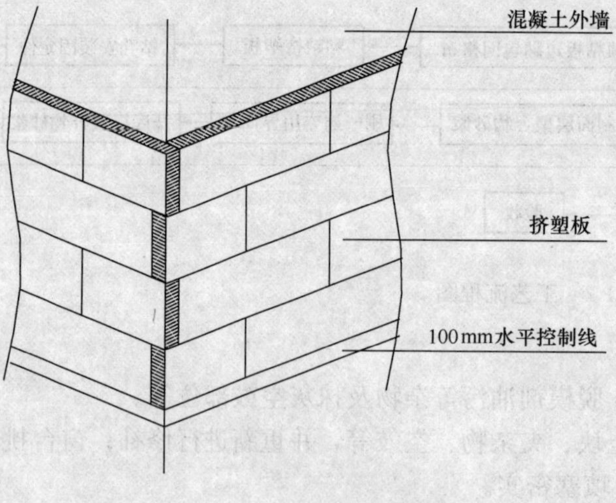

图 6-3 挤塑板错缝连接

(4) 按照事先排好的尺寸（见图 6-3）切割挤塑板，从拐角处垂直错缝连接，要求拐角处沿建筑物全高顺直、完整。

(5) 用抹子在每块挤塑板周边涂 50mm 宽专用聚合物粘结砂浆，要求从边缘向中间逐渐加厚，最厚处达 10mm；注意在挤塑板的下侧留设 50mm 宽的槽口，以利于贴板时将封闭在板与墙体间的空气溢出。然后再在挤塑板上抹 8 个厚 10mmϕ100 的圆形聚合物粘结砂浆灰饼，点框法施工，总粘结面积>60%，如图 6-4 所示。

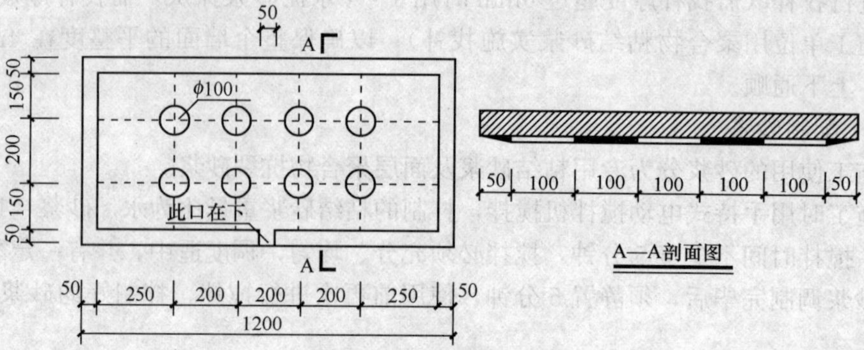

图 6-4 挤塑板点框粘结法

(6) 挤塑板按照上述要求贴墙后，用 2m 靠尺反复压平，保证其平整度及粘结牢固，板与板间要挤紧，不得有缝，板缝间不得有粘结砂浆，否则该部位则形成冷桥。每贴完一块，要及时清除板四周挤出的聚合物砂浆；若因挤塑板切割不直形成缝隙，要用木锉锉直后再张贴。

(7) 挤塑板与基层粘结砂浆在铺贴压实后，砂浆的覆盖面积约占板面的 30%～50%。具体要求：20 层及以下粘结面积率不小于 40%，20 层以上为不小于 50%，以保证挤塑板与墙体粘结牢固。

(8) 网格布翻包：从拐角处开始粘贴大块挤塑板后，遇到阳台、窗洞口、挑檐等部位需进行耐碱玻纤网格布翻包，如图 6-5 所示。即在基层墙体上用聚合物粘结砂浆预贴网格布，翻包部分在基层上粘结宽度≥80mm，且翻包网格布本身不得出现搭接（目的是避免面层大面施工时在此部位出现三层网格布搭接导致面层施工后露网）。

(9) 在门窗洞口部位的挤塑板，不允许用碎板拼凑，需用整幅板切割，其切割边缘必须顺直、平整、尺寸方正，其他接缝距洞口四边应大于 200mm，如图 6-6 所示。

(10) 为防止外窗漏水，本工程要求窗洞口四周侧壁挤塑板与钢副框间留通槽，在外窗主框安装完成并验收后由外窗施工单位在槽内打发泡剂、塞聚乙烯泡沫塑料棒及打耐候密封

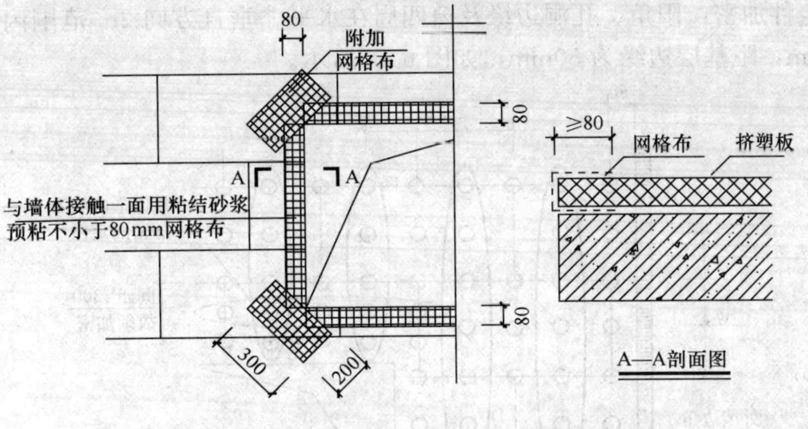

图 6-5　门窗洞口附加网格布翻包示意图

胶。64 系列窗通槽尺寸为 22.2mm，53 系列窗为 10mm。为防止保温面层施工时槽内挤入面层聚合物砂浆，要求在槽内放置与槽相同宽度的挤塑板条，槽内打胶时再行取出；同时应注意挤塑板表面与钢副框边线平行及槽宽均匀一致。

（11）在窗洞口位置的板块之间搭接留缝要考虑防水问题，在窗台部位要求水平粘贴板压立面板，避免迎水面出现竖缝；但在窗户上口，要求立面板压住横板。

（12）在遇到脚手架连墙件等突出墙面且以后拆除的部位，按照整幅板预留，最后随拆除随进行收尾施工。

4.2.5　安装固定件

（1）挤塑板粘结牢固后，应在 8～24h 内安装固定件，按照方案要求的位置用冲击钻钻孔，要求钻孔深度进入基层墙体内 50mm（有抹灰层时，不包括抹灰层厚度）。

（2）固定件个数按照以下要求放置（横向位置居中、竖向位置均分），任何面积大于 $0.1m^2$ 的单块板必须加固定件，且数量不少于 7 个/块板，如图 6-7 所示。

（3）操作时，自攻螺丝须拧紧，使用根部带切割刀片的冲击钻，切割刀片的大小、切入深度与钉帽相一致，将工程塑料膨胀钉的钉帽比挤塑板边表面略拧进一些；如此才可保证挤塑板表面平整，利于面层施工；同时方可确保膨胀钉尾部膨胀部分因受力回拧膨胀使之与基体充分挤紧。

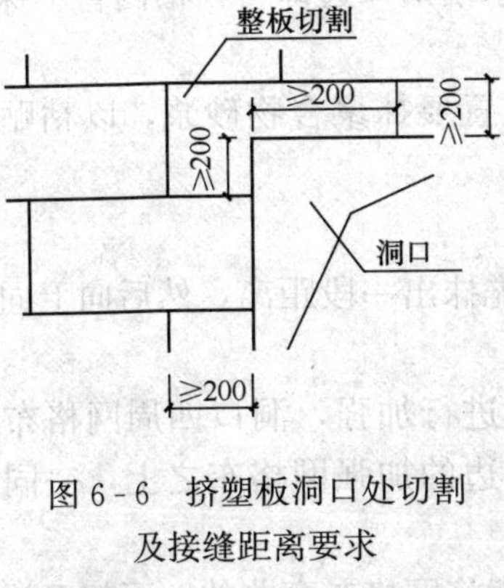

图 6-6　挤塑板洞口处切割及接缝距离要求

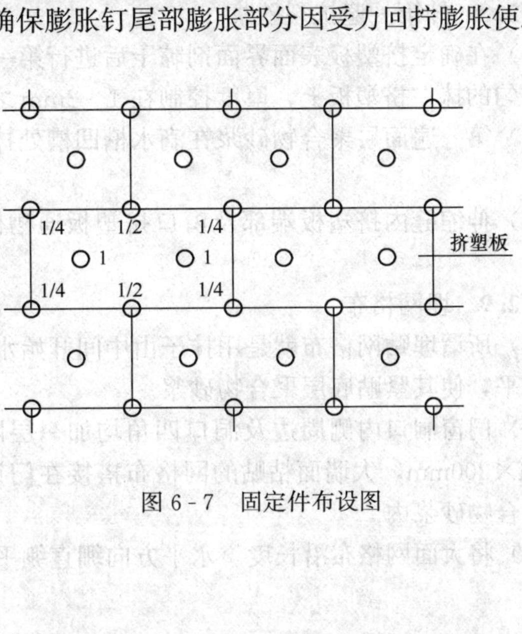

图 6-7　固定件布设图

(4) 固定件加密：阳角、孔洞边缘及窗四周在水平、垂直方向 2m 范围内须加密，间距不大于 300mm，距基层边缘为 60mm，如图 6-8 所示。

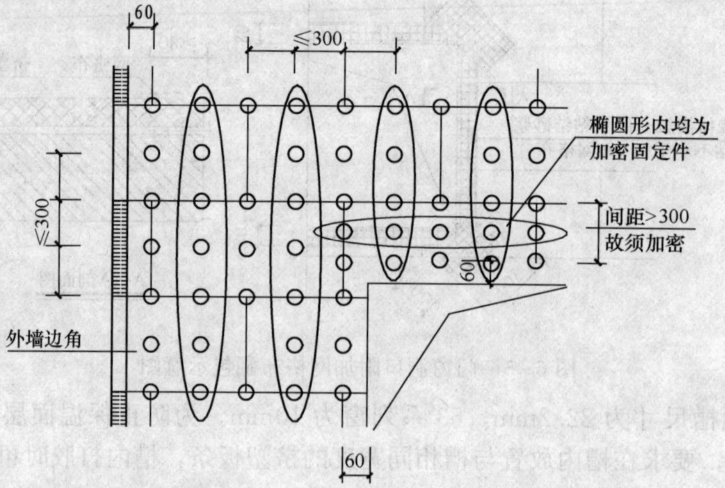

图 6-8 墙体边角、洞口处固定件（1～7F，其他层参照此图）

4.2.6 打底

挤塑板接缝处表面不平时，须用衬有木方的粗砂纸打底。打磨动作要求为：呈圆周方向轻柔旋转，不允许沿着与挤塑板接缝平行方向打磨，打磨后用刷子清除挤塑板表面的泡沫碎屑。

4.2.7 滴水槽

(1) 在所有外窗洞口侧壁的上口用墨斗弹出滴水槽位置，并依据钢副框进行校核。

(2) 按照弹好的墨线在挤塑板上安好定位靠尺，使用开槽机将挤塑板切成凹槽，成品滴水槽尺寸为 10mm×10mm，考虑到面层砂浆厚度为 5～7mm，为保证凹槽内塞入成品滴水槽后，成品滴水槽与面层砂浆高度一致，故切凹槽尺寸 8mm×13mm，差值尺寸是为粘结砂浆预留空间，成品滴水槽塑料条是在抹面层砂浆时粘贴。

4.2.8 抹第一遍抗裂砂浆

(1) 在确定挤塑板表面界面剂晾干后进行第一遍面层聚合物砂浆施工。用抹子将聚合物砂浆均匀的抹在挤塑板上，厚度控制在 1～2mm 之间，不得漏抹。

(2) 第一遍面层聚合物砂浆在滴水槽凹槽处抹至滴水槽槽口边即可，槽内暂不抹聚合物砂浆。

(3) 伸缩缝内挤塑板端部及窗口挤塑板通槽侧壁位置要抹聚合物砂浆，以粘贴翻包网格布。

4.2.9 埋网格布

(1) 所谓埋贴网格布就是用抹子由中间开始水平预先抹出一段距离，然后向上向下将网格布抹平，使其紧贴底层聚合物砂浆。

(2) 门窗洞口内侧周边及洞口四角均加一层网格布进行加强，洞口四周网格布尺寸为 300mm×200mm，大墙面粘贴的网格布搭接在门窗口周边的加强网格布之上，一同埋贴在底层聚合物砂浆内。

(3) 将大面网格布沿长度、水平方向绷直绷平。注意将网格布弯曲的一面朝里放置，开始大面积的埋贴，网格布左右搭接宽度 100mm，上下搭接宽度 80mm；不得使网格布褶皱、空鼓、翘边。要求砂浆饱满度 100%，严禁出现干搭接。

（4）在伸缩缝处，需进行网格布翻包，网格布预粘在墙面上的尺寸为 80mm，用网格布和粘结砂浆将挤塑板端头包住，此处允许挤塑板端边处抹粘结砂浆，大墙面粘贴的网格布盖在搭接的 80mm 网格布之上，一同埋贴在底层聚合物抗裂砂浆上，如图 6-9 所示。

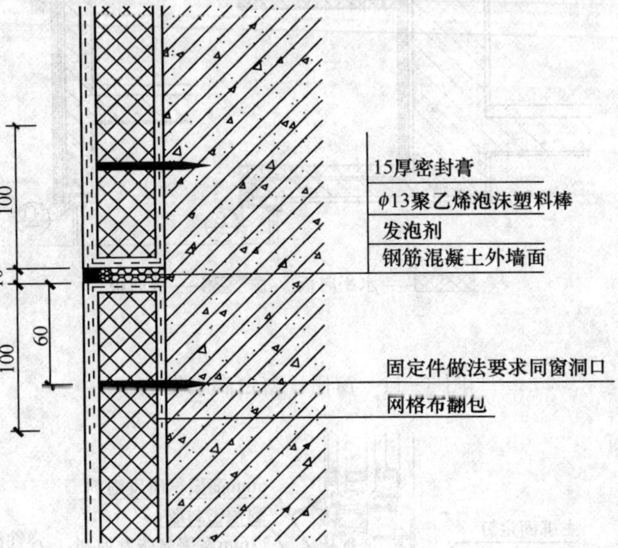

图 6-9　伸缩缝做法示意图

（5）在墙身阴、阳角处必须从两边墙身埋贴的网格布双向绕角且相互搭接，各面搭接宽度为不小于 200mm，如图 6-10 所示。

4.2.10　抹第二遍抗裂砂浆

（1）抹完底层聚合物砂浆并压入网格布后，待砂浆凝固至表面基本干燥、不粘手时，开始抹面层聚合物砂浆，抹面厚度以盖住网格布且不出现网格布痕迹为准，同时控制面层聚合物抗裂砂浆总厚度在 3～5mm 之间。

（2）滴水槽做法：先将网格布压入槽内，随即在槽内抹数量足够的聚合物砂浆，然后将塑料成品滴水槽压入挤塑板槽内。塑料成品滴水槽塞入深度应综合考虑完活后面层高度，这样才能保证成品滴水槽与面层聚合物抗裂砂浆高度一致，确保观感质量。挤塑板槽内砂浆必须填塞密实并确保安装滴水槽时槽内聚合物粘结砂浆沿槽均匀溢出。

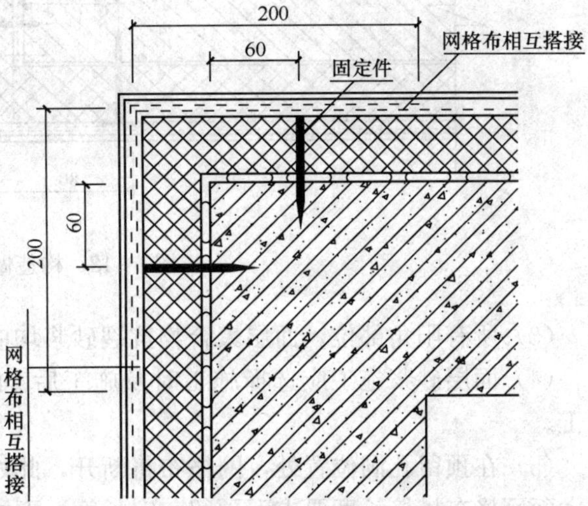

图 6-10　阴、阳角处网格布搭接示意图

滴水槽凹槽处，须沿凹槽将网格布埋入底层聚合物砂浆内，若网格布在此处断开，

必须搭接，搭接宽度为不小于65mm；注意，滴水槽凹槽处需附加一层网格布，网格布搭接80mm，如图6-11～图6-15所示。

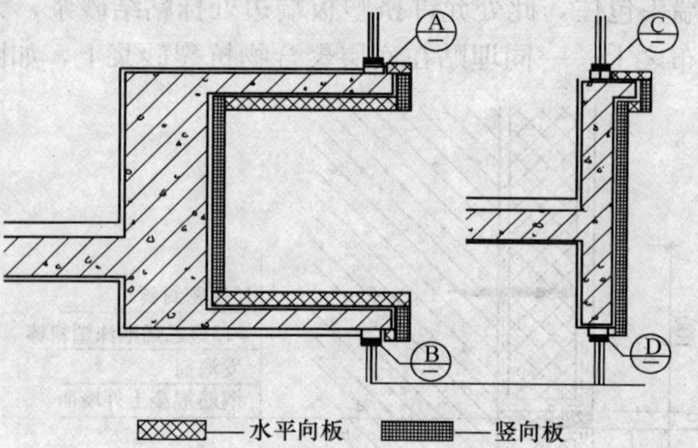

图6-11 窗眉、窗台滴水做法

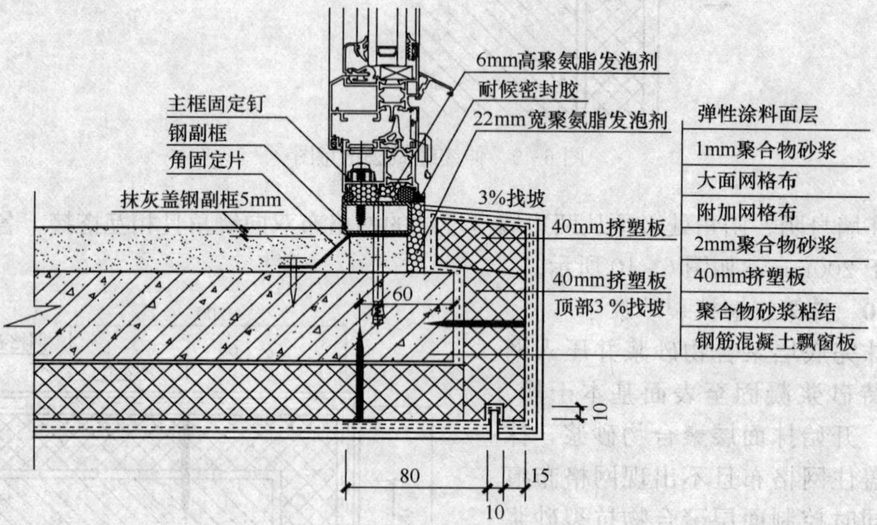

图6-12 构造做法（一）

（3）所有阳角部位，面层聚合物抗裂砂浆均应做成尖角，不得做成圆弧。

（4）面层砂浆施工应选择施工时及施工后24h没有雨的天气进行，避免雨水冲刷造成返工。

（5）在预留孔洞位置处，网格布将断开，此处面层砂浆的留槎位置应考虑后补网格布与原大面网格布搭接长度要求而预留一定长度。面层聚合物抗裂砂浆应留成直茬，砂浆留槎具体如图6-16所示。

4.3 细部做法

4.3.1 预留孔洞位置（破损处）处理

进行大面积挤塑板粘贴过程中，在遇到外脚手架的连墙杆时，挤塑板只能进行甩茬处

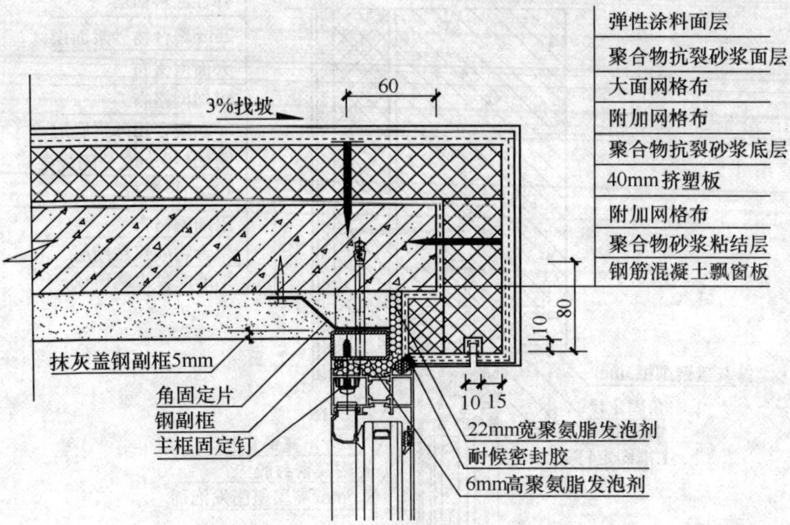

图 6-13 构造做法（二）

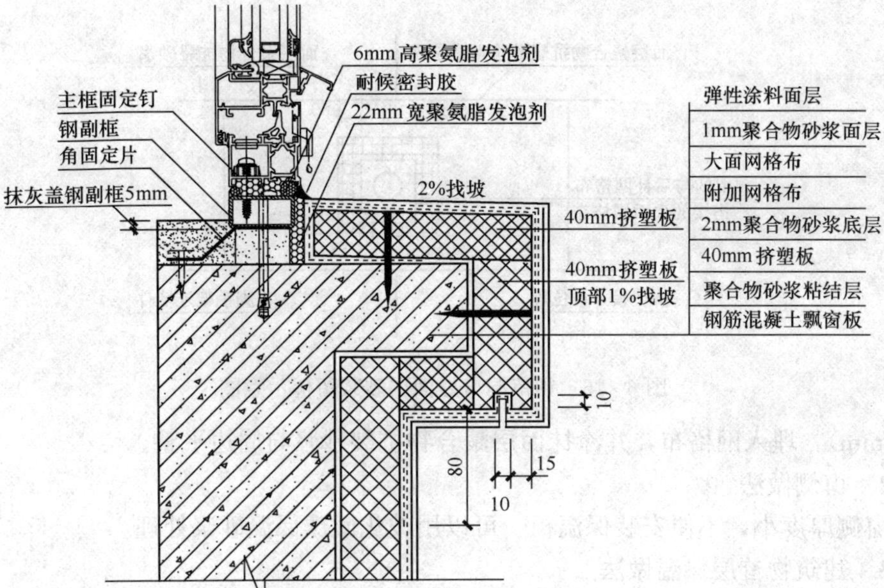

图 6-14 构造做法（三）

理；在外墙保温施工完毕后拆除脚手架过程中，对此部位实施修补处理。

（1）用掺 10%UEA 的 1∶1 干硬性水泥砂浆将脚手眼填塞紧密，表面抹平。

（2）按照预留孔洞尺寸裁截一块尺寸相同的挤塑板并打磨其边缘部分，使其能严密封填于孔洞处。

（3）将上述预裁好的挤塑板背面涂上粘结砂浆，将其镶入孔内。

（4）涂抹底层聚合物抗裂砂浆，切一块网格布（其面积大小应能与周边已施工好的网格

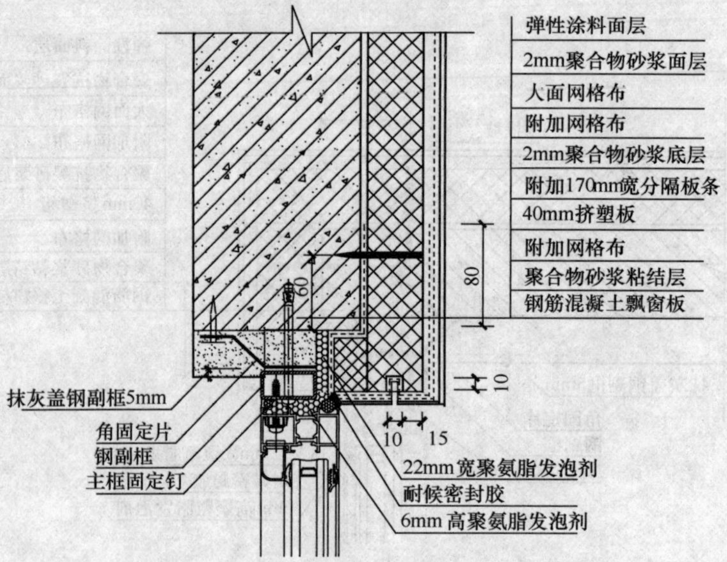

图 6-15　构造做法（四）

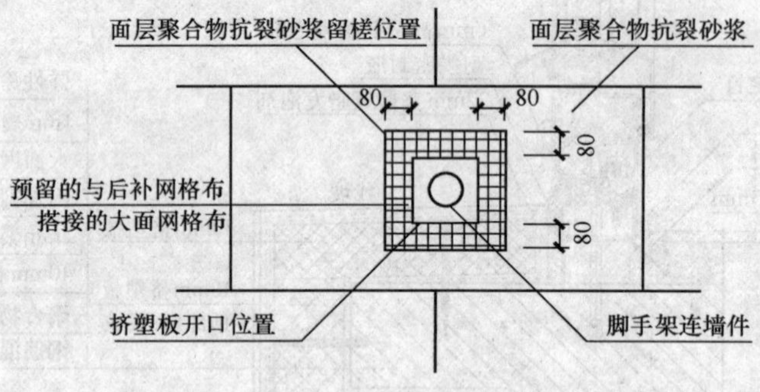

图 6-16　预留洞口处面层砂浆留槎示意图

布搭接 80mm），埋入网格布，并涂抹面层聚合物抗裂砂浆与周边平整。

4.3.2　窗侧做法

如果窗侧厚度小，不便安装保温板，可以用玻化微珠保温砂浆处理。

4.3.3　建筑物首层保温做法

首层外墙为提高面层抗冲压能力，采用将玻纤网换成执镀网，其余做法同标准层一致。

5. 质量控制措施

5.1　质量目标

符合 GB 50300—2013《建筑工程施工质量验收统一标准》及 GB 50411—2014《建筑节能工程施工验收规范》要求，分项工程合格。

5.2　质量控制措施

5.2.1　质量控制流程（见图 6-17）

5.2.2　质量控制要点

（1）材料进场使用前先提供样品，供业主、监理共同确认后封样，作为材料进场验收的依据，在现场作样板，以样板引路。

(2) 所有材料进场时应对品种、规格、外观和尺寸向监理进行报验。报验资料应包括产品合格证书、相关产品性能检测报告等文件。并按有关要求进行见证取样复试，合格后使用。

(3) 分别采用书面、口头和示范三种形式对施工作业人员进行技术交底。

(4) 施工员、质量员对施工作业人员所用的工具、操作的手法和操作流程进行检查，看是否符合技术交底的要求，如有不符，及时纠正。

(5) 根据质量控制节点的要求，对已完工的工序进行检查并做好记录，将检验记录与标准进行对比，找出差距，分析原因，采取维修、整改或者返工等措施。

(6) 加强验收，对不合格的产品，责令返工，以相应的合同条款约束。

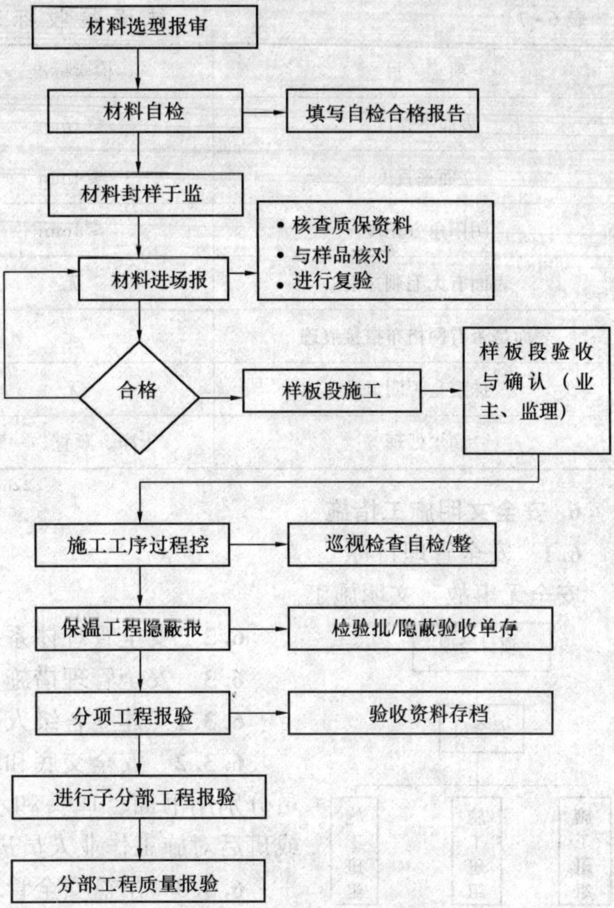

图 6-17 质量控制流程图

5.2.3 验收

(1) 贴板完工验收（见表 6-6）。

表 6-6 **贴板验收标准**

项目		检验标准	检查方法
表面平整度		≤4mm	用 2m 靠尺和楔形塞尺检查
立面垂直度		≤4mm	用 2m 托线板检查
阴阳角方正		≤4mm	用方尺和楔形塞尺检查
接缝高差		≤1mm	用直尺和楔形塞尺检查
接缝宽度		≤2mm	用直尺检查
粘贴面积		≥40%	实际测量并计算
节点处理	粘贴形状	点框粘结	目测
	阴阳角	垂直交错咬合粘贴	目测
	滴水处理	干净整洁	目测

(2) 抹面层完工验收（见表 6-7）。

表6-7　　抹面验收标准

项　　目	检验标准	检　验　方　法
表面平整度	≤4mm	用2m靠尺和塞尺检查
立面垂直度	≤4mm	用垂直仪测定
阴阳角方正度	≤4mm	用方尺检查
表面有无毛刺抹痕	无	目测
表面是否有网格布搭接痕迹	无	目测
抹痕是否明显	无	目测
滴水处理	干净、顺直、一致	目测

6. 安全文明施工措施

6.1　安全管理目标

安全无事故，文明施工。

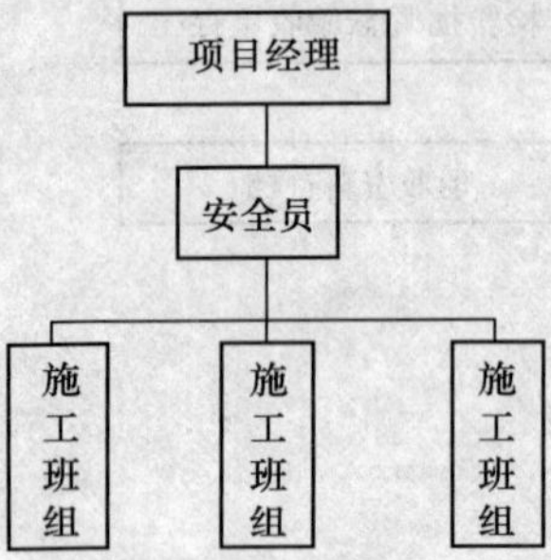

图6-18　安全管理体系框图

6.2　安全管理体系（见图6-18）

6.3　安全管理措施

6.3.1　建立各级人员安全责任制。

6.3.2　安全交底和教育：开工前质量安全员对施工作业人员分别用书面、口头和示范三种方式进行安全交底，每天班前或班后对施工作业人员进行安全教育。

6.3.3　吊篮安全管理措施：

（1）吊篮外保温工作中是危险的地方，当使用吊篮与安全发生矛盾时，必须服从安全的要求。由专业人员安毕验收后才交给操作人员。在第一次使用的过程中，操作人员不懂就问。

（2）专职安全员对吊篮及操作人员实行监督管理。

（3）操作人员每日检查：检查电源线接点，观察电源指示灯；检查平台水平度；检查限位开关；检查提升机与平台连接情况；检查钢丝绳，应无缠绕、断丝、散股等现象；检查安全锁，应与工作平台连接可靠，制动灵敏。

（4）在工作平台上的人员必须系好安全带，戴好安全帽，穿防滑鞋。

（5）吊篮不得超载，工作平台载荷应大致均布（载荷体重量）。ZLD400型吊篮载重不得超过400公斤，ZLD630型吊篮载重不得超过630公斤，ZLD800型吊篮载重不得超过800公斤。

（6）五级以上大风、大雨、雾天和大雪天，应停止使用吊篮，风、雨过后，操作人员应配合检修人员全面检查吊篮情况，确认安全后，方能使用。

6.3.4　安全用电：严禁在挤塑板上面进行电、气焊作业，严禁乱拉乱接电线。

6.3.5　现场文明管理：

（1）材料分类堆放，堆码整齐，标识清楚，裁切下来的挤塑板碎板条必须随手用袋子装好，禁止到处乱丢，随处飘洒。

(2) 在涂抹挤塑板粘结砂浆时，注意不要污染钢副框，被污染的钢副框必须及时用湿布擦洗干净。粘贴上部挤塑板时，掉落下来的粘结砂浆可能会污染下部挤塑板及网格布，必须及时清理干净。

(3) 每一施工楼层内必须设置小便桶，从措施上保证工人能按章操作，杜绝不文明现象发生。

(4) 拆除脚手架时应做好对成品墙面的保护工作，禁止钢管等重物撞击挤塑板墙面。

(5) 施工作业人员和管理人员须统一着装，佩戴工牌，保持整洁，并保持宿舍和个人的清洁卫生；每天完工以后，要做到“三清”(机器清、工具清和场地清)。施工作业人员和管理人员须按时上下班，施工作业期间严禁嬉戏打闹。

(6) 服从总包方现场的统一管理并配合建设方、监理公司的管理。

7. 环境保护措施

7.1 涂刷挤塑板的界面剂必须集中堆放在地面已硬化的库房里，严禁界面剂撒入土壤中。

7.2 裁切下来的挤塑板板条必须分类存放、集中回收，禁止其四处洒落、埋入土中或作为一般的建筑垃圾性处理，避免污染环境。

7.3 砂浆、网格布等垃圾集中堆放，外运处理，严禁现场点火。

第三节 施工方案案例2
——某办公楼八层会议室顶板、梁高大模架体系专项施工方案

扫码阅览
某医院门诊楼大厅
高支模安全专项方案

本专项施工方案论证申请表见表6-8。

表6-8 专项施工方案论证申请表

工程名称	某办公楼	分部（项）工程名称	八层会议室顶板模架体系
建设单位	××市××局	施工单位	××省××建筑有限公司
工程概况： 八层会议室井字梁、板结构，边框梁KL1断面400mm×2500mm，集中线荷载>20kN/m，井字梁东西方向跨度21.6m>18m，根据建质字［2009］254号文，该梁、板结构的模架体系属于高大模板支撑系统，施工方案需专家论证，方案已编制完毕，支模用主要材料、工具已进场，申请在3日内论证，考察现场，否则影响工期，方案附后。 某办公楼项目技术负责人：××× 某办公楼项目经理：××× ×××年×月×日（公章）			

本专项施工方案由工程概况、编制依据、施工计划、施工工艺技术、施工安全保证措施、劳动力计划、计算书及相关图纸组成。

第一章 工 程 概 况

一、工程概况

1. 工程基本情况（见表 6 - 9）

表 6 - 9

工程名称	某办公楼	工程地点	××市
建筑面积（m^2）	5600	建筑高度（m）	35m
基础形式	钢筋混凝土筏板	主体结构	框架
地上层数	8	地下层数	1

2. 高支模层结构情况（见表 6 - 10）

表 6 - 10

高支模所在层	8	脚手架挂密目安全网	有
高支模层底标高（m）	26.95	柱混凝土强度等级	C40
高支模层顶标高（m）	32.8	梁板混凝土强度等级	C35
KL1 断面（mm）	400×2500	KL1 跨度（m）	7.5
KL2 断面（mm）	350×1000	KL2 跨度（m）	7.2
JZL 断面（mm）	250×800	JZL 跨度（m）	21.6
板厚（mm）	120	板跨度（m）	2.5

3. 高支模下方层结构情况（见表 6 - 11）

表 6 - 11

支模平台性质	7 层顶板	板厚（mm）	120～150
梁板设计强度	C35	达到强度等级	70%
支架情况	未拆	跨度（m）	梁 5m，板 3.6m
强度验算情况	6 层结构强度达到 100%，7 层结构强度达到 70%以上，7 层支架未拆，6、7 层共同支撑 8 层结构自重和施工荷载，经核算安全		

4. 各责任主体名称

建设单位：××市××局；设计单位：××设计院。

施工单位：×××建筑有限公司；监理单位：××监理公司。

5. 编制目的

指导八层会议室顶板梁模架施工，确保高支模稳定，安全，无事故。钢筋混凝土结构质量满足要求。

二、高支模部分结构示意图（见图 6-19 和图 6-20）

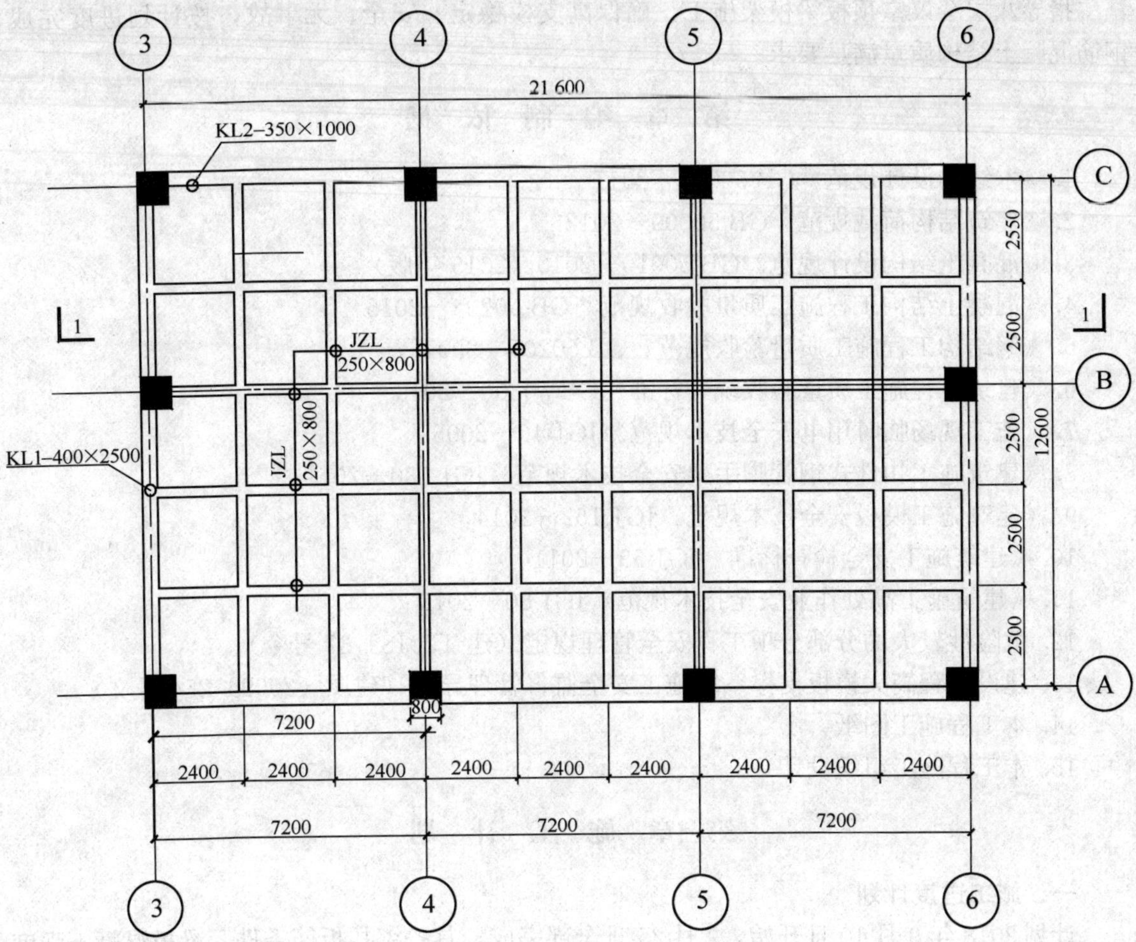

图 6-19　八层顶部结构平面图

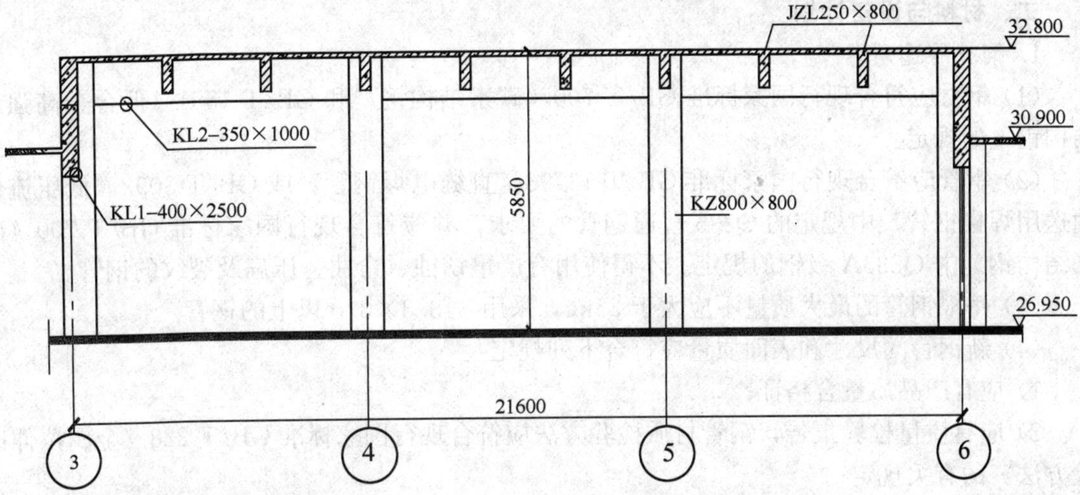

图 6-20　1-1 剖面图

三、编制目的

指导八层会议室顶板梁模架施工，确保高支模稳定、安全、无事故，按计划进度完成，钢筋混凝土结构质量满足要求。

第二章 编 制 依 据

1.《木结构设计规范》GB 50005—2017
2.《建筑结构荷载规范》GB 50009—2012
3.《混凝土结构设计规范》GB 50010—2010（2015 年版）
4.《混凝土结构工程施工质量验收规范》GB 50204—2015
5.《钢结构工程施工质量验收规范》GB 50205—2001
6.《建筑工程施工质量验收统一标准》GB 50300—2013
7.《施工现场临时用电安全技术规范》JGJ 46—2005
8.《建筑施工扣件式钢管脚手架安全技术规范》JGJ 130—2011
9.《建筑施工模板安全技术规范》JGJ 162—2014
10.《建筑施工安全检查标准》JGJ 59—2011
11.《建筑施工高处作业安全技术规范》JGJ 80—2016
12. 危险性较大的分部分项工程安全管理规定（建〔2018〕37 号令）
13. 建设工程高大模板支撑系统施工安全监督管理导则（建质〔2009〕254 号文）
14. 本工程施工图纸
15. 本工程施工组织设计

第三章 施 工 计 划

一、施工进度计划

计划 2018 年 9 月 10 日开始，9 月 25 日全部完成，具备绑扎板筋条件，梁板混凝土强度达到 100%拆模。

二、材料与设备计划

1. 钢材的选用

(1) 钢材应符合现行国家标准 GB/T 700《碳素结构钢》和 GB/T 1591《低合金高强度结构钢》的规定。

(2) 钢管应符合现行国家标准 GB/T 13793《直缝电焊钢管》或 GB/T 3092《低压流体输送用焊接钢管》中规定的 Q235 普通钢管的要求，并应符合现行国家标准 GB/T 700《碳素结构钢》中 Q235A 级钢的规定。不得使用有严重锈蚀、弯曲、压扁及裂纹的钢管。

(3) 每根钢管的最大质量不应大于 25kg，采用 $\phi48.3\times3.0$ 以上的钢管。

(4) 新钢管的尺寸和表面质量应符合下列规定：

1) 应有产品质量合格证；

2) 应有质量检验报告，钢管材质检验方法应符合现行国家标准 GB/T 228《金属拉伸试验方法》的有关规定；

3) 钢管表面应平直光滑，不应有裂缝、结疤、分层、错位、硬弯、毛刺、压痕和深的划道；

4）钢管外径、壁厚、断面等的偏差，应符合现行规范JGJ 130—2011《建筑施工扣件式钢管脚手架安全技术规范》的规定，见表6-12。

表6-12

序号	项目	允许偏差Δ（mm）	检查工具
1	焊接钢管尺寸（mm） 外径 壁厚 外径 壁厚	 −0.5 −0.5 −0.5 −0.45	游标卡尺
2	钢管两端面切斜偏差	1.70	塞尺，拐角尺
3	钢管外边面锈蚀深度	0.5	游标卡尺

5）钢管必须涂有防锈漆。

(5) 旧钢管的检查在符合新钢管规定的同时还应符合下列规定：

1）表面锈蚀深度应符合现行规范JGJ 130—2011《建筑施工扣件式钢管脚手架安全技术规范》的规定。锈蚀检查应每年一次。检查时，应在锈蚀严重的钢管中抽取三根，在每根锈蚀严重的部位横向截断取样检查，当锈蚀深度超过规定值时不得使用；

2）钢管弯曲变形应符合现行规范JGJ 130—2011《建筑施工扣件式钢管脚手架安全技术规范》的规定，见表6-13。

表6-13

序 号	项	目	允许偏差（mm）	检查工具
1	钢管弯曲	各种杆件钢管的端部弯曲 $l \leqslant 1.5\text{m}$	≤5	钢卷尺
		立杆钢管弯曲 $3\text{m} < l \leqslant 4\text{m}$ $4\text{m} < l \leqslant 6.5\text{m}$	≤12 ≤20	
		水平杆、斜杆的钢管弯曲 $l \leqslant 6.5\text{m}$	≤30	
2	冲压钢脚手板	板面挠曲 $l \leqslant 4\text{m}$ $l > 4\text{m}$	≤12 ≤16	钢卷尺
		板面扭曲（任一角翘起）	≤5	

3）钢管上严禁打孔。

(6) 钢铸件应符合现行国家标准GB/T 11352《一般工程用铸造碳钢件》中规定的ZG 200—420、ZG 230—450、ZG 270—500和ZG 310—570号钢的要求。

(7) 钢管扣件应符合现行国家标准 GB 15831《钢管脚手架扣件》的规定。

(8) 扣件的验收应符合下列规定，新扣件应有生产许可证、法定检测单位的测试报告和产品质量合格证：

1) 旧扣件使用前应进行质量检查，有裂缝、变形的严禁使用，出现滑丝的螺栓必须更换；

2) 新、旧扣件均应进行防锈处理；

3) 支架采用的扣件，在螺栓拧紧扭力矩达 65N·m 时，不得发生破坏。

(9) 连接用的焊条应符合现行国家标准 GB/T 5117《碳钢焊条》或 GB/T 5118《低合金钢焊条》中的规定。

(10) 连接用的普通螺栓应符合现行国家标准 GB/T 5780《六角头螺栓 C 级》和 GB/T 5782《六角头螺栓》。

2. 木材的选用

(1) 模板结构或构件的树种应根据各地区实际情况选择质量好的材料，不得使用有腐朽、霉变、虫蛀、折裂、枯节的木材。

(2) 模板结构应根据受力种类或用途选用相应的木材材质等级。木材材质标准应符合现行国家标准 GB 50005《木结构设计规范》的规定。

(3) 用于模板体系的原木、方木和板材要符合现行国家标准 GB 50005《木结构设计规范》的规定，不得利用商品材的等级标准替代。

(4) 主要承重构件应选用针叶材；重要的木质连接件应采用细密、直纹、无节和无其他缺陷的耐腐蚀的硬质阔叶材。

(5) 当采用不常用树种作为承重结构或构件时，可按现行国家标准 GB 50005《木结构设计规范》的要求进行设计。对速生木材，应进行防腐、防虫处理。

(6) 当需要对模板结构或木材的强度进行测试验证时，应按现行国家标准《木结构设计规范》的标准进行。

(7) 施工现场制作的木构件，其木材含水率应符合下列规定：

1) 制作的原木、方木结构，不应大于 15%；

2) 板材和规格材，不应大于 20%；

3) 受拉构件的连接板，不应大于 18%；

4) 连接件，不应大于 15%。

3. 竹、木胶合模板板材的选用

(1) 胶合模板板材表面应平整光滑，具有防水、耐磨、耐酸碱的保护膜，并应有保温性良好、易脱模和可两面使用等特点。板材厚度不应小于 12mm，并应符合现行国家标准 ZBB 70006《混凝土模板用胶合板》的规定。

(2) 各层板的原材含水率不应大于 15%，且同一胶合模板各层原材间的含水率差别不应大于 5%。

(3) 胶合模板应采用耐水胶，其胶合强度不应低于木材或竹材顺纹抗剪和横纹抗拉的强度，并应符合环境保护的要求。

(4) 进场的胶合模板除应具有出厂质量合格证外，还应保证外观尺寸合格。

第四章 施工工艺技术

一、各构件模架构造（见表6-14～表6-20）

表6-14 **KL1底模支架**

新浇混凝土梁计算跨度（m）	7.5	结构层高（m）	5.85
混凝土梁截面尺寸（mm）	400×2500	梁侧楼板厚度（mm）	120
支撑方式	梁一侧有板，梁板立柱共用（A）	支撑立柱钢管型号（mm）	ϕ48×3
梁跨度方向立柱间距（mm）	900	梁两侧立柱间距（mm）	700
步距（mm）	900	楼板立柱间距（mm）	900、800
梁左侧立柱距梁中心线距离（mm）	350	梁底增加立柱根数	2
梁底增加立柱依次距梁左侧立柱距离（mm）	283，417	梁底支撑小梁材料	方木
小梁材质规格（mm）	40×80	梁底支撑小梁根数	7
梁底支撑小梁一端悬挑长度（mm）	150	面板材质	覆面木胶合板
面板厚度（mm）	15	主梁材料	钢管
主梁材质规格（mm）	ϕ48×3		

表6-15 **KL2底模支架**

新浇混凝土梁计算跨度（m）	7.2	结构层高（m）	5.85
混凝土梁截面尺寸（mm）	350×1000	梁侧楼板厚度（mm）	120
支撑方式	梁一侧有板，梁板立柱共用（A）	支撑立柱钢管型号（mm）	ϕ48×3
梁跨度方向立柱间距（mm）	800	梁两侧立柱间距（mm）	550
步距（mm）	1800	楼板立柱间距（mm）	800、900
梁左侧立柱距梁中心线距离（mm）	200	梁底增加立柱根数	1
梁底增加立柱依次距梁左侧立柱距离（mm）	200	梁底支撑小梁材料	方木
小梁材质规格（mm）	40×80	梁底支撑小梁根数	5
梁底支撑小梁一端悬挑长度（mm）	150	面板材质	覆面木胶合板
面板厚度（mm）	15	主梁材料	钢管
主梁材质规格（mm）	ϕ48×3		

表6-16 **JZL底模支架**

新浇混凝土梁计算跨度（m）	20.8	结构层高（m）	5.85
混凝土梁截面尺寸（mm）	250×800	梁侧楼板厚度（mm）	120
支撑方式	梁两侧有板，梁板立柱共用（A）	支撑立柱钢管型号（mm）	ϕ48×3
梁跨度方向立柱间距（mm）	800	梁两侧立柱间距（mm）	900
步距（mm）	1800	楼板立柱间距（mm）	800、800
梁左侧立柱距梁中心线距离（mm）	450	梁底增加立柱根数	1
梁底增加立柱依次距梁左侧立柱距离（mm）	450	梁底支撑小梁材料	方木
小梁材质规格（mm）	40×80	梁底支撑小梁根数	3
梁底支撑小梁一端悬挑长度（mm）	150	面板材质	覆面木胶合板
面板厚度（mm）	15	主梁材料	钢管
主梁材质规格（mm）	ϕ48×3		

表 6-17 **板模板（扣件式）**

新浇混凝土板厚（mm）	120	模板支架高度（m）	5.85
板长（m）	2.5	板宽（m）	2.5
立柱型号（mm）	ϕ48×3	纵距（mm）	800
横距（mm）	800	水平拉杆步距（mm）	1800
立柱距混凝土板短边（mm）	50	立柱距混凝土板长边（mm）	50
面板材质	覆面木胶合板	面板厚度（mm）	15
小梁材质	方木	小梁材质规格（mm）	40×80
小梁间距（mm）	250	小梁距混凝土板长边距离（mm）	125
两端各悬挑长（mm）	50、50	主梁材质	方木
主梁材质规格（mm）	80×80	主梁布置方式	垂直楼板长边
可调托座内主梁根数	1		

表 6-18 **KLI 梁侧模板**

梁板结构情况	梁一侧有板	新浇混凝土梁计算跨度（m）	7.5
梁截面尺寸（mm）	400×2500	梁侧楼板厚度（mm）	120
面板材料	覆面木胶合板	面板厚度（mm）	15
小梁材料	方木	小梁材质规格（mm）	80×40
小梁布置方式	水平向布置	左右两侧小梁道数	12，11
主梁间距（mm）	550	主梁材料	钢管
主梁材质规格（mm）	ϕ48×3	主梁合并根数	2
小梁最大悬挑长度（mm）	175	小梁计算方式	三等跨连续梁
对拉螺栓类型	M14	对拉螺栓水平向间距（mm）	550
梁左侧支撑距梁底距离依次为（mm）	200，825，1525，2200	梁右侧支撑距梁底距离依次为（mm）	200，825，1525，2200

表 6-19 **KL2 梁侧模板**

梁板结构情况	梁一侧有板	新浇混凝土梁计算跨度（m）	7.2
梁截面尺寸（mm）	350×1000	梁侧楼板厚度（mm）	120
面板材料	覆面木胶合板	面板厚度（mm）	15
小梁材料	方木	小梁材质规格（mm）	80×40
小梁布置方式	水平向布置	左右两侧小梁道数	6，5
主梁间距（mm）	600	主梁材料	钢管
主梁材质规格（mm）	ϕ48×3	主梁合并根数	2
小梁最大悬挑长度（mm）	300	小梁计算方式	三等跨连续梁
对拉螺栓类型	M14	对拉螺栓水平向间距（mm）	600
梁左侧支撑距梁底距离依次为（mm）	200，725	梁右侧支撑距梁底距离依次为（mm）	200，725

表 6-20 JZL 梁侧模板

梁板结构情况	梁两侧有板	新浇混凝土梁计算跨度（m）	12.6
梁截面尺寸（mm）	250×800	梁侧楼板厚度（mm）	120
面板材料	覆面木胶合板	面板厚度（mm）	15
小梁材料	方木	小梁材质规格（mm）	80×40
小梁布置方式	水平向布置	小梁道数	4
主梁间距（mm）	800	主梁材料	钢管
主梁材质规格（mm）	ϕ48×3	主梁合并根数	2
小梁最大悬挑长度（mm）	300	小梁计算方式	三等跨连续梁
对拉螺栓类型	M12	对拉螺栓水平向间距（mm）	800
支撑距梁底距离依次为（mm）	100，600		

二、工艺流程

1. 梁模板

弹梁轴线并复核 → 搭支模架→调整托梁→摆主梁→ 安放梁底模并固定 → 梁底起拱 → 扎梁筋 → 安侧模 → 侧模拉线支撑（梁高加对拉螺栓）→ 复核梁模尺寸、标高、位置 → 与相邻模板连固。

2. 梁侧模板

安装梁一侧模板→安装另一侧模板→安装上下锁品楞、斜撑楞、腰楞和对拉螺栓→复核梁模尺寸、位置→与相邻模板连接牢固→办预检。

3. 板模板

搭支架 → 测水平→摆主梁→ 调整楼板模标高及起拱 → 铺模板 → 清理、刷油 → 检查模板标高、平整度、支撑牢固情况。

三、施工方法

（1）柱模板搭设完毕经验收合格后，先浇捣柱混凝土，然后再绑扎梁板钢筋，梁板支模架与浇好并有足够强度的柱和原已做好的主体结构拉结牢固。经有关部门对钢筋和模板支架验收合格后方可浇捣梁板混凝土。

（2）浇筑时按梁中间向两端对称推进浇捣，由标高低的地方向标高高的地方推进。事先根据浇捣混凝土的时间间隔和混凝土供应情况设计施工缝的留设位置。搭设本方案提及的架子开始至混凝土施工完毕具备要求的强度前，该施工层下二层支顶不允许拆除。

（3）根据本公司当前模板工程工艺水平，结合设计要求和现场条件，决定采用梁侧模板、扣件式钢管架作为本模板工程的支撑体系。

（4）一般规定：

1）保证结构和构件各部分形状尺寸，相互位置的正确。

2）具有足够的承载能力，刚度和稳定性，能可靠地承受施工中所产生的荷载。

3）不同支架立柱不得混用。

4）构造简单，装板方便，并便于钢筋的绑扎、安装，浇筑混凝土等要求。

5）多层支撑时，上下二层的支点应在同一垂直线上，并应设底座和垫板。

6）现浇钢筋混凝土梁、板，当跨度大于 4m，模板应起拱；当设计无具体要求时，起拱高度宜为全跨长度的 1/1000～3/1000。

7）拼装高度为 2m 以上的竖向模板，不得站在下层模板上拼装上层模板。安装过程中应设置临时固定措施。

8）当支架立柱成一定角度倾斜，或其支架立柱的顶表面倾斜时，应采取可靠措施确保支点稳定，支撑底脚必须有防滑移的可靠措施。

9）梁和板的立柱，其纵横向间距按图 6-21 所示施工。

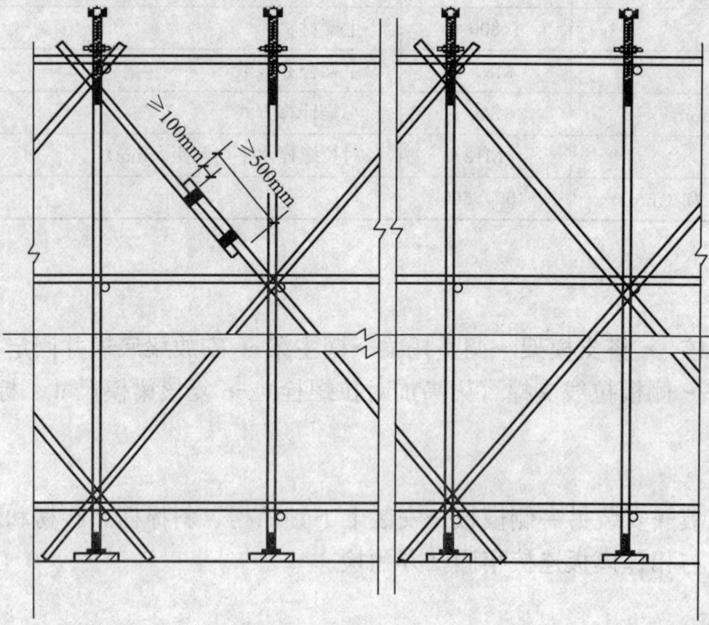

图 6-21 梁、板模板图

10）在立柱底距地面 200mm 高处，沿纵横水平方向应按纵下横上的程序设扫地杆。可调支托底部的立柱顶端应沿纵横向设置一道水平拉杆。扫地杆与顶部水平拉杆之间的距离，在满足模板设计所确定的水平拉杆步距要求条件下，进行平均分配确定步距后，在每一步距处纵横向各设一道水平拉杆。

11）所有水平拉杆的端部均应与四周建筑物顶紧顶牢。无处可顶时，应在水平拉杆端部和中部沿竖向设置连续式剪刀撑。

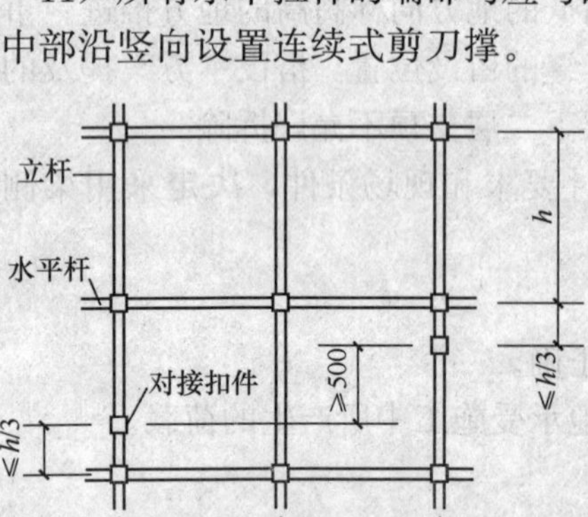

图 6-22 立柱平面布置图

12）钢管立柱的扫地杆、水平拉杆、剪刀撑应采用 $\phi48\times3$mm 钢管，用扣件与钢管立柱扣牢。钢管扫地杆、水平拉杆应采用对接，剪刀撑应采用搭接，搭接长度不得小于 1000mm，并应采用不少于 2 个旋转扣件分别在离杆端不小于 150mm 处进行固定。

13）支架搭设按本模板设计，不得随意更改；要更改必须得到相关负责人的认可。

（5）立柱及其他杆件。

立柱平面布置图详见图 6-22。

搭接要求：本工程所有部位立柱接长全部采用对接扣件连接，严禁搭接，接头位置要求如图 6 - 22 所示。严禁将上段的钢管立柱与下端钢管立柱错开固定在水平拉杆上。

（6）水平拉杆。

1）每步纵横向水平杆必须拉通。

2）水平杆件接长应采用对接扣件连接。水平对接接头位置要求如图 6 - 23 所示。

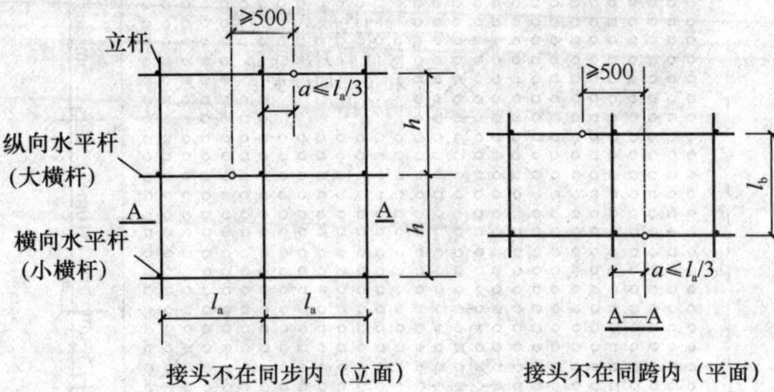

图 6 - 23

3）水平拉杆如图 6 - 24 所示。

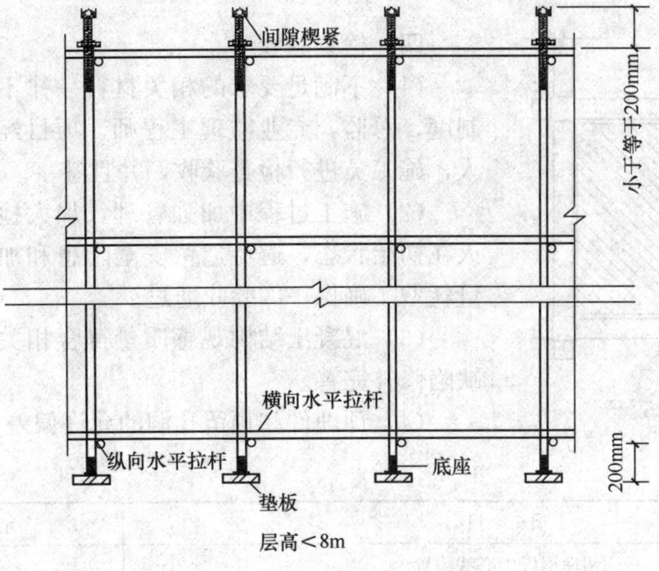

图 6 - 24

（7）剪刀撑（见图 6 - 25）。

（8）周边拉结。

1）竖向结构（柱）与水平结构分开浇筑，以便利用其与支撑架体连接，形成可靠整体。

2）当支架立柱高度超过 5m 时，应在立柱周全外侧和中间有结构柱的部位，按水平间距 6～9m、竖向间距 2～3m 与建筑结构设置一个固结点。

3）用抱柱的方式（如连墙件），如图 6 - 26 所示，以提高整体稳定性和提高抵抗侧向变形的能力。

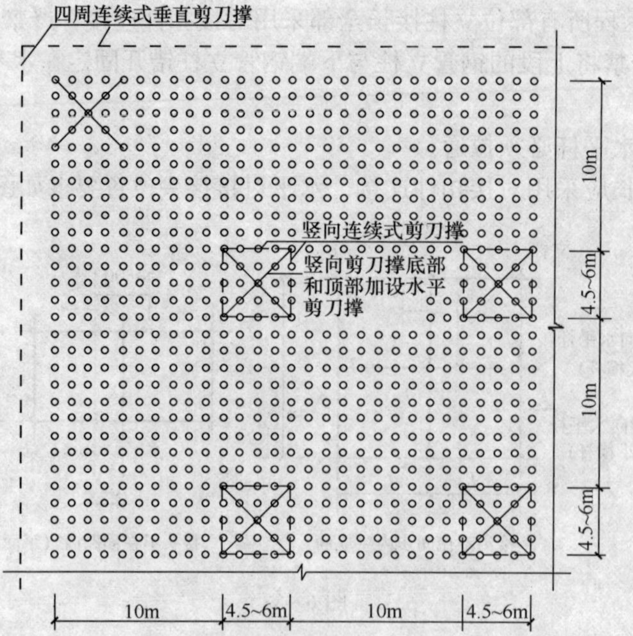

图 6-25

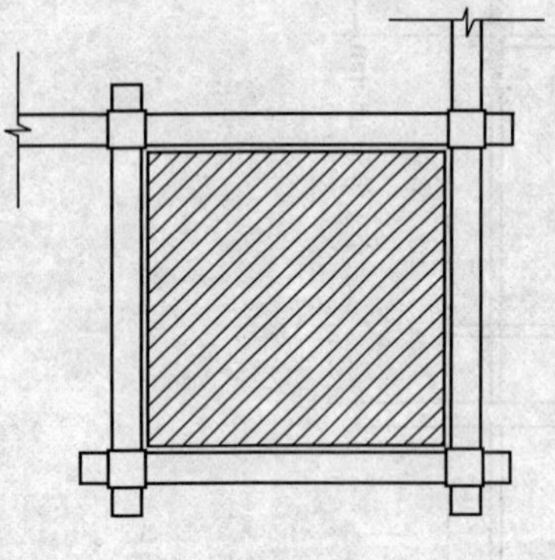

图 6-26

四、检查验收

（1）不满足要求的相关材料一律不得使用，采用问责制度，总监，专业监理工程师，项目经理，项目技术负责人，施工员进行检查验收，并且签字。

（2）施工过程中加强管理，加大检查力度，将隐患消灭在初始状态，避免遗留安全隐患和加固时人力、物力大量耗费。确保一次验收通过。

（3）混凝土结构观感质量符合相关验收标准，少量的缺陷修补完善。

（4）预埋件和预留孔洞的允许偏差见表 6-21。

表 6-21

项　　目		允许偏差（mm）
预埋钢板中心线位置		3
预埋管、预留孔中心线位置		3
插　　筋	中心线位置	5
	外露长度	+10，0
预埋螺栓	中心线位置	2
	外露长度	+10，0
预留孔	中心线位置	10
	尺寸	+10，0

（5）现浇结构模板安装的允许偏差及检查方法见表 6-22。

表 6-22

项目		允许偏差（mm）	检查方法
轴线位置		5	钢尺检查
底模上表面标高		±5	水准仪或拉线、钢尺检查
截面内部尺寸	基础	±10	钢尺检查
	柱、墙、梁	+4，−5	钢尺检查
层垂直高度	不大于 5m	6	经纬仪或吊线、钢尺检查
	大于 5m	8	经纬仪或吊线、钢尺检查
相临两板表面高低差		2	钢尺检查
表面平整度		5	2m 靠尺和塞尺检查

（6）立柱、纵横向水平拉杆、剪刀撑等重要杆件的垂直偏差、水平偏差、质量等满足 JGJ 130—2011《建筑施工扣件式钢管脚手架安全技术规范》（见表 6-23）。

表 6-23 脚手架搭设的技术要求与允许偏差

<table>
<tr><th>序号</th><th colspan="2">项目</th><th colspan="5">一般质量要求</th></tr>
<tr><td>1</td><td colspan="2">构架尺寸（立杆纵距、立杆横距、步距）误差</td><td colspan="5">±20mm</td></tr>
<tr><td rowspan="2">2</td><td colspan="2" rowspan="2">立杆的垂直偏差</td><td colspan="2" rowspan="2">架高</td><td colspan="2">≤25m</td><td>±50mm</td></tr>
<tr><td colspan="2">>25m</td><td>±100mm</td></tr>
<tr><td>3</td><td colspan="2">纵向水平杆的水平偏差</td><td colspan="5">±20mm</td></tr>
<tr><td>4</td><td colspan="2">横向水平杆的水平偏差</td><td colspan="5">±10mm</td></tr>
<tr><td>5</td><td colspan="2">节点处相交杆件的轴线距节点中心距离</td><td colspan="5">≤150 mm</td></tr>
<tr><td>6</td><td colspan="2">相邻立杆接头位置</td><td colspan="5">相互错开，设在不同的步距内，相邻接头的高度差应>500mm</td></tr>
<tr><td>7</td><td colspan="2">上下相邻纵向水平杆接头位置</td><td colspan="5">相互错开，设在不同的立杆纵距内，相邻接头的水平距离应>500mm，接头距立杆应小于立杆纵距的 1/3</td></tr>
<tr><td rowspan="6">8</td><td rowspan="6">杆件搭接</td><td colspan="6">1. 搭接部位应跨过与其相接的纵向水平杆或立杆，并与其连接（绑扎）固定</td></tr>
<tr><td colspan="6">2. 搭接长度和连接要求应符合以下要求：</td></tr>
<tr><td>类别</td><td>杆别</td><td colspan="2">搭接长度</td><td colspan="2">连接要求</td></tr>
<tr><td rowspan="2">扣件式钢管脚手架</td><td>立杆</td><td colspan="2" rowspan="2">>1m</td><td colspan="2">连接扣件数量依承载要求确定，且不少于 2 个</td></tr>
<tr><td>纵向水平杆</td><td colspan="2">不少于 2 个连接扣件</td></tr>
<tr><td colspan="6"></td></tr>
<tr><td rowspan="2">9</td><td rowspan="2">节点连接</td><td>扣件式钢管脚手架</td><td colspan="5">拧紧扣件螺栓，其拧紧力矩应不小于 40N·m，且不大于 65N·m</td></tr>
<tr><td>其他脚手架</td><td colspan="5">按相应的连接要求</td></tr>
</table>

（7）采用钢管扣件搭设高大模板支撑系统时，还应对扣件螺栓的紧固力矩进行抽查，抽查数量应符合 JGJ 130—2011《建筑施工扣件式钢管脚手架安全技术规范》的规定，对梁底

扣件进行100%检查。

(8) 立柱的规格尺寸和垂直度应符合要求，不得出现偏心荷载。

第五章 施工安全保证措施

一、组织保障

安全保证体系如图6-27所示。

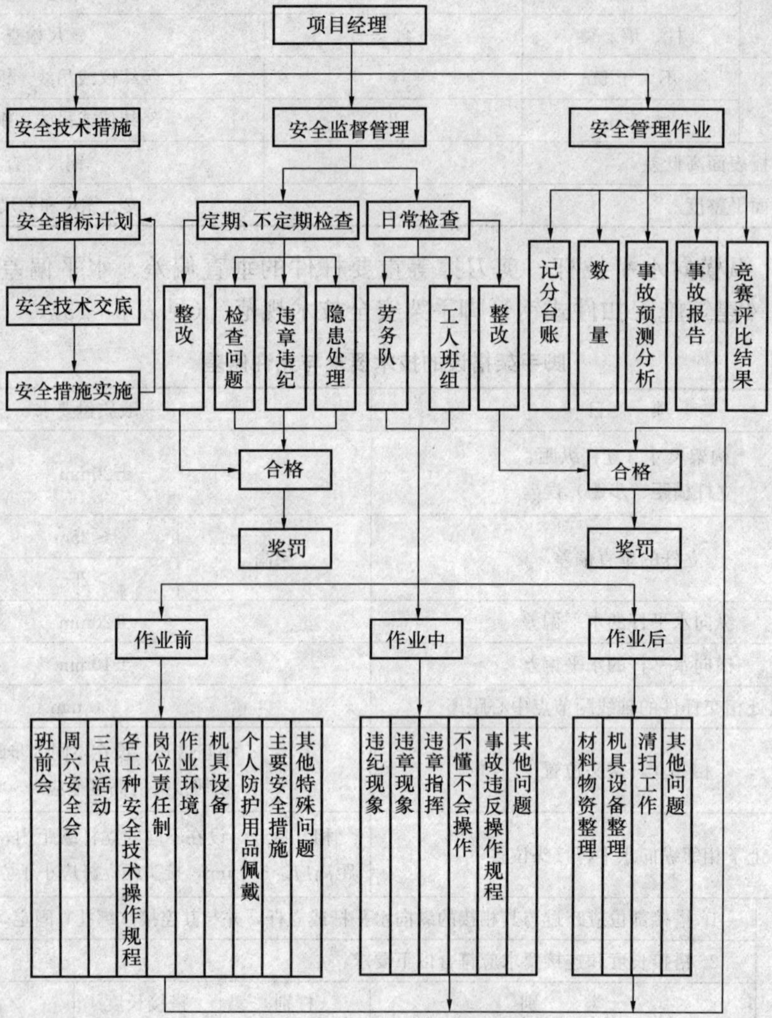

图6-27 安全保证体系

二、技术措施

1. 准备工作

(1) 模板拼装。模板组装要严格按照模板图尺寸拼装成整体，并控制模板的偏差在规范允许的范围内，拼装好模板后要求逐块检查其背楞是否符合模板设计，模板的编号与所用的部位是否一致。

(2) 模板的基准定位工作：

1) 首先引测建筑的边柱或者墙轴线，并以该轴线为起点，引出每条轴线，并根据轴线与施工图用墨线弹出模板的内线、边线以及外侧控制线，施工前5线必须到位，以便于模板的安装和校正。

2）标高测量，利用水准仪将建筑物水平标高根据实际要求，直接引测到模板的安装位置。

3）竖向模板的支设应根据模板支设图。

4）已经破损或者不符合模板设计图的零配件以及面板不得投入使用。

5）支模前对前一道工序的标高、尺寸预留孔等位置按设计图纸做好技术复核工作。

2. 模板支架搭设的构造要求

(1) 梁和板的立柱间距按附图施工。

(2) 木立柱底部应设垫木，顶部应设支撑头。钢管立杆底部应设垫木和底座，顶部应设可调支托，U形支托与楞梁两侧间如有间隙，必须顶紧，其螺杆伸出钢管顶部不得大于200mm，螺杆外径与立柱钢管内径的间隙不得大于3mm，安装时应保证上下同心。

(3) 在立柱底距地面200mm高处，沿纵横水平方向按纵下横上的程序设扫地杆。可调支托底部的立柱顶端应沿纵横向设置一道水平拉杆。扫地杆与顶部水平拉杆之间的间距，在满足模板设计所确定的水平拉杆步距要求条件下，进行平均分配确定步距后，在每一步距处纵横向应各设一道水平拉杆。当层高在8～20m时，在最顶步距两水平拉杆中间应加设一道水平拉杆，当层高大于20m时，在最顶两步距水平拉杆中间应分别增加一道水平拉杆。所有水平拉杆的端部均应与四周建筑物顶紧顶牢。无处可顶时，应在水平拉杆端部和中部沿竖向设置连续式剪刀撑。

(4) 支撑系统立柱接长严禁搭接；应设置扫地杆、纵横向支撑及水平垂直剪刀撑，并与主体结构的墙、柱牢固拉接。

(5) 搭设高度2m以上的支撑架体应设置作业人员登高措施。作业面应按有关规定设置安全防护设施。

(6) 模板支撑系统应为独立的系统，禁止与物料提升机、施工升降机、塔吊等起重设备钢结构架体机身及其附着设施相连接；禁止与施工脚手架、物料周转料平台等架体相连接。

3. 模板拆除

(1) 拆模板前先进行针对性的安全技术交底，并做好记录，交底双方履行签字手续。模板拆除前必须办理拆除模板审批手续，经技术负责人、监理审批签字后方可拆除。

(2) 支拆模板时，2m以上高处作业设置可靠的立足点，并有相应的安全防护措施。拆模顺序应遵循先支后拆，后支先拆，从上往下的原则。

(3) 模板拆除前必须有混凝土强度报告，强度达到规定要求后方可拆模（见表6-24）。

表6-24　　底模拆除时的混凝土强度要求

构件类型	构件跨度（m）	达到设计的混凝土立方体抗压强度标准值的百分率（%）
板	≤2	≥50
	>2，≤8	≥75
	>8	≥100
梁、拱、壳	≤8	≥75
	>8	≥100
悬臂构件	—	≥100

1）侧模在混凝土强度能保证构件表面及棱角不因拆除模板而受损坏后方可拆除；

2）底模拆除梁长超过8m，混凝土强度达到100%；8m以内混凝土强度达到75%；悬臂构件达到100%后方可拆除；

3）板底模小于2m，混凝土强度达到50%；2～8m混凝土强度达到75%；超过8m，混凝土强度达到100%方可拆除。

(4) 柱模拆除，先拆除拉杆再卸掉柱箍，然后用撬棍轻轻撬动模板使模板与混凝土脱离，然后一块块往下传递到地面。

(5) 墙模板拆除，先拆除穿墙螺栓，再拆水平撑和斜撑，再用撬棍轻轻撬动模板，使模板离开墙体，然后一块块往下传递，不得直接往下抛。

(6) 楼板、梁模拆除，应先拆除楼板底模，再拆除侧模，楼板模板拆除应先拆除水平拉杆，然后拆除板模板支柱，每排留1～2根支柱暂不拆，操作人员应站在已拆除的空隙，拆去近旁余下的支柱使木档自由坠落，再用钩子将模板钩下。等该段的模板全部脱落后，集中运出集中堆放，木模的堆放高度不超过2m。楼层较高，支模采用双层排架时，先拆除上层排架，使木档和模板落在底层排架上，上层模板全部运出后再拆底层排架，有穿墙螺栓的应先拆除穿墙螺杆，再拆除梁侧模和底模。

(7) 当立柱的水平拉杆超过2层时，应首先拆除2层以上的拉杆。当拆除最后一道水平拉杆时，应和拆除立柱同时进行。

(8) 当拆除4～8m跨度的梁下立柱时，应先从跨中开始，对称地分别向两端拆除。拆除时，严禁采用连梁底板向旁侧拉倒的拆除方法。

三、监测监控措施

(1) 监测控制。采用经纬仪、水准仪对支撑体系进行监测，主要监测体系的水平、垂直位置是否有偏移。

(2) 监测点设置。观测点可采取在四周梁跨中，结构面中部，总计不少于6个点。

(3) 监测措施。混凝土浇筑过程中，派专人检查支架和支撑情况，发现下沉、松动、变形和水平位移情况的应及时解决。

(4) 仪器设备配置，见表6-25。

表6-25

名称	规格	数量	精度
电子经纬仪	DT202C	1	
自动安平水准仪		2	千米往返±3mm
对讲机		3	
检测板手		1	

(5) 监测说明。班组每日进行安全检查，项目部进行安全周检查，公司进行安全月检查，模板工程日常检查重点部位：

1）杆件的设置和连接，连墙件、支撑，剪刀撑等构件是否符合要求；

2）连墙件是否松动；

3）架体是否有不均匀沉降，垂直度偏差；

4）施工过程中是否有超载现象；

5）安全防护措施是否符合规范要求；

6）支架与杆件是否有变形现象。

(6) 监测频率。在浇筑混凝土过程中应实时监测，一般监测频率不宜超过20～30min一次，在混凝土实凝前后及混凝土终凝前至混凝土7d龄期应实施实时监测，终凝后的监测频率为每天一次。

1）本工程立柱监测预警值为10mm，立柱垂直偏差在24mm以内；

2）监测数据超过预警值时必须立即停止浇筑混凝土，疏散人员，并及时进行加固处理。

四、应急预案

1. 目的

提高整个项目组对事故的整体应急能力，确保意外发生的时候能有序的应急指挥，为有效、及时的抢救伤员，防止事故的扩大，减少经济损失，保护生态环境和资源，把事故降低到最小程度，制定本预案。

2. 应急领导小组及其职责

应急领导小组由组长、副组长、成员等构成。

(1) 领导各单位应急小组的培训和演习工作，提高应变能力。

(2) 当发生突发事故时，负责救险的人员、器材、车辆、通信和组织指挥协调。

(3) 负责准备所需要的应急物资和应急设备。

(4) 及时到达现场进行指挥，控制事故的扩大，并迅速向上级报告。

3. 应急反应预案

(1) 事故报告程序。事故发生后，作业人员、班组长、现场负责人、项目部安全主管领导应逐级上报，并联络报警，组织抢救。

(2) 事故报告。事故发生后应逐级上报：一般为现场事故知情人员、作业队、班组安全员、施工单位专职安全员。发生重大事故时，应立即向上级领导汇报，并在1h内向上级主管部门作出书面报告。

(3) 现场事故应急处理。施工过程中可能发生的事故主要有：机具伤人、火灾事故、触电事故、高空坠落、落物伤人等事故。

1）火灾事故应急处理：及时报警，组织扑救，集中力量控制火势。消灭飞火疏散物资减少损失控制火势蔓延。注意人身安全，积极抢救被困人员，配合消防人员扑灭大火。

2）触电事故处理：立即切断电源或者用干燥的木棒、竹竿等绝缘工具把电线挑开。伤员被救后，观察其呼吸、心跳情况，必要时，可采取人工呼吸、心脏按压术，并且注意其他损伤的处理。局部电击时，应对伤员进行早期清创处理，创面宜暴露，不宜包扎，发生内部组织坏死时，必须注射破伤风抗毒素。

3）其他人身伤害事故处理：当发生如高空坠落、被高空坠物击中、中毒窒息和机具伤人等人身伤害时，应立即向项目部报告、排除其他隐患，防止救援人员受到伤害，积极对伤员进行抢救。

4. 应急通信联络

项目负责人：×××	手机：××××××
安全员：×××	手机：××××××
技术负责人：×××	手机：××××××

医院救护中心：120　　　　匪警：110　火警：119

通信联系方式应在施工现场和营地的显要位置张贴，以便紧急情况下使用。

第六章　劳动力计划

一、专职安全生产管理人员

搭设过程中，因处在施工高峰期，各施工班组在交叉作业中，故应加强安全监控力度，现场设定若干名安全监控员。水平和垂直材料运输必须设置临时警戒区域，用红白三角小旗围栏。谨防非施工人员进入。同时成立以项目经理为组长的安全领导小组以加强现场安全防护工作。

本小组机构组成、人员编制及责任分工如下：

张××（项目经理）——组长，负责协调指挥工作；

张××（施工员）——组员，负责现场施工指挥，技术交底；

李××（安全员）——组员，负责现场安全检查工作；

刘××（架子工班长）——组员，负责现场具体施工。

二、所需劳动力安排（见表6-26）

表6-26

高支模开始时间	2018.9.10	高支模工期（天）	15
作息时间（上午）	7：30～12：00	作息时间（下午）	14：30～19：30
混凝土工程量（m^3）	130	高支模建筑面积（m^2）	286
木工（人）	30	钢筋工（人）	20
混凝土工（人）	10	架子工（人）	5
水电工（人）	2	其他工种（人）	2

第七章　计算书及相关图纸

一、计算书清单（见表6-27）

表6-27

序号	名称	备注
1	KL1底模支架	
2	KL2底模支架	
3	JZL底模支架	
4	板底模支架	
5	KL1侧模	
6	KL2侧模	
7	JZL侧模	

二、计算书

（一）KL1计算书

计算依据：

(1)《建筑施工模板安全技术规范》JGJ 162—2014

(2)《建筑施工扣件式钢管脚手架安全技术规范》JGJ 130—2011

(3)《混凝土结构设计规范》GB 50010—2010(2015年版)

(4)《建筑结构荷载规范》GB 50009—2012

(5)《钢结构设计规范》GB 50017—2017

1. 工程属性(见表6-28)

表6-28

新浇混凝土梁名称	KL1	新浇混凝土梁计算跨度(m)	7.5
混凝土梁截面尺寸(mm×mm)	400×2500	新浇混凝土结构层高(m)	5.85
梁侧楼板厚度(mm)	120		

2. 荷载设计(见表6-29)

表6-29

模板及其支架自重标准值 G_{1k}(kN/m²)	面板	0.1
	面板及小梁	0.3
	模板面板	0.5
	模板及其支架	0.75
新浇筑混凝土自重标准值 G_{2k}(kN/m³)	24	
钢筋自重标准值 G_{3k}(kN/m³)	梁	1.5
	板	1.1
施工人员及设备荷载标准值 Q_{1k}	当计算支架立柱及其他支承结构构件时(kN/m²)	1
振捣混凝土时产生的荷载标准值 Q_{2k}(kN/m²)	对水平面模板取值	2
模板支拆环境不考虑风荷载		

3. 模板体系设计(见表6-30)

表6-30

新浇混凝土梁支撑方式	梁一侧有板,梁板立柱共用(A)
梁跨度方向立柱间距 l_a(mm)	900
梁两侧立柱间距 l_b(mm)	700
步距 h(mm)	900
新浇混凝土楼板立柱间距 l'_a(mm)、l'_b(mm)	900、800
混凝土梁居梁两侧立柱中的位置	居中
梁左侧立柱距梁中心线距离(mm)	350
梁底增加立柱根数	2
梁底增加立柱布置方式	按混凝土梁梁宽均分
梁底增加立柱依次距梁左侧立柱距离(mm)	283,417
梁底支撑小梁根数	7
梁底支撑小梁最大悬挑长度(mm)	150

设计简图如图6-28和图6-29所示。

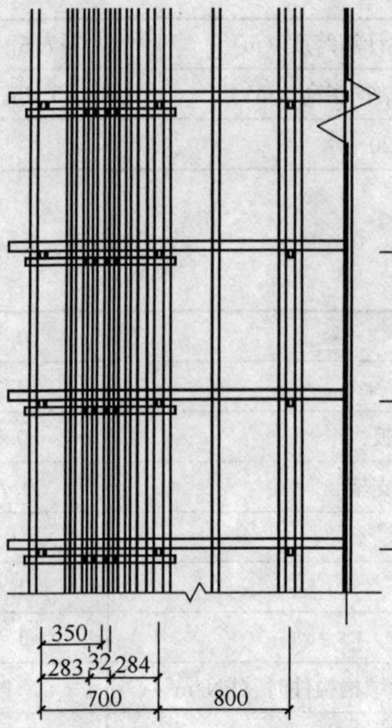

图 6-28 平面图
本图梁侧支撑构造仅作示意，
具体详见梁侧模板设计

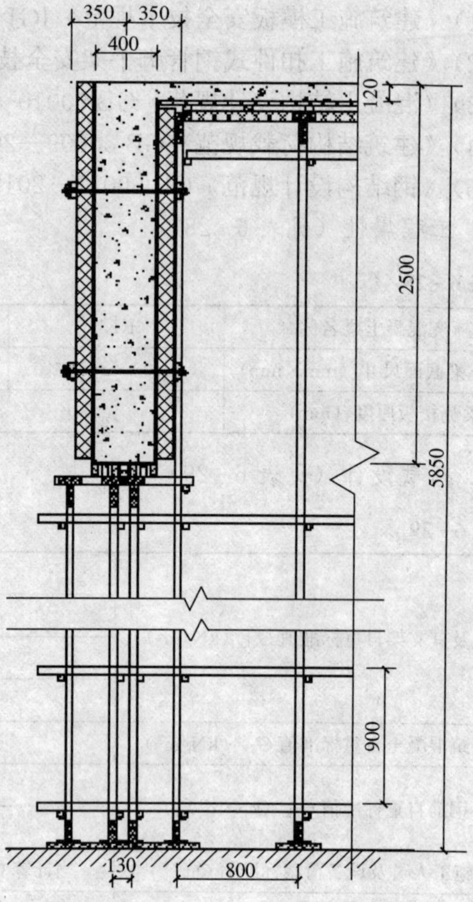

图 6-29 立面图

4. 面板验算（见表 6-31）

表 6-31

面板类型	覆面木胶合板	面板厚度（mm）	15
面板抗弯强度设计值［f］（N/mm²）	12	面板弹性模量 E（N/mm²）	4200

取单位宽度 1000mm，按四等跨连续梁计算，计算简图如图 6-30 所示。

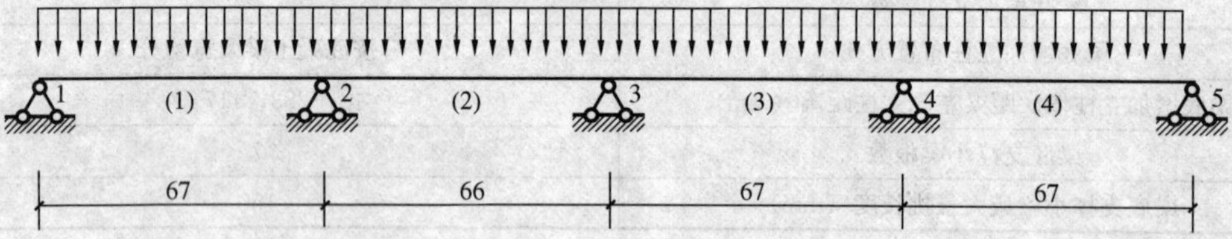

图 6-30 计算简图

$W=bh^2/6=1000\times15\times15/6=37500\text{mm}^3$

$I=bh^3/12=1000\times15\times15\times15/12=281250\text{mm}^4$

$q_1=0.9\max\{1.2[G_{1k}+(G_{2k}+G_{3k})\times h]+1.4Q_{2k}$

$1.35[G_{1k}+(G_{2k}+G_{3k})\times h]+1.4\times0.7Q_{2k}\}\times b$

$=0.9\max\{1.2\times[0.1+(24+1.5)\times2.5]+1.4\times2,\ 1.35\times[0.1+(24+1.5)\times2.5]$

$+1.4\times0.7\times2\}\times1$

$=79.34\text{kN/m}$

$q_{1静}=0.9\times1.35\times[G_{1k}+(G_{2k}+G_{3k})\times h]\times b$

$=0.9\times1.35\times[0.1+(24+1.5)\times2.5]\times1$

$=77.58\text{kN/m}$

$q_{1活}=0.9\times1.4\times0.7\times Q_{2k}\times b=0.9\times1.4\times0.7\times2\times1=1.76\text{kN/m}$

$q_2=[G_{1k}+(G_{2k}+G_{3k})\times h]\times b=[0.1+(24+1.5)\times2.5]\times1=63.85\text{kN/m}$

(1) 强度验算

$M_{\max}=0.107q_{1静}L^2+0.121q_{1活}L^2$

$=0.107\times77.58\times0.07^2+0.121\times1.76\times0.07^2$

$=0.04\text{kN}\cdot\text{m}$

$\sigma=M_{\max}/W=0.04\times10^6/37500=1.01\text{N/mm}^2\leqslant[f]=12\text{N/mm}^2$

满足要求。

(2) 挠度验算

$\nu_{\max}=0.632qL^4/(100EI)=0.632\times63.85\times66.67^4/(100\times4200\times281250)$

$=0.007\text{mm}\leqslant[\nu]=l/400$

$=66.67/400=0.17\text{mm}$

满足要求。

(3) 支座反力计算

设计值(承载能力极限状态)

$R_1=R_5=0.393q_{1静}l+0.446q_{1活}l=0.393\times77.58\times0.07+0.446\times1.76\times0.07=2.08\text{kN}$

$R_2=R_4=1.143q_{1静}l+1.223q_{1活}l=1.143\times77.58\times0.07+1.223\times1.76\times0.07=6.06\text{kN}$

$R_3=0.928q_{1静}l+1.142q_{1活}l=0.928\times77.58\times0.07+1.142\times1.76\times0.07=4.93\text{kN}$

标准值(正常使用极限状态)

$R'_1=R'_5=0.393q_2l=0.393\times63.85\times0.07=1.67\text{kN}$

$R'_2=R'_4=1.143q_2l=1.143\times63.85\times0.07=4.87\text{kN}$

$R'_3=0.928q_2l=0.928\times63.85\times0.07=3.95\text{kN}$

5. 小梁验算(见表 6-32)

表 6-32　　小 梁 验 算

小梁类型	方木	小梁材料规格 (mm)	40×80
小梁抗弯强度设计值 [f] (N/mm^2)	15.44	小梁抗剪强度设计值 [τ] (N/mm^2)	1.78
小梁弹性模量 E (N/mm^2)	9350	小梁截面抵抗矩 W (cm^3)	42.67
小梁截面惯性矩 I (cm^4)	170.67		

为简化计算，按四等跨连续梁和悬臂梁分别计算，如图 6-31 所示。

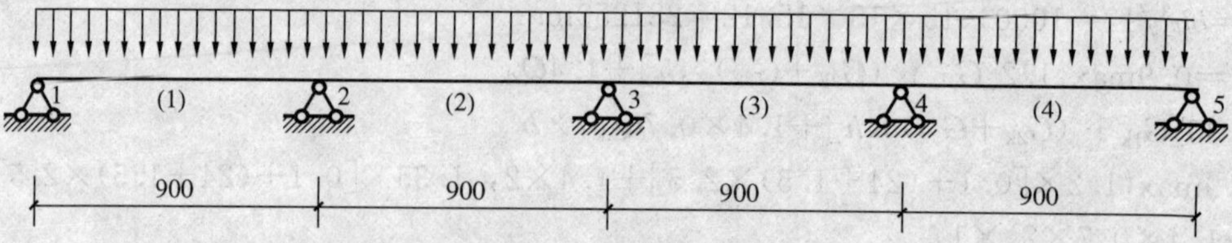

图 6-31 计算简图

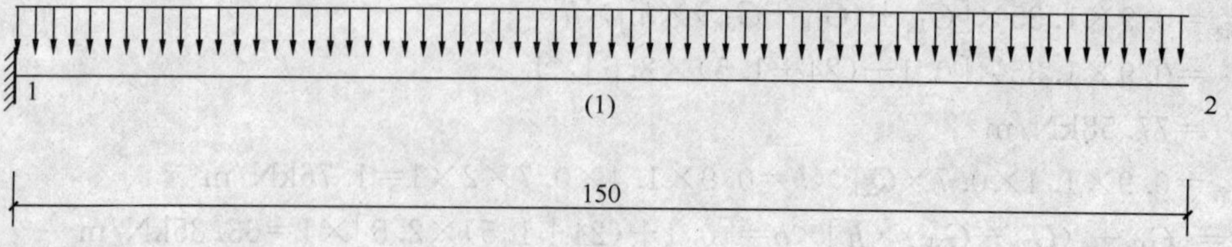

图 6-32

$q_1=\max\{2.08+0.9\times1.35\times[(0.3-0.1)\times0.4/6+0.5\times2.5]+$
$0.9\max\{1.2\times[0.5+(24+1.1)\times0.12]+1.3\times2, 1.35\times[0.5+(24+1.1)\times0.12]$
$+1.3\times0.7\times2\}\times(0.7-0.35-0.4/2)/2\times1, 6.06+0.9\times1.35\times(0.3-0.1)\times0.4/6\}$
$=6.07\text{kN/m}$

$q_2=\max\{1.67+(0.3-0.1)\times0.4/6+0.5\times2.5+$
$[0.5+(24+1.1)\times0.12]\times(0.7-0.35-0.4/2)/2\times1, 4.87+(0.3-0.1)\times0.4/6\}$
$=4.88\text{kN/m}$

(1) 抗弯验算

$M_{max}=\max[0.107q_1l_1^2, 0.5q_1l_2^2]$
$=\max[0.107\times6.07\times0.9^2, 0.5\times6.07\times0.15^2]=0.53\text{kN}\cdot\text{m}$

$\sigma=M_{max}/W=0.53\times10^6/42\,670$
$=12.33\text{N/mm}^2\leqslant[f]=15.44\text{N/mm}^2$

满足要求。

(2) 抗剪验算

$V_{max}=\max[0.607q_1l_1, q_1l_2]=\max[0.607\times6.07\times0.9, 6.07\times0.15]=3.317\text{kN}$

$\tau_{max}=3V_{max}/(2bh_0)=3\times3.317\times1000/(2\times40\times80)$
$=1.55\text{N/mm}^2\leqslant[\tau]=1.78\text{N/mm}^2$

满足要求。

(3) 挠度验算

$\nu_1=0.632q_2l_1^4/(100EI)=0.632\times4.88\times900^4/(100\times9350\times1\,706\,700)$
$=1.27\text{mm}\leqslant[\nu]=l/400=900/400=2.25\text{mm}$

$\nu_2=q_2l_2^4/(8EI)=4.88\times150^4/(8\times9350\times1\,706\,700)$
$=0.02\text{mm}\leqslant[\nu]=1/400=150/400=0.38\text{mm}$

满足要求。

(4) 支座反力计算

梁头处（即梁底支撑小梁悬挑段根部）

承载能力极限状态

R_{max}＝max［1.143q_1l_1，0.393$q_1l_1+q_1l_2$］

＝max［1.143×6.07×0.9，0.393×6.07×0.9＋6.07×0.15］＝6.25kN

同理可得，梁底支撑小梁所受最大支座反力依次为 R_1＝3.72kN，R_2＝R_6＝6.25kN，R_3＝R_4＝R_5＝5.09kN，R_7＝4.14kN。

正常使用极限状态

R'_{max}＝max［1.143q_2l_1，0.393$q_2l_1+q_2l_2$］

＝max［1.143×4.88×0.9，0.393×4.88×0.9＋4.88×0.15］＝5.02kN。

同理可得，梁底支撑小梁所受最大支座反力依次为 R'_1＝3.3kN，R'_2＝R'_6＝5.02kN，R'_3＝R'_4＝R'_5＝4.08kN，R'_7＝3.71kN。

6. 主梁验算（见表 6－33）

表 6－33 主 梁 验 算

主梁类型	钢管	主梁材料规格（mm）	ϕ48×3
可调托座内主梁根数	1	主梁弹性模量 E（N/mm²）	206000
主梁抗弯强度设计值［f］（N/mm²）	205	主梁抗剪强度设计值［τ］（N/mm²）	125
主梁截面惯性矩 I（cm⁴）	10.78	主梁截面抵抗矩 W（cm³）	4.49

主梁自重忽略不计，计算简图如图 6－33 所示。

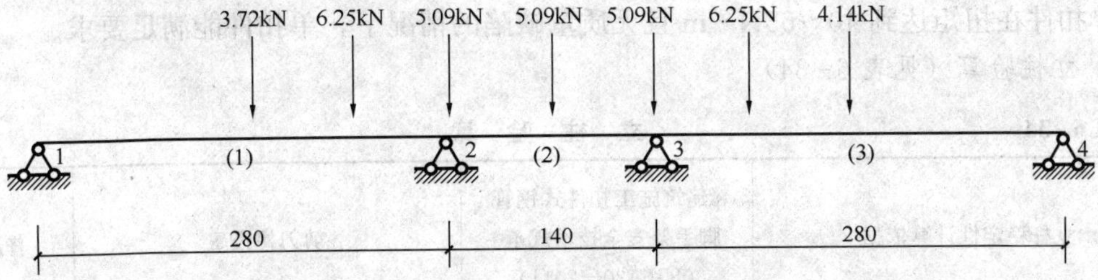

图 6－33 主梁自重计算简图

（1）抗弯验算（见图 6－34）

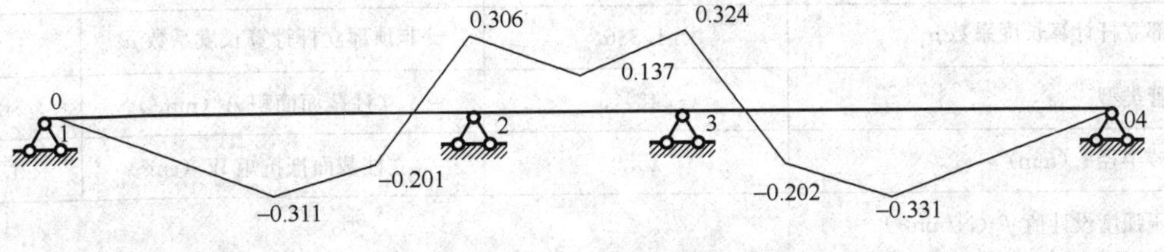

图 6－34 主梁弯矩图（kN·m）

$$\sigma=M_{max}/W=0.331\times10^6/4490=73.61\text{N/mm}^2\leqslant[f]=205\text{N/mm}^2$$

满足要求。

（2）抗剪验算（见图 6－35）

V_{max}＝8.163kN

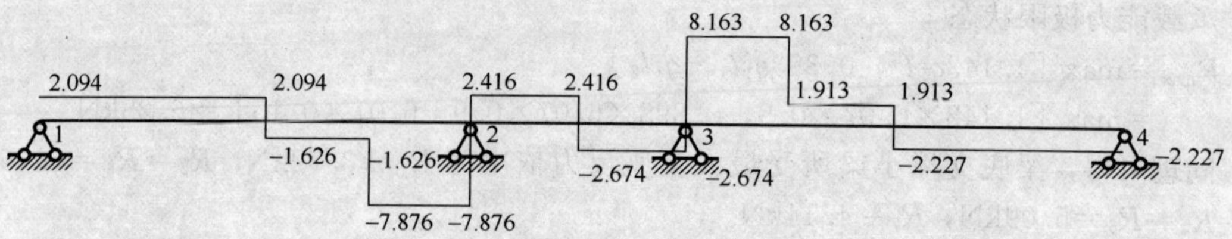

图 6-35 主梁剪力图 (kN)

$\tau_{max}=2V_{max}/A=2\times8.163\times1000/424=38.5N/mm^2\leqslant[\tau]=125N/mm^2$

满足要求。

(3) 挠度验算 (见图 6-36)

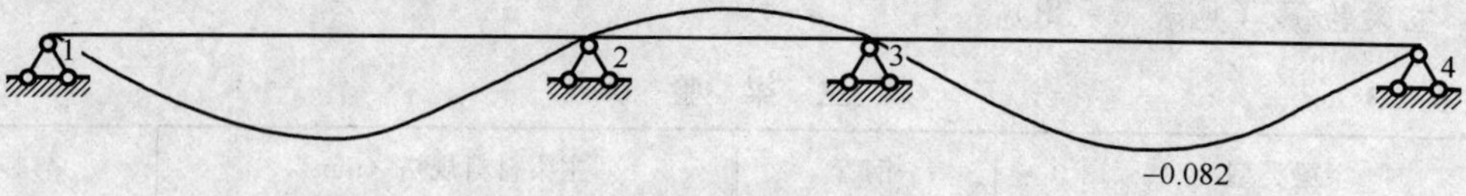

图 6-36 主梁变形图 (mm)

$$\nu_{max}=0.08mm\leqslant[\nu]=l/400=283/400=0.71mm$$

满足要求。

(4) 扣件抗滑计算

$$R=R_4=2.23kN\leqslant8kN$$

单扣件在扭矩达到 40～65N·m 且无质量缺陷的情况下，单扣件能满足要求。

7. 立柱验算 (见表 6-34)

表 6-34 立柱验算

立杆稳定性计算依据	《建筑施工扣件式钢管脚手架安全技术规范》(JGJ 130—2011)	剪刀撑设置	普通型
立杆顶部步距 h_d (mm)	900	立杆伸出顶层水平杆中心线至支撑点的长度 a (mm)	200
顶部立杆计算长度系数 μ_1	1.386	非顶部立杆计算长度系数 μ_2	1.755
钢管类型	$\phi48\times3$	立柱截面面积 A (mm^2)	424
回转半径 i (mm)	15.9	立柱截面抵抗矩 W (cm^3)	4.49
抗压强度设计值 f (N/mm^2)	205		

长细比验算如下：

顶部立杆段： $l_{01}=k\mu_1(h_d+2a)=1\times1.386\times(900+2\times200)=1801.8mm$

非顶部立杆段： $l_{02}=k\mu_2h=1\times1.755\times900=1579.5mm$

$$\lambda=l_0/i=1801.8/15.9=113.32\leqslant[\lambda]=210$$

长细比满足要求。

顶部立杆段：　$l_{01}=k\mu_1(h_d+2a)=1.155\times1.386\times(900+2\times200)$

$=2081.079\text{mm}$

$\lambda_1=l_{01}/i=2081.079/15.9=130.885$

查表得，$\phi_1=0.396$。

立柱最大受力 $N=\max[R_1, R_2, R_3, R_4+N_{边2}]$

$=\max(2.09, 15.38, 15.93, 2.23)+0.9\max[1.2\times(0.5+(24+1.1)\times0.12)+1.4\times1, 1.35\times(0.5+(24+1.1)\times0.12)+1.4\times0.7\times1]\times(0.8+0.7-0.35-0.4/2)/2\times0.9]$

$=15.93\text{kN}$

$f=N/(\phi A)=15.93\times10^3/(0.4\times424)$

$=94.85\text{N/mm}^2\leqslant[f]=205\text{N/mm}^2$

满足要求。

非顶部立杆段：$l_{02}=k\mu_2h=1.155\times1.755\times900=1824.322\text{mm}$

$\lambda_2=l_{02}/i=1824.322/15.9=114.737$，查表得，$\phi_2=0.489$

立柱最大受力 $N=\max[R_1, R_2, R_3, R_4+N_{边2}]$

$=\max[2.09, 15.38, 15.93, 2.23+0.9\max[1.2\times(0.75+(24+1.1)\times0.12)+1.4\times1, 1.35\times(0.75+(24+1.1)\times0.12)+1.4\times0.7\times1]\times(0.8+0.7-0.35-0.4/2)/2\times0.9]$

$=15.93\text{kN}$

$f=N/(\phi A)=15.93\times10^3/(0.49\times424)$

$=76.81\text{N/mm}^2\leqslant[f]=205\text{N/mm}^2$

满足要求。

8. 可调托座验算

荷载传递至立杆方式：可调托座；可调托座承载力容许值［N］(kN)：30。

由“主梁验算”部分中计算可知可调托座最大受力：

$$N=\max[R_1, R_2, R_3]\times1$$

$$=15.93\text{kN}\leqslant[N]=30\text{kN}$$

满足要求。

（二）KL2 计算书（略）

（三）JZL 计算书（略）

（四）板模板（扣件式）计算书

计算依据：

(1)《建筑施工模板安全技术规范》JGJ 162—2014

(2)《建筑施工扣件式钢管脚手架安全技术规范》JGJ 130—2011

(3)《混凝土结构设计规范》GB 50010—2010（2015 年版）

(4)《建筑结构荷载规范》GB 50009—2012

(5)《钢结构设计规范》GB 50017—2017

1. 工程属性（见表6-35）

表6-35

新浇混凝土楼板名称	B，标高32.80m	新浇混凝土楼板板厚（mm）	120
新浇混凝土楼板边长 L（m）	2.5	新浇混凝土楼板边宽 B（m）	2.5

2. 荷载设计（见表6-36）

表6-36

施工人员及设备荷载标准值 Q_{1k}	当计算面板和小梁时的均布活荷载（kN/m^2）	2.5
	当计算面板和小梁时的集中荷载（kN）	2.5
	当计算主梁时的均布活荷载（kN/m^2）	1.5
	当计算支架立柱及其他支承结构构件时的均布活荷载（kN/m^2）	1
模板及其支架自重标准值 G_{1k}（kN/m^2）	面板自重标准值	0.1
	面板及小梁自重标准值	0.3
	楼板模板自重标准值	0.5
	模板及其支架自重标准值	0.75
新浇筑混凝土自重标准值 G_{2k}（kN/m^3）	24	
钢筋自重标准值 G_{3k}（kN/m^3）	1.1	
模板支拆环境不考虑风荷载		

3. 模板体系设计（见表6-37）

表6-37

模板支架高度（m）	2.85
立柱纵向间距 l_a（mm）	800
立柱横向间距 l_b（mm）	800
水平拉杆步距 h（mm）	1800
立柱布置在混凝土板域中的位置	中心对称
立柱距混凝土板短边的距离（mm）	50
立柱距混凝土板长边的距离（mm）	50
主梁布置方向	垂直楼板长边
小梁间距（mm）	250
小梁两端各悬挑长度（mm）	50，50
主梁两端各悬挑长度（mm）	50，50

设计简图如图 6-37～图 6-39 所示。

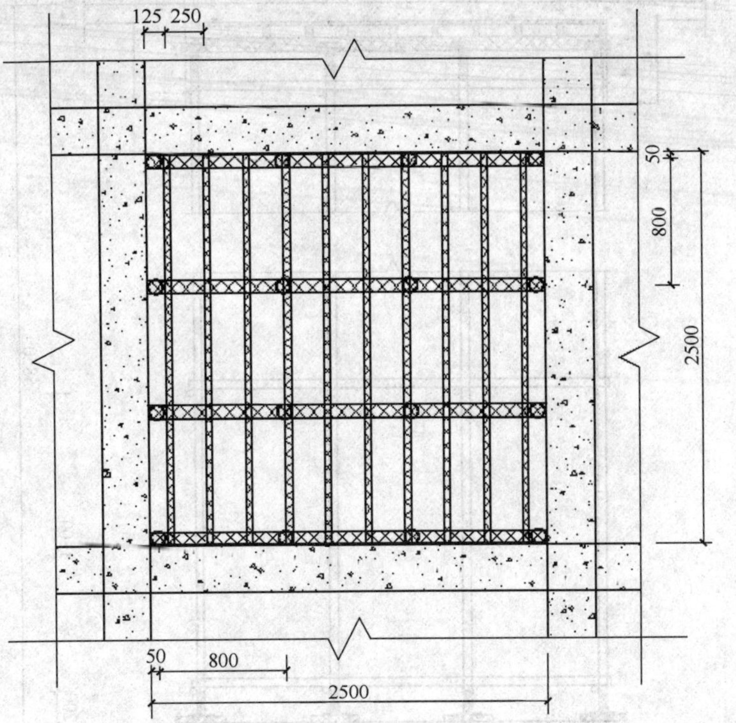

图 6-37 模板设计平面图

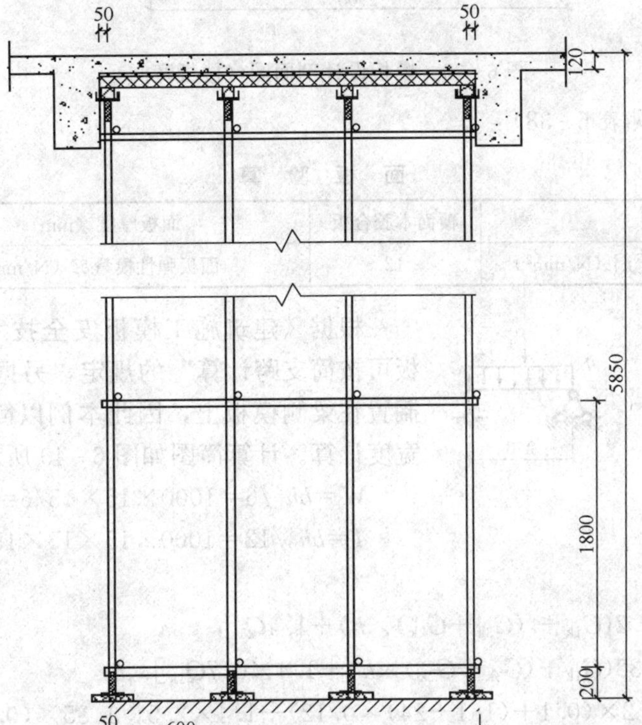

图 6-38 模板设计剖面图（楼板长向）

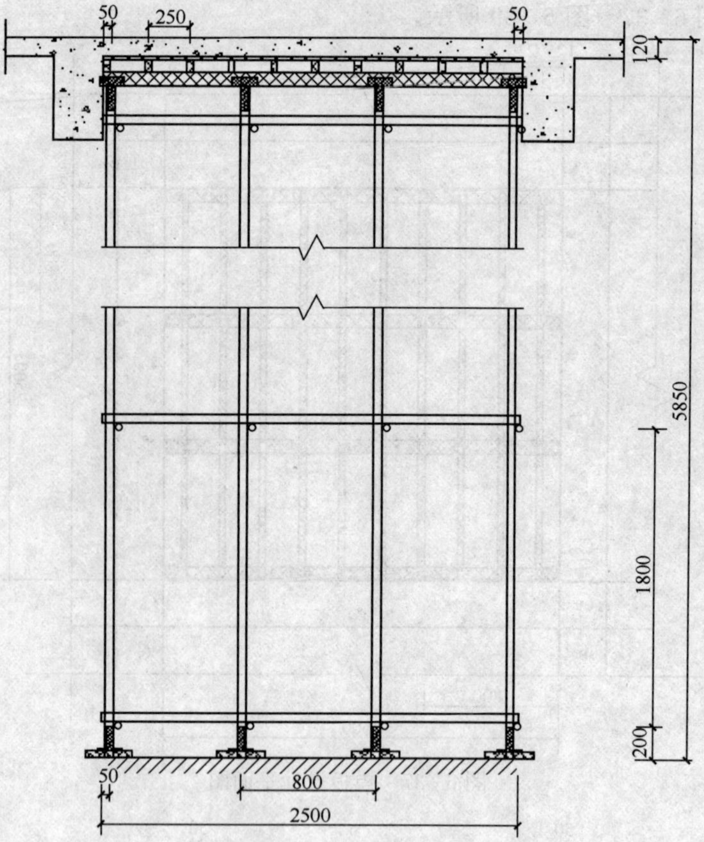

图 6-39 模板设计剖面图（楼板宽向）

4. 面板验算（见表 6-38）

表 6-38 面板验算

面板类型	覆面木胶合板	面板厚度（mm）	15
面板抗弯强度设计值 [f]（N/mm²）	12	面板弹性模量 E（N/mm²）	4200

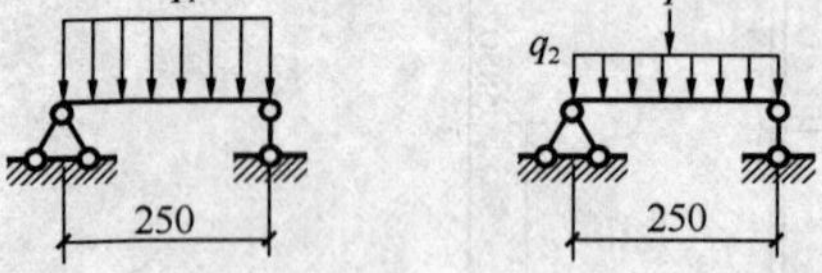

图 6-40

根据《建筑施工模板安全技术规范》5.2.1“面板可按简支跨计算”的规定，另据现实，楼板面板应搁置在梁侧模板上，因此本例以简支梁，取 1m 单位宽度计算。计算简图如图 6-40 所示。

$W=bh^2/6=1000\times15\times15/6=37\ 500\text{mm}^3$

$I=bh^3/12=1000\times15\times15\times15/12=281\ 250\text{mm}^4$

(1) 强度验算

$$q_1=0.9\max[1.2(G_{1k}+(G_{3k}+G_{2k})\times h)+1.4Q_{1k},\ 1.35(G_{1k}+(G_{3k}+G_{2k})\times h)+1.4\times0.7Q_{1k}]\times b$$

$$=0.9\max[1.2\times(0.1+(1.1+24)\times0.12)+1.4\times2.5,\ 1.35\times(0.1+(1.1+24)\times0.12)+1.4\times0.7\times2.5]\times1$$

$$=6.51\text{kN/m}$$

$q_2=0.9\times1.2\times G_{1k}\times b=0.9\times1.2\times0.1\times1=0.11\text{kN/m}$

$p=0.9\times1.4\times Q_{1K}=0.9\times1.4\times2.5=3.15\text{kN}$

$M_{max}=\max[q_1l^2/8,\ q_2l^2/8+pl/4]$

$=\max[6.51\times0.25^2/8,\ 0.11\times0.25^2/8+3.15\times0.25/4]=0.2\text{kN}\cdot\text{m}$

$\sigma=M_{max}/W=0.2\times10^6/37\,500=5.27\text{N/mm}^2\leqslant[f]=12\text{N/mm}^2$

满足要求。

(2) 挠度验算

$q=(G_{1k}+(G_{3k}+G_{2k})\times h)\times b=(0.1+(1.1+24)\times0.12)\times1=3.11\text{kN/m}$

$\nu=5ql^4/(384EI)=5\times3.11\times250^4/(384\times4200\times281250)$

$=0.13\text{mm}\leqslant[\nu]=l/400=250/400$

$=0.62\text{mm}$

满足要求。

5. 小梁验算（见表 6-39）

表 6-39 **小 梁 验 算**

小梁类型	方木	小梁材料规格（mm）	40×80
小梁抗弯强度设计值[f](N/mm²)	15.44	小梁抗剪强度设计值［τ］(N/mm²)	1.78
小梁弹性模量 E（N/mm²）	9350	小梁截面抵抗矩 W（cm³）	42.67
小梁截面惯性矩 I（cm⁴）	170.67		

因 $[L/l_a]_{取整}=[2500/800]_{取整}=3$，按三等跨连续梁计算，又因小梁较大悬挑长度为 50mm，因此需进行最不利组合，计算简图如图 6-41 所示。

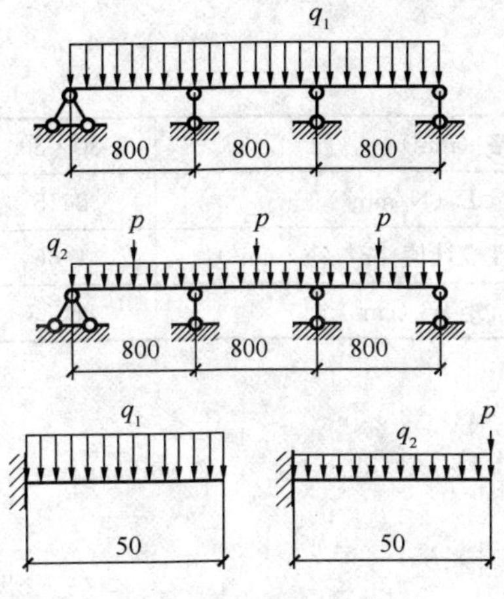

图 6-41

(1) 强度验算

$q_1=0.9\max[1.2(G_{1k}+(G_{3k}+G_{2k})\times h)+1.4Q_{1k},\ 1.35(G_{1k}+(G_{3k}+G_{2k})\times h)+1.4\times0.7Q_{1k}]\times b$

$=0.9\times\max[1.2\times(0.3+(1.1+24)\times0.12)+1.4\times2.5,\ 1.35\times(0.3+(1.1+24)\times0.12)+1.4\times0.7\times2.5]\times0.25$

$=1.68\text{kN/m}$

因此，

$q_{1静}=0.9\times1.2(G_{1k}+(G_{3k}+G_{2k})\times h)\times b$

$=0.9\times1.2\times(0.3+(1.1+24)\times0.12)\times0.25$

$=0.89\text{kN/m}$

$q_{1活}=0.9\times1.4\times Q_{1k}\times b=0.9\times1.4\times2.5\times0.25$

$=0.79\text{kN/m}$

$M_1=0.1q_{1静}L^2+0.117q_{1活}L^2$

$=0.1\times0.89\times0.8^2+0.117\times0.79\times0.8^2=0.12\text{kN}\cdot\text{m}$

$q_2=0.9\times1.2\times G_{1k}\times b=0.9\times1.2\times0.3\times0.25=0.08\text{kN/m}$

$p=0.9\times1.4\times Q_{1k}=0.9\times1.4\times2.5=3.15\text{kN}$

$M_2 = \max[0.08q_2L^2 + 0.213pL,\ 0.1q_2L^2 + 0.175pL]$

$= \max[0.08 \times 0.08 \times 0.8^2 + 0.213 \times 3.15 \times 0.8,\ 0.1 \times 0.08 \times 0.8^2 + 0.175 \times 3.15 \times 0.8]$

$= 0.54\text{kN} \cdot \text{m}$

$M_3 = \max[q_1L_1{}^2/2,\ q_2L_1{}^2/2 + pL_1]$

$= \max[1.68 \times 0.05^2/2,\ 0.08 \times 0.05^2/2 + 3.15 \times 0.05]$

$= 0.16\text{kN} \cdot \text{m}$

$M_{max} = \max[M_1, M_2, M_3] = \max[0.12, 0.54, 0.16] = 0.54\text{kN} \cdot \text{m}$

$\sigma = M_{max}/W = 0.54 \times 10^6/42\ 670 = 12.68\text{N/mm}^2 \leqslant [f] = 15.44\text{N/mm}^2$

满足要求。

(2) 抗剪验算

$V_1 = 0.6q_{1静}L + 0.617q_{1活}L = 0.6 \times 0.89 \times 0.8 + 0.617 \times 0.79 \times 0.8 = 0.82\text{kN}$

$V_2 = 0.6q_2L + 0.675p = 0.6 \times 0.08 \times 0.8 + 0.675 \times 3.15 = 2.17\text{kN}$

$V_3 = \max[q_1L_1,\ q_2L_1 + p] = \max[1.68 \times 0.05,\ 0.08 \times 0.05 + 3.15] = 3.15\text{kN}$

$V_{max} = \max[V_1, V_2, V_3] = \max[0.82, 2.17, 3.15] = 3.15\text{kN}$

$\tau_{max} = 3V_{max}/(2bh_0) = 3 \times 3.15 \times 1000/(2 \times 80 \times 40) = 1.48\text{N/mm}^2 \leqslant [\tau] = 1.78\text{N/mm}^2$

满足要求。

(3) 挠度验算

$q = (G_{1k} + (G_{3k} + G_{2k}) \times h) \times b = (0.3 + (24 + 1.1) \times 0.12) \times 0.25 = 0.83\text{kN/m}$

跨中 $\nu_{max} = 0.677qL^4/(100EI) = 0.677 \times 0.83 \times 800^4/(100 \times 9350 \times 1706700)$

$= 0.14\text{mm} \leqslant [\nu] = l/400 = 800/400 = 2\text{mm}$

满足要求。

6. 主梁验算（见表 6 - 40）

表 6 - 40

主梁类型	方木	主梁材料规格（mm）	80×80
可调托座内主梁根数	1	主梁弹性模量 E（N/mm²）	8415
主梁抗弯强度设计值 $[f]$（N/mm²）	15.44	主梁抗剪强度设计值 $[\tau]$（N/mm²）	1.66
主梁截面惯性矩 I（cm⁴）	341.33	主梁截面抵抗矩 W（cm³）	85.33

(1) 小梁最大支座反力计算

$Q_{1k} = 1.5\text{kN/m}^2$

$q_1 = 0.9\max[1.2(G_{1k} + (G_{3k} + G_{2k}) \times h) + 1.4Q_{1k},$

$1.35(G_{1k} + (G_{3k} + G_{2k}) \times h) + 1.4 \times 0.7Q_{1k}] \times b$

$= 0.9\max[1.2 \times (0.5 + (1.1 + 24) \times 0.12) + 1.4 \times 1.5,$

$1.35 \times (0.5 + (1.1 + 24) \times 0.12) + 1.4 \times 0.7 \times 1.5] \times 0.25 = 1.42\text{kN/m}$

$q_{1静} = 0.9 \times 1.2(G_{1k} + (G_{3k} + G_{2k}) \times h) \times b$

$= 0.9 \times 1.2 \times (0.5 + (1.1 + 24) \times 0.12) \times 0.25 = 0.95\text{kN/m}$

$q_{1活} = 0.9 \times 1.4 \times Q_{1k} \times b = 0.9 \times 1.4 \times 1.5 \times 0.25 = 0.47\text{kN/m}$

$q_2 = (G_{1k} + (G_{3k} + G_{2k}) \times h) \times b = (0.5 + (1.1 + 24) \times 0.12) \times 0.25 = 0.88\text{kN/m}$

承载能力极限状态：

按三跨连续梁，$R_{max}=(1.1q_{1静}+1.2q_{1活})L=1.1\times0.95\times0.8+1.2\times0.47\times0.8=1.29kN$。

按悬臂梁，$R_1=q_1l=1.42\times0.05=0.07kN$。

$R=max[R_{max},R_1]=1.29kN$。

正常使用极限状态：

按三跨连续梁，$R_{max}=1.1q_2L=1.1\times0.88\times0.8=0.77kN$。

按悬臂梁，$R_1=q_2l=0.88\times0.05=0.04kN$。

$$R=max[R_{max},R_1]=0.77kN$$

(2) 抗弯验算

计算简图如图 6-42 所示。

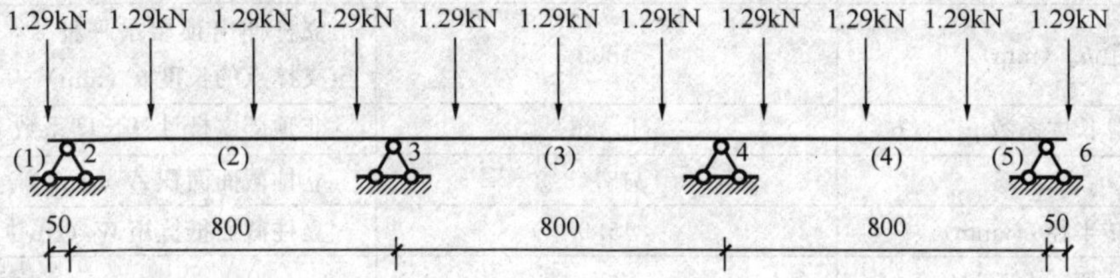

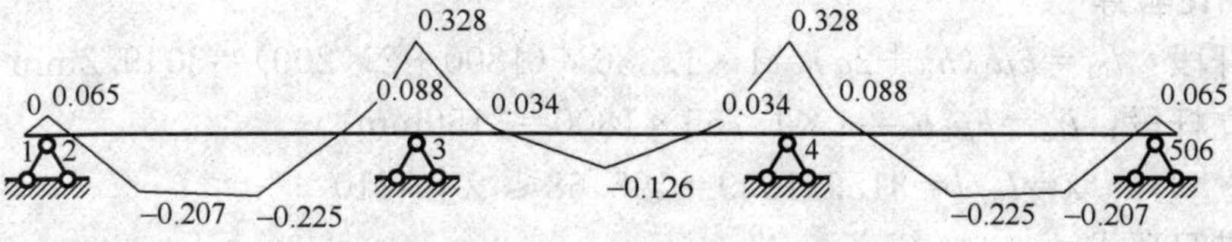

图 6-42　主梁弯矩图（kN·m）

$$M_{max}=0.33kN\cdot m$$

$\sigma=M_{max}/W=0.33\times10^6/85330=3.85N/mm^2\leqslant[f]=15.44N/mm^2$

满足要求。

(3) 抗剪验算（见图 6-43）

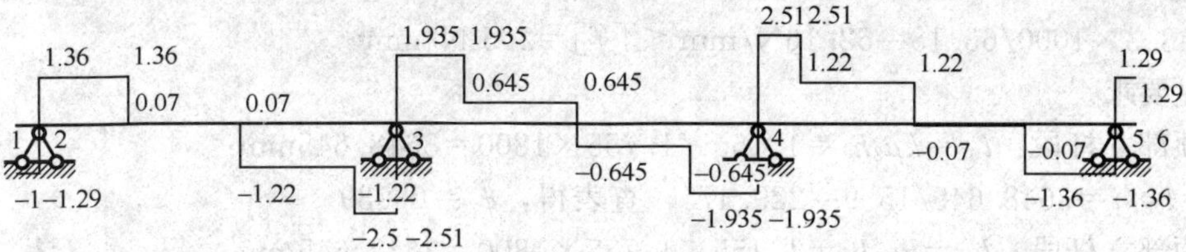

图 6-43　主梁剪力图（kN）

$$V_{max}=2.51kN$$

$$\tau_{max}=3V_{max}/(2bh_0)=3\times2.51\times1000/(2\times80\times80)$$
$$=0.59N/mm^2\leqslant[\tau]=1.66N/mm^2$$

满足要求。

(4) 挠度验算（见图 6-44）

$$\nu_{max}=0.25mm$$

$$跨中\ \nu_{max}=0.25mm\leqslant[\nu]=800/400=2mm$$

$$悬挑段\ \nu_{max}=0.05mm\leqslant[\nu]=50/400=0.12mm$$

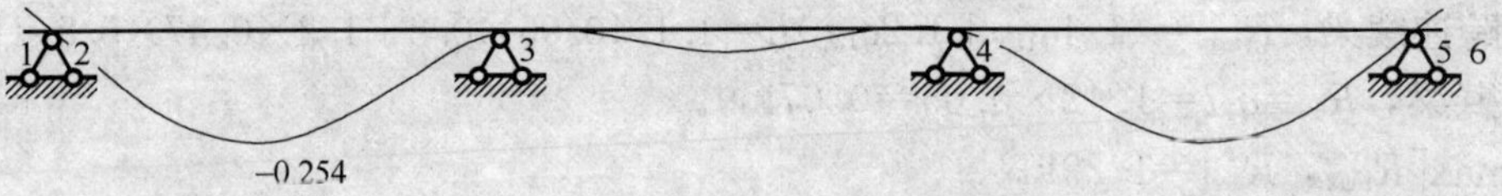

图 6-44 主梁变形图（mm）

满足要求。

7. 立柱验算（见表 6-41）

表 6-41 **立 柱 验 算**

立杆稳定性计算依据	《建筑施工扣件式钢管脚手架安全技术规范》JGJ130－2011	剪刀撑设置	普通型
立杆顶部步距 h_d（mm）	1800	立杆伸出顶层水平杆中心线至支撑点的长度 a（mm）	200
顶部立杆计算长度系数 μ_1	1.386	非顶部立杆计算长度系数 μ_2	1.755
钢管类型	ϕ48×3	立柱截面面积 A（mm^2）	424
立柱截面回转半径 i（mm）	15.9	立柱截面抵抗矩 W（cm^3）	4.49
抗压强度设计值［f］（N/mm^2）	205		

(1) 长细比验算

顶部立杆段：$l_{01}=k\mu_1(h_d+2a)=1\times1.386\times(1800+2\times200)=3049.2$mm

非顶部立杆段：$l_{02}=k\mu_2 h=1\times1.755\times1800=3159$mm

$$\lambda=l_0/i=3159/15.9=198.68\leqslant[\lambda]=210$$

长细比满足要求。

(2) 立柱稳定性验算

顶部立杆段：$l_{01}=k\mu_1(h_d+2a)=1.155\times1.386\times(1800+2\times200)=3521.826$mm

$\lambda_1=l_{01}/i=3521.826/15.9=221.498$，查表得，$\phi_1=0.149$

$f=N/(\phi A)=0.9\max[1.2\times(0.5+(1.1+24)\times0.12)+$
$1.4\times1, 1.35\times(0.5+(1.1+24)\times0.12)+1.4\times0.7\times1]\times0.8\times0.8\times1000/(0.15\times424)$
$=3.3\times1000/63.18=52.16N/mm^2\leqslant[f]=205\ N/mm^2$

满足要求。

非顶部立杆段：$l_{02}=k\mu_2 h=1.155\times1.755\times1800=3648.645$mm

$\lambda_2=l_{02}/i=3648.645/15.9=229.475$，查表得，$\phi_2=0.139$

非顶部立杆段：$l_{02}=k\mu_2 h=1.155\times1.755\times1800=3648.645$mm

$\lambda_2=l_{02}/i=3648.645/15.9=229.475$，查表得，$\phi_2=0.139$

$f=N/(\phi A)=0.9\max[1.2\times(0.75+(1.1+24)\times0.12)+$
$1.4\times1, 1.35\times(0.75+(1.1+24)\times0.12)+1.4\times0.7\times1]\times0.8\times0.8\times1000/(0.14\times424)$
$=3.49\times1000/58.94=59.21N/mm^2\leqslant[f]=205\ N/mm^2$

满足要求。

8. 可调托座验算

荷载传递至立杆方式：可调托座；可调托座承载力容许值［N］(kN)：30

按上节计算可知，可调托座受力 $N=3.3kN\leqslant[N]=30kN$

满足要求。

（五）KL1 梁侧模板计算书

计算依据：

(1)《建筑施工模板安全技术规范》JGJ 162—2014

(2)《混凝土结构设计规范》GB 50010—2010（2015 年版）

(3)《建筑结构荷载规范》GB 50009—2012

(4)《钢结构设计规范》GB 50017—2017

1. 工程属性（见表 6-42）

表 6-42

新浇混凝土梁名称	KL1，标高 32.800m	混凝土梁截面尺寸（mm×mm）	400×2500
梁板结构情况	见图 6-45	楼板厚度（mm）	120

2. 荷载组合（见表 6-43）

表 6-43

侧压力计算依据规范	《建筑施工模板安全技术规范》（JGJ 162—2008）	混凝土重力密度 γ_c（kN/m³）	24
新浇混凝土初凝时间 t_0（h）	4	外加剂影响修正系数 β_1	1
混凝土坍落度影响修正系数 β_2	1	混凝土浇筑速度 V（m/h）	2
混凝土侧压力计算位置处至新浇混凝土顶面总高度 H（m）		2.3	
新浇混凝土对模板的侧压力标准值 G_{4k}（kN/m²）		min $\{0.22\gamma_c t_0\beta_1\beta_2 v^{1/2},\ \gamma_c H\}$ = min $\{0.22\times24\times4\times1\times1\times2^{1/2},\ 24\times2.3\}$ = min $\{29.868,\ 55.2\}$ = 29.868kN/m²	
振捣混凝土时对垂直面模板荷载标准值 Q_{2k}（kN/m²）		4	

新浇混凝土对模板的侧压力标准值：

$$G_{4k}=\min[0.22\gamma_c t_0\beta_1\beta_2 v^{1/2},\ \gamma_c H]$$
$$=\min[0.22\times24\times4\times1\times1\times2^{1/2},\ 24\times2.3]$$
$$=\min[29.87,\ 55.2]=29.87\text{kN/m}^2$$

承载能力极限状态设计值：

$$S_{承}=0.9\max[1.2G_{4k}+1.4Q_{2k},\ 1.35G_{4k}+1.4\times0.7Q_{2k}]$$
$$=0.9\max[1.2\times29.87+1.4\times4,\ 1.35\times29.87+1.4\times0.7\times4]$$
$$=0.9\max[41.44,\ 44.24]=0.9\times44.24=39.82\text{kN/m}^2$$

正常使用极限状态设计值 $S_{正}=G_{4k}=29.87$ kN/m²

3. 支撑体系设计（见表 6-44）

表 6-44 **支撑体系设计**

小梁布置方式	水平向布置
左右两侧小梁道数	12，11
主梁间距（mm）	550
主梁合并根数	2
小梁最大悬挑长度（mm）	175
对拉螺栓水平向间距（mm）	550
梁左侧支撑距梁底距离依次为	200，825，1525，2200
梁右侧支撑距梁底距离依次为	200，825，1525，2200

设计简图如图 6-45 所示。

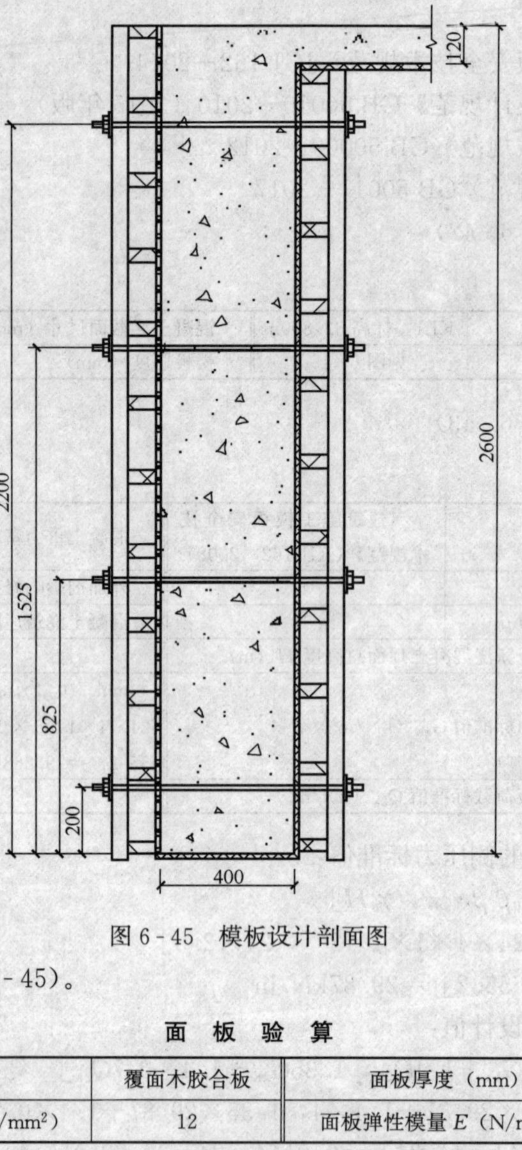

图 6-45　模板设计剖面图

4. 面板验算（见表 6-45）。

表 6-45　　面板验算

面板类型	覆面木胶合板	面板厚度（mm）	15
面板抗弯强度设计值［f］（N/mm²）	12	面板弹性模量 E（N/mm²）	4200

梁截面宽度取单位长度，$b=1000\text{mm}$。$W=bh^2/6=1000\times15^2/6=37\ 500\text{mm}^3$，$I=bh^3/12=1000\times15^3/12=281\ 250\text{mm}^4$。左、右两侧面板计算简图如图 6-46 所示。

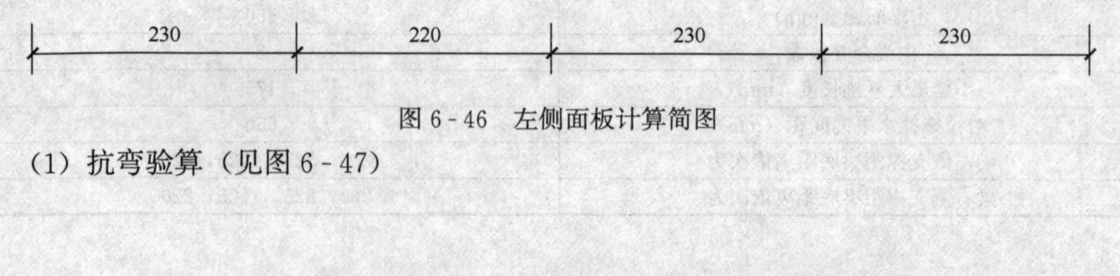

图 6-46　左侧面板计算简图

(1) 抗弯验算（见图 6-47）

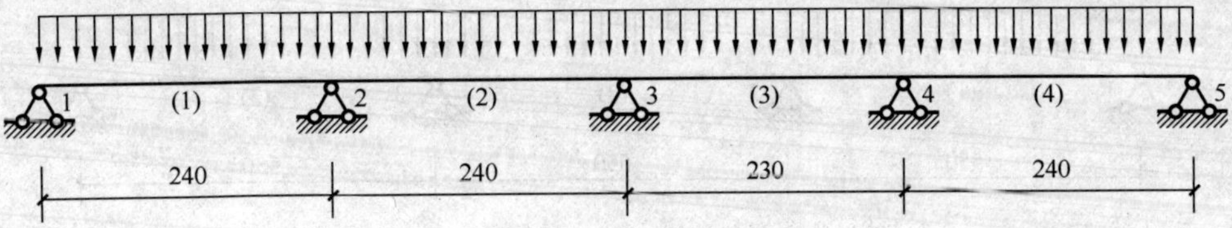

图 6-47　右侧面板计算简图

$q_1 = bS_{承} = 1\times39.82 = 39.82\text{kN/m}$

$q_{1静} = 0.9\times1.35\times G_{4k}\times b = 0.9\times1.35\times29.87\times1 = 36.29\text{kN/m}$

$q_{1活} = 0.9\times1.4\times0.7\times Q_{2k}\times b = 0.9\times1.4\times0.7\times4\times1 = 3.53\text{kN/m}$

$M_{max} = \max\ [0.107q_{1静}L_{左}^2 + 0.121q_{1活}L_{左}^2,\ 0.107q_{1静}L_{右}^2 + 0.121q_{1活}L_{右}^2]$

$= \max\ [0.107\times36.29\times0.23^2 + 0.121\times3.53\times0.23^2$

$0.107\times36.29\times0.24^2 + 0.121\times3.53\times0.24^2] = 0.24\text{kN}\cdot\text{m}$

$\sigma = M_{max}/W = 0.24\times10^6/37\ 500 = 6.51\text{N/mm}^2 \leqslant [f] = 12\text{N/mm}^2$

满足要求。

(2)挠度验算

$q = bS_{正} = 1\times29.87 = 29.87\text{kN/m}$

$\nu_{1max} = 0.632qL^4/(100EI) = 0.632\times29.87\times227.27^4/(100\times4200\times281\ 250)$

$= 0.43\text{mm} \leqslant 227.27/400 = 0.57\text{mm}$

$\nu_{2max} = 0.632qL^4/(100\text{EI}) = 0.632\times29.87\times238^4/(100\times4200\times281\ 250)$

$= 0.51\text{mm} \leqslant 238/400 = 0.59\text{mm}$

满足要求。

(3) 最大支座反力计算

承载能力极限状态：

$R_{max} = \max[1.143\times q_{1静}\times l_{左} + 1.223\times q_{1活}\times l_{左},\ 1.143\times q_{1静}\times l_{右} + 1.223\times q_{1活}\times l_{右}]$

$= \max[1.143\times36.29\times0.23 + 1.223\times3.53\times0.23,\ 1.143\times36.29\times$

$0.24 + 1.223\times3.53\times0.24] = 10.9\text{kN}$

正常使用极限状态：

$R'_{max} = \max[1.143\times l_{左}\times q,\ 1.143\times l_{右}\times q]$

$= \max[1.143\times0.23\times29.87,\ 1.143\times0.24\times29.87] = 8.13\text{kN}$

5. 小梁验算（见表 6-46）。

表 6-46　　　　　　　　**小　梁　验　算**

小梁最大悬挑长度（mm）	175	小梁计算方式	三等跨连续梁
小梁类型	方木	小梁材料规格（mm）	80×40
小梁弹性模量 E（N/mm^2）	9350	小梁抗剪强度设计值［τ］（N/mm^2）	1.78
小梁截面抵抗矩 W（cm^3）	42.67	小梁抗弯强度设计值［f］（N/mm^2）	15.44
小梁截面惯性矩 I（cm^4）	170.67		

计算简图如图 6-48 和图 6-49 所示。

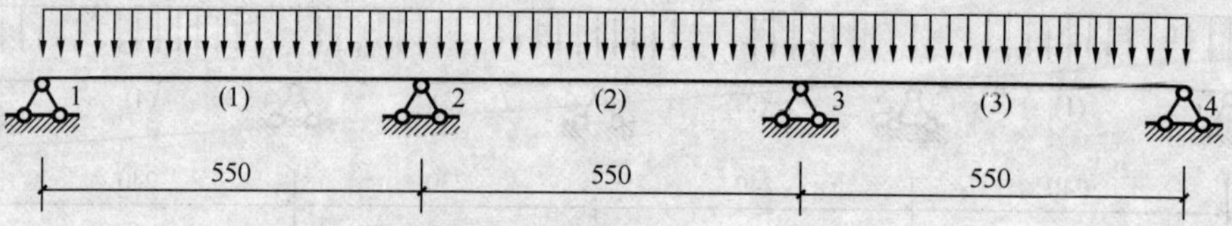

图 6-48 跨中段计算简图

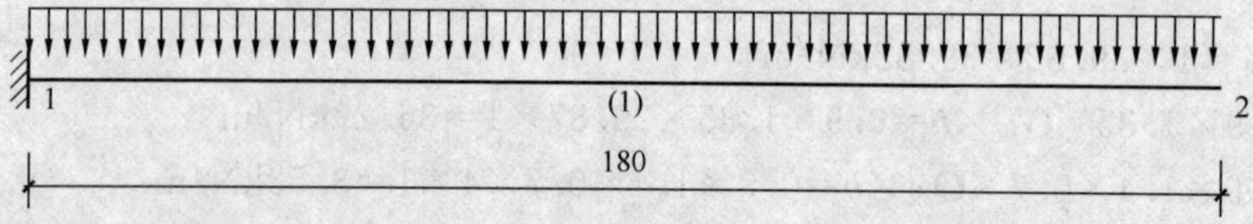

图 6-49 悬挑段计算简图

(1) 抗弯验算

$q=10.9\text{kN/m}$

$M_{\max}=\max[0.1\times q\times l^2,\ 0.5\times q\times l_1{}^2]$

$\quad=\max[0.1\times 10.9\times 0.55^2,\ 0.5\times 10.9\times 0.18^2]=0.33\text{kN}\cdot\text{m}$

$\sigma=M_{\max}/W=0.33\times 10^6/42\ 670=7.73\text{N/mm}^2\leqslant[f]=15.44\text{N/mm}^2$

满足要求。

(2) 抗剪验算

$V_{\max}=\max[0.6\times q\times l,\ q\times l_1]=\max[0.6\times 10.9\times 0.55,\ 10.9\times 0.18]=3.6\text{kN}$

$\tau_{\max}=3V_{\max}/(2bh_0)=3\times 3.6\times 1000/(2\times 40\times 80)=1.69\text{N/mm}^2\leqslant[\tau]=1.78\text{N/mm}^2$

满足要求。

(3) 挠度验算

$q=8.13\text{kN/m}$

$\nu_{1\max}=0.677qL^4/(100EI)=0.677\times 8.13\times 550^4/(100\times 9350\times 1\ 706\ 700)$

$\quad=0.32\text{mm}\leqslant 550/400=1.38\text{mm}$

$\nu_{2\max}=qL^4/(8EI)=8.13\times 175^4/(8\times 9350\times 1\ 706\ 700)=0.06\text{mm}\leqslant 175/400=0.44\text{mm}$

满足要求。

(4) 最大支座反力计算

承载能力极限状态

$R_{\max}=\max[1.1\times 10.9\times 0.55,\ 0.4\times 10.9\times 0.55+10.9\times 0.18]=6.59\text{kN}$

正常使用极限状态

$R'_{\max}=\max[1.1\times 8.13\times 0.55,\ 0.4\times 8.13\times 0.55+8.13\times 0.18]=4.92\text{kN}$

6. 主梁验算(见表 6-47)

表 6-47

对拉螺栓水平向间距(mm)	550	主梁最大悬挑长度(mm)	175
主梁类型	钢管	主梁材料规格(mm)	$\phi 48\times 3$
主梁合并根数	2	主梁弹性模量 E (N/mm²)	206000
主梁抗弯强度设计值 $[f]$ (N/mm²)	205	主梁抗剪强度设计值 $[\tau]$ (N/mm²)	120
主梁截面惯性矩 I (cm⁴)	10.78	主梁截面抵抗矩 W (cm³)	4.49

因主梁 2 根合并，则抗弯、抗剪、挠度验算荷载值取半。

计算简图如图 6 - 50 和图 6 - 51 所示。

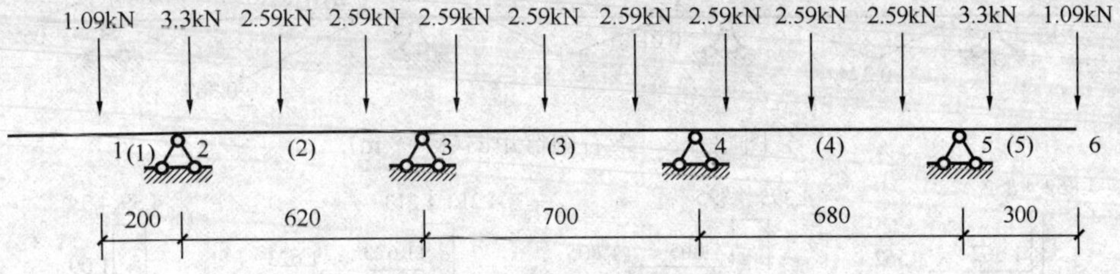

图 6 - 50　梁左侧计算简图

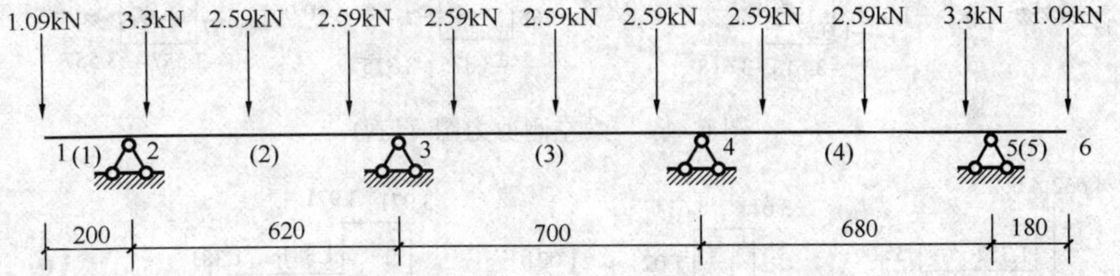

图 6 - 51　梁右侧计算简图

同前节计算过程，可依次解得：

梁左侧主梁（承载能力极限状态）：$R_1=1.09$kN，$R_2=3.3$kN，$R_3=2.59$kN，$R_4=2.59$kN，$R_5=2.59$kN，$R_6=2.59$kN，$R_7=2.59$kN，$R_8=2.59$kN，$R_9=2.59$kN，$R_{10}=2.59$kN，$R_{11}=3.3$kN，$R_{12}=1.09$kN

（正常使用极限状态）：$R'_1=0.81$kN，$R'_2=2.46$kN，$R'_3=1.91$kN，$R'_4=1.91$kN，$R'_5=1.91$kN，$R'_6=1.91$kN，$R'_7=1.91$kN，$R'_8=1.91$kN，$R'_9=1.91$kN，$R'_{10}=1.91$kN，$R'_{11}=2.46$kN，$R'_{12}=0.81$kN

梁右侧主梁（承载能力极限状态）：$R_1=1.09$kN，$R_2=3.3$kN，$R_3=2.59$kN，$R_4=2.59$kN，$R_5=2.59$kN，$R_6=2.59$kN，$R_7=2.59$kN，$R_8=2.59$kN，$R_9=2.59$kN，$R_{10}=3.3$kN，$R_{11}=1.09$kN

（正常使用极限状态）：$R'_1=0.81$kN，$R'_2=2.46$kN，$R'_3=1.91$kN，$R'_4=1.91$kN，$R'_5=1.91$kN，$R'_6=1.91$kN，$R'_7=1.91$kN，$R'_8=1.91$kN，$R'_9=1.91$kN，$R'_{10}=2.46$kN，$R'_{11}=0.81$kN

(1)抗弯验算（见图 6 - 52 和图 6 - 53）

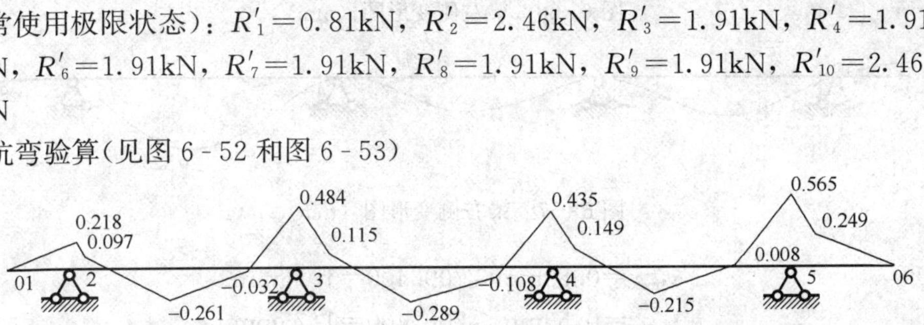

图 6 - 52　梁左侧弯矩图(kN・m)

$\sigma_{1max}=M_{1max}/W=0.56\times10^6/4490=125.75\text{N/mm}^2\leqslant[f]=205\ \text{N/mm}^2$

$\sigma_{2max}=M_{2max}/W=0.53\times10^6/4490=117.69\text{N/mm}^2\leqslant[f]=205\ \text{N/mm}^2$

满足要求。

(2) 抗剪验算（见图 6 - 54 和图 6 - 55）

$\tau_{1max}=2V_{max}/A=2\times4.86\times1000/424=22.94\text{N/mm}^2\leqslant[\tau]=120\text{N/mm}^2$

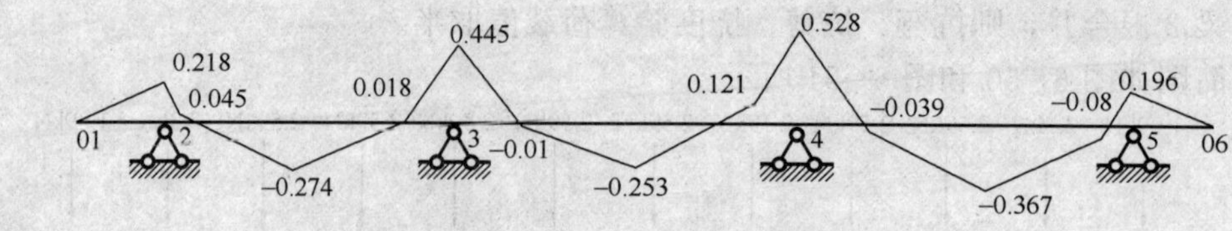

图 6 - 53 梁右侧弯矩图(kN·m)

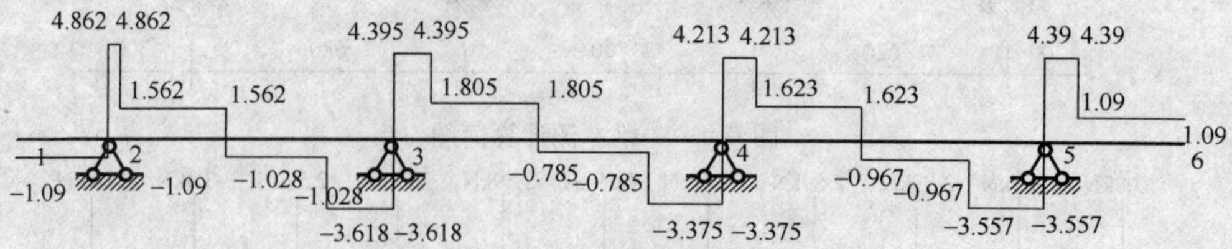

图 6 - 54 梁左侧剪力图(kN)

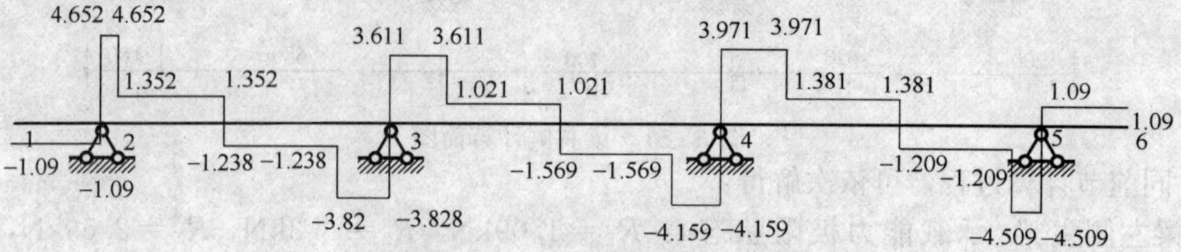

图 6 - 55 梁右侧剪力图(kN)

$\tau_{2max}=2V_{max}/A=2\times4.65\times1000/424=21.94\text{N/mm}^2\leqslant[\tau]=120\text{N/mm}^2$

满足要求。

(3) 挠度验算(见图 6 - 56 和图 6 - 57)

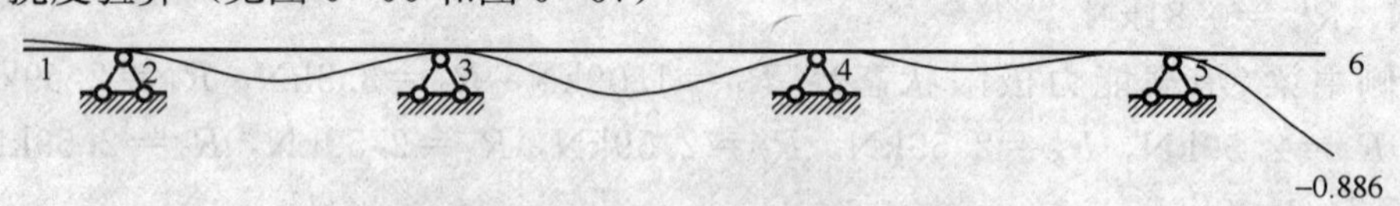

图 6 - 56 梁左侧变形图(mm)

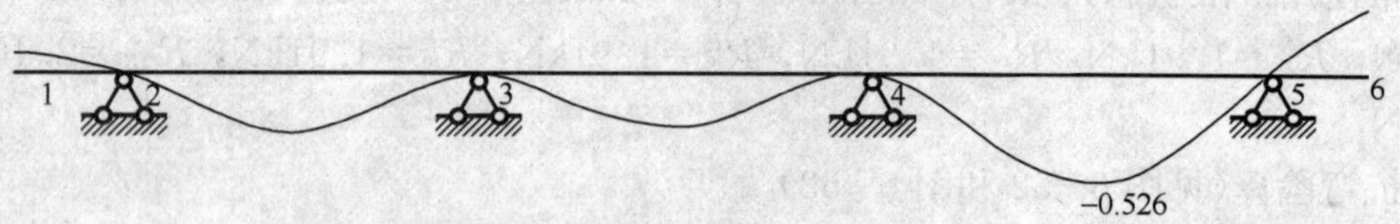

图 6 - 57 梁右侧变形图(mm)

$$\nu_{1max}=0.89\text{mm}\leqslant700/400=1.75\text{mm}$$
$$\nu_{2max}=0.53\text{mm}\leqslant700/400=1.75\text{mm}$$

满足要求。

7. 对拉螺栓验算

对拉螺栓类型:M14;轴向拉力设计值 N_t^b(kN):17.8

同主梁计算过程,可知对拉螺栓受力 $N=0.95\times8.13\times2=15.45\text{kN}\leqslant N_t^b=17.8\text{kN}$

满足要求。

(六) KL2 梁侧模板计算书(略)

（七）JZL 梁侧模板计算书（略）

三、架体监测点平面布置图（见图 6-58～图 6-61）

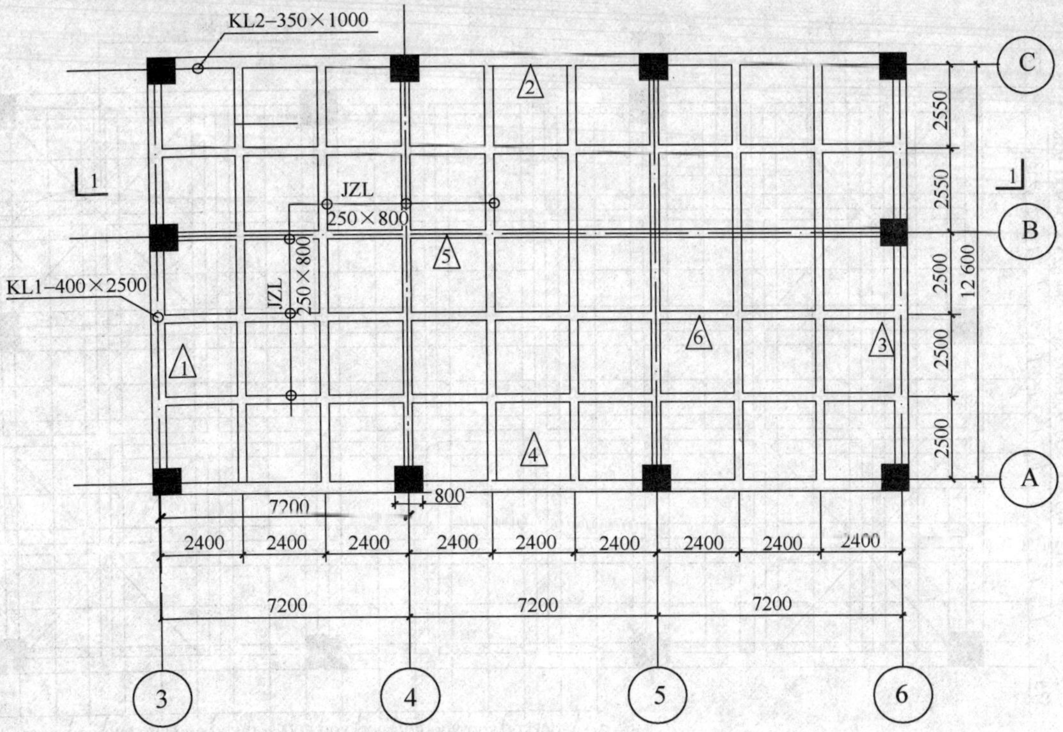

图 6-58 架体监测点布置图

专家论证意见见表 6-48。

表 6-48 **专家论证意见表**

工程名称	××省××局办公楼			
建设单位	××省××局			
论证方案	八层会议室顶板、梁模架专项施工方案			
专 家	姓 名	专 业	职 称	联系电话
	×××	建筑工程	教授级高工	
	×××	工程技术	高级工程师	
	×××	建筑工程	高级工程师	
	×××	建筑工程	高级工程师	
	×××	建筑工程	高级工程师	
意 见	2018 年 9 月×日，×××建筑有限公司组织相关专业专家对其承揽的××局八层会议室顶板、梁模架体系施工专项方案进行了论证，专家听取了汇报，到现场了解了情况，查阅了资料，经研究形成了以下论证意见： 1. 方案对该模架危险性分析到位，采取的技术措施合理，计算符合现行规范，方案可行。 2. 对方案建议 （1）KL1 先浇低跨部分，再支侧模浇高跨部分。 （2）立杆布置尺寸要准确，先放线，后支模。小梁的悬臂长度≤200mm。 （3）按专家表述，组织人员、材料、机械等，认真落实方案内容。 （4）浇混凝土时，严禁下方站人。			
专家签字	组长	×××		
	组员	×××，×××，×××，×××		

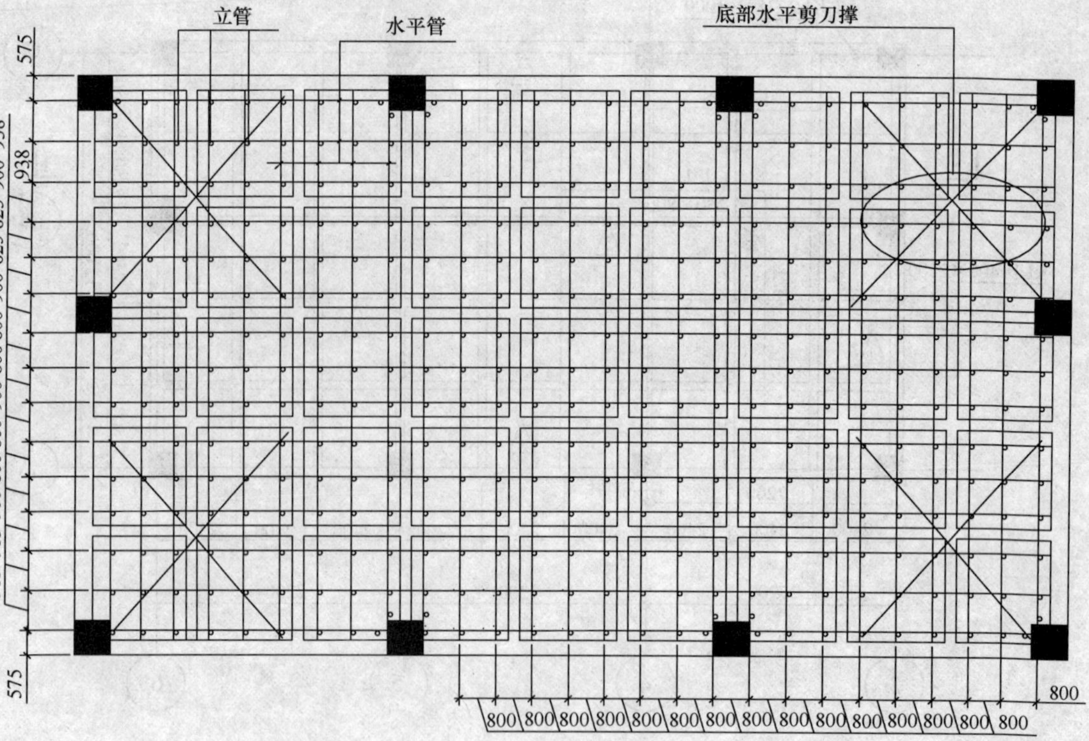

图 6-59 架体平面布置示意图

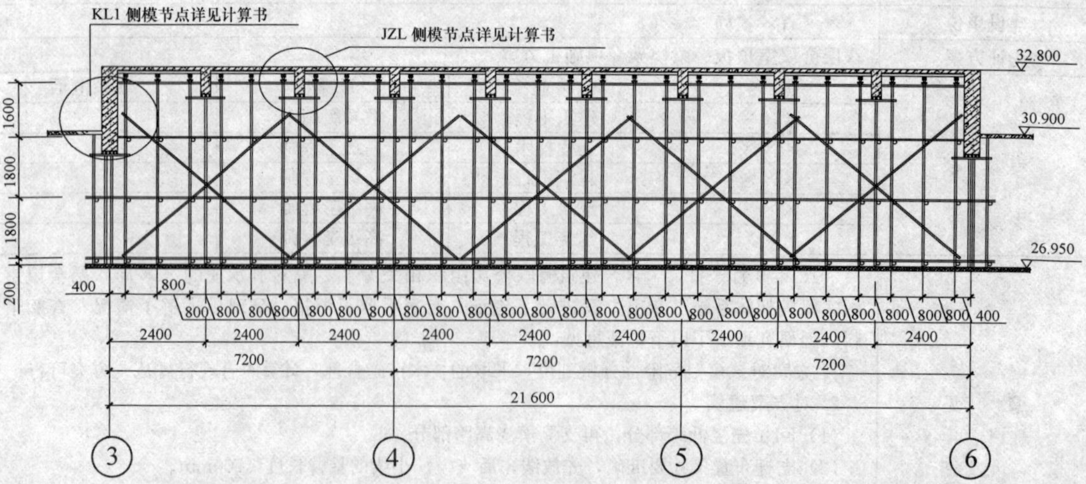

图 6-60 ③—⑥轴立面图

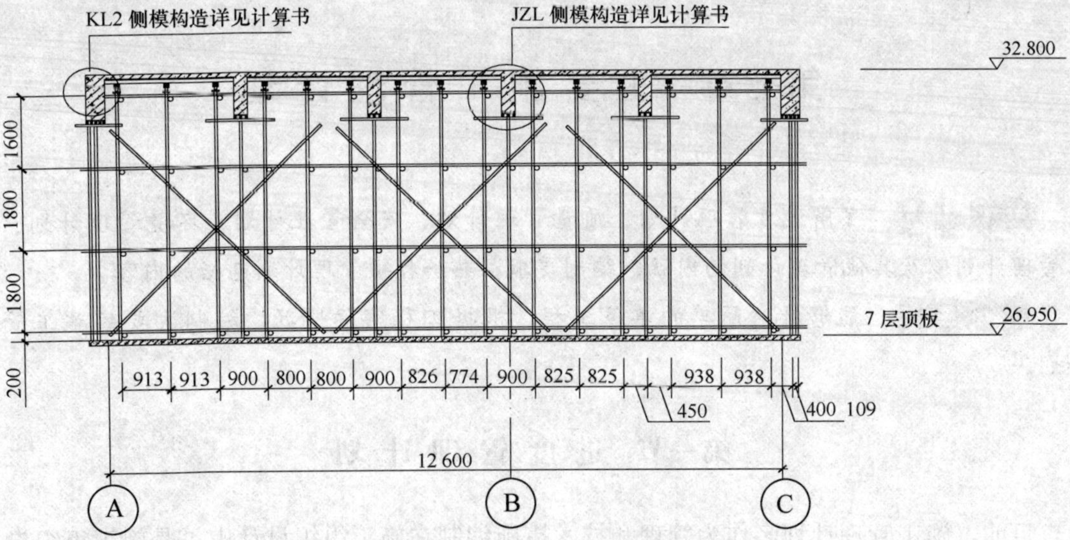

图 6-61　Ⓐ–Ⓒ轴立面图

本章小结

本章主要介绍了施工方案编制，它是在单位工程施工组织设计编制以后，在施工过程中需编制的针对性的、深化的指导作业的专项技术、组织方案；一类是侧重于工程技术、工艺的表达，另一类是侧重于施工安全技术的表达、核算；单位工程的核心技术、关键技术都是通过专项方案体现出来的，本教材侧重于专项方案的形式来讲，不是侧重于技术深度来讲的，让学生知道专项方案有什么用，两类专项方案的主要内容有哪些。

思考题

1. 什么是施工方案？
2. 什么情况下编制分部（分项）技术类施工方案，审批如何规定？
3. 什么情况下编制安全技术类专项方案？审批如何规定？
4. 哪些危险性较大分部分项工程施工方案要求组织专家论证？
5. 分部（分项）技术类施工方案主要有哪些内容？
6. 安全技术类专项方案主要有哪些内容？
7. 收集一份实际工程的施工方案，试分析其编制是否全面、准确、规范。
8. 根据一套完整的施工图纸和实际施工条件，编制一份施工方案。

第七章　主要施工管理计划

知识目标　了解进度管理计划、质量管理计划、安全管理计划、环境管理计划、成本管理计划以及其他管理计划的内涵、编制要求；熟悉各项管理计划包括的内容。

能力目标　能够针对简单的单位工程，根据工程实际情况，编制主要的施工管理计划。

第一节　进度管理计划

目前，施工管理计划多作为管理和技术措施编制在施工组织设计中，是施工组织设计必不可少的内容。施工管理计划涵盖很多方面的内容，可根据工程的具体情况加以取舍。在编制施工组织设计时，各项管理计划可单独成章，也可穿插在施工组织设计的相应章节中。

施工管理计划应包括进度管理计划、质量管理计划、安全管理计划、环境管理计划、成本管理计划以及其他管理计划等内容。

各项管理计划的制订，应根据项目的特点有所侧重。

一、进度管理计划内涵

进度管理计划（schedule management plan）是指保证实现项目施工进度目标的管理计划。包括对进度及其偏差进行测量、分析、采取的必要措施和计划变更等。

二、进度管理计划基本要求

项目施工进度管理应按照项目施工的技术规律和合理的施工顺序，保证各工序在时间上和空间上顺利衔接。

不同的工程项目其施工技术规律和施工顺序不同，即使是同一类工程项目，其施工顺序也难以做到完全相同。因此必须根据工程特点，按照施工的技术规律和合理的组织关系，解决各工序在时间和空间上的先后顺序和搭接问题，以达到保证质量、安全施工、充分利用空间、争取时间、实现经济合理安排进度的目的。

三、进度管理计划包括的一般内容

（1）对项目施工进度计划进行逐级分解，通过阶段性目标的实现保证最终工期目标的完成。在施工活动中通常是通过对最基础的分部（分项）工程的施工进度控制来保证各个单项（单位）工程或阶段工程进度控制目标的完成，进而实现项目施工进度控制总体目标；因而需要将总体进度计划进行一系列从总体到细部、从高层次到基础层次的层层分解，一直分解到在施工现场可以直接调度控制的分部（分项）工程或施工作业过程为止。

（2）建立施工进度管理的组织机构并明确职责，制订相应管理制度。施工进度管理的组织机构是实现进度计划的组织保证；它既是施工进度计划的实施组织；又是施工进度计划的控制组织；既要承担进度计划实施赋予的生产管理和施工任务，又要承担进度控制目标，对进度控制负责，因此需要严格落实有关管理制度和职责。

（3）针对不同施工阶段的特点，制订进度管理的相应措施，包括施工组织措施、技术措施和合同措施等。

（4）建立施工进度动态管理机制，及时纠正施工过程中的进度偏差，并制订特殊情况下的赶工措施。面对不断变化的客观条件，施工进度往往会产生偏差；当发生实际进度比计划进度超前或落后时，控制系统就要做出应有的反应：分析偏差产生的原因，采取相应的措施，调整原来的计划，使施工活动在新的起点上按调整后的计划继续运行，如此循环往复，直至预期计划目标的实现。

（5）根据项目周边环境特点，制订相应的协调措施，减少外部因素对施工进度的影响。项目周边环境是影响施工进度的重要因素之一，其不可控性大，必须重视诸如环境扰民、交通组织和偶发意外等因素，采取相应的协调措施。

第二节 质量管理计划

一、质量管理计划内涵

质量管理计划（quality management plan）保证实现项目施工质量目标的管理计划。包括制定、实施、评价所需的组织机构、职责、程序以及采取的措施和资源配置等。

二、编制质量管理计划基本要求

质量管理计划可参照 GB/T 19001《质量管理体系要求》在施工单位质量管理体系的框架内编制。

施工单位应按照《质量管理体系要求》建立本单位的质量管理体系文件。可以独立编制质量计划，也可以在施工组织设计中合并编制质量计划的内容。质量管理应按照 PDCA 循环模式，加强过程控制，通过持续改进提高工程质量。【PDCA 指计划（Plan）、实施（Do）、检查（Check）和处置（Action）】

三、质量管理计划包括的一般内容

（1）按照项目具体要求确定质量目标并进行目标分解，质量指标应具有可测量性。应制订具体的项目质量目标，质量目标应不低于工程合同明示的要求；质量目标应尽可能地量化和层层分解到最基层，建立阶段性目标。

（2）建立项目质量管理的组织机构并明确职责。应明确质量管理组织机构中各重要岗位的职责，与质量有关的各岗位人员应具备与职责要求匹配的相应知识、能力和经验。

（3）制订符合项目特点的技术保障和资源保障措施，通过可靠的预防控制措施，保证质量目标的实现。应采取各种有效措施，确保项目质量目标的实现；这些措施包含但不局限于：原材料、构配件、机具的要求和检验，主要的施工工艺、主要的质量标准和检验方法，夏期、冬期和雨期施工的技术措施，关键过程、特殊过程、重点工序的质量保证措施，成品、半成品的保护措施，工作场所环境以及劳动力和资金保障措施等。

（4）建立质量过程检查制度，并对质量事故的处理做出相应规定。按质量管理八项原则中的过程方法要求，将各项活动和相关资源作为过程进行管理，建立质量过程检查、验收以及质量责任制等相关制度，对质量检查和验收标准做出规定，采取有效的纠正和预防措施，保障各工序和过程的质量。

第三节 安全管理计划

一、安全管理计划内涵

安全管理计划（safety management plan）保证实现项目施工职业健康安全目标的管理计划。包括制定、实施所需的组织机构、职责、程序以及采取的措施和资源配置等。

二、编制安全管理计划基本要求

(1) 安全管理计划可参照 GB/T 28001《职业健康安全管理体系规范》，在施工单位安全管理体系的框架内编制。

目前大多数施工单位基于 GB/T 28001《职业健康安全管理体系规范》通过了职业健康安全管理体系的认证，建立了企业内部的安全管理体系。安全管理计划应在企业安全管理体系的框架内，针对项目的实际情况编制。

(2) 现场安全管理应符合国家和地方政府部门的要求。

三、安全管理计划包括的一般内容

建筑施工安全事故（危害）通常分为七大类：高处坠落、机械伤害、物体打击、坍塌倒塌、火灾爆炸、触电、窒息中毒。安全管理计划应针对项目具体情况，建立安全管理组织，制定相应的管理目标、管理制度、管理控制措施和应急预案等。

安全管理计划包括的一般的内容：

(1) 确定项目重要危险源，制订项目职业健康安全管理目标。

(2) 建立有管理层次的项目安全管理组织机构并明确职责。

(3) 根据项目特点，进行职业健康安全方面的资源配置。

(4) 建立具有针对性的安全生产管理制度和职工安全教育培训制度。

(5) 针对项目重要危险源，制订相应的安全技术措施；对达到一定规模的危险性较大的分部（分项）工程和特殊工种的作业应制定专项安全技术措施的编制计划。

(6) 根据季节、气候的变化，制订相应的季节性安全施工措施。

(7) 建立现场安全检查制度，并对安全事故的处理做出相应规定。

第四节 环境管理计划

一、环境管理计划内涵

环境管理计划（environment management plan）保证实现项目施工环境目标的管理计划。包括制定、实施所需的组织机构、职责、程序以及采取的措施和资源配置等。

二、编制环境管理计划基本要求

施工现场环境管理越来越受到建设单位和社会各界的重视，同时各地方政府也不断出台新的环境监管措施，环境管理计划已成为施工组织设计的重要组成部分。对于通过了环境管理体系认证的施工单位，环境管理计划应在企业环境管理体系的框架内，针对项目的实际情况编制。

一般情况，编制环境管理计划应符合以下三条要求：

(1) 环境管理计划可参照 GB/T 24001《环境管理体系要求及使用指南》，在施工单位环境管理体系的框架内编制；

(2) 环境管理计划应根据建筑工程各阶段的特点，依据具体分部（分项）工程实际情况，进行环境因素的识别和评价，并制订相应的管理目标、控制措施和应急预案等；

(3) 现场环境管理应符合国家和地方政府部门的要求。

三、施工现场常见影响环境的因素

一般来讲，建筑工程常见的影响环境因素包括如下内容：

(1) 大气污染，如油漆、稀料、油品，土方机械尾气排放，油烟排放等。

(2) 垃圾污染，如涂料桶废弃、油漆刷废弃、油品桶、稀料桶废弃等。

(3) 建筑施工中建筑机械发出的噪声和强烈的振动，如切断机、电锯等造成的噪声。

(4) 光污染，如釉面砖墙、磨光大理石和各种涂料等装饰反射光线，夜晚施工强光等。

(5) 放射性污染，如无机非金属建筑材料（石、水泥、商品混凝土使用）放射性指标超量。

(6) 生产、生活污水排放，如清洗砂浆机废水排放。

四、环境管理计划包括的一般内容

(1) 确定项目重要环境因素，制订项目环境管理目标；

(2) 建立项目环境管理的组织机构并明确职责；

(3) 根据项目特点，进行环境保护方面的资源配置；

(4) 制订现场环境保护的控制措施；

(5) 建立现场环境检查制度，并对环境事故的处理做出相应规定。

第五节　成本管理计划

一、成本管理计划内涵

成本管理计划（cost management plan）保证实现项目施工成本目标的管理计划。包括成本预测、实施、分析、采取的必要措施和计划变更等。

二、编制成本管理计划基本要求

(1) 成本管理计划应以项目施工预算和施工进度计划为依据编制；

(2) 必须正确处理成本与进度、质量、安全和环境等之间的关系。

成本管理是与进度管理、质量管理、安全管理和环境管理等同时进行的，是针对整体施工目标系统所实施的管理活动的一个组成部分。在成本管理中，要协调好与进度、质量、安全和环境等的关系，不能片面强调成本节约。

三、成本管理计划包括的一般内容

成本管理和其他施工目标管理类似，开始于确定目标，继而进行目标分解，组织人员配备，落实相关管理制度和措施，并在实施过程中进行纠偏，以实现预定的目标。

成本管理计划一般情况包括以下 5 项主要内容：

(1) 根据项目施工预算，制订项目施工成本目标；

(2) 根据施工进度计划，对项目施工成本目标进行阶段分解；

(3) 建立施工成本管理的组织机构并明确职责，制订相应管理制度；

(4) 采取合理的技术、组织和合同等措施，控制施工成本；

(5) 确定科学的成本分析方法，制订必要的纠偏措施和风险控制措施。

四、其他管理计划包括的编制要求以及一般内容

特殊项目的管理可根据实际情况，在主要施工管理计划（进度、质量、安全、环境、成本）的基础上增加相应的其他管理计划，以保证建筑工程的实施处于全面的受控状态。

(1) 一般情况，编制其他管理计划应符合以下两条要求：

1) 其他管理计划可根据项目的特点和复杂程度加以取舍。

2) 各项管理计划的内容应有目标，有组织机构，有资源配置，有管理制度和技术、组织措施等。

(2) 其他管理计划包括的内容：

其他管理计划宜包括绿色施工管理计划、防火保安管理计划、合同管理计划、组织协调管理计划、创优质工程管理计划、质量保修管理计划以及对施工现场人力资源、施工机具、材料设备等生产要素的管理计划等。可以根据工程实际情况加以取舍。

第六节　主要施工管理计划综合实例

本工程位于××新城中心区 A 地块，东至××路，西至××大道，南至 A-3 组团工程，北至 A-1 组团工程。

北侧的××路是一条双向 10 车道的城市主干道，也是今后该项目的主要城市车流进入方向。南侧为××路。该项目通过东侧的××路与规划的××公园相邻。整个地块用地平整，交通便捷，自然环境优越。工程概况见表 7-1。

表 7-1　　工程概况表

工程名称	绿城××××花园 A-2 组团 B 区工程		
建设单位	×××绿城房地产开发有限公司		
设计单位	×××××东方建筑设计有限公司		
基坑围护设计	××市建筑设计研究院有限责任公司		
勘察单位	××市建筑设计研究院有限责任公司		
监理单位	××××××工程项目管理咨询有限公司		
施工总承包	中国建筑××工程局有限公司		
工程地址	××新城中心区 A-2 地块，东至××路，西至××大道，南至 A-3 组团工程及××路，北至 A-1 组团工程及高浪路		
结构类型	钢筋混凝土框架剪力墙结构	层数	−2～22F（10#楼）、−2～18F
建筑面积	12.2086 万 m^2	施工工期	742d
建筑高度	10#楼 74.25m，7#、8#、9#、11#楼 60.4m	质量要求	确保达到××集团精品工程“铜奖”，至少一幢创××杯，两幢创××市优质结构
标准层层高	3.100m		

续表

层数	地上 18/22 层，地下 1/2 层	最高建筑高度	74.25m
设计使用年限	50 年	总建筑面积	12.208 6 万 m^2
抗震设防分类	标准设防类	抗震设防烈度	6 度
地基基础设计等级	甲级	结构类型	框架剪力墙
施工缝	后浇带	后浇带将地库分为 13 块，另有 5 块为主楼区域	

本工程以质量为中心，采用 ISO 9000《质量管理和质量保证》系列标准，建立工程质量保证体系，选派具有国家一级建造师资质和高素质的工程技术管理人员组建项目经理部，按国际惯例实施项目管理，以结构施工为主线，及时给室内装饰和机电安装提供工作面，合理安排施工工序，积极推广应用建筑业 10 项新技术，精心组织、科学管理，全面实现工程质量、安全、进度、文明施工等目标。编制的主要施工管理计划如下：

1. 进度管理计划

本工程质量等级要求较高，故在施工进度计划的安排上也应突出其在保证工程质量、工程安全的前提下达到施工进度最快，以充分体现本工程的重要性。充分考虑各方面的因素，并根据工程特点、现场情况、社会环境，按 2018 年 3 月 18 日开工进行总进度计划的编制。

1.1 施工总进度计划

施工总进度计划是整体施工过程的总控制计划，其他所有的施工计划均要满足其编制的节点，具有指导、规范其他各级计划的作用。

本工程进度总目标：开工日期 2018 年 3 月 18 日，竣工日期自开工日期起的第 742 个公历天。

1.2 施工进度计划保证措施

1.2.1 确保进度计划的组织措施

承建本工程的施工组织机构，将由具有相当技术素质和经历类似工程施工经验的管理层人员组成，其中慎重选派项目经理、副经理、项目总工程师以及生产副经理的人选。在项目经理的领导下，指定生产经理为生产计划专管，副经理协办，对施工全过程中的进度计划，进行全面管理、协调和监控。配备高素质的项目领导班子，从组织上保证工期目标的实现。

充分做好施工准备，编制各项物资用量计划和劳动力计划，并按工程进度，组织分阶段有序进场。

本工程积极推广应用新技术、新工艺、新材料、新设备，在工程中加大科技含量，以科技手段促进生产和进度，最终体现“科技是第一生产力”的效应。

以三级网络计划为依据，分解编制月、周施工进度计划，并在逐级计划时间段的后一天检查完成情况。其中以周计划作为检查的基础并按基础上岗位五分制执行奖罚办法，以激励生产机制。

在完成合同界定的工程内容的同时，负有协调责任。为此，在施工总进度计划中，拟纳入指定分包和专业分包的施工作业计划，明确各分包商进场施工的时间表，这些计划在签订各项分包合同时，可作为重要的约定条件。制约的手段建立采用以下几点：

建立主承包与诸分包之间的定期例会制度（一般为每周一次，遇有意外或紧急情况，可随时召集），主要商议和解决施工过程中的交叉、插入作业的配合和矛盾以及其他工程事务，旨在理顺施工过程，确保工期目标的最终实现。

每次例会均应形成会议纪要文件，其中决定的事项，在下次例会中检查当事单位执行情况，以明确各方责任。

支付分包单位月度工程款，建立采用发包方与总承包单位共同会签付款凭证的办法，凡影响生产进度的分包单位，视影响程度，可以少付、扣付直至拒发工程款的手段，处罚分包单位违约行为，促进生产顺利进行。

1.2.2　确保进度计划的管理措施

四级管理是指总进度计划管理、阶段性进度计划管理、月进度计划管理、周进度计划管理。并以周计划作为实施性计划，在确保周计划按照完成的前提下，保证月计划完成、阶段性计划、直至总进度计划的完成。同时为确保其他分包单位的施工进度能满足总进度的要求，我司并将从整体上进行计划控制管理，其管理形式将采用三级网络管理，以周为最小单元进行控制，并为确保分包商的按期完成，提供所必需的配合和协作。

施工进度计划的控制结果作为我司对项目的重点考核指标以月度进行全面检查，并与经济收入相挂钩的手段，以确保工期按各节点要求准时完工或提前完工。同时明确项目经理主管并落实计划的实施，项目经理对整体过程的施工进度计划，特别是阶段性网络计划进行总控制。

1.2.3　确保进度计划的分包商管理措施

施工进度计划的完成情况是总承包商对分包商的重点控制指标之一，能否按时完成将直接影响到业主的利益，故作为总承包商如何对分包商的施工进度进行管理和控制将是至关重要的。

（一）对分包商施工进度目标的确定

1. 总目标的确定

作为总承包商在选择分包商时，应把施工进度作为一个明确的目标予以在合同中确定，而这个目标的确定将以总承包商之施工总进度计划来总体控制，总承包商必须考虑各分包商之间的衔接，并及时向各分包商提供工作面和施工条件，明确开、竣工日期，同时签订分包合同时必须明确，更有相应措施予以制约。

2. 阶段性目标的确定

在分包商进场后，分包商应提供其根据总进度计划而制订的细化的施工进度计划，交由总承包商进行审核，审核重点是各工序完成时间及与其他分包间须穿插的施工日期，经过调整后，经总承包及分包共同确认后，总承包商将以此细化计划来编制月计划，即阶段性计划，而分包商则根据月计划的进度要求全面调配人、财、物，同时总承包商将对分包商每月安排进行综合评估各分包商的这些安排能否完成当月的阶段性施工任务。

3. 短期目标的确定

短期目标的确定由分包商根据月施工进度计划编制，可以是旬计划亦可以是周计划，在每旬或每周开始前2天交主承包商处，由总承包商在分包商实施过程中进行监控，并在每周或旬开始第一天对上周或旬的分包商完成情况作出周或旬的评估报告交相应分包商及发包方。

（二）对分包工程施工进度实施的管理

在总目标、阶段性目标、短期目标确定以后，总承包商必须对施工进度的实施管理进行明确，其中总目标由总承包项目经理进行全面管理，阶段性目标由分包商的项目经理全面管理，短期目标则由分包商的专业工程师进行管理，以保证管理目标明确，管理范围明确，管理责任明确。

项目经理主要负责总目标的审定工作，项目副经理全面协调在整体工程施工管理过程中的进度方面的矛盾，并监督阶段性目标计划的实施。

分包商的项目经理主要负责阶段性目标的制定，审定短期目标计划，并对阶段性目标计划的实施结果及过程编制评估报告，同时监督短期目标计划的实施。

分包商的专业工程师主要负责阶段性、短期目标的实施工作，并对短期目标计划的完成情况编制评估报告，监督每天的计划完成情况，及时反馈有关计划实施过程中存在的问题。

作为主承包商只有通过以上三级管理模式，才能更好地对各分包商进行全面的管理，并取得良好效果。

（三）对分包商施工进度计划的控制

在管理责任及范围、目标明确后，则无论是主承包商还是分包商必须按要求无条件完成，逐级完成施工进度计划，从而确保施工总进度计划的完成。

作为总承包商全权对发包方负责，督促施工总进度计划的落实和完成。根据月、周或旬的评估报告，及时要求未按计划完成的分包单位进行人、财、物的调整，而分包商在无异议的情况下必须无条件执行，同时总承包商将发函与发包方及分包商备案。

当阶段性施工进度计划未按时完成，则当月施工进度款将按余留工作量的2～4倍扣除，何时追上何时发放。而对进度拖欠而影响其他分包商的施工则影响部分款项由该分包商承担50%～100%。同时，有权要求分包商撤换其派遣的有关管理人员，直至更换分包商。

对分包商施工进度计划的控制主要体现在对分包商人、财、物、工作量、工作工序的总体控制来达到对分包商按时完成计划的控制，从而落实总承包商对发包方所作出的工期的承诺。

（四）对分包商施工进度的调整

由于施工现场的管理是一个动态管理的过程，有许多不可预见的因素存在，故在施工进度计划的实施中必定存在调整的可能，总承包商如何把这些变化、不可预见因素所造成的影响在调整中予以消化，并最终确保施工总进度计划的完成就显得至关重要。

1. 总施工进度计划编制的可塑性

总承包商在编制施工总进度计划时，必须对每个分项工程的开工日期进行仔细考虑，应根据历史气候、工序完成情况、前道工序质量、供货时间等进行综合分析，留有一定的余地即机动时间给分项工程，以在总进度计划里消除一些不可预见之因素。

2. 分包商之阶段性计划的消化性

在阶段性计划中，由于不可预见因素影响施工2～3天的时间时，各分包商应无条件在阶段性计划中予以消化，不得因为在3天内的影响而提出工期的延误，而这亦将在分包合同中予以明确。

3. 总体调整的可行性

由于种种原因造成施工工期有较大拖延，则总承包商应必须对施工总进度计划进行调整，这些调整尽量以原计划不变的前提下在工序搭接、工作面提供、机械投入、劳动力增加方面进行通盘考虑，编制调整后的施工总进度计划，并报发包方认可后执行，当不能按原工期完成则会有详细的评估报告同时提交发包方。

4. 服从发包方的进度管理与协调

因本工程为一期工程，故本工程与相邻工程之间将有可能相互影响，在发包方的协调下，在满足自身施工进度的同时，避免相互干扰。若室外总体施工、场外地下车库施工等对本标段造成影响，应能充分谅解、配合。同时在上述施工开始前，总承包商应事先了解其计划，尽早制定措施、调整计划将影响减少到最小。

1.2.4 劳动力投入保证措施

(1) 本工程作为我公司重点工程，指派有过同类型建筑施工经验的项目经理部整体进场，避免重新组建项目部需要的磨合期，建立强有力的管理班子，全面负责项目诸项要素的管理，按项目法的模式落实好责、权、利挂钩的全额承包，拟定作业计划和控制点，强化目标管理，最大限度地调动全员职工的积极性。

(2) 我公司已与有过配合经验、成建制的劳务队伍签订了合作意向书，保证劳务队伍及时进场。

(3) 根据单位相关管理制度，在劳务队伍进场即进行有针对性的培训，保证劳务队伍施工人员能及时按要求进行施工。

1.2.5 机械设备投入保证措施

为保证施工机械在施工过程中运行的可靠性，我们还将加强管理协调，同时采取以下措施：

(1) 配置高效、环保性能好的机械设备，保证工程所需材料能及时加工并运输至施工层，同时减少对周边环境的影响。

(2) 加强对设备的维修、检验和保养，对机械易损件的采购储存。

(3) 对塔吊、混凝土汽车泵、钢筋加工机械、木工机械、焊接设备，落实定期检查制度。

(4) 为保证设备运行状态良好，加强现场设备的管理工作。

(5) 由于我公司本身拥有各种齐全、性能先进的施工机械设备、测量仪器设备、检验试验设备。为保证本工程的工期计划需要，我公司拟在本项目投入大量的机械设备，这些投入不仅对工期计划有保障，在合理安排的条件下亦可降低工程成本。

1.2.6 周转料具投入保证措施

(1) 选择合格供应商，保证周转料具随时进入现场。

(2) 根据工程进展，由各专业工程师提前一周做好材料需求计划，项目材料部门及时通知供应商按时供货。

(3) 各项材料集中进行进场，现场调配。

2. 质量管理计划

2.1 质量管理目标

严格贯彻执行国务院第279号令《建设工程质量管理条例》《工程建设标准强制性条文》和建设部第81号令《实施工程建设强制性标准监督规定》，严格按照施工规范、操作规程施工。

工程质量目标：确保达到××集团精品工程“铜奖”，至少一幢创××杯，两幢创××市优质结构。工程质量一次性验收合格率100%。

2.2 质量保证体系（见图 7-1）

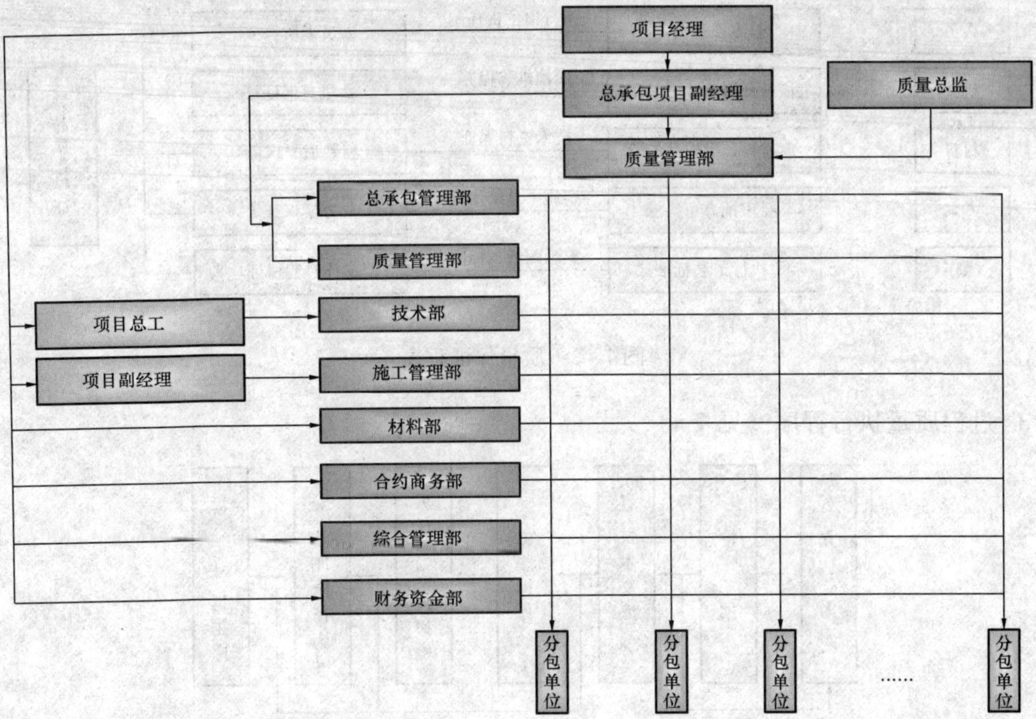

图 7-1 质量保证体系

2.3 全面质量管理

1. 总承包质量控制流程（见图 7-2）

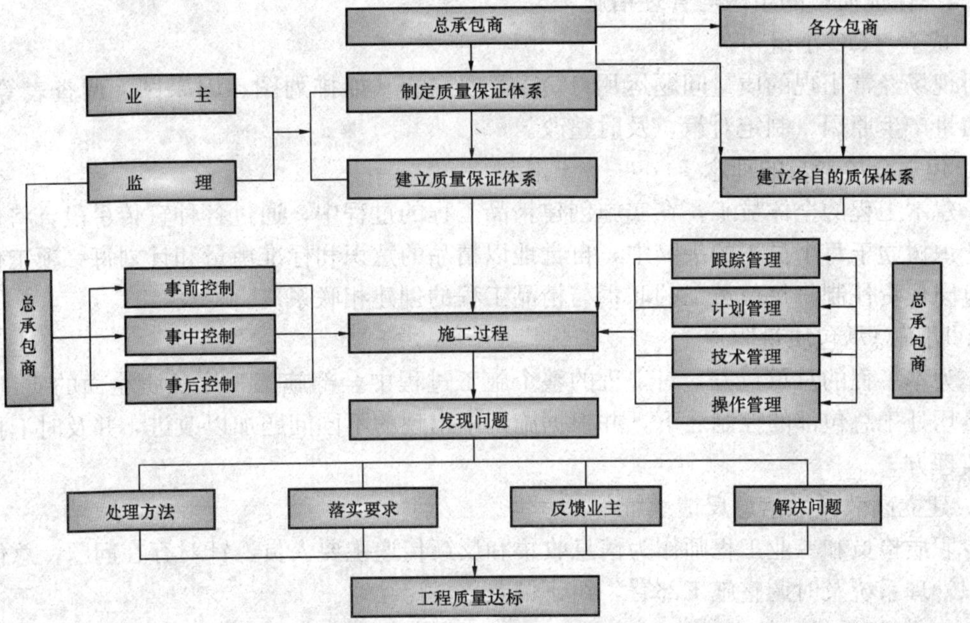

图 7-2 总承包质量控制流程

2. 质量保证程序（见图 7-3）

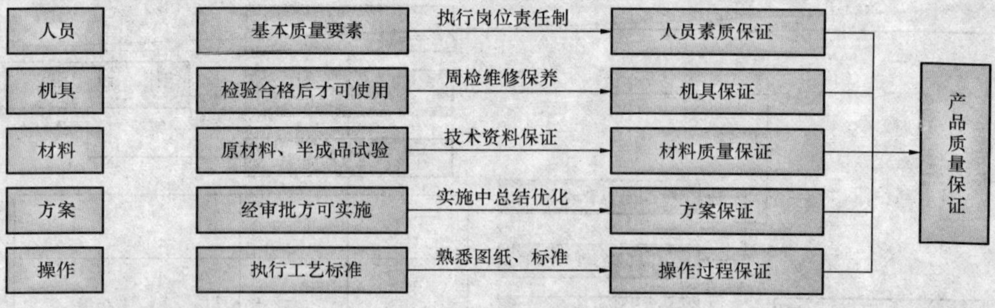

图 7-3　质量保证程序

3. 过程质量执行程序（见 7-4）

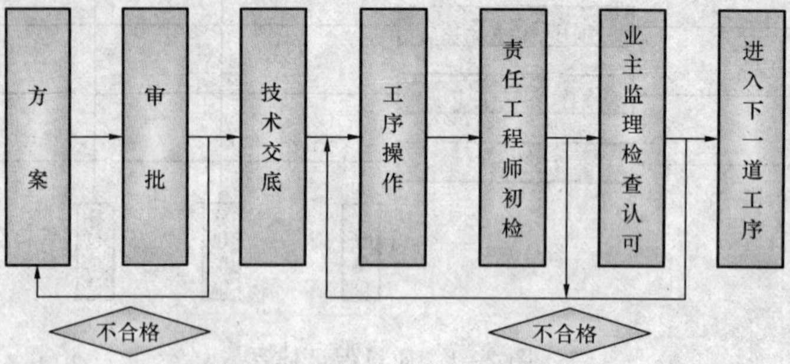

图 7-4　过程质量执行程序

2.4　保证质量的组织与管理措施

1. 成立 TQC 小组

对现场经常出现的质量问题运用 TQC 管理方法（如排列图、因果图、调查表等方法）分析质量产生原因，制定对策，及时整改。

2. 建立全员参与的理念

承建本工程的全体员工，在实施创建精品工程的过程中，通过各种宣传手段，将创造精品的意识树立于每个员工的头脑中，自觉地以精品的意识和标准衡量和计划每一项工作。同时通过岗位责任制将每位员工的职责与精品工程的创建相联系。

3. 明确总承包质量职责

作为本工程的总承包方，对工程的整个施工过程中全部施工工序负责全面的质量保证，使质量均处于总包部的控制之下，并根据施工中出现的不同问题加以改进，并及时汇报给业主和监理方。

4. 建立高效灵敏信息反馈系统

专职质检员和专业工程师作为信息收集和反馈传递主要人员，针对存在问题，总包部生产组织管理系统及时调整施工部署，纠正偏差。

2.5　保证质量的技术措施

(1) 强化技术管理。严格执行图纸会审制度，深入了解设计意图并贯彻执行，项目技术部根据图纸会审及设计交底情况，对项目人员及分承包商进行图纸交底，使设计意图贯彻到施工中的每一个工序。

（2）严格贯彻监理规程程序。施工期间严格执行建设工程规程，严格按设计图纸和国家有关施工规程规范施工；对进场材料进行自检和送检，并提供相应证明材料。

（3）不合格的建筑材料、构配件和设备不能中工程上使用。坚持按施工工序施工，质量不合格或未经验收工程，不能进行下一道工序施工。

（4）提供样板。结构和装修等正式施工前，对主要工序：钢筋、模板、混凝土、砌体等先做样板，报经业主、监理确认。

（5）质量目标分解。在影响工程质量关键部位和重要工序设置控制点。

2.6 各分项工程质量保证措施

这包括测量放线、井点降水、土方开挖、混凝土等多个分项工程质量控制的保证措施，这里仅以土方开挖来示意，见表 7-2。

表 7-2

控制重点	措施
工况	开挖方案审批后，严格按方案组织施工。
土体回弹变形	开挖中保证井点降水正常进行，并在挖至标高后，尽快浇筑底板。
边坡失稳	及时将边坡边缘的堆土组织外运。
桩位移和倾斜	均匀、分层开挖，且避免机械直接碰撞桩身

土方开挖过程中的应急预案，见表 7-3。

表 7-3

控制重点	措施
流沙及管涌	对轻微的流沙，在基坑开挖后加快底板浇筑或加厚底板。 较严重的流砂，增加坑内降水措施，使水位降至坑底以下 0.5～1m。 若管涌十分严重，把装满石子的麻袋堵起，然后进行注浆
临近建筑	在围护桩及建筑物间设注浆孔，根据开挖进程，连续跟踪注浆。 若沉降很大，压密注浆控制不住的钢筋混凝土基础建筑，可静力锚杆压桩
管线位移	若管线离基坑较远，但开挖后位移或沉降又较大，在管线靠基坑一侧打设封闭桩或开挖隔离沟。 若管线离基坑较近，打设封闭桩或开挖隔离沟不易行也无明显效果，可将管线架空

3. 安全管理计划

3.1 安全管理目标

杜绝重大伤亡事故及重大机械事故，因工死亡率为零；年轻伤频率控制在 3‰以内；杜绝发生重大安全事故，事故频率控制在 2 次/年·千人以内，隐患整改率 100%，确保××市建筑安全文明施工标准化工地。做好施工现场防疫工作，杜绝食物中毒和传染病；做好现场消防工作，杜绝重大火灾事故。

3.2 安全管理组织机构图（略）

3.3 安全资源配置

1. 安全人力资源配置

由于该项目建筑面积较大，为做好项目安全工作，我司特配备项目安全总监1人，下配备安全工程师2人，另在不同时期配备安全工4～8人。

2. 安全物资资源配置

(1) 安全帽、安全带：根据施工现场人数及种类配备施工安全帽，并进行编号。依据高空作业人员数量配备施工安全带。施工安全帽、安全带等设施应有一定库存量，以备情急之用。本工程拟配备安全帽1000顶，安全带50条。

(2) 干粉灭火器：在施工作业区、生活区、办公区及上部楼层等部位配备足够数量的灭火器。本工程拟配备干粉灭火器50个，根据工程进度分批进场。

(3) 安全宣传栏、安全标识：在生活区及办公区分别设立安全教育宣传栏，强化全体人员安全意识。在施工危险源部位设置安全标识及安全警示牌，做好安全预防工作。

3.4 安全管理制度（见表7-4）

表7-4

序号	制度名称	制度内容
1	安全生产责任制	明确各级人员的安全责任，以及在各自的业务范围内，对实现安全生产要求负责，做到安全生产工作责任横向到边，层层负责；竖向到底，一环不漏。
2	安全专项方案编制及审查制	根据建设部《危险性较大工程安全专项施工方案编制及专家论证审查办法》及单位技术手册，编写相关专项安全施工方案，并报相应部门论证、审批。
3	安全专项资金保障制度	项目经理部落实安全劳防用品资金、安全教育培训专项资金以及保障安全生产的技术措施资金。
4	安全技术交底制	根据安全技术方案要求和现场实际情况，各级管理人员需逐级进行书面交底，检查技术交底实施情况。
5	安全活动制	安全管理部每周组织全体工人进行安全教育，总结上周安全问题，对本周安全重点和注意事项作交底。
6	定期检查与隐患整改制	安全管理部每周组织一次由各施工队伍安全责任人参加的安全联合检查，查出的安全隐患必须定措施、定时间、定人员整改，并做好隐患整改消项记录。
7	机械设备安装验收制	塔吊、施工电梯等大中型机械设备安装实行验收制，凡未经验收的一律不得投入使用 。
8	持证上岗制	进场工人和调换工种的职工，必须按规定进行安全教育和技术培训，特殊工种必需持有上岗操作证。
9	特殊工种证书年审制	每年由单位统一组织进行，加强施工管理人员的安全考核，增强安全意识，避免违章指挥、违章作业。
10	安全生产奖罚制与事故报告制	对安全工作做得好的单位或个人进行奖励，对不执行安全生产管理制度、方案的单位或个人进行处罚，督促整改，对事故将按程序及时进行通报。
11	危急情况停工制	一旦出现危及职工生命财产安全险情，立即停工，及时采取措施排除险情，报告单位、业主及监理。
12	责任领导值班制	施工过程中，必须保证有本单位施工人员施工作业，就有本单位领导在现场值班，不得空岗、失控。

3.5 现场安全保证措施

3.5.1 人员安全防护

(1) 坚持用好安全"三件宝":所有进入现场人员必须戴安全帽,高空作业人员必须戴安全帽、系安全带、穿防滑绝缘鞋。

(2) 防止高空坠落和物体打击。

(3) 带电操作必须戴绝缘手套,进行可能引致眼睛受到伤害的工作,必须佩戴护目镜。

(4) 高空、地面通信联络一律用对讲机,严禁在高空和地面互相直接喊话。

(5) 高空作业人员配带工具袋,小型工具、焊条头子、高强度螺栓尾部等放在专用工具袋内,不得放在易失落地方。使用时,要握持牢固。所有工具(如榔头、扳手、撬棍等)穿上绳子套在安全带或手腕上,防止失落伤及他人。

(6) 高空作业人员应身体健康,作业人员必须体检合格,严禁带病作业,禁止酒后作业。

(7) 禁止工人违章用电,手持电动工具应设置漏电保护器。

3.5.2 临边、洞口及其他重要部位安全防护

(1) 进入建筑物的安全通道大样图,如图 7-5 所示。

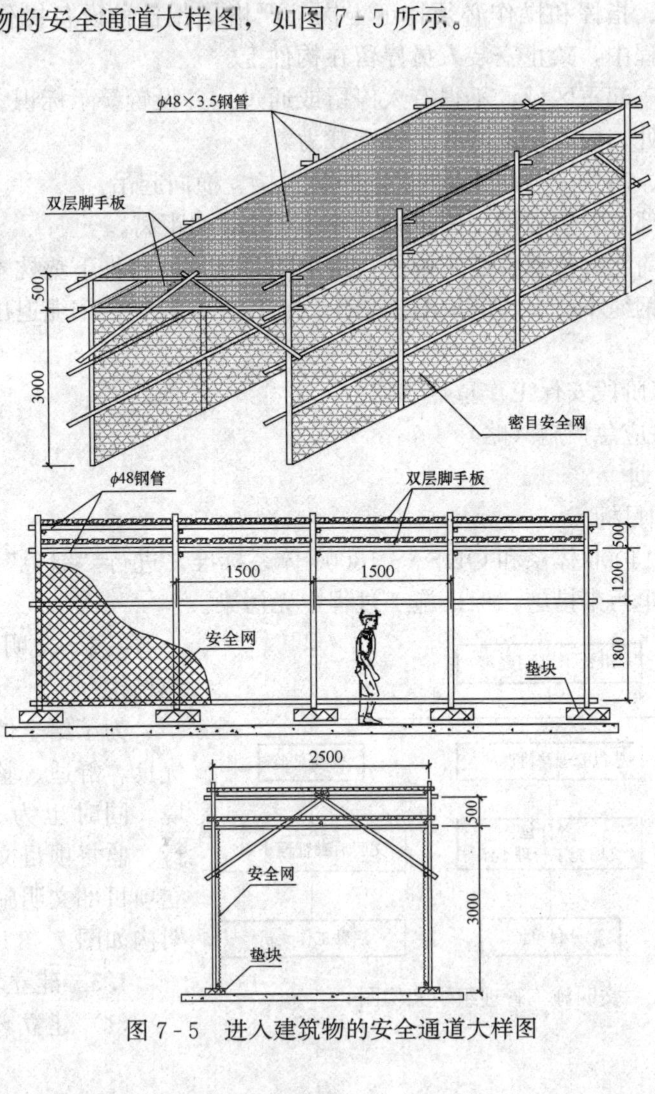

图 7-5 进入建筑物的安全通道大样图

(2) 基坑周边安全防护，如图7-6所示。在基础施工阶段，在基坑四周临边设置1.0～1.2m高钢管围护，并用安全网封闭。

(3) 楼梯的安全防护，如图7-7所示。

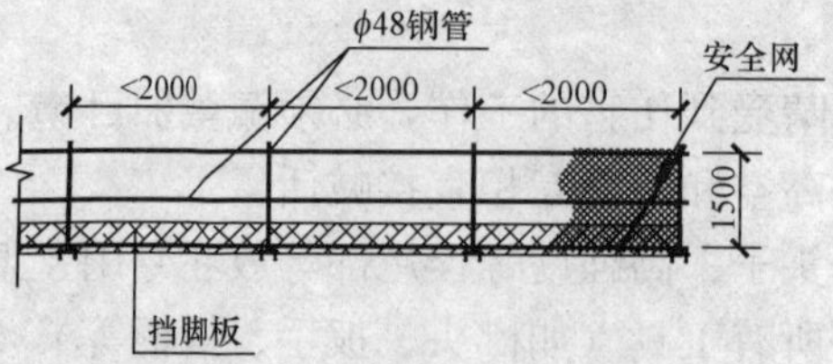

图7-6　基坑周边安全防护

图7-7　楼梯的安全防护

(4) 预留洞口设置安全防护。

(5) 施工电梯出入口设置安全门。

3.5.3　起重设备操作安全技术措施

(1) 塔吊司机、指挥和操作必须持证上岗，严格执行各种设备操作规程，坚持“十不吊”原则。起吊过程中，禁止安装人员停留在构件上。

(2) 塔吊和吊车起重区域，不得有人停留或通过。并设置警示标识。

(3) 吊机站位处，应确保地基有足够承载力。

(4) 起吊重物、吊钩应与地面呈90°，严禁斜拉、横向起吊。

(5) 吊机旋转部分，应与周围固定物有不小于1m的距离。

(6) 吊机落钩前明确位置，摆正构件，避免随意摆放。构件下垫枕木以利取出钢绳。落钩要慢，充分落钩钢绳不受力才能取绳。忌手放在构件下取物，钢绳退出时禁止吊钩直接拉动避免弹出伤人。

3.6　不同施工阶段安保工作重点（略）

3.7　突发事件应急措施（略）

4. 环境管理计划

4.1　环境管理目标

严格执行ISO 14000体系和OHSAS 18000体系标准，进行“绿色”施工，采取有效的环境保护与控制扬尘污染措施，保证施工过程中无污染。

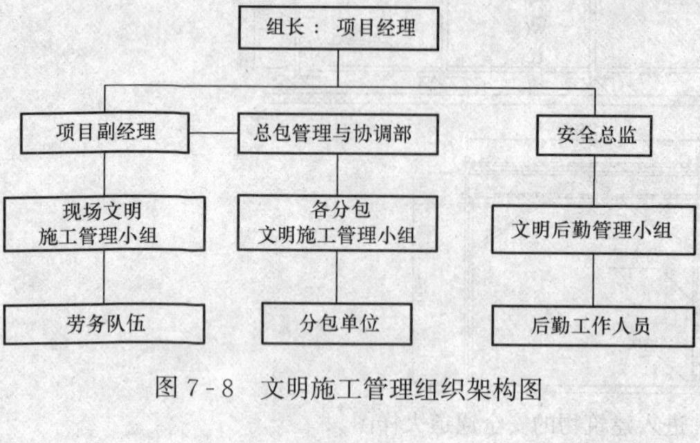

图7-8　文明施工管理组织架构图

4.2　文明施工与环境管理组织结构

为了给全体工作人员提供一个优良、舒适、整洁、卫生的工作环境，同时也为了更好地组织、执行、监督项目文明施工活动，特成立项目部文明施工管理小组。组织架构如图7-8所示。

4.3　建立环境保护制度

(1) 建立环境保护管理体系，

对从开工准备到完工期间所有的施工过程、运作和管理活动中可能产生的环境因素进行充分的识别和评估。各项改进措施责任落实到人。

(2) 采取多种形式的环保宣传、教育活动，不断提高职工的环保意识和法制观念。

(3) 施工过程中针对扬尘、遗洒、噪声、污水等环境因素开展自检活动，发现问题及时采取措施进行整改。

(4) 现场使用商品混凝土和商品砂浆。

(5) 各楼层或施工区域设立足够的垃圾收集点，施工垃圾与生活垃圾分类封闭存放，并一日一清，保证现场废料、垃圾控制在最少范围内。

(6) 施工现场进行硬化处理，周边设置水汽喷洒装置，并指定专人负责，防止现场扬尘扩散。

(7) 施工作业时间必须严格控制在 6 时至 22 时，有特殊情况，需要夜间施工的，事先向建设指挥部申请，办理夜施证后方可施工。

(8) 各类油料专库存放，并对对库房进行防渗漏处理，严格执行领退料制度，按需用量提料，并采取措施防止油料跑、冒、滴、漏，污染水体。

(9) 场内垃圾和工程垃圾场内集中处埋，与当地土管部门沟通，确定渣土运输路线和地点，并采取封闭措施，防止沿途遗洒。

(10) 使用环保材料，尽最大可能地减少钢材、木材、水资源、燃料资源消耗，实现资源消耗降低指标。

4.4 防粉尘施工措施

本工程梯位于市区，周边环境特殊，因此对施工现场的粉尘的控制要求较严，在实际施工时，我们将采取以下措施进行控制：

(1) 设置现场垃圾集中堆放处，分类处理并进行覆盖，一日一清。

(2) 制订施工现场洒水降尘制度，配备专用洒水设备及指定专人负责。在易产生扬尘的季节，施工场地采取洒水降尘。

(3) 做好现场绿化、硬化工作，堆土采用绿色密目网覆盖。除现场已种植的花草绿化外，在临建房屋的墙面和毗邻水厂彩钢围墙爬蔓类耐旱植物绿化，把施工现场建设成为花园式工地。

(4) 使用商品混凝土和商品砂浆，以减少施工现场粉尘污染源。

(5) 切割、钻孔的防尘措施：无齿锯切割时在锯的正前方设置遮挡锯末火花的三面式挡板，使锯末在内部沉积后回收。钻孔用水钻进行，在下方设置疏水槽将浆水引至容器内沉淀后处理。

(6) 石工现场尽量组织石材、木制半成品进入现场，实施装配或施工，减少因切割石材、木制品加工所造成的粉尘及噪声污染。

(7) 施工现场不得使用有明显无组织排放尘埃的中小型粉碎、切割、铯刨等机械设备。

(8) 在施工工地内，设置车辆清洗设施以及配套的排水、泥浆沉淀设施；运输车辆应当在除泥、冲洗干净后，方可驶出施工工地。

(9) 建筑垃圾、工程渣土尽量在 48 小时内完成清运的，若不能，则在施工工地内设置临时堆放场，临时堆放场采取围挡、遮盖等防尘措施。

(10) 在施工工地内，设置车辆清洗设施以及配套的排水、泥浆沉淀设施；所有车辆应当在除泥、冲洗干净后，方可驶出施工工地。

(11) 建筑物、构筑物上运送散装物料、建筑垃圾和渣土的，应当采用密闭方式清运，禁止高空抛掷、扬撒。

(12) 土方运输前，在出入口垫湿麻布或淋湿的块毯，减少车辆轮胎带土出场。同时，安排专人负责出口外道路的清洁维护。

(13) 施工工地内堆放水泥、灰土、砂石等易产生扬尘污染物料的，在其周围设置不低于堆放物高度的封闭性围栏。

(14) 不得使用空气压缩机来清理车辆、设备和物料的尘埃

(15) 在进行产生大量泥浆的施工作业时，配备相应的泥浆池、泥浆沟，做到泥浆不外流，废浆采用密封式罐车外运。

4.5 生产、生活污水排放

(1) 施工现场的临时厕所排污经过三级化粪处理后排入市政管网，其他污水采取二级沉淀等处理措施。

(2) 沿临时设施、围护四周及施工道路设置排水明沟，并做好排水放坡，施工污水经过沉淀处理，分别经过指定的集水井排入市政管线。

(3) 施工现场出入口设洗车槽，以方便过往车辆的冲洗，减少车辆带尘。

(4) 排水沟要定期派人清淘，保持畅通，防止雨季高水位时发生雨水倒灌。

(5) 工程降水排水由于水量大，采用埋地管道敷设，单独排放至各排放点。施工现场的各类排水必须经过处理，达标后排入城市排水管网。

4.6 噪声控制

(1) 坚持日常对混凝土输送泵等机械的维修保养，确保其运行始终处于正常状态；

(2) 使用机器干扰抑制器，减少机械的噪声及无线电污染；

(3) 尽可能选用低噪声的施工机械设备；高噪声车间采用隔噪处理；

(4) 坚持对结构施工期间的噪声检测，发现超标时，及时采取降噪措施。

5. 成本管理计划

5.1 根据施工预算确定成本目标，编制各阶段各项资源需用量计划

根据工程实际情况，依据工程进度，结合施工企业自身实力，套用企业定额（参照当地预算定额），编制不同阶段各项资源需用量计划，主要包括人工需要量计划、材料（成品、半成品等）需用量计划、机械（机械型号、性质即租赁还是自有、所需台班等）需要量计划等。

5.2 进行成本过程控制

建立施工成本管理的组织机构并明确职责，制订相应管理制度（限额领料制、包干控制、指标控制、定额控制等）。

建立资源消耗台账，实行资源消耗的中间控制；建立项目项目成本审核签证制度，控制成本费用的支出；加强质量管理，控制质量成本；坚持现场管理标准化，堵塞浪费漏洞；定期开展“三同步”（统计核算、业务核算、会计核算）检查，防止项目成本盈亏异常。

5.3 降低成本的途径和措施

(1) 认真会审图纸，积极提出修改意见，加快施工进度，减少变更，既能保证质量又能降低资源消耗；

（2）加强合同预算管理，增创工程预算收入；

（3）制订技术先进、经济合理的施工方案；

（4）落实技术组织措施，严防“理论上节约，实际上超支”情况发生；

（5）组织均衡施工，加快施工进度；

（6）制订必要的纠偏措施和风险控制措施。

6. 其他管理计划（消防管理计划）

6.1 消防管理组织措施

1. 成立消防领导小组

由项目经理对施工现场的消防安全负第一领导责任，领导和组织小组成员制定消防计划。

各专业施工部、总包管理部、各指定分包商和安全工程师直接负责施工现场的消防安全管理，负责对施工人员进行消防预防的教育和培训，落实消防安全措施。

2. 消防管理制度

（1）编制消防管理方案和消防预案，坚持消防安全交底制度。

（2）建立消防保卫机构，组建义务消防队，开展消防演习，确保项目处理火灾的应急能力。

（3）现场消防道路畅通，禁止在临时消防车道上堆物、堆料或挤占消防车道。

（4）消防设施、器材齐全、有效，并全面覆盖现场。消防设施、器材做明显标识，除发生火灾和检修、更新消防设施、器材，任何情况下不得动用消防设施、器材。

（5）消防泵配专用配电线路。消防供水保证足够水源和水压，楼层安装临时消防竖管。严禁消防竖管作为施工用水管线。

（6）设立从作业楼层通往室外地面的紧急疏散通道，配备应急电源。

（7）施工现场使用的各类安全网、保温材料，必须符合消防安全规定，不得使用易燃、可燃材料。

（8）施工材料分类存放，做好防火措施；易燃易爆物品专库分类单独存放，保持通风，严格执行领退料手续。

（9）使用电气设备和易燃易爆物品，指定防火负责人，配备灭火器材，确保施工安全。

（10）电气焊操作工人必须持特种作业操作证，明火作业要办理动火手续，办理动火证，动火证当日有效，安排专人看火，并配灭火器。

（11）施工现场严禁吸烟。

6.2 消防保障措施

（1）严格遵守××省有关消防方面的法令、法规，开工前及时办理“消防安全许可证”。

（2）加强进场工人教育，增强消防意识。

（3）定期举行消防逃生演习，提高在紧急情况下的应急能力。

（4）施工现场运输道路兼作临时消防车道，结合分阶段总平面布置，采取搭设栈桥保证现场道路形成环路，以保证临时消防车道的畅通。现场沿施工道路、构件堆场、办公区域埋地敷设 ϕ100 的热镀锌钢管，每隔 40～50m 设置 1 个室外消火栓。

（5）施工楼层消防用水采用固有消防系统及现场缩额外设置的蓄水箱。

（6）氧气、乙炔要放在安全处，并按规定正确使用，电焊、气割时，先观察周围环境有无易燃物后再进行工作，并用火花接取器接取火花，严防火灾发生。

(7) 焊、割作业点氧气瓶、电石桶和乙炔发生器等危险品的距离不得少于10m，与易燃易爆物品得距离不得少于30m，如果达不到上述要求，则应采取动火审批制度，并采取有效的安全隔离措施。

(8) 乙炔发生器和氧气瓶得存放之间距离不小于2m；使用时，二者得距离不得小于5m。

(9) 易燃、易爆、油品及化学品材料分类存放在专用仓库内，设专人严格管理，并建立台账，定期清点。

(10) 严格执行现场用火审批制度，使用电气焊时要有操作证。

(11) 场外生活基地消防工作严格遵守《浙江省建设工程施工现场生活区设置和管理标准》。

6.3 不同阶段消防工作重点（略）

本章小结

本章首先介绍了建筑工程施工管理计划内涵、主要内容、编制要求；其次以××市某工程施工管理计划为例进行综合应用。

第一部分内容，针对建筑施工管理计划的六大内容，即进度管理计划、质量管理计划、安全管理计划、环境管理计划、成本管理计划以及其他管理计划。从各管理计划内涵、编制要求以及一般情况包括的主要内容三方面进行了介绍。使学生对施工现场的各项施工管理计划有了一个清晰的认识，为日后走上工作岗位，从事施工管理有了基础的认识。

第二部分内容，以××市某工程编制的实际施工组织设计中的施工管理计划部分作为综合实例，使同学们在理论规范的基础上，结合工程实际，对于施工管理计划有了较深刻的认识，同时，还可以作为今后编制施工组织设计的参考资料。

能力训练 现场教学：编制主要施工管理计划

目的：理论与实践相结合，提高大家学习主动性和对知识的应用能力。

内容与要求：以某在建工程为例（框架结构），给出主体或装修阶段计划进度，分小组收集资料，分别编制进度管理计划、质量管理计划、环境管理计划、成本管理计划、安全管理计划。

组织方法：在本章主要内容讲完后，随即布置任务，划分小组，一周时间后提交成果，课堂进行交流探讨，老师点评。

思考题

1. 简述建筑工程主要施工管理计划的内容。
2. 简述进度管理计划内涵及包括的主要内容。
3. 简述质量管理计划内涵及包括的主要内容。
4. 简述环境管理计划内涵及包括的主要内容。
5. 简述成本管理计划内涵及包括的主要内容。
6. 简述安全管理计划内涵及包括的主要内容。

第八章　基于BIM的建筑施工组织

知识目标　BIM技术是21世纪一项非常重要的建筑技术革命，从设计、施工、管理到运维等全寿命周期都得到越来越广泛的使用，建筑施工组织方面也是如此。通过本章学习，要求学生了解常用的基于BIM的建筑施工组织软件的类型、特点、功能，能够运用常用BIM软件完成施工方案编制、施工进度表和施工平面图的绘制，为将来从事工程技术专业工作打基础。

能力目标　能够运用广联达标书制作软件完成施工方案的编制；能够运用Microsoft Visio软件绘制进度计划图，并运用绘制好的进度计划图进行初步的项目管理；能够运用Microsoft Project软件进行项目的创建，并运用创建好的信息模型进行资源管理、成本管理、进度管理、项目报表管理等内容；能够运用斑马梦龙网络计划软件绘制带有时间参数的网络计划图，并通过软件提供的功能进行进度计划的管理；能够运用广联达BIM三维场布软件创建更具直观性的三维施工现场平面布置图，并通过软件提供的功能进行施工现场的资源管理、二维及三维展示和动画演示等。

第一节　施工方案编制软件的应用

随着建筑行业的快速发展，投标竞争的日趋激烈。能够准确、便捷、美观地编制出投标文件的技术标是所有施工投标人共同的愿望。

一、标书制作软件概述

标书制作软件能够基于实际业务场景，提供优质、海量的建筑施工方案、施工节点详图及附表等资料。针对编制过程中的问题、难点，比如图片等在文档中显示不全、显示错位等，设计独有的快捷命令，可一键完成图片、表格等调整。软件可针对施工方案的标题、章节段落、内容格式一键自动排版，免去手动调整，使编制出来的施工方案更加美观、规范。

二、标书制作软件使用介绍

(1) 启动软件，进入操作界面。软件主界面的功能菜单区，包括素材加载、编辑、学习反馈三大模块，如图8-1所示。

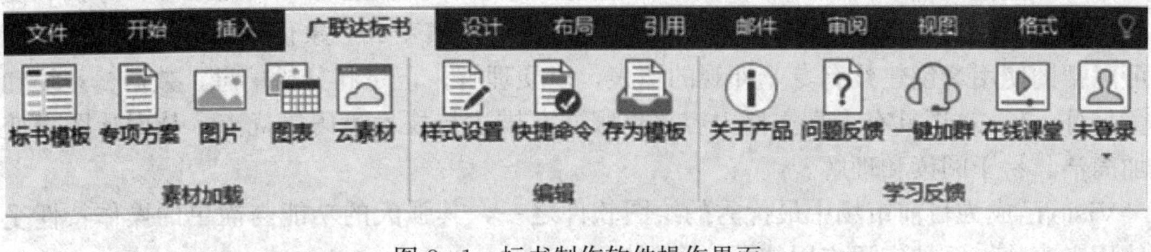

图8-1　标书制作软件操作界面

(2) 点击【专项方案】模块。此模块按照专项方案进行分类并存储相应文档。当选择插入某项专项方案文档时，直接将其内容、格式及图表等复制到正在编辑的 Word 文档中，如图 8-2 所示。

(3) 完成施工方案的编制后，点击【样式设置与管理】模块。可以进行设置的内容包括：页面设置、标题设置、正文设置、页眉页脚设置、目录设置。在完成相关设置后，进行文件的保存，或打印，如图 8-3 所示。

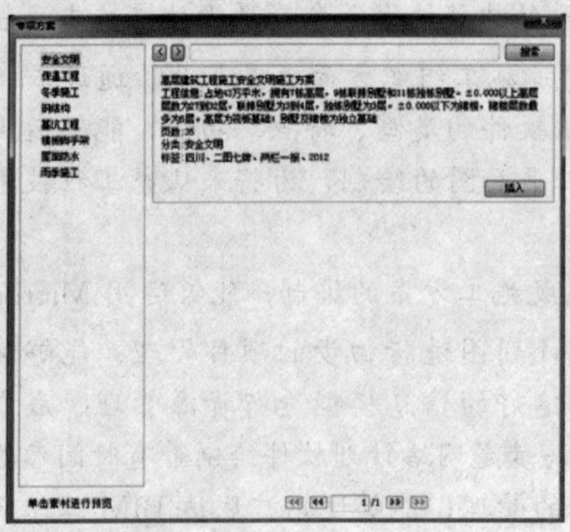

图 8-2　专项方案界面

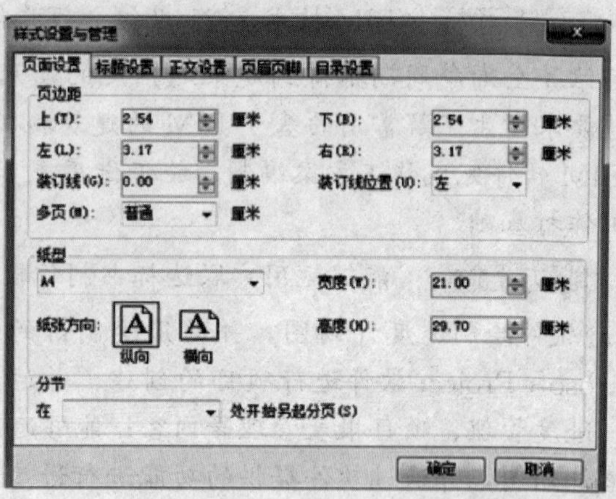

图 8-3　样式设置与管理

三、其他功能介绍

软件单机端及云端包含丰富的素材，涵盖建筑工程、市政工程、安装工程、装饰装修、钢结构等方面的内容。

第二节　进度计划编制软件的应用

一、Microsoft Visio 软件的应用

Microsoft Visio 是 Microsoft 公司推出的新一代商业图表绘制软件，其界面友好、操作简单、功能强大，便于使用者以可视化的方式处理、分析和交流复杂信息或系统，以便做出更好的业务决策，更新版本的 Visio 增加了多种功能以提高使用者绘制图形的效率，改进了操作界面，使使用者在绘图时更加快捷。另外，提供了通过数据控制矢量图形的功能，使用者可以直接为矢量图形添加数据表和制作数据图形，增强了图形与数据库之间的关联。

(一) Microsoft Visio 概述

Visio 是一种便于专业技术人员就复杂信息、系统和流程进行可视化处理、分析和交流的软件，它不仅可以将使用者的思想、设计与最终产品演变成形象化的图形进行传播，而且还可以帮助使用者创建具有专业外观的图表，以便理解、记录和分析信息、数据、系统和过程。另外，Visio 还具有丰富文档内容、克服文字描述与技术障碍等优点，从而让图表变得更加简洁、易于阅读和理解。

Visio 已成为目前市场中最优秀的绘图软件之一，其强大的功能与简单的操作特性受广大使用者青睐，已被广泛应用如下众多领域中。

1. 软件设计

使用者可以使用 Visio 设计软件的结构模型，一般情况下需要以流程图的样式设计非正

式设计，然后开始编码，并根据实际操作修改系统设计，从而实现软件设计的整体过程。

2. 项目管理

使用者可以使用时间线、横道图、PERT 图等来设计项目管理的流程。例如，制作项目进度计划、工作计划、学习计划等项目管理模型。

3. 企业管理

使用者可以使用 Visio 来制作组织结构图、生产流程图等企业模型或流程图。通过企业管理可以调动员工的潜能与积极性，同时也可以使企业财务清晰、资本结构更加合理。

4. 建筑

建筑设计行业是使用 Visio 软件最频繁的行业，使用者可以利用 Visio 软件来设计楼层平面图、楼盘宣传图、房屋装修图等。

5. 电子

在制作电子产品之前，使用者可以利用 Visio 来制作电子产品的结构模型。

6. 机械

Visio 软件也可以应用于机械制图领域，可以制作出像 AutoCAD 图一样精确的机械图。而且 Visio 还具有与 AutoCAD 一样强大的绘图、编辑等功能。

7. 通信

在现代文明社会中，通信是推动人类社会文明、进步与发展的巨大动力。运用 Visio 还可以制作有关通信方面的图表。

8. 科研

科研是为了追求知识或解决问题的一项系统活动，使用者还可以使用 Visio 来制作科研活动审核、检查或业绩考核的流程图。

Visio 具有非常强大的兼容性和通用性，在【另存为】对话框中，单击【保存类型】下拉按钮，在其下拉列表中提供了 25 种保存类型，以便于和不同软件的互通使用，如图 8-4 所示。

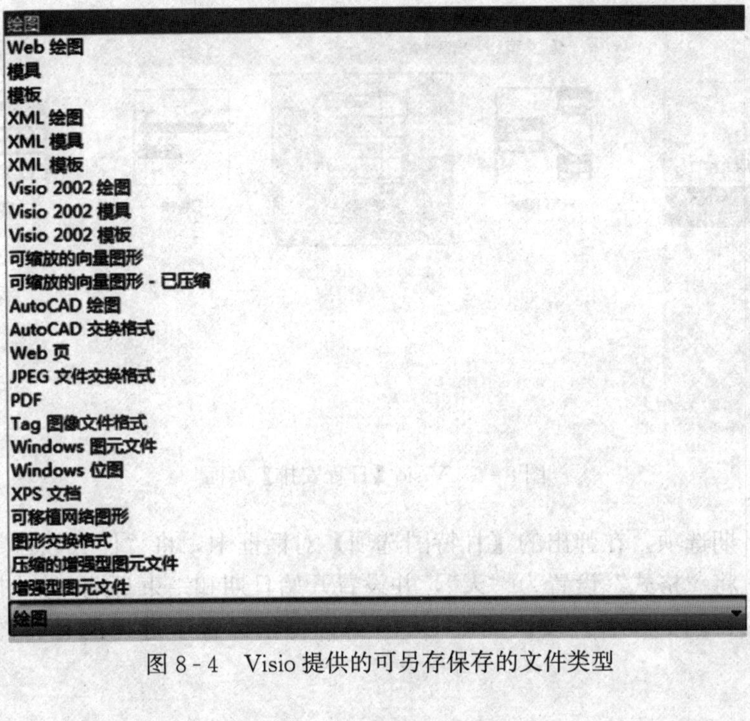

图 8-4　Visio 提供的可另存保存的文件类型

（二）用 Visio 绘制进度计划表

双击电脑桌面 Microsoft Visio 图标，启动软件，利用软件自带的日程安排模块中的甘特图功能完成横道进度计划表的绘制。具体流程如下：

(1) 进入【新建】页面。执行【模板类别】当中的【日程安排】选项，如图 8-5 所示。

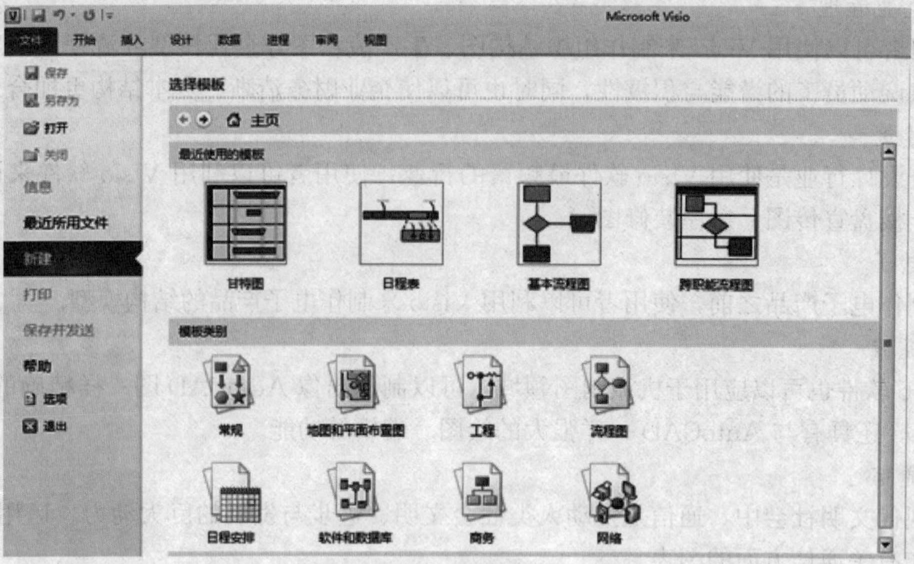

图 8-5 Visio【新建】页面

(2) 单击【日程安排】选项，双击【甘特图】图标，如图 8-6 所示。

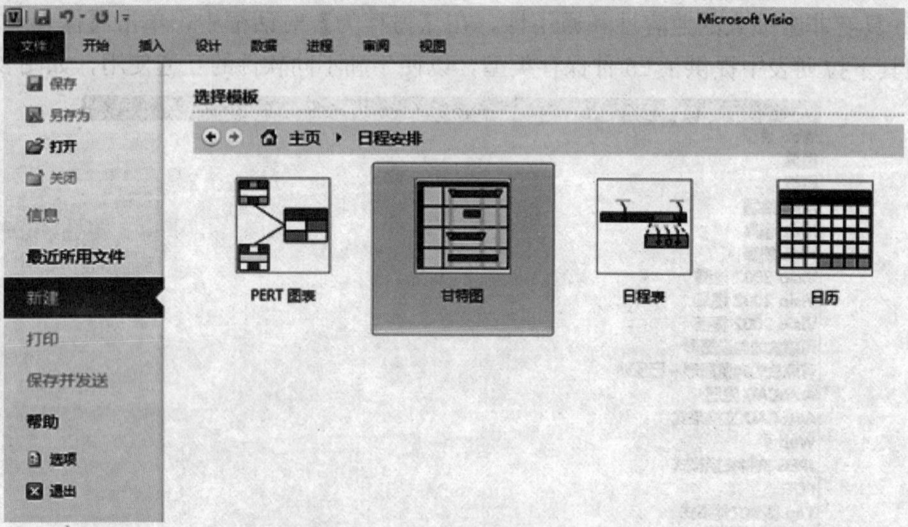

图 8-6 Visio【日程安排】页面

(3) 设置日期选项。在弹出的【甘特图选项】对话框中，将“任务数目”设置为使用者所需要的数目，将“格式”设置为“天”，并设置开始日期和结束日期，如图 8-7 所示。

(4) 调整甘特图的位置。按快捷键 Ctrl＋A，将鼠标置于选择的甘特图上，通过按住

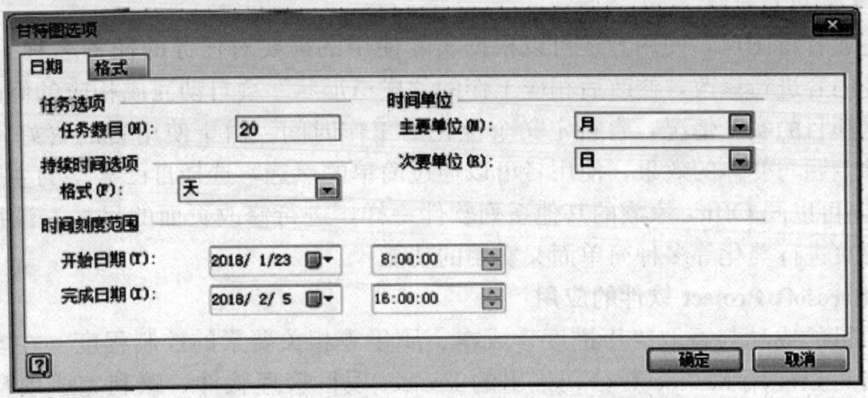

图 8-7　Visio【甘特图选项】页面

Ctrl 键和拖动鼠标左键，调整甘特图的位置，如图 8-8 所示。

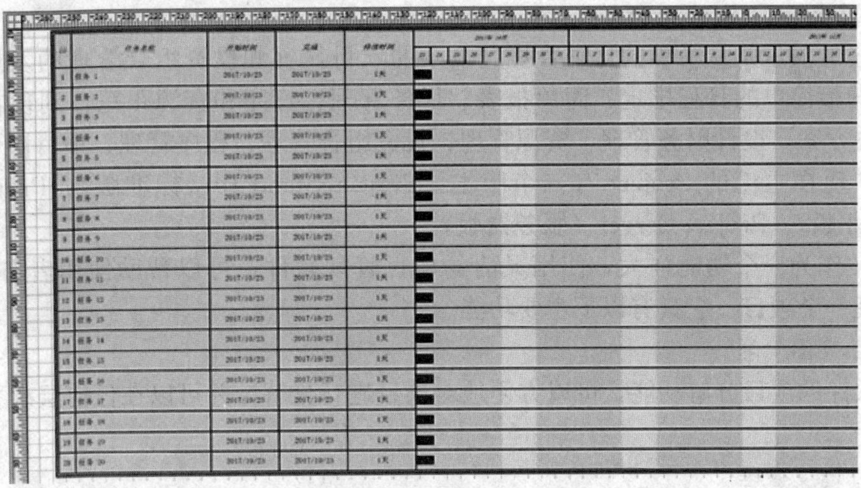

图 8-8　调整甘特图的位置

（5）输入文本。在甘特图中输入任务名称和持续时间，并设置文本格式，如图 8-9 所示。

图 8-9　输入文本

（三）其他功能介绍

创建完成甘特图后，使用者还可以根据实际使用的需要对任务的任务名称、完成时间、持续时间等内容进行修改，修改后相应工作的“横道形状”会自动完成相应的修改。使用者还可以根据项目的实际情况，自行定义个性化的工作时间。由于使用者的喜好不同，Visio提供了多种主题与变体的效果，使用者可以通过简单的点选，选择自己喜欢的主题效果。在Visio当中还可以同Office家族的其他系列软件一样，进行修改页面的尺寸、添加边框和标题、对绘图页进行美化等多种简单而又实用的功能。

二、Microsoft Project 软件的应用

一个项目的成功与否取决于进度、成本、质量等相关要素的控制程度。在实际的工作中，使用者可以使用Microsoft公司推出的Project项目管理软件，顺利完成项目的资源管理、成本管理、进度管理、报表管理等内容。Project在全世界项目管理领域中占据着非常重要的地位，它不仅有强大的报表及灵活的管理工具，而且还具有团队协同作业的功能。

（一）Microsoft Project 概述

Project的演进是从简单的日常管理到复杂的项目投资和投资组合管理的发展过程。从1987年版的最简单的日程排定、简单报表、任务管理、打印和资源跟踪，到现在的企业项目管理解决方案，设计财务管理、资源管理、投资组合管理、程序管理、项目协作和报表等各个方面。现在主流的Project有三个版本：Project Standard（标准版）、Project Professional（专业版）、Project Server（服务器版）。

Project作为一个功能强大，使用灵活的项目管理软件，可以帮助使用者有效的计划、设计和管理一个项目。它具有以下主要功能。

1. 项目范围管理

利用软件的项目分解功能，可以方便地对项目进行分解，并可以在任何层次上进行信息汇总。

2. 项目进度管理

软件提供了多种进度管理的方法，如甘特图、日历图、网络图等，利用这些方法，使用者可以方便地在分解工作任务之间建立相关性，使用关键路径法计算任务和项目的开始时间和完成时间，自动生成关键路径，方便使用者对项目进行更有效的管理。

3. 项目资源管理

软件采用了自下而上的估算技术，并结合其他技术，使费用估算更为准确。软件提供了“资源平衡”“责任矩阵”“资源需求直方图”等手段，能对资源进行合理的分配，同时还能统计资源的工作量、成本、工时等信息内容。

4. 信息沟通管理

软件使用丰富的视图、报表，为项目中不同类别的人员提供了所需的信息。项目管理者还可以利用电子邮件和Project Central直接分配任务，更新任务信息，跟踪控制任务完成情况。

5. 项目综合管理

软件包含了项目管理中多方面的重要技术和方法，可以对整个项目的计划、进度、资源进行综合管理和协调，改善项目管理的过程，提高管理水平，最终实现项目的目标。

（二）Microsoft Project 中的视图和表

1. Project 中的视图

Project 为使用者提供了若干个视图，通过视图可以帮助使用者输入、编辑、分析和显示项目信息。总体上讲，视图主要分为任务类视图与资源类视图两大类 10 多种。

（1）【甘特图】视图。在 Project 中，【甘特图】视图是默认的视图，是可视“甘特图”与“项”表的组合。视图的左侧主要以工作表的形式显示任务名称、工期、开始时间、完成时间、前置任务及资源名称。视图的右侧主要以条形图格式显示任务信息，每个条形图代表一个任务，条形图与条形图之间的连线表示任务之间的关系。

（2）【跟踪甘特图】视图。在 Project 中，【跟踪甘特图】视图与【甘特图】视图的外观样式一样。但是【跟踪甘特图】视图中的条形图以上、下两种方式进行显示。其中，上方的条形图表示任务的当前计划，下方的条形图表示任务的比较基准。在规划项目时，可以通过上下两天甘特图来分析实际项目计划偏移原始计划的程度。

（3）【任务分配状况】视图。通过观察，可以发现【任务分配状况】视图的外观像两个并排的工作表，左侧部分显示任务分配状况表，右侧部分显示任务所对应的时间表。通过【任务分配状况】视图，可以查看不同时间下任务的工时与成本。

（4）【日历】视图。在【日历】视图中，主要显示一个月或一周内的项目信息。其中，单个任务是以细长蓝色轮廓的条形显示，里程碑任务是以灰色条形显示，通过【日历】视图，可以快速查看项目的日程安排。

（5）【网络图】视图。在 Project 中，【网络图】视图的外观很像一个流程图。【网络图】视图中的流程格式相似于 PERT（计划评审技术）图。一个方框代表一个任务，方框之间的连线表示已完成的任务。

（6）【资源工作表】视图。在 Project 中，【资源工作表】视图类似于 Excel 工作表，其工作区与甘特图中的工作区视图大体一致，也包括域标题与行标题。【资源工作表】主要用于输入、编辑任务资源，以及设置资源的成本、加班费率与最大单位等资源信息。

（7）【资源使用状况】视图。在 Project 中，【资源使用状况】视图类似于【任务分配状况】视图，左侧部分显示资源使用状况表，右侧部分显示资源所对应的时间表，可以根据制定的时间刻度查看每项资源的工时及成本。

（8）【资源图表】视图。在 Project 中，切换到【资源图表】视图中，通过观察，可以发现【资源图表】视图是以条形图格式进行显示。其中，蓝色条形图代表工时，红色条形图代表过度分配。

2. Project 中的表

Project 为使用者提供了若干个表，通过表可以帮助使用者查看、比较几分析项目信息。总体上讲，表主要分为任务类与资源类两大类 27 种表，摘要介绍如下：

（1）【差异】表。【差异】表是用于查看任务的开始、完成时间的差异情况的一种表格，属于任务类表格。主要显示任务的开始时间、完成时间、比较基准开始时间、比较基准完成时间、开始时间差异及完成时间差异数据。

（2）【成本】表。【成本】表是用于查看任务的具体成本及成本的差异情况的一种表格，属于任务类表格。主要显示任务的固定成本、固定成本累算、总成本、比较基准、差异、实际与剩余数据。

(3)【跟踪】表。【跟踪】表是用来显示任务的实际工期、工时成本的完成情况的一种表格，属于任务类表格。主要显示任务的实际开始时间、实际完成时间、完成百分比、实际完成百分比、实际工期、剩余工期、实际成本及实际工时数据。

(4)【工时】表。【工时】表是用来查看任务的计划工时与实际工时之间的差异情况的一种表格，属于资源类表格。主要显示任务的工时、比较基准、差异、实际、剩余及工时完成百分比数据。

(5)【日程】表。【日程】表是用来查看任务的最晚开始、完成时间及任务的可拖延情况的一种表格，属于任务类表格。主要显示任务的开始时间、完成时间、最晚开始时间、最晚完成时间、可用可宽延时间及可宽延的总时间。【日程】表也是只能在任务类视图中才可以显示。

(6)【挣值】表。【挣值】表是用来显示资源信息分析情况的一种表格，属于资源类表格。主要显示资源信息的计划工时的预算成本、已完成工时的预算成本、已完成工时的实际成本等资源成本、日程、成本差异等数据。

(7)【摘要】表。【摘要】表是用来显示任务的成本、工时、工期、完成时间、完成百分比等任务信息的一种表格，属于任务类表格。通过该表格，可以快速查看各项任务的完成情况。

(8)【延迟】表。【延迟】表是用来显示资源调配延迟情况的一种表格，属于任务类表格，主要包括任务名称、资源调配延迟、工期、开始时间、完成时间、后续任务、资源名称等项目信息。

(三) 用 Project 进行项目的创建及管理

双击电脑桌面 Microsoft Project 图标，启动软件，系统将自动弹出 Project 登录页面。

(1) 在登录页面的右侧，选择【空白项目】选项，并双击进入。在页面中可以清楚地看到左侧为任务名称、工期、开始时间、前置任务等需要完善的任务表格。右侧为用时间尺度描述的进度计划，如图 8-10 所示。

图 8-10　Project 甘特图页面

（2）在利用 Project 创建新项目时，还需要在创建项目任务之前，设置项目的开始日期、完成日期、优先级等项目信息。执行【项目】|【属性】|【项目信息】命令，在弹出的对话框中设置各项信息，如图 8-11 所示。

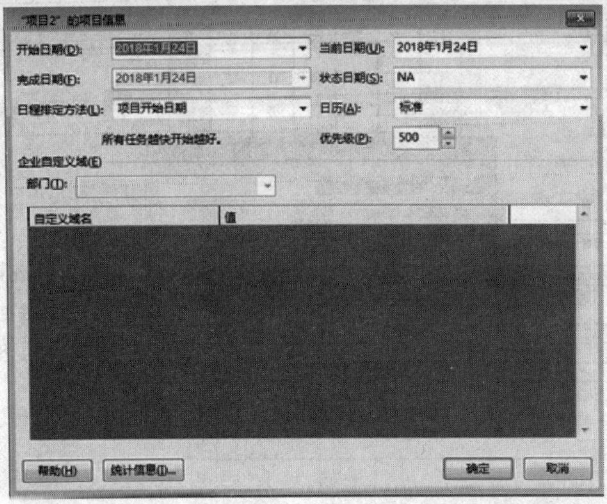

图 8-11　项目信息对话框

（3）在 Project 中，还可以在【选项】对话框中的【日程】选项卡中，设置输入任务信息的方式。通过依次单击【文件】|【选项】|【日程】进入选项卡，进行设置，如图 8-12 所示。

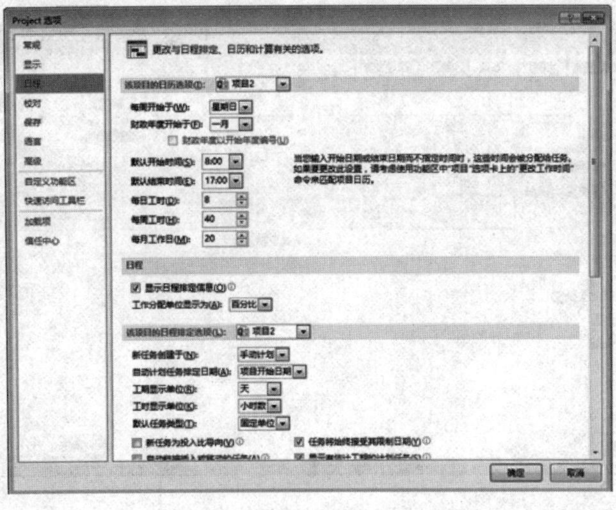

图 8-12　Project 选项

（4）在 Project 中，执行【项目】|【属性】|【更改工作时间】|【新建日历】命令。在弹出的对话框中进行相应的修改，可以定制独一无二的项目日历，满足各种项目的不同需求，如图 8-13 所示。

（5）选择【任务名称】域标题中相应的单元格，执行【任务】|【属性】|【信息】命

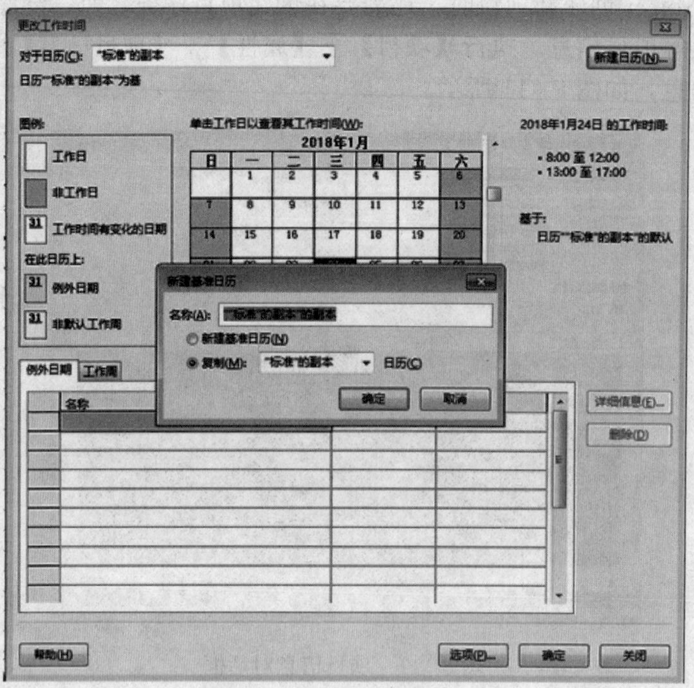

图 8 - 13　更改工作时间

令，在弹出的选项卡中分别设置【常规】、【前置任务】、【资源】、【高级】、【备注】等相应的任务信息，如图 8 - 14 所示。

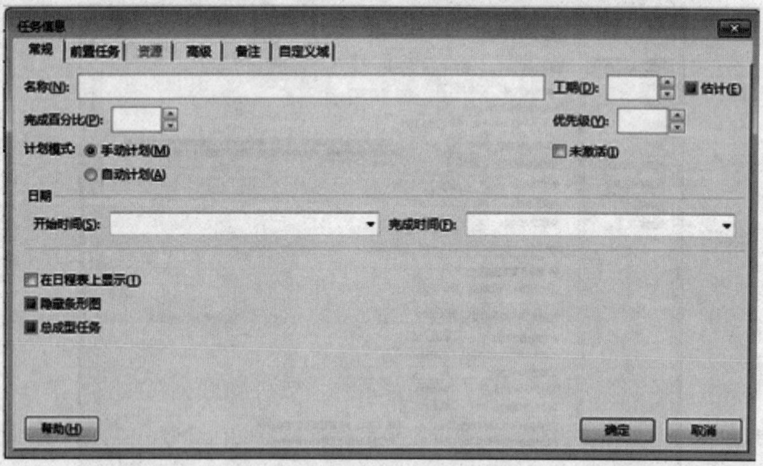

图 8 - 14　任务信息

(6) 逐一完成全部任务信息的输入，同时自动生成相应任务的甘特图。由于通常情况下图幅都会比较大，因此可以通过转动鼠标滚轮，或者拖拽页面右侧和底侧的滑动条来查看项目的全部信息，如图 8 - 15 所示。通过双击【任务名称】选项，还可以查看每项任务的全部详细信息，并且可以进行修改。

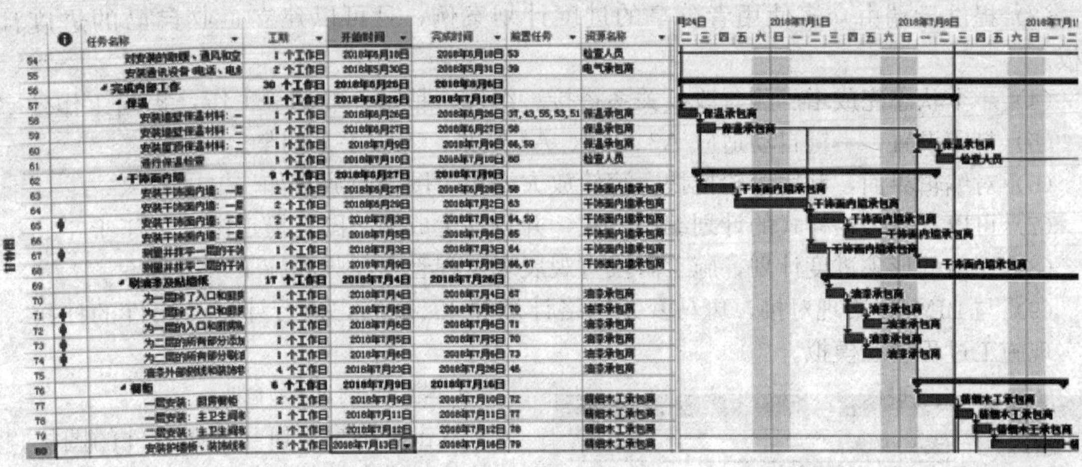

图8-15　全部项目任务

（四）其他功能介绍

在Project中所有任务默认的级别都为同一级别，为了便于管理任务，还需要对任务进行分级。任务分级，主要包括为任务创建摘要任务与子任务的大纲结构，以及创建用于报告日程及跟踪成本的工作分解结构两种形式。

在Project中，除了可以创建普通的任务之外，还可以创建里程碑和周期性任务。其中，里程碑是标记项目中主要事件的参考点，主要用于监视项目的进度；而周期性任务是指在一定周期内重复发生的任务。

在项目中创建任务后，需要链接各项任务以显示它们之间的关系，即创建任务之间的相关性。任务的相关性，可以直观的显示每个任务的前置任务、开始与结束时间，是衡量完成一个项目真实工期的关键因素。Project中提供的链接类型有：完成—开始（FS）；开始—开始（SS）；完成—完成（FF）；开始—完成（SF），用来反映项目中相邻两项任务的逻辑关系。

在项目的实际运行当中，可根据不同的需求，应用软件当中不同的功能，实现项目的资源管理、成本管理、项目进度跟踪、项目报表管理等全方面多层次的项目管理需求。

三、斑马梦龙网络计划软件的应用

广联达斑马进度应用网络计划技术的原理，采用高新技术手段，经过二十余年的实践磨炼，开发出适用于各种项目（如基本建设、设备制造及安装、科研、产品开发、军事等）计划管理的智能项目管理系统。

（一）斑马梦龙网络计划软件概述

该软件完全拟人化操作，直接用鼠标在屏幕上做网络图，智能建立紧前、紧后逻辑关系，节点及编号、关键线路实时自动生成，与表格输入方式做网络图相比提高功效数倍至数十倍。不需更多的网络计划知识，仅懂工程和能看懂网络图，就可轻松愉快、快速准确地做网络图。该软件是实现网络计划技术在各系统管理中科学、先进、快速的工具，在逻辑关系和关键路径的自动计算与展现、工期索赔、工期优化等方面效果尤其显著。

（1）兼容win10\8\7等最新操作系统，稳定性好。

（2）支持project导入进度计划，并自动生成网络图。

(3) 提供云端由众多使用者分享的进度计划案例，且可以建立企业自己的进度计划模板。

(4) 一个状态完成增、删、改、关系搭接、组件、粘贴、复制等工作，提高工作效率。

(5) 打印设置，一键自动适应 A3、A2、A4 纸张，无需手工调整。

(6) 对编辑界面，利用滚轮拖拽、滚轮放大缩小，图幅收放自如。

(7) 可以支持表格样式的计划编制方式，并自动生成网络图、横道图，便于上手。

(8) 全新的形象进度计划，施工阶段直观展现工程管理经验和施工组织方案。

(9) 与 BIM5D 实现对接，斑马梦龙网络计划导入 5D 后，进行计划与构件的挂接，最终实现施工过程动态模拟。

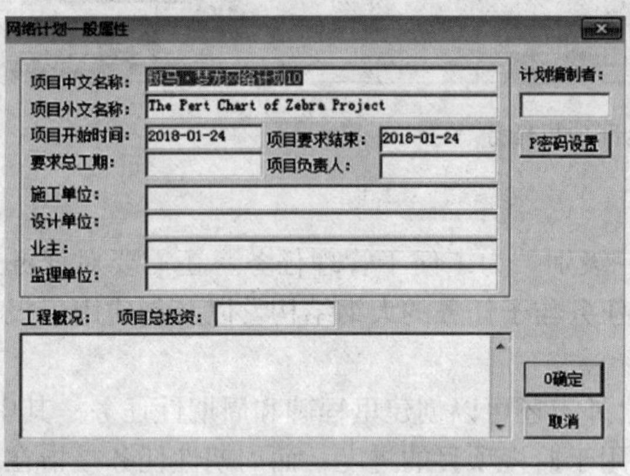

图 8-16 网络计划一般属性

(二) 编制网络计划

双击电脑桌面斑马梦龙软件的图标，启动软件，进入软件操作界面。具体操作流程如下：

(1) 单击【新建】按钮，弹出编辑界面，同时弹出【网络计划一般属性】对话框，可以编辑该项目基础信息包括项目开始时间、要求结束时间等，编辑完成后，单击【确定】即可开始绘制网络计划了，如图 8-16 所示。

(2) 在网络图的绘图页面，分别设置了上方工具条、下方工具条和左侧工具条。网络图操作中的绝大部分功能都可以通过工具条部分提供的功能直接或间接实现，如图 8-17 所示。

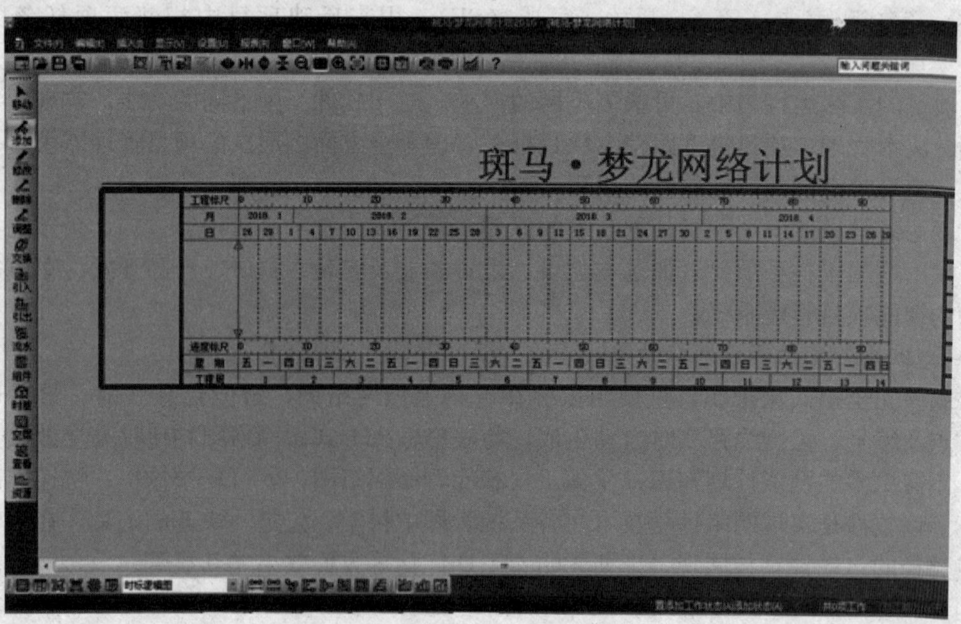

图 8-17 软件操作界面

(3) 单击左侧工具条【添加】按钮，在绘图区，按住鼠标左键，轻轻向右拖动鼠标添加一项工作。鼠标拖动过程中会出现黄色提示框显示开始结束及持续时间，直到满足需要的工期时松开鼠标左键。弹出【工作信息卡】，修改工作名称，持续时间等相关信息，工作类型选择实工作，单击【确定】即可成功添加一项工作，如图 8-18 所示。

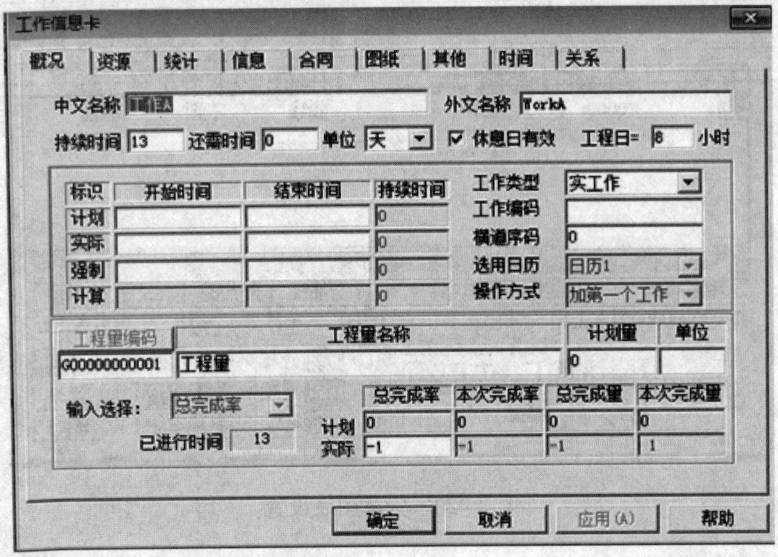

图 8-18　工作信息卡

(4) 将已绘制工作的结束节点，作为后续工作的开始节点，根据既定的工作间的逻辑关系，完成所有工作的绘制，最终完成双代号时标网络计划的绘制。可以通过转动鼠标滚轮，或者拖拽页面右侧和底侧的滑动条来查看项目的全部或局部信息，如图 8-19 所示。

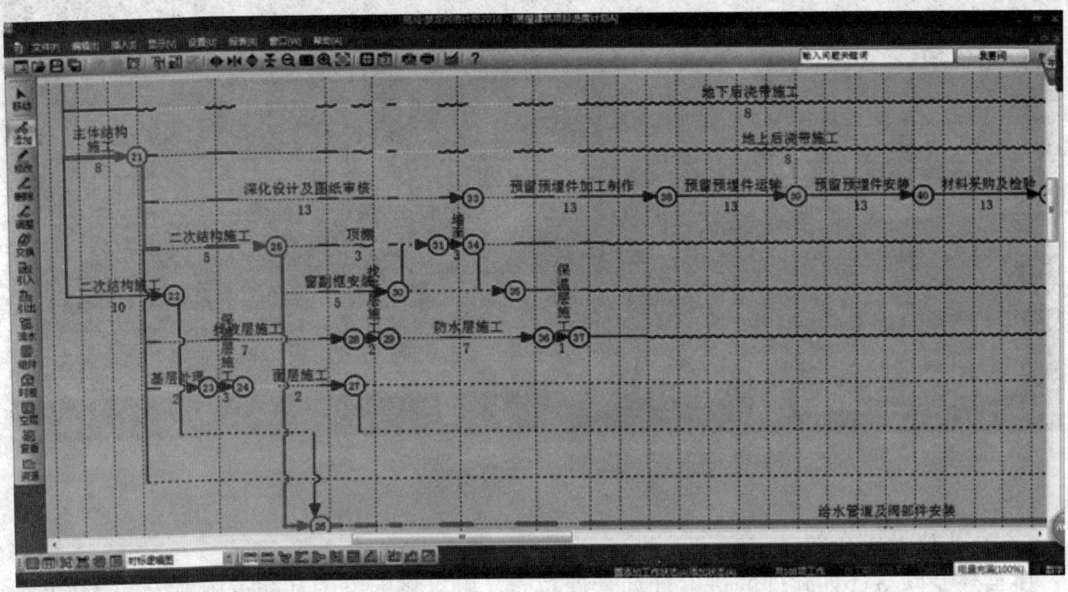

图 8-19　完成网络图的绘制

(5) 在网络图含时间刻度状态下，点击左侧工具栏的【资源】按钮；下方工具条中选择【含资源曲线】，将光标移至在网图绘制框的下方，当光标变为资源光标时右键单击，弹出【资源图表设置】对话框，选择资源图表名称，选择分布图、累加图、SS 图形式，单击【添加】，单击【确定】，如图 8-20 所示。

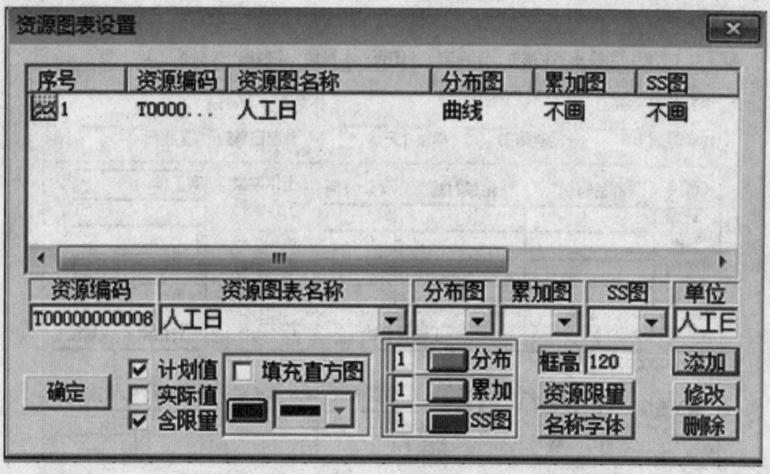

图 8-20 资源图表设置

(6) 按住鼠标左键拖拉，松开鼠标后，弹出【输入指定范开的资源用量】对话框，下拉选择入源，输入时间范围输入需求量。单击【确认】在资源图表单击鼠标左键，则可以成功添加资源，添加成功的资源图表，如图 8-21 所示。

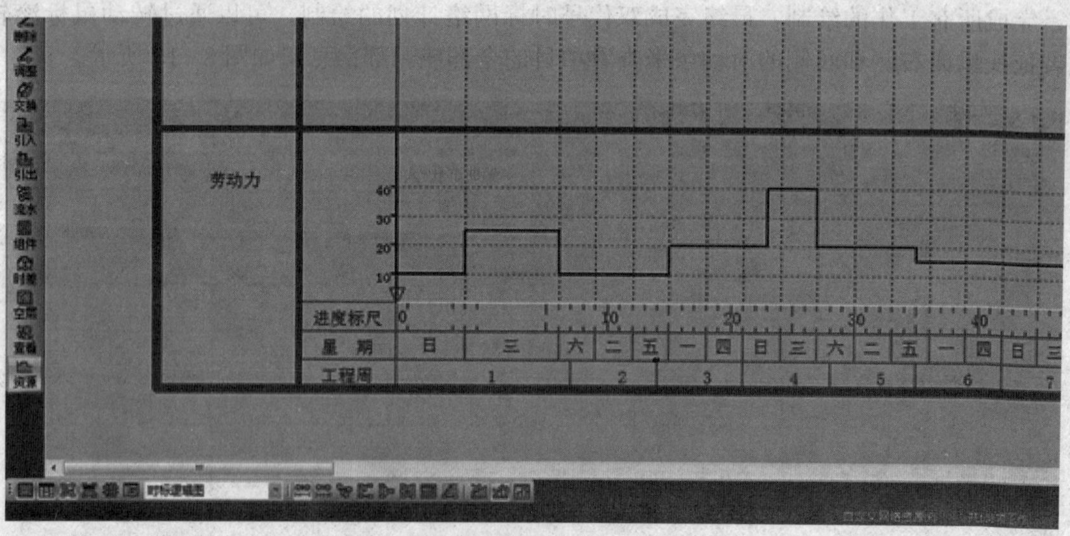

图 8-21 资源图表

(三) 其他功能介绍

斑马梦龙网络计划软件的进度计划管理功能，可以将网络图和横道图进行一键转换。还可以在转换后对工作内容进行修改、增加、删除等操作。

软件可以实现在双代号网络图和单代号网络图之间的转换。

斑马梦龙网络计划软件可以导入由 Microsoft Project 软件创建的扩展名为.mpp 的文件。通过导入的文件也可以进行网络图的转换，进行简单的修整后，即可形成更加符合国人使用习惯的各种形式的进度计划。

斑马梦龙网络计划软件可以通过楼层设置、标准层复制等简单操作，绘制更为直观的楼层形象进度计划，更便于在实际项目中的使用。

第三节　三维场布软件的应用

广联达 BIM 三维场布软件适用于施工现场管理，提供多种临建 BIM 模型构件，通过绘制或者导入 CAD 电子图纸、3Dmax、GCL 文件快速建立模型，按照规范进行场地布置的合理性检查，同时自动配套生成临水、临电方案以及临建预算，支持导出和打印三维效果图片，导出 DXF、IGMS 等多种格式文件，还提供场地漫游、录制视频等功能，使施工现场平面规划工作更规范合理、轻松快捷、形象直观。

一、广联达 BIM 三维场布软件概述

广联达 BIM 三维场布软件是用于建设项目全过程临建规划设计的三维软件。软件可以通过导入 CAD 电子图、3Dmax 模型、GCL 等文件，快速生成模型，内嵌了所有施工项目的临时设施的构件库，拖拽即实现绘制，大量节约了绘制时间，实现了高效率。所有模型均为矢量模型或者高清模型，且模型都是仿真建立，且提供贴图功能，使用者可任意设计想要的模型效果。形象直观的 BIM 模型便于施工单位与甲方、监理单位沟通汇报，也便于施工单位施工交底。

软件采用 CAD 和 windows 操作风格，导航式操作，通过短时间学习就可以上手操作；软件内嵌规范和施工经验，为使用者提供构件的合理位置和尺寸的建议；内嵌了消防、安全文明施工、绿色施工、环卫标准等规范，并嵌入丰富的现场经验，为使用者在规划时提供更多的参考依据，多点平衡实现最切合实际的临设规划方案，并配套提供使用者工作所需的施工各阶段规划图、细部构造详图、临水、电方案等。

二、软件的使用操作

1. 导入底图

双击打开广联达三维施工平面设计软件；在菜单栏中点击【文件】，再单击【导入DWG 图形】（CAD 文件）；选择我们要导入的施工平面底图，即建筑总平面图，单击【打开】，则导入成功；这样我们就可以在这张图纸上绘制二维施工平面图了，如图 8-22 所示。

2. 绘制墙体和施工现场大门

在左侧的图元库【类型】一栏中【选择建筑及构筑物库】，单击左侧图元库中的【墙】，在平面图上选择一个基点，进行绘制；绘制完成后，进行墙体参数的设置。

绘制施工现场大门，同上，单击左侧图元库中的【施工大门】，在平面图上指定位置进行绘制；绘制完成后，进行施工大门的参数设置。

在绘制施工现场外墙时，描绘外墙的 4 个角点，为一闭合四边形，施工大门直接在指定位置处进行点放；在画项目部围墙时，需要在项目部大门处留出大门位置，大门由柱来代替，如图 8-23 所示。

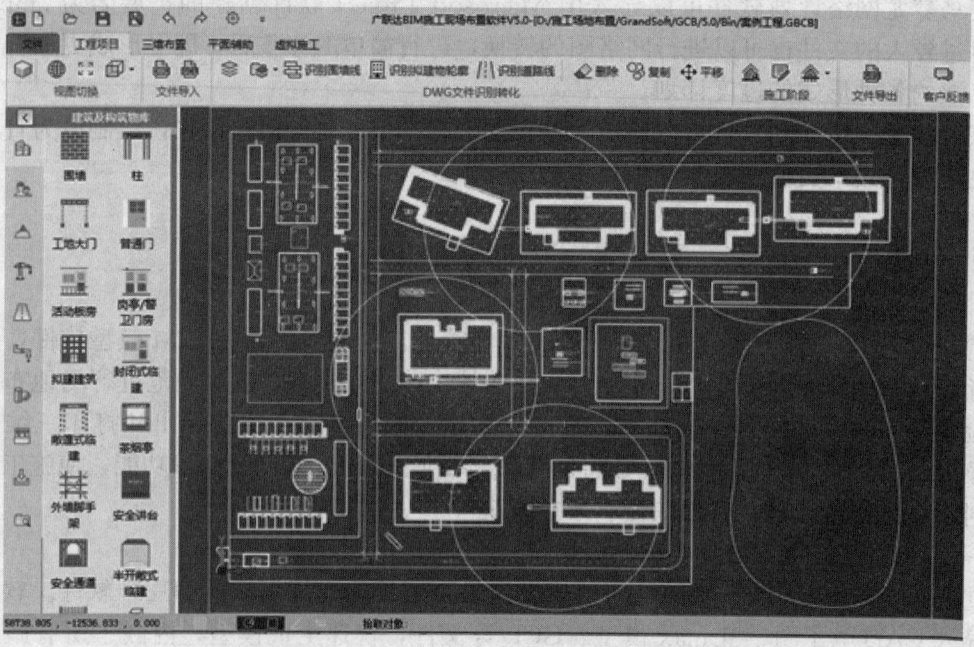

图 8-22 导入底图

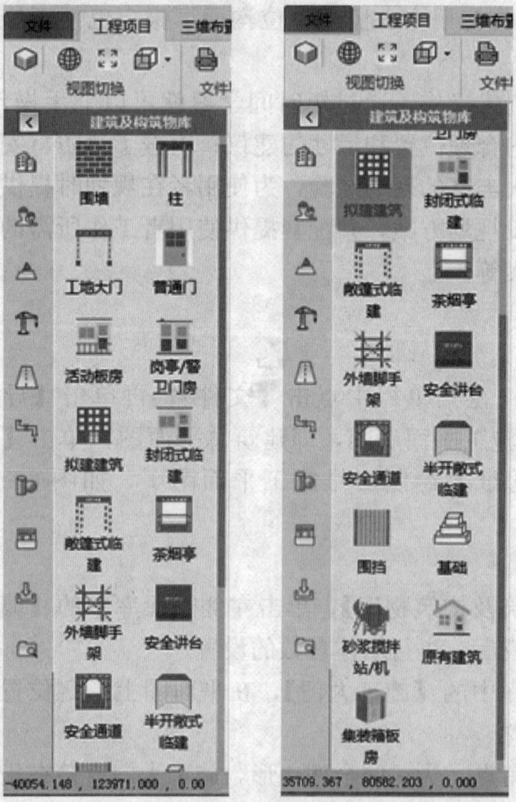

图 8-23 建筑及构筑物库

3. 绘制拟建房屋

在平面图上选择开始基点和最终基点进行绘制，相应参数可以在属性栏中进行调整，例如，如果是主体结构施工阶段，就选择【主体结构】施工，如图 8-23 所示。

4. 绘制劳务宿舍、食堂、办公室、库房

绘制劳务宿舍，单击左侧图元库中的【活动板房】，在平面图中选择开始基点和最终基点进行绘制，绘制完成后，进行相应的参数设置。

绘制【活动板房】【封闭式临时房屋】时，正确绘制方法：如果门窗朝上，则从左往右进行绘制；如果门窗朝左，则从下往上进行绘制；建议劳务宿舍和办公室使用【活动板房】，餐厅和库房使用【封闭式临时房屋】；餐厅设置【有窗】，库房设置【无窗】，如图 8-23 示。

5. 绘制材料堆场、加工棚以及施工机械

在左侧的图元库【类型】一栏中选择【材料及构件堆场】，单击左侧图元库中的【钢筋堆场】，在指定区域选择基点进行绘制，改区域为闭合的多边形曲线；模板堆场、砾石碎石堆场、沙堆的绘制均可按照上述的操作步骤来进行；在左侧的图元库【类型】一栏中选择【建筑及构筑物库】，单击左侧图元库中的【敞篷式临时房屋】，可以作为【加工棚】在指定位置进行绘制；然后在图元库中选择对应的机械添加到相应的加工棚中，如图 8-24 所示。

6. 绘制塔吊、施工电梯

在左侧的图元库【类型】一栏中选择【施工机械】，单击左侧图元库中的【塔吊】，在指定区域选择基点进行绘制，拖拉塔吊的两个角点可进行塔吊大小和位置的调整，也可以在左下角的属性栏中进行参数设置；施工电梯以及其他的施工机械也可按照上述的操作步骤来进行，如图 8-25 所示。

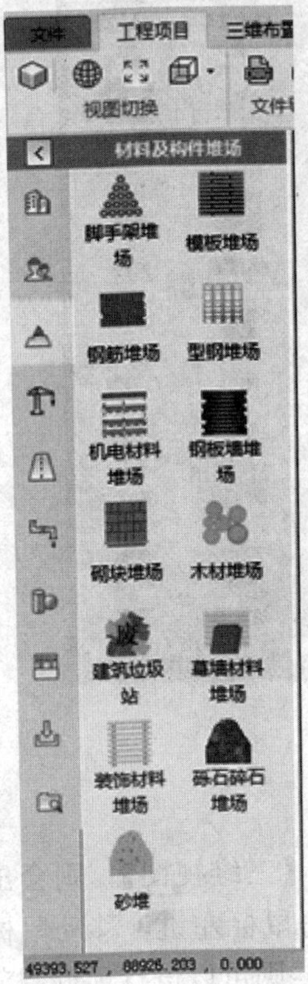

图 8-24　材料及构建堆场

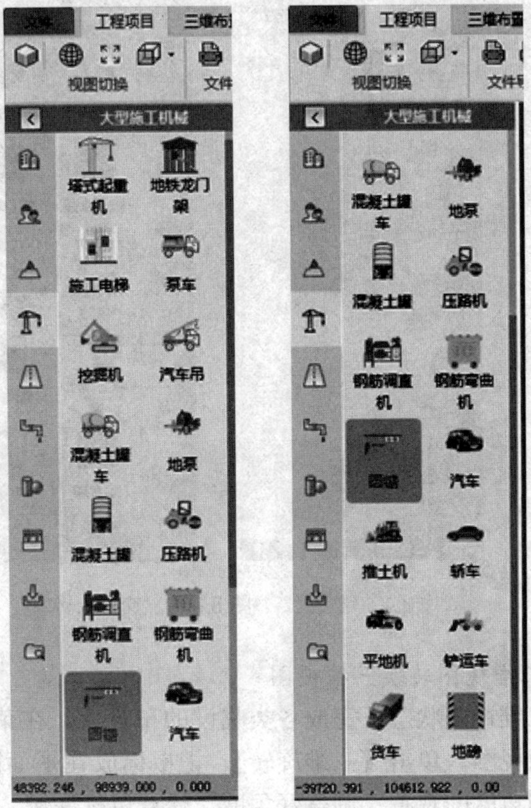

图 8-25　大型施工机械

7. 绘制道路及动力设施

在左侧的图元库【类型】一栏中选择【交通运输】，单击左侧图元库中的【道路】，在指定区域选择基点进行绘制，道路的宽度和转弯半径可以进行参数调整。

在左侧的图元库【类型】一栏中选择【临水电系统】，根据现场需要或者相关规定进行合理布置。

建议先绘制环形道路，再绘制进出场道路、通向项目部的道路，如图 8-26 所示。

8. 绘制草坪与树林

在左侧的图元库【类型】一栏中选择【绿色文明施工配套设施】，单击【草坪】在指定位置进行绘制，为一闭合多边形；在草坪上可以添加树林，树木的高度也可以进行调整，高的可以作为乔木，矮的可以作为灌木，只要放置合理，达到场地要求绿化率即可，如图 8-26 所示。

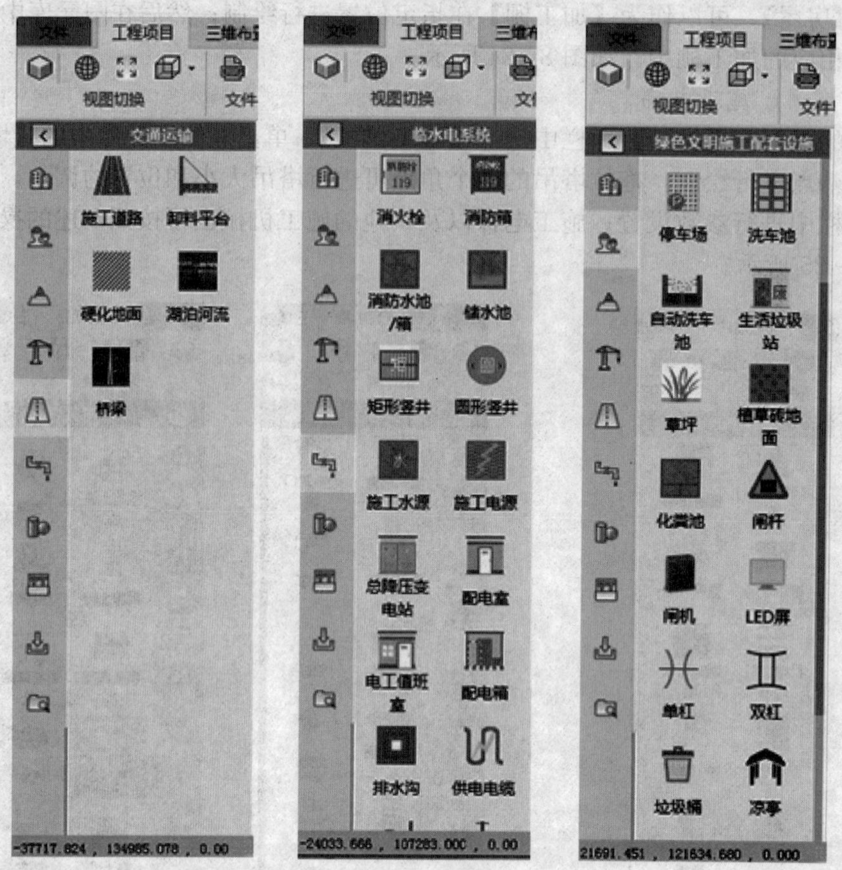

图 8-26 交通、水电、绿色施工

9. 二维视图转换三维视图

在二维视图状态下完成各类临设的布置后，在菜单中单击【三维视图】，则会出现三维视图的俯视图；单击【三维旋转】，把鼠标放在平面图上，单击鼠标左键，移动鼠标则可以进行不同角度的观看；调整好角度，松开鼠标左键，滑动滚轮，则可以进行远近调节来查看施工现场的布置情况，如图 8-27 所示。

三、其他功能介绍

在菜单栏中的【工程量】选项中，单击【显示 CAD 图层】，然后单击【合法性检查】，则会弹出【构件合法性检查结果】的对话框，可以检查施工平面图布置中存在的问题，从而进行修改，绘制出符合规范要求的施工现场平面图。

在菜单栏中的【工程量】选项里点击【查看构件工程量】，弹出【查看工程量】对话框，查看显示结果，核对施工平面图中各个构件的工程量；单击对话框右下角的【导出 Excel】，将该工程量保存为 Excel 文件。

在菜单栏中的【虚拟施工】选项中单击【动画预览】，查看完整的虚拟建造的过程。

漫游路径的设置，提供身临其境的漫游视频。通过选择【开始日期】和【结束日期】，

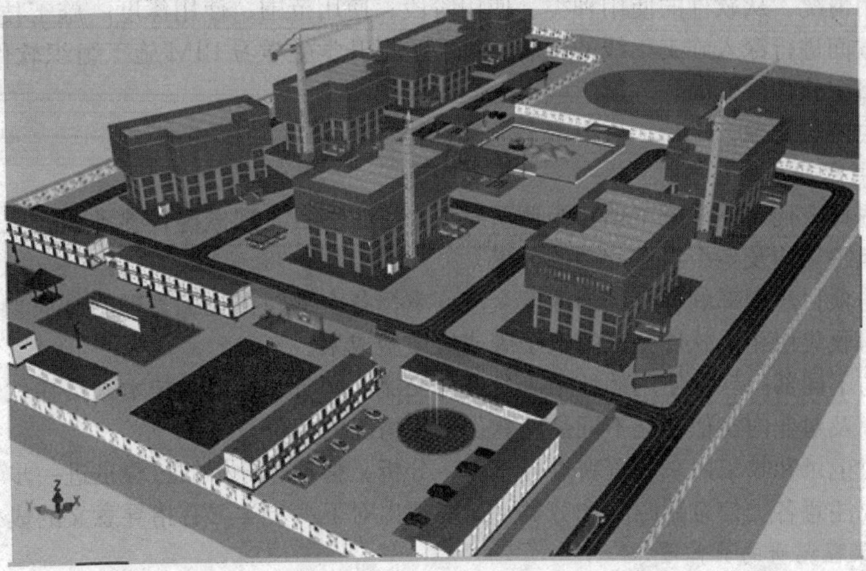

图 8-27　三维视图

录制不同阶段的模拟施工视频，通过各施工阶段三维动画展示使现场临设规划工作更加形象直观。

本章小结

本章从施工方案编制、施工进度计划绘制和施工现场平面三维场布等三个方面分别介绍了五种常用的施工组织管理软件。有美国微软公司研发的 Microsoft Visio 和 Microsoft Project，这两款软件都属于微软公司 Office 办公软件的系列产品，在美国、中国乃至全世界都拥有非常庞大的客户群，这两款软件除了在建筑工程领域具有非常广泛的应用外，在其他行业同样有着非常多的应用。标书制作软件、斑马梦龙网络计划软件和广联达 BIM 三维场布软件是广联达科技股份有限公司研发的专门针对建筑工程领域的施工组织管理和应用的软件。

要求学生通过学习，首先初步认识各款常用 BIM 施工组织设计软件的总体架构；第二，能够掌握软件的基本操作使用流程，应用软件进行常规工程项目的施工组织管理；第三，对软件的拓展性功能，可以根据自己的学习兴趣和将来的就业趋向选择针对性的软件深入研究使用。

BIM 技术的发展，不仅是现有技术的进步和更新换代，也影响施工生产组织模式和管理方式，对于工程建设从设计、建造、加工、施工、运维管理等全过程各个环节，对于整个建筑行业，以及建筑行业所有的从业人员，都必将产生深远的影响。

能力训练　现场教学：施工组织软件实际应用调研

一、目的

通过施工组织软件实际应用调研，使学生了解施工组织软件在建筑工程项目施工过程中的实际使用情况。从软件的使用种类、使用阶段、使用范围、使用深度、施工技术人员的应用情况等方面进行深入施工一线的调研。进一步提升学生学习 BIM 施工组织软件的积极性，提高施工组织软件操作的熟练度。

二、内容与要求

1. 本课程调研的任务

(1) 选择有代表性的施工项目为调研对象。了解项目工程概况，熟悉调研施工项目项目经理部的组织架构及各个组成部门的分工。

(2) 与项目经理部的各个部门深度交流。掌握各个部门在施工管理的过程当中应用哪些软件，同时收集由相应软件完成的电子版或纸质版成果。

(3) 与不同部门软件使用的技术人员进行交流。倾听并且记录技术人员在软件使用过程中的感受，及对业内类似功能不同品牌软件使用情况的评价。

(4) 对记录和收集回来的资料进行整理、分析。整理、分析的过程是进一步学习和提升的过程。要注意各类信息的归纳和分类。最终得出对下一步学习有指导意义的成果。

2. 本课程调研的具体要求

学生在两周课程调研中，要以小组形式进行调研，每个小组人数在 5、6 人为宜，一个小组调研一个项目。小组通过相互讨论确定分工及调研任务等工作。具体要求如下：

(1) 采用民主投票的方式选出每个调研小组的组长。

(2) 组长负责组织调研的一切活动。

(3) 深入施工项目一线进行施工组织软件应用情况的调研。

(4) 全体组员群策群力形成调研报告。

三、组织方法

本课程调研时间为二周，时间安排为：

1. 准备阶段 (2 天)

确定调研项目和调研内容。

2. 实践阶段 (5 天)

收集由相应软件完成的电子版或纸质版成果，和相关技术人员座谈。

3. 撰写报告阶段 (3 天)

撰写课程调研报告。

思考题

1. Microsoft Visio 软件具有哪些方面的使用功能，目前应用广泛的是哪个版本？

2. 从哪些方面可以看出 Microsoft Visio 软件具有强大的兼容性和通用性？

3. 用 Microsoft Visio 软件创建甘特图的时候如何建立工作间的逻辑关系？

4. Microsoft Visio 和 Microsoft Project 在使用中是如何实现兼容的？

5. 用 Microsoft Project 软件创建的甘特图对比 Microsoft Visio 软件创建的有哪些优势和特点？

6. 你认为使用 Microsoft Project 软件进行施工项目管理有哪些优势？

7. 应用斑马梦龙网络计划软件，完成第四章中工程项目网络图的绘制。

8. 斑马梦龙网络计划软件可以进行哪些类型的资源统计？

9. 斑马梦龙网络计划软件和 Microsoft Project 软件在使用中是如何实现兼容的？

10. 应用广联达三维施工平面设计软件，完成第六章中施工平面图的绘制。

参 考 文 献

[1] 危道军．建筑施工组织．4 版．北京：中国建筑工业出版社，2017.
[2] 全国一级建造师执业资格考试用书编写委员会．建设工程项目管理．北京：中国建筑工业出版社，2019.
[3]《建筑施工手册》编写组．建筑施工手册．5 版．北京：中国建筑工业出版社，2013.
[4] 中华人民共和国住房和城乡建设部，中华人民共和国国家质量监督检验检疫总局．建设工程项目管理规范（GB/T 50326—2017）．北京：中国建筑工业出版社，2017.
[5] 中华人民共和国住房和城乡建设部，中华人民共和国国家质量监督检验检疫总局．建筑信息模型应用统一标准（GB/T 51212—2016）．北京：中国建筑工业出版社，2017.
[6] 中华人民共和国住房和城乡建设部．建筑施工组织设计规范（GB/T 50502—2009）．北京：中国建筑工业出版社，2009.
[7] 中华人民共和国住房和城乡建设部．工程网络计划技术规程（JGJ/T 121—2015）．北京：中国建筑工业出版社，2015.